国家出版基金项目
NATIONAL PUBLICATION FOUNDATION

"十二五"国家重点出版规划

先进燃气轮机设计制造基础专著系列

U0302251

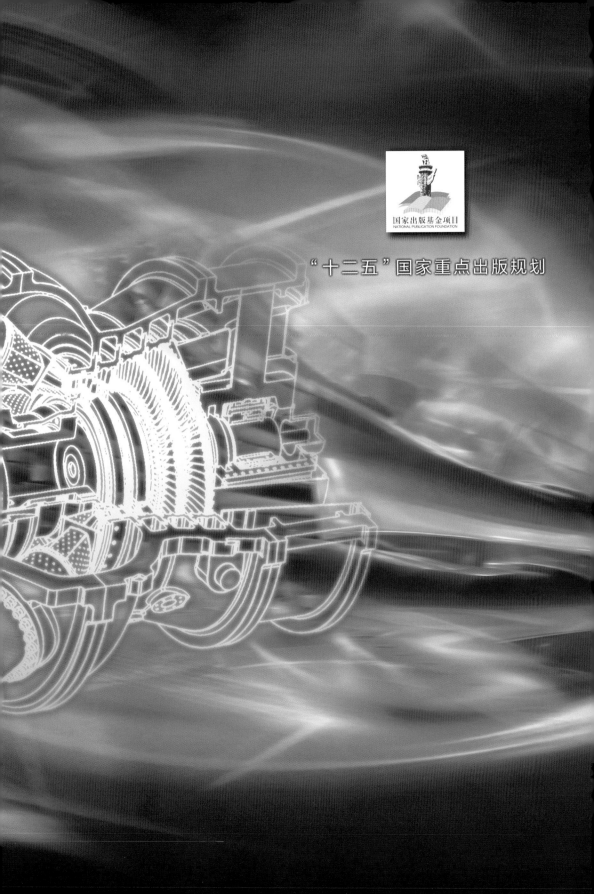

国家出版基金项目
NATIONAL PUBLICATION FOUNDATION

"十二五"国家重点出版规划

"十二五"国家重点出版规划

国家出版基金项目
NATIONAL PUBLICATION FOUNDATION

先进燃气轮机设计制造基础专著系列

丛书主编 王铁军

叶片结构强度与振动

徐白力 艾 松 著

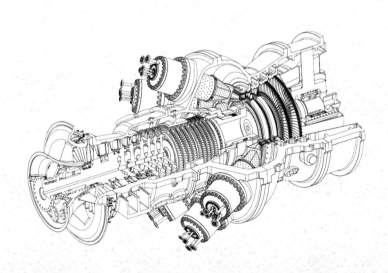

西安交通大学出版社
XI'AN JIAOTONG UNIVERSITY PRESS

内容简介

本书详细地介绍了重型燃气轮机叶片的工作原理、结构及特点，所用材料，叶片轮缘名义应力计算方法，叶片弹塑性应力应变有限元分析，叶片振动特性的有限元分析，流固耦合振动分析方法及叶片颤振预测，叶片干摩擦阻尼减振机理的理论及试验研究，叶片振动测试的理论及实践，以及叶片安全评价的手段和准则。相关研究为燃气轮机、汽轮机的新型叶片开发，叶片事故分析及改型设计，叶片寿命评估提供了理论依据和技术手段。

本书可以为从事燃气轮机、汽轮机、航空发动机等领域的工程技术人员和科研人员提供参考。

图书在版编目(CIP)数据

叶片结构强度与振动/徐自力，艾松著. —西安:西安交通
大学出版社,2018.4
(先进燃气轮机设计制造基础专著系列/王铁军主编)
ISBN 978-7-5693-0569-2

Ⅰ.①叶… Ⅱ.①徐… ②艾… Ⅲ.①燃气轮机-叶片-结构
强度②燃气轮机-叶片-结构振动 Ⅳ.①TK47

中国版本图书馆 CIP 数据核字(2018)第 070564 号

书　　名	叶片结构强度与振动	
著　　者	徐自力　艾　松	
责任编辑	任振国　宋英琼　毋　浩	
出版发行	西安交通大学出版社	
	(西安市兴庆南路 10 号　邮政编码 710049)	
网　　址	http://www.xjtupress.com	
电　　话	(029)82668357　82667874(发行中心)	
	(029)82668315(总编办)	
传　　真	(029)82668280	
印　　刷	中煤地西安地图制印有限公司	
开　　本	787mm×1092mm　1/16　**印张** 29.5　**彩页** 4 页　**字数** 568 千字	
版次印次	2018 年 4 月第 1 版　　2018 年 4 月第 1 次印刷	
书　　号	ISBN 978-7-5693-0569-2	
定　　价	260.00 元	

国家出版基金项目
NATIONAL PUBLICATION FOUNDATION

"十二五"国家重点出版规划

先进燃气轮机设计制造基础专著系列

编 委 会

顾 问

钟　掘　中南大学教授、中国工程院院士
程耿东　大连理工大学教授、中国科学院院士
熊有伦　华中科技大学教授、中国科学院院士
卢秉恒　西安交通大学教授、中国工程院院士
方岱宁　北京理工大学教授、中国科学院院士
雒建斌　清华大学教授、中国科学院院士
温熙森　国防科技大学教授
雷源忠　国家自然科学基金委员会研究员
姜澄宇　西北工业大学教授
虞　烈　西安交通大学教授
魏悦广　北京大学教授
王为民　东方电气集团中央研究院研究员

丛书主编

王铁军　西安交通大学教授

编委

虞　烈　西安交通大学教授
朱惠人　西北工业大学教授
李涤尘　西安交通大学教授
王建录　东方电气集团东方汽轮机有限公司高级工程师
徐自力　西安交通大学教授
李　军　西安交通大学教授

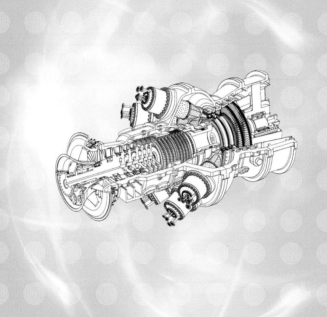

总　序

20世纪中叶以来,燃气轮机为现代航空动力奠定了基础。随后,燃气轮机也被世界发达国家广泛用于舰船、坦克等运载工具的先进动力装置。燃气轮机在石油、化工、冶金等领域也得到了重要应用,并逐步进入发电领域,现已成为清洁高效火电能源系统的核心动力装备之一。

发电用燃气轮机占世界燃气轮机市场的绝大部分。燃气轮机电站的特点是,供电效率远远超过传统燃煤电站,清洁、占地少、用水少,启动迅速,比投资小,建设周期短,是未来火电系统的重要发展方向之一,是国家电力系统安全的重要保证。对远海油气开发、分布式供电等,燃气轮机发电可大有作为。

燃气轮机是需要多学科推动的国家战略高技术,是国家重大装备制造水平的标志,被誉为制造业王冠上的明珠。长期以来,世界发达国家均投巨资,在国家层面设立各类计划,研究燃气轮机基础理论,发展燃气轮机新技术,不断提高燃气轮机的性能和效率。目前,世界重型燃气轮机技术已发展到很高水平,其先进性主要体现在以下三个方面:一是单机功率达到30万kW至45万kW,二是透平前燃气温度达到1600~1700℃,三是联合循环效率超过60%。

从燃气轮机的发展历程来看,透平前燃气温度代表了燃气轮机的技术水平,人们一直在不断追求燃气温度的提高,这对高温透平叶片的强度、设计和制造提出了严峻挑战。目前,有以下几个途径:一是开

1

发更高承温能力的高温合金叶片材料,但成本高、周期长;二是发展先进热障涂层技术,相比较而言,成本低,效果好;三是制备单晶或定向晶叶片,但难度大,成品率低;四是发展先进冷却技术,当然增加叶片结构的复杂性,从而大大提高制造成本。

整体而言,重型燃气轮机研发需要着重解决以下几个核心技术问题:先进冷却技术、先进热障涂层技术、定(单)向晶高温叶片精密制造技术、高温高负荷高效透平技术、高温低 NO_x 排放燃烧室技术、高压高效先进压气机技术。前四个核心技术属于高温透平部分,占了先进重型燃气轮机设计制造核心技术的三分之二,其中高温叶片的高效冷却与热障是先进重型燃气轮机研发所必须解决的瓶颈问题,大型复杂高温叶片的精确成型制造属于世界难题,这三个核心技术是先进重型燃气轮机自主研发的基础。高温燃烧室技术主要包括燃烧室冷却与设计、低 NO_x 排放与高效燃烧理论、燃烧室自激热声振荡及控制等。高压高效先进压气机技术的突破点在于大流量、高压比、宽工况运行条件的压气机设计。重型燃气轮机制造之所以被誉为制造业皇冠上的明珠,不仅仅由于其高新技术密集,而且在于其每一项技术的突破与创新都必须经历"基础理论→单元技术→零部件试验→系统集成→样机综合验证→产品应用"全过程,可见试验验证能力也是重型燃气轮机自主能力的重要标志。

我国燃气轮机研发始于上世纪 50 年代,与国际先进水平相比尚有较大差距。改革开放以来,我国重型燃气轮机研发有了长足发展,逐步走上了自主创新之路。"十五"期间,通过国家高技术研究发展计划,支持了 E 级燃气轮机重大专项,并形成了 F 级重型燃气轮机制造能力。"十一五"以来,国家中长期科学和技术发展规划纲要(2006~2020 年),将重型燃气轮机等清洁高效能源装备的研发列入优先主题,并通过国家重点基础研究发展计划,支持了重型燃气轮机制造基础和热功转换研究。

2006 年以来,我们承担了"大型动力装备制造基础研究",这是我国重型燃气轮机制造基础研究的第一个国家重点基础研究发展计划项目,本人有幸担任了项目首席科学家。项目以 F 级重型燃气轮机制造为背景,重点研究高温透平叶片的气膜冷却机理、热障涂层技术、定向晶叶片成型技术、叶片冷却孔及榫头的精密加工技术、大型盘式拉杆转子系统动力学与实验系统等问题。2011 年项目结题,考核优秀。

2012 年,"先进重型燃气轮机制造基础研究"项目得到了国家重点基础研究发展计划的持续支持,以国际先进的 J 级重型燃气轮机制造为背景,研究面向更严酷服役环境的大型高温叶片设计制造基础和实验系统、大型拉杆组合转子的设计与性能退化规律。

这两个国家重点基础研究发展计划项目实施十年来,得到了二十多位国家重点基础研究发展计划顾问专家组专家、领域咨询专家组专家和项目专家组专家的大力支持、指导和无私帮助。项目组共同努力,校企协同创新,将基础理论研究融入企业实践,在重型燃气轮机高温透平叶片的冷却机理与冷却结构设计、热障涂层制备与强度理论、大型复杂高温叶片精确成型与精密加工、透平密封技术、大型盘式拉杆转子系统动力学、重型燃气轮机实验系统建设等方面取得了可喜进展。

本套专著总结和反映了本领域十余年来的研究成果。

第 1 卷:高温透平叶片的传热与冷却。主要内容包括:高温透平叶片的传热及冷却原理,内部冷却结构与流动换热,表面流动传热与气膜冷却,叶片冷却结构设计与热分析,相关的计算方法与实验技术等。

第 2 卷:热障涂层强度理论与检测技术。主要内容包括:热障涂层中的热应力和生长应力,表面与界面裂纹及其竞争,层级热障涂层系统中的裂纹,外来物和陶瓷层烧结诱发的热障涂层失效,涂层强度评价与无损检测方法。

第 3 卷:高温透平叶片增材制造技术。重点介绍高温透平叶片制造的 3D 打印方法,主要内容包括:基于光固化原型的空心叶片内外结构一体化铸型制造方法和激光直接成型方法。

第4卷：高温透平叶片精密加工与检测技术。主要内容包括：空心透平叶片多工序精密加工的精确定位原理及夹具设计，冷却孔激光复合加工方法，切削液与加工质量，叶片型面与装配精度检测方法等。

第5卷：热力透平密封技术。主要内容包括：热力透平非接触式迷宫密封和蜂窝/孔形/袋形阻尼密封技术，接触式刷式密封技术相关的流动，传热和转子动力特性理论分析，数值模拟和实验方法。

第6卷：轴承转子系统动力学（上、下册）。上册为基础篇，主要内容包括经典转子动力学及一些新进展。下册为应用篇，主要内容包括大型发电机组轴系动力学，重型燃气轮机组合转子中的接触界面，预紧饱和状态下的基本解系和动力学分析方法，结构强度与设计准则等。

第7卷：叶片结构强度与振动。主要内容包括：重型燃气轮机压气机叶片和高温透平叶片的强度与振动分析方法及实例，减振技术，静动频测量方法及试验模态分析。

希望本套专著能为我国燃气轮机的发展提供借鉴，能为从事重型燃气轮机和航空发动机领域的技术人员、专家学者等提供参考。本套专著也可供相关专业人员及高等院校研究生参考。

本套专著得到了国家出版基金和国家重点基础研究发展计划的支持，在撰写、编辑及出版过程中，得到许多专家学者的无私帮助，在此表示感谢。特别感谢西安交通大学出版社给予的重视和支持，以及相关人员付出的辛勤劳动。

鉴于作者水平有限，缺点和错误在所难免。敬请广大读者不吝赐教。

"先进燃气轮机设计制造基础专著系列"主编
王铁军
机械结构强度与振动国家重点实验室主任
2016 年 9 月 6 日于西安交通大学

前 言

　　燃气轮机、汽轮机是火力发电的核心动力装备。1939 年诞生第一台重型燃气轮机,转速为 3000 r/min,压比为 4.4,透平进口温度为 534 ℃,功率为 4 MW,单循环效率为 17.4%。经历 70 多年的发展,目前 G/H/J 级重型燃气轮机,压比超过 19.2,透平初温达 1500～1600 ℃,单循环效率超过 41%、功率达 400 MW,联合循环效率达 61% 以上、功率达 575 MW。随着压比和透平初温的不断提高,以及性能和单机功率的提升,对压气机叶片和透平叶片的强度、振动设计提出了严峻挑战。自 1954 年苏联建成单机功率为 6 MW 的第一座核电站以来,目前 AP1000 汽轮机,主蒸汽压力为 5.38 MPa,主蒸汽温度为 268.6 ℃,功率为 1250 MW,转速为 1500 r/min。核电汽轮机最大单机功率达 1700 MW,国内末级叶片高度超过 1.828 m。随着机组末级叶片长度的不断增加,大离心力和大功率下叶片强度振动问题愈加突出,同时出现了叶片和轴耦合振动新问题。汽轮机经历 130 余年的发展,燃煤发电机组的主蒸汽压力已提高至 25～31 MPa,主蒸汽温度提高到 580～630 ℃,发电效率达 45% 左右。目前,国内投入商业运行的二次再热超超临界机组,功率达到 1000 MW,主蒸汽和再热蒸汽参数为 31 MPa/600 ℃/620 ℃/620 ℃,发电效率达 47.82%。这种极端的高温、高压服役环境对透平叶片的强度、振动设计提出了严峻挑战。

　　叶片是重型燃气轮机、汽轮机中实现能量转换的核心部件,是机组中数量最多也是事故最多的部件。例如,一台 F 级燃机压气机的静叶有 1952 只、动叶有 1349 只,透平的静叶有 222 只、动叶有 387 只,由

1

此可见,一台燃机就有 3910 只叶片。叶片工作在高温、高压、高转速以及腐蚀等极端恶劣环境中,承受着非常大的稳态和非稳态气流力、离心力、温度等载荷,若强度、振动裕度不足,叶片会产生裂纹或断裂等事故,轻则使机组非计划停机,重则造成本级或后面几级叶片损坏,甚至造成整个机组破坏的严重事故。叶片的安全设计是一个多学科和多技术的综合问题,为此从叶片强度、振动计算、流固耦合分析、疲劳蠕变寿命估算、减振机理研究和新型减振结构设计、叶片-转子耦合振动分析以及振动测量等方面进行全方位研究,是开发燃气轮机等透平机械不可或缺的一项重要工作。

全书共分为十章。第 1 章:重型燃气轮机叶片的工作原理,由艾松、徐自力撰写。第 2 章:重型燃气轮机叶片的结构,由艾松、徐自力撰写。第 3 章:燃气轮机叶片材料和名义应力计算,由艾松、徐自力撰写。第 4 章:重型燃气轮机叶片应力应变有限元分析,由徐自力撰写。第 5 章:重型燃气轮机叶片振动特性及响应的有限元分析,由徐自力撰写。第 6 章:叶片流固耦合振动分析,由徐自力、仲继泽撰写。第 7 章:叶片围带、凸肩干摩擦阻尼减振机理研究,由徐自力、刘雅琳、邱恒斌撰写。第 8 章:压气机叶片松装叶根干摩擦阻尼减振机理的理论和试验研究,由徐自力、上官博撰写。第 9 章:叶片振动测量的理论与实践,由徐自力撰写。第 10 章:叶片安全评价的手段和准则,由徐自力撰写。

本研究得到了国家重点基础研究发展计划(2007CB707700)、国家高技术研究发展计划(2007AA04Z1A1)、国家自然科学基金(50675169、51275385、51675406),以及东方电气集团东方汽轮机有限公司的资助。本书的出版得到了国家出版基金的资助。在此表示感谢。

在撰写、编辑及出版过程中,得到了"大型动力装备制造基础研究"项目首席科学家王铁军教授的指导以及许多专家学者的无私帮助,在此表示诚挚感谢。在研究中,科研团队的博士研究生谷伟伟、上官博、刘雅琳、陈德祥、仲继泽,硕士研究生邱恒斌、曹功成、窦柏通、赵宇、王蕤等做了大量工作；在撰写过程中，研究生庚明达、焦玉雪、何红、王存俊、阚选思等在文稿校对、图形绘制等方面提供了大量帮助，在此一并感谢。特别感谢西安交通大学出版社给予的重视和支持，以及任振国编审等人员付出的辛勤劳动。希望本书能为我国燃气轮机的发展提供借鉴，能为从事重型燃气轮机、核电汽轮机、火电汽轮机、轴流压气机的叶片设计人员、运行技术人员和研究人员等提供参考。本书也可供相关专业人员及高等院校研究生参考。

叶片结构强度振动涉及学科多，且工程实践性强，尚有许多问题需要研究和实践。作者水平有限，书中不足和问题在所难免，恳请读者和专家批评指正。

西安交通大学航天航空学院　　　　
机械结构强度与振动国家重点实验室　徐自力
2017 年 10 月于西安交通大学

目 录

第1章 重型燃气轮机

1.1 燃气轮机工作的基本原理

格物致知,要研究燃气轮机叶片的结构强度和振动,首先要了解叶片所处的工作环境及所受的载荷。因此,需要了解燃气轮机本身及叶片的工作原理。燃气轮机被誉为现代工业皇冠上的明珠。当代先进重型燃气轮机更是博、大、精、微。博是指其集空气压缩、燃烧、膨胀做功过程,集热力学、气体动力学、固体力学、振动力学、失效理论、断裂力学、数理方程、计算数学、高温材料、控制论、计算机应用等技术于一身。大是指其进气量大、功率大、体积大,如图 1 - 1 所示德国西门子公司 SGT5-4000F 型燃气轮机,功率接近 300 MW,长约为 11 m、宽为 4.9 m、高约 4.9 m,重量 312 t,俨然是一个庞然大物。精、微是指重型燃气轮机制造精度高,结构精巧细微,如高温透平冷却叶片表

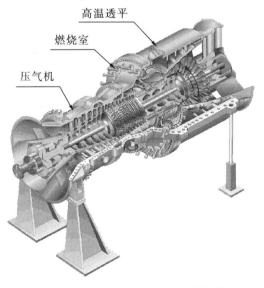

图 1 - 1 西门子 SGT5-4000F 重型燃气轮机

面气膜孔直径最小仅为零点几毫米,复杂的内部冷却通道尺寸量级也远小于传统的蒸汽轮机。

如图 1-1 所示,重型燃气轮机通常由压气机、燃烧室、高温透平三大核心部件组成。当代重型燃气轮机基本采用两轴承单轴总体结构型式。为了减少排气余速损失,降低排气压力,重型燃气轮机高温透平多数采用轴向排气方式,并与余热锅炉相连,因此重型燃气轮机多数也采用冷端输出,即发电机或被驱动装置通过联轴器与燃气轮机压气机轴端连接,燃气轮机的机械功由压气机端输出。

燃气轮机工作的基本原理为定压加热理想循环,是由绝热压缩、定压吸热、绝热膨胀和定压放热四个可逆过程组成[1],如图 1-2 中 T-S 图中虚线所示。它也叫做布雷敦循环(Brayton cycle)。

但燃气轮机装置实际循环的各个过程中都伴随有不可逆损失,在计算实际循环的净功及效率时应给予考虑。下面,首先依据图 1-2 和图 1-3 说明燃气轮机的实际工作过程,再对其过程中的不可逆损失做简单介绍。

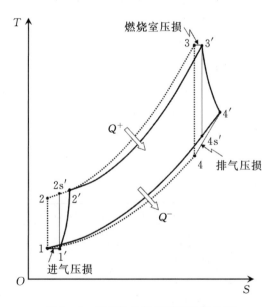

图 1-2　燃气轮机装置循环的 T-S 图

图 1-2 中,实线过程 1—1'—2'—3'—4'—1 为燃气轮机装置实际循环。燃气轮机基本采用空气做为工作介质,燃气轮机装置实际循环为开式循环。如图 1-2 和图 1-3 所示,环境空气通过进气过滤系统、进气道、进气室和进气缸吸入燃气轮机压气机(过程 1—1')。吸入的空气被压缩(过程 1'—2')并

被强制送入燃烧室,在燃烧室内与燃料(油、气等)混合燃烧,提高空气与燃烧产物混合气体的温度(过程 $2'$—$3'$)。被加热后的混合气体通过燃气透平膨胀做功后温度和压力下降,而其热能被吸收并转换成机械功(过程 $3'$—$4'$)。燃气透平产生的一部分能量用于驱动压气机,其余能量用于驱动发电机或其它装置。膨胀后的气体(做功后的乏气)通过余热锅炉(HRSG)将排气余热传给其它工质或直接排入大气(过程 $4'$—1)。图中 Q^+ 表示循环吸热量,Q^- 表示循环放热量。

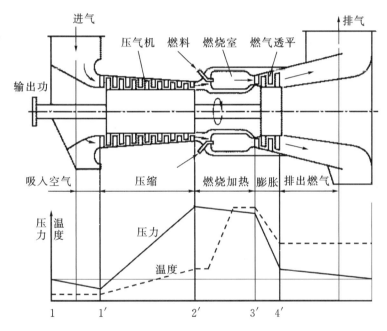

图 1-3　燃气轮机工作原理过程图

压气机实际耗的功率为

$$W_C = h_{2'} - h_{1'} \qquad (1-1)$$

式中,h 表示工作介质的焓;下标表示工作点,见图 1-2。

高温透平发出的功率为

$$W_T = h_{3'} - h_{4'} \qquad (1-2)$$

燃气轮机发出的有用功为

$$W_{GT} = W_T - W_C \qquad (1-3)$$

燃气轮机循环的效率(又称为简单循环效率)为

$$\eta_{GT} = \frac{W_{GT}}{Q^+} \qquad (1-4)$$

当假定工质的比热为定值时,进一步推导,可得到

$$\eta_{GT} = \frac{\dfrac{\tau}{\pi^{\frac{\kappa-1}{\kappa}}} \cdot \eta_{\text{turb}} - \dfrac{1}{\eta_{\text{comb}}}}{\dfrac{\tau-1}{\pi^{\frac{\kappa-1}{\kappa}}-1} - \dfrac{1}{\eta_{\text{comb}}}} \qquad (1-5)$$

式中,κ 为绝热指数,又称为比热比;$\pi = P_2/P_1$ 为压气机压比;$\tau = T_3/T_1$ 为增温比;η_{comb},η_{turb} 分别为压气机内效率、透平内效率。

通过式(1-5)可得出,燃气轮机装置效率 η_{GT} 除与增压比 π 有关外,还取决于增温比 τ 及压气机内效率 η_{comb}、透平内效率 η_{turb}。特别需要说明,式(1-5)是在假定工质流量在压气机、燃烧室、透平各个工作流程及工作断面上不发生变化以及假定工质物性恒定、比热为定值的基础上得到的。实际燃气轮机的效率计算公式由于高温部件"冷却"等原因而变得复杂得多。但这不妨碍式(1-5)提供了研究如何提高燃气轮机效率的理论方向。由于空气的初温变化很小,因此增温比主要反映的是透平的进气温度。燃气轮机理想循环的热效率随循环增压比 π 的增大总是提高的(理想循环 $\eta_{\text{comb}}=1$,$\eta_{\text{turb}}=1$);但对于实际循环(即 $\eta_{\text{comb}}<1$,$\eta_{\text{turb}}<1$ 时),由于存在不可逆耗损,对于一定的透平进气温度,有一对应热效率最高的压比 π 值,超过此值反而会使效率下降,而增大透平初温却总是使装置的热效率提高,同时增大透平初温又容许选用较大值的压比来进一步提高装置热效率。因此,不断地提高燃气轮机的初温 T_3 以及增大压比 τ 是提高燃气轮机装置效率的主要方向。

1.2 压气机叶片

1.2.1 压气机基本结构及动静叶布置

重型燃气轮机压气机一般采用轴流式。压气机的主要功能是完成对空气的压缩过程。外力通过压气机动叶栅对空气做功,气流分别在动、静叶栅减速扩压,实现对气流的增压。因此,在压气机叶栅中气体流动过程带有强烈的负压力梯度流动特征,在气体流动方向上流体压力是增加的,这是压气机设计的难点所在,也是压气机容易出现不良工况的原因。压气机的叶栅通道通常是扩张的,而透平的叶栅通道通常是收缩的,如图1-4所示。

在压气机中,首先动叶栅将外部功作用在气体上,气流在动叶栅通道中完成部分减速扩压后,进入静叶栅再进行减速扩压,达到压气机本级的设计

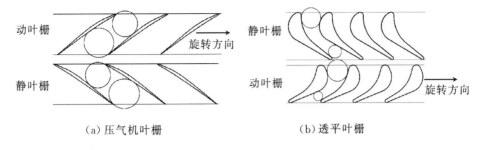

（a）压气机叶栅　　　　　　　　　　（b）透平叶栅

图 1-4　压气机与透平叶栅对比

压比和其它性能参数,因此压气机一级中动叶栅总是设置在本级静叶栅之前的位置。这是与透平在结构设计上最大的不同点。

　　对于级前要求预旋设计的压气机,通常会在压气机第一级动叶前设置进口导叶(Inlet Guide Vane,IGV),该列导叶具有改变压气机进口气流预旋角度的功能,并在一定程度上能够调节压气机的进气流量,它结构上可以旋转,改变叶片截面的角度,通常又被称为进口可变机构导叶,如图 1-5 所示。在压气机末级静叶栅之后,往往还要设置一列整流叶片,称之出口导向叶片(Outlet Guide Vane,OGV)。它的作用是为了使压气

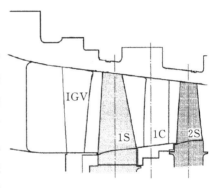

图 1-5　压气机进口导叶(IGV)布置图

机出口气流速度方向接近于轴向,以有利于发挥压气机出口扩压器减速扩压功能,最大限度将气流的动能回收转化为静压能。

　　当代先进重型燃气轮机压气机的压比通常大于 15,甚至高达 35。这么高的压比,是不可能由单级压气机完成的,因此压气机通常由多个级组成,如图 1-6 所示。

　　压气机工作过程中气流与压气机动、静叶会产生强烈的相互作用。要进行压气机叶片的强度和振动研究,必须了解压气机叶片工作的基本工作原理,才能深刻体会压气机叶片所承受的各种载荷和激励,切实掌握压气机叶片强度和振动计算的边界条件,才能保证叶片强度、振动计算的可靠性,建立可信的叶片强度和振动安全评判准则。

　　压气机内部流动是非常复杂的,是非定常的三维流动,如图 1-7 所示。

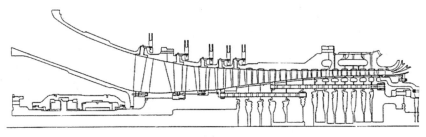

（a）

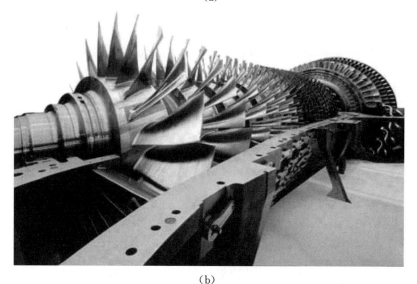

（b）

图 1-6　GE 公司 9HA 压气机的多级叶片

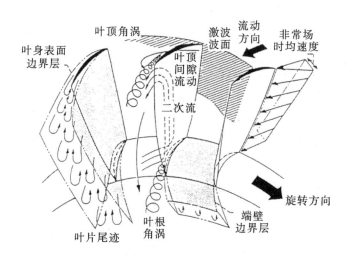

图 1-7　压气机动叶栅通道流场[2]

　　为了使研究问题简单,引入了压气机基元级的概念,如图 1-8 所示。设定压气机级中动叶栅前、后间隙为特征截面 1—1、2—2,该级静叶栅后的间隙为特征截面 3—3,在设计初始阶段,可以认为任一参考直径 D_m 处的气流参数沿周向是均匀的。

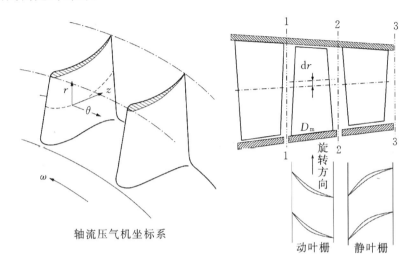

图 1-8　轴流压气机基元级

　　通过基元级理论,人们把复杂的二元流动简化成以流线为曲线坐标的一元流动。

　　基元级流动分析便于设计研究,可以用若干无量纲参数来描述级气流特性和能量转换过程,分析各参数的不同选择对基元级特性的影响,从而达到最佳设计(最高效率或最大负荷)的目的。

　　下面,将通过基元级理论分析方法了解气体在压气机基元级的流动过程,以及叶片作用在气流上的力和气流作用在叶片上的力。

1.2.2　压气机基元级工作过程及速度三角形

　　压气机基元级中的流动是作为一元问题进行分析的,文献[3,4,5]对此做了描述。各参数取时间的平均值,认为流动是定常绝热的。压气机基元级中的气体流动遵守连续方程、动量方程、能量方程和状态方程。图 1-9 表示压气机基元级速度三角形。从图 1-9,可以看出,气体从前一级静叶栅以速度 c_1、气流绝对角度 α_1 进入本级动叶,本级动叶前缘入口圆周速度为 u_1,由速度三角形矢量加减原理,可以求出气流进入动叶入口的相对速度 w_1 和气

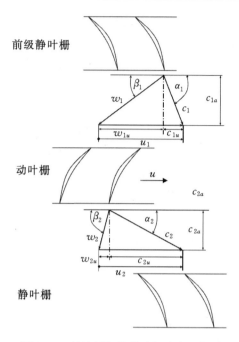

图 1-9　轴流压气机基元级速度三角形

流相对角度 β_1。

　　动叶对气流做功使气体绝对速度增加并发生转折。气体以绝对速度 c_2 离开动叶尾缘出口,气流绝对角度为 α_2。由速度三角形矢量加减原理,可以计算得到气流离开动叶尾缘出口相对速度 w_2 和气流相对角度 β_2。

　　气体在动、静叶栅前后的绝对速度和相对速度沿转子旋转方向的周向分量和轴向分量都可以根据图 1-9 速度三角形计算得到。

　　根据动量定理,可以得到压气机级的理论比功(又叫做理论加功量)表达式

$$\overline{W} = u_2 c_{2u} - u_1 c_{1u} \tag{1-6}$$

当 $u_2 = u_1 = u$ 时,可得

$$\overline{W} = u(c_{2u} - c_{1u}) \tag{1-7}$$

　　一般通过焓熵图,可以清晰地说明气体在流经压气机基元级中能量转换及其损失和效率等概念,这里不再赘述。

　　设通过级的质量流量为 G,动叶片只数为 Z_b。如果忽略速度三角形沿高度方向上的变化,则单只叶片作用给气流的切向力为

$$P_u = \frac{G\overline{W}}{u Z_b} = \frac{G\Delta c_u}{Z_b} = \frac{G(c_{2u} - c_{1u})}{Z_b} \tag{1-8}$$

同理,单只叶片作用给气流的轴向力为

$$P_a = \frac{G(c_{2a} - c_{1a})}{Z_b} + \frac{2\pi R_m}{Z_b}(p_2 - p_1)l \tag{1-9}$$

式中,R_m 为叶片的平均半径;l 为叶片的高度。

1.2.3　压气机叶型的几何参数和气动参数[3,4,5]

正确的叶栅几何形状,可以在尽可能小的损失和尽可能高的效率下,实现所需的压力升高,得到性能良好的基元级。今天,先进的压气机设计已经过渡到三维设计阶段,但一维、二维设计手段仍然是三维设计的基础,基元级的气动研究仍然占据着重要的地位。一只叶片由许多几何形状要素组成,但重要的是基元级的叶型(如图 1-10 所示),它决定了基元叶栅的气动性能。

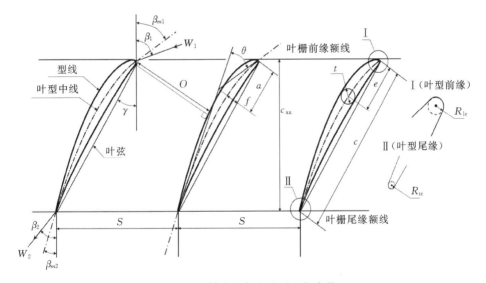

图 1-10　轴流压气机叶型几何参数

轴流压气机叶型的几何参数有:

型线 —— 叶型内弧(压力面)、背弧(吸力面)曲线,与叶型前缘半弧、后缘半弧曲线组成的封闭曲线。

叶型中线 —— 在中线上任一点的法线与叶型内弧和背弧之间所夹的线段长度相等,也可以定义为联接叶型中所有内切圆圆心的连线。

叶栅前缘额线 —— 指一列叶型前缘半弧曲线沿压气机轴线最前沿点连线。

叶栅后缘额线 —— 指一列叶型后缘半弧曲线沿压气机轴线最前沿点连线。

弦长 —— 叶弦的长度,通常用字母 C(Chord)表示,指前缘半弧曲线最外沿点到叶弦线垂点与后缘半弧曲线最外沿点到叶弦线垂点之间距离。

轴向弦长 —— 通常用字母 C_{ax} 表示,指叶型弦长在压气机轴线上的投影长度,与叶栅前缘额线到叶栅后缘额线距离相等。

中线最大挠度 —— 以字母 f 表示,指从叶弦到叶型中线上点间最大距离,表征了中线的弯曲程度,也反映了叶型折转角大小。

中线最大挠度的相对位置 —— 以字母 a 表示,指叶型中线上到叶弦距离最大的点与叶型前缘半弧曲线最外沿点之间距离在叶弦中的投影长度。

叶型最大厚度 —— 以字母 t 表示,通常指叶型最大内切圆的直径。

叶型最大厚度的相对位置 —— 以字母 e 表示,指叶型最大内切圆圆心与叶型前缘半弧曲线最外沿点之间距离在叶弦中的投影长度。

叶型几何进气角 —— 以字母 β_{m1} 表示,指叶型中线在其与前缘半弧曲线交点的切线与压气机轴线间的夹角,也称为叶型金属进口角。

叶型几何出气角 —— 以字母 β_{m2} 表示,指叶型中线在其与后缘半弧曲线交点的切线与压气机轴线间的夹角。也称为叶型金属出口角。

叶型折转角 —— 以字母 θ 表示,指叶型中线在其与前缘半弧曲线交点和其与后缘半弧曲线交点两切线的夹角,$\theta = \beta_{m1} - \beta_{m2}$。

叶型前缘半径 —— 如图 1 - 10 所示,用字母 R_{le} 表示。

叶型后缘半径 —— 如图 1 - 10 所示,用字母 R_{te} 表示。

节距 —— 也称栅距,以字母 S 表示,指的是一列叶栅中沿叶栅额线方向相邻两叶型对应点之间的距离。

相对节距 —— 节距与弦长之比 $\dfrac{S}{C}$ 称为相对节距也叫相对栅距,其倒数 $\dfrac{C}{S}$ 称之为叶栅稠度。

安装角 —— 用字母 γ 表示,是叶型弦线与压气机轴线夹角。安装角确定后,叶型的叶型几何进气角、出气角也就确定了。

顶径 —— 用字母 D_t 表示,指叶片安装在叶轮上后叶型顶部直径,如图 1 - 11 所示。

根径 —— 用字母 D_h 表示,指叶片安装在叶轮上后叶型根部直径。

中径　——　用字母 D_m 表示，指叶片安装在叶轮上后叶型平均中部直径，有时称之为节圆直径。

叶片高度　——　用字母 l 表示，等于 $(D_t - D_h)/2$。

展弦比　——　叶片高度与弦长之比 l/C。

上述几何参数中的线性尺寸都可以用弦长 C 的百分比表示成无量纲参数。

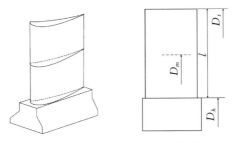

图 1－11　轴流压气机动叶外形

人们时常会提到原始叶型的概念。著名的原始叶型有英国的 C 系列、美国的 NACA-65 系列、苏联的 BC-6、10-C 和 A-40 叶型等。随着技术的进步，在实际的先进工程设计中更多使用的是 MCA（Multi-circular Airfoil）叶型和 CDA（Controlled Diffusion Airfoil）叶型。

轴流压气机叶型的气动参数有：

进气角　——　以字母 β_1 表示，指进口气流相对速度 W_1 与压气机轴线之间的夹角。

出气角　——　以字母 β_2 表示，指出口气流相对速度 W_2 与压气机轴线之间的夹角。

气流折转角　——　以字母 ε 表示，指气流经过叶栅折转的角度。$\varepsilon = \beta_2 - \beta_1$。

冲角　——　以字母 i 表示，指来流速度与叶型中线在前缘点的切线之间的夹角。$i = \beta_1 - \beta_{m1}$。

落后角　——　以字母 δ 表示，指气流出口速度与叶型中线在尾缘点的切线之间的夹角。$\delta = \beta_2 - \beta_{m2}$。

1.2.4　压气机的不良工况及对叶片的影响[5]

气流在压气机各级动、静叶栅扩压通道中流动的过程是一个逆压流动的过程,容易引起附面层的堆积,气流发生强烈的脱离现象,它不仅会影响压气机的效率,而且还是引起压气机喘振的根源。因此压气机各级的叶片折弯角 θ 不能太大,理论加功量不能太大,负压梯度不能太大,限制了级加功的能力、压比的提高。这就是为什么常见到的燃气轮机中压气机级数比透平级数多得多的原因。也正是由于这个原因,压气机叶型的设计、加工要求也就相对比透平叶型要求高。

压气机在很大流量和转速内工作,为燃气轮机提供稳定的工作压力头/压比。压气机设计应当保证在启动阶段具有低转速范围稳定运行能力,在此阶段,压气机要受到不稳定的运行限制,就是喘振,在压气机特性图上用喘振线表示。当压气机背压提高,压气机不能克服这个压力头完成气体输送时,压气机就会发生喘振,气流发生分离,流动方向发生改变倒转,使压气机通流中连续流动被破坏。由于气流的大幅度波动,喘振将导致压气机叶片损坏。气流的大幅度波动,会引起转子轴向推力轴承损坏。压气机喘振现象与压气机级的旋转失速不同。旋转失速是气流从叶片吸力面产生了分离,引起气动失速。多级压气机可以有一级或数级发生失速而其它级不发生失速,此时压气机可以稳定工作,而不发生喘振。压气机不良工况如下,但不限于此。

1. 压气机喘振

压气机喘振受到人们普遍的关注,但它的机理还没有被完全掌握。喘振是不稳定的,应当避免。有时候,喘振经常发生,而且导致破坏。传统上喘振被认为是压气机稳定运行的上限边界,并与气流的逆向流动有关。系统内某种气动不稳定性引起这种逆向流动的发生。通常压气机本身某部分是发生气动不稳定性的原因,但也有可能由于系统的配置加强了这种不稳定性。压气机通常沿工作线运行,与喘振线保持一定的安全裕度。定量的基础性认识缺乏、不同动静叶片气动载荷特性掌握不够透彻使对压气机变工况流动的确切预测非常困难。

流量的减少或转速的增加或两者同时都可能引起压气机喘振。需要注意的是压气机运行在高效率点意味着离喘振更近。气流总压的增加只在压气机转子动叶中发生,为了使压气机性能曲线通用化,通常在压气机性能图中采用折合转速和折合流量进行表示。

多级压气机性能图中的喘振线可能只需要一条简单的抛物线表示,也可能是一个复杂的曲线,这条曲线可能包括不少的转折点甚至断点。喘振线的复杂程度取决于流动过程中当压比发生变化时流动极限是否随转速变化,特别是匹配非常紧密的机组经常显现出不同的喘振线。如果压气机配备可变机构进口导向叶片,喘振线在较高流量阶段曲率比单纯只靠转数调节的机组更大。

当喘振发生时,通常表现为振动超标,并发生能够听见的声音,偶而也有喘振发生时听不见声音出现,但却造成了破坏。大多数情况下,当机组运行在喘振点或靠近喘振点时伴随这些信号显示,包括有一般性或有规律的噪声水平上升,转子轴向位置发生变化,压气机排气温度漂移,压气机压差波动和转子横向振动增加。对于高压压气机通常情况是当机组运行快要喘振时,会出现一种低频、异步的振动信号振幅,占振动幅值的主要部分,同时会激发叶片的各种短时谐振。转子轴向窜动引起动静碰磨导致动叶片和静叶片或其它部件损坏也时有发生。也有由于较大的气流不稳定性激发了动叶的强迫共振而导致叶片的破坏。

2. 压气机堵塞

压气机的堵塞点是当压气机的气流速度在叶片喉部到达马赫数 $M=1$ 时,通过压气机的流量不再增加的工况点。压气机堵塞就是工业界中著名的"石墙"现象。压气机级数越多,压比越高,压气机的喘振点到堵塞点之间的可运行范围就越小,如图 1-12 所示。

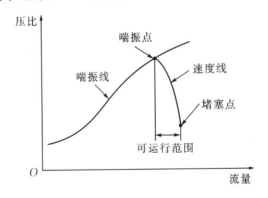

图 1-12　多级高压压气机定转数运行范围示意图

3. 压气机旋转失速

在压气机中有三种失速现象:单叶片失速、旋转失速、失速颤振。单叶片失速和旋转失速是气体动力学现象,失速颤振是气动弹性现象。

单叶片失速现象是指压气机中整级叶片同时失速,但失速不产生传播。单叶片失速发生的条件目前还不清楚。通常的情况是失速会以某种传播形式在整级叶片中显现,单叶片失速情况是一种例外。

　　旋转失速或传播失速(Propagating Stall)首先由怀特和他的研究团队在一台离心压气机的导向叶片试验中发现。旋转失速包含有数个覆盖一只或几只叶片通道的失速区,在某些转速范围沿着旋转方向进行传播。失速区的数量和传播速度存在相当的差异。旋转失速是最为常见的失速现象。

　　旋转失速产生传播的机理可以通过叶片级展开叶栅进行说明,如图1-13所示。一个流动的扰动使2号叶片在吸力面产生分离,先于其它叶片达到失速状态。这只叶片不能产生足够的压比保持它周围流体的流动,产生了一个气体阻滞团。这个阻滞的气体团分离了它周围的流体,流动发生偏转,使3号叶片的冲角增大,而使1号叶片的冲角减小。就这样,失速区沿着叶片的升力方向在叶栅中传播。相对于动叶栅,失速区以转速的一半速度传播。被气体阻滞团分离的流体使气体阻滞团下流的叶片失速,使气体阻滞团上流的叶片退出失速。气体阻滞团或失速区从每一只叶片的压力侧向吸力侧移动,与转子的旋转方向相反。失速区可能覆盖数个叶片通道。从压气机

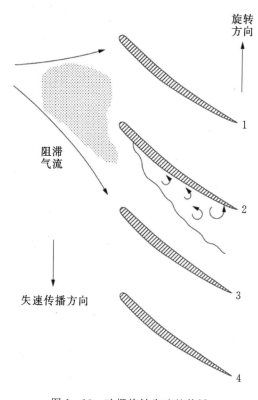

图1-13　叶栅旋转失速的传播

试验观测得到失速区传播的相对速度小于转子的旋转速度。从绝对坐标系观测,失速区与转子旋转方向相同。失速区的径向延伸范围可以从叶片顶部直到整个叶片长度。

失速颤振则是由于叶片自身激励引起的,是一种气动力弹性现象。失速颤振与经典理论的颤振不同,经典理论颤振是当机翼或叶片型线截面上自由流体速度到达某一个临界流速时发生的弯扭组合振动。而失速颤振是在叶片气流发生失速时出现的一种现象。

叶片失速在叶片型线尾迹中产生卡门涡。只要卡门涡的产生频率与叶片的固有频率相一致,就会发生颤振。失速颤振是压气机叶片破坏的一种主要原因。

突变失速是指在失速的运行区域内,压气机的性能、压力变化是不连续的。

有几种类型的颤振已经被认识。在图 1 - 14 高速(超音)压气机运行图中标出了这几种颤振的边界。

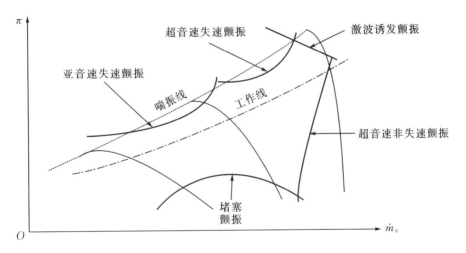

图 1 - 14　压气机颤振边界示意图

例如,某台轴流压气机第 5 级在运行后 3 到 10 小时内发生三起叶片事故。为了查找事故的原因,采用一台电压信号输出的动态压力传感器对第 4 级低压放气腔室、第 8 级高压放气腔室、第 5 级压力信号进行了频率采集。

经判断第 5 级叶顶发生了失速,引起了叶片失速颤振导致叶片损坏。重新设计了第 5 级,改变了叶片角度,叶片破坏不再发生。

1.3　高温透平叶片

1.3.1　高温透平叶片概述

重型燃气轮机一般采用轴流式高温透平。高温透平在燃气轮机中的主要功能是完成高温燃气的膨胀做功过程，即图 1-2 中 3′—4′过程线。空气在压气机完成压缩达到设计压比后，进入燃烧室与燃料混合燃烧加热，形成高温高压气体，再进入高温透平膨胀做功，透平发出的功率一部分带动压气机工作，一部分作为燃气轮机的有效功率输出，带动外界负荷。对于目前商业运行的重型燃气轮机，一般是带动发电机发电。

重型燃气轮机高温透平气动性能上的主要特点是透平进气温度高、工质流量大、气动效率高、级功率大。目前重型燃气轮机透平进气温度已可达到 1700 ℃。F 级重型燃气轮机流量达 2400 t/h 以上。高温透平气动效率虽然受到冷却空气掺混的影响，仍能达到 90% 以上。一台单循环功率为 300 MW 的燃气轮机，其压气机耗费功率接近 300 MW，因此其高温透平要发出约 600 MW 功率；重型燃气轮机高温透平级数少，目前主流的 F 级以上重型燃机透平一般为 4 级，个别仅为 3 级，平均级功率均 150 MW，远大于一般蒸汽轮机级功率。叶片要承受比汽轮机大得多的气流静弯应力，而通常气流沿周向不均匀量与气流均值成正比。可见燃机透平动态载荷也比汽轮机叶片大得多。

虽然高温轴流透平与轴流压气机都是旋转机械，但两者有许多差别。高温透平是气体膨胀对外做功，压气机是通过机械驱动对气体做功，压缩气体。它们的主要区别是：

(1)高温透平的工作介质是压缩空气与燃料混合燃烧加温后的高温燃气，而压气机中工作介质是经过空气过滤器过滤后的干净空气。

(2)透平级数少，而压气机的级数多。重型燃气轮机的高温透平级数一般为 3～4 级，压气机的级数一般为 10～20 级。

(3)由图 1-4 可知，高温透平固定的静叶位于旋转的动叶之前，而在压气机中对空气做功的动叶位于静止叶片之前。

(4)沿着气流流动的方向，透平叶片高度逐级增大，最后一级动叶长度最大；而压气机的第一级动叶最高，随着气流的压缩流动，叶片高度逐级缩短。

（5）透平中静叶栅和动叶栅的叶型是渐缩型通道，而通流面积是逐级扩大；压气机中动叶栅和静叶栅的叶型是渐扩型通道，而通流面积是逐级收缩。

（6）透平叶片叶型折转角大，叶型面积大，叶片显得壮实；而压气机叶片叶型折转角小，叶片薄，展弦比小。

（7）对于单轴燃气轮机，高温透平与压气机在同一根转子上工作，高温透平与压气机的叶片弯曲方向彼此相反。高温透平的动叶片旋转方向是从叶腹（压力面）指向叶背（吸力面）；压气机的动叶片旋转方向是从叶背（吸力面）指向叶腹（压力面）。这是因为在透平中是气流对动叶做功，而在压气机中是动叶对气流做功。

如同压气机一样，高温透平的基本工作单元是级。高温燃气从燃烧室出来后，依次经过透平各个级膨胀做功，在发出功率的同时，主流燃气的压力、温度也随之下降。

图 1-15 给出某型重型燃气轮机三级高温透平的照片。燃气轮机高温透平需要采用冷却设计和热障涂层（TBC）隔热保护。从图 1-15 上可以看到透

图 1-15　重型燃机高温冷却透平[5]

平第一级动叶顶部的冷却空气吹出孔。高温透平细部的冷却结构非常复杂而且繁多,在一种燃气轮机高温透平上,往往是多种冷却结构的精妙组合,完成最终的冷却任务。

燃气轮机高温透平的动静叶都采用多种不同的冷却方式,各路冷却空气完成各自的冷却任务后从叶身的不同部位分别进入燃气主流混合,这种混合更加引起叶片通道内流场的复杂化。

图 1-16 描绘了典型的冷却叶片通道流场内主流与冷却射流相互作用混合后形成的复杂的涡系和流场特征。这些复杂的流动特征直接影响到叶片表面压力以及各部分表面传热分布,也就与叶片受的力和激励相关,当然也与叶片自身的热应力相关。

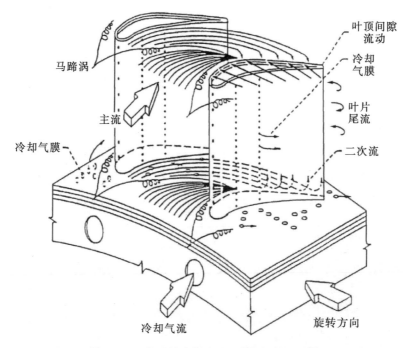

图 1-16　典型的冷却叶片通道流场与涡系[6]

高温燃气透平由于冷却从而使它的热力学计算和气动设计变得复杂,但如同压气机的级一样,透平的级是透平完成热能向机械能转化的基本工作单元,同样可以采用基元级的概念说明透平做功的基本原理。

首先对燃气透平的初温这个概念进行一个简要的说明。在图 1-2 中位于过程点 3(3′)的温度,是布雷敦循环温度最高点,它是决定循环效率的关键因素。人们通常把它叫燃气轮机(透平)的初温。由于冷却的原因,实际工程中透平初温的定义并没有在图1-2中过程点3(3′)的温度那么简单。世界上主要的燃气轮机制造商也有各自不同的定义。

如图1-17所示,是GE文献GER-3567H中描述的三种透平初温的定义。

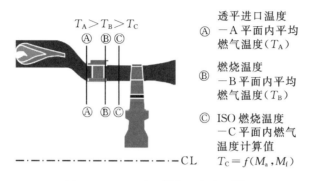

图1-17 GE公司燃烧温度定义[7]

T_A是燃烧室出口、透平第1级静叶入口截面A平面内平均燃气温度,英文名称叫做Turbine Inlet Temperature,时常被人们简称为TIT或T1T。

T_B是透平第1级静叶出口截面B平面内平均燃气温度。GE公司使用燃烧温度T_B,GE公司认为透平第1级静叶喷嘴冷却空气在冷却完成进入主流燃气立即降低了下游燃气的总温(即T_B),T_B更代表图1-2中过程点3(3′)点的温度,T_B是燃气透平开始发出功率的最高温度点。

T_C是根据国际标准ISO2134"燃气轮机验收试验"定义的燃烧温度,它是一个参考的温度值,并不实际存在于燃机循环中,它是根据燃烧室热平衡计算出来的温度值。ISO燃烧参考温度通常比GE公司定义的真实燃烧温度低100℉/38℃,如果燃机内部冷却从压气机抽取空气更多,这个值或更小。

对于强度振动专业而言,温度T_A(TIT)在考虑了燃烧室出口温度不均匀度最大值后,就是透平第1级静叶可能承受的最大燃气温度,这个温度与透平第1级静叶的冷却设计和强度计算直接关连,是强度振动专业关注的要点。

同样,温度T_B是透平第1级动叶可能承受的最大燃气温度。透平第1级动叶要同时经受高温、高应力的考验,它是燃气轮机的极限能力部件。因此这个温度更需要关注。

1.3.2　透平基元级工作过程及做功原理

透平基元级性能研究仍选取级平均中径旋转流面作为圆柱面基元级,如图 1 - 18 所示。

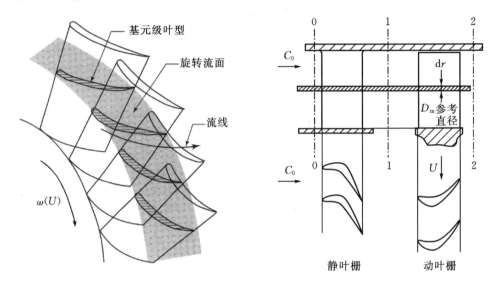

基元级叶型
旋转流面
流线
$\omega(U)$

C_0
dr
D_m参考直径
U
静叶栅　　　动叶栅

图 1 - 18　轴流式透平基元级

轴流式透平级中的流动按照基元级分析,也是作为一元问题处理的。各参数取时间的平均值,认为流动是定常绝热的。透平基元级中的气体流动同样遵守连续方程、动量方程、能量方程和状态方程。

图 1 - 19 表示了透平基元级速度三角形。从图 1 - 19,可以看出,气体以速度 c_0、气流绝对角度 α_0 进入本级静叶栅,膨胀加速后,以绝对速度 c_1、绝对角度 α_1 进入本级动叶,动叶前缘入口圆周速度为 u_1,由速度三角形矢量加减原理,可以求出气流进入动叶入口的相对速度 w_1 和气流相对角度 β_1。

气流对动叶做功,气体相对角度发生转折。气体以绝对速度 c_2 离开动叶尾缘出口,气流绝对角度为 α_2。由速度三角形矢量加减原理,可以计算得到气流离开动叶尾缘出口相对速度 w_2 和气流相对角度 β_2。

根据动量方程,可以得到透平级对外做功(比功)表达式:

$$\overline{W} = u(c_{1u} - c_{2u}) \tag{1-10}$$

设通过级的气体质量流量为 G,如果忽略速度三角形沿高度方向上的变

化,透平级总的对外做功表达式为

$$W = Gu(c_{1u} - c_{2u}) \tag{1-11}$$

式中,W 又称为轮周功率。

设动叶片只数为 Z_b,则单只叶片受到的气流切向力为

$$P_u = \frac{W}{uZ_b} = \frac{G\Delta c_u}{Z_b} = \frac{G(c_{1u} - c_{2u})}{Z_b} \tag{1-12}$$

同理,单只叶片作用受到的气流作用的轴向力为

$$P_a = \frac{G(c_{1a} - c_{2a})}{Z_b} + \frac{2\pi R_m}{Z_b}(p_1 - p_2)l \tag{1-13}$$

式中,R_m 为叶片的平均半径;l 为叶片的高度。

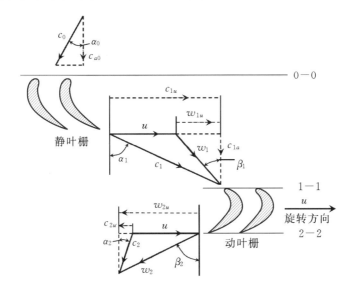

图 1 - 19　轴流式透平基元级速度三角形

1.3.3　透平叶型的几何参数和气动参数

图 1 - 20、图 1 - 21 给出轴流式透平级及叶型基本的几何参数表示。透平叶型与压气机叶型相比最大的特点就是截面要粗大一些,其几何与气动参数含义基本与压气机叶型相同,具体符号与意义请参照 1.2.3 节压气机叶型的几何参数和气动参数。此处不再赘述。

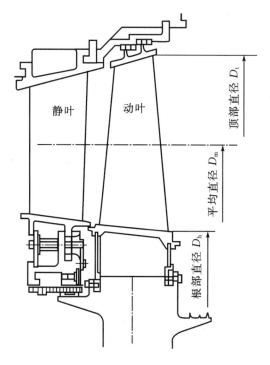

图 1-20　典型的透平级直径尺寸

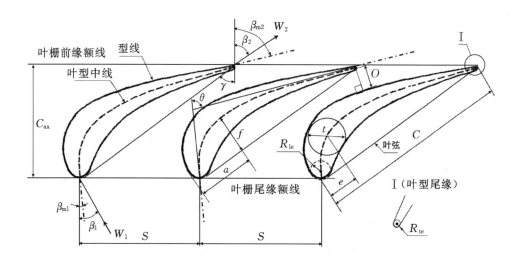

图 1-21　透平叶型几何参数

1.3.4 高温叶片冷却隔热基本原理及引起的叶片温度梯度[5]

　　世界上主要的重型燃气轮机制造商通过不断的技术进步和新产品研发，提高燃气轮机初温 T_3 以提高机组的效率、功率等性能指标，使产品的市场竞争力更强。2011 年 2 月至 6 月，日本三菱重工开发的世界首台 1600 ℃级 J 型燃气轮机 M501J(60 Hz)在高砂制作所实证电站试运行成功[8]，并随后开发了应用于周波数 50 Hz 电网的 M701J 型燃气轮机[9]。日本三菱重工先进 J 型燃机已取得商业发电市场多台订单。德国西门子公司开发出了相当等级的 SGT5-8000Ⅱ燃气轮机，并通过电厂实证运行[10]。美国 GE 公司也声称开发出了世界上最大、效率最高的 9HA 型[11]和 7HA 型[12]燃气轮机。根据这些公司披露的性能数据，可以估算这些燃机的燃烧室出口平均温度均在 1600 ℃等级。图 1-22 基本统计了近年来市场上主流的重型燃气轮机的透平进气温度发展趋势。

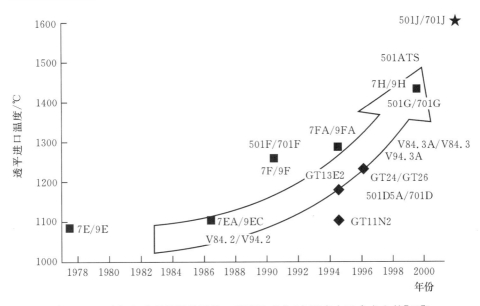

图 1-22　近年来重型燃机透平进口温度的变化(主要来自于参考文献[13])

　　透平叶片是燃气轮机的心脏，最关键的部件之一，为了使燃气轮机能够安全可靠地工作，必须限制透平叶片材料内温度水平、控制应力水平，并保证合理的寿命。通常采用三种方法来达到这个目的：①采用能耐更高工作温度的先进材料制造透平叶片;②采用燃气轮机压气机中抽出的空气对透平叶片进行冷却;③在叶片表面采用热障涂层(Thermal Barrier Coatings,TBC)进行隔热。

　　正因为如此高的运行温度,燃气轮机的高温部件(包括透平叶片)都采用了高温合金(超级合金)材料。但即使是如此,F级以上燃气轮机燃烧室出口燃气平均温度还是超过了高温合金的熔化温度(表1-1)。从图1-23可以看出,虽然随着技术进步,能满足一定持久强度和寿命要求的材料能承受的工作温度越来越高,但还是与发展中的燃烧室出口燃气温度差距呈增大的趋势,而且材料能承受的工作温度基本低于1000℃。

表1-1　高温合金的主要物理性能[17]

性能项目	典型数值范围
密度	$7700 \sim 7900 \ kg/m^3$
熔化温度(液相线)	$1320 \sim 1450 \ ℃$
弹性模量	室温:210 GPa;800 ℃:160 GPa
热膨胀系数	$(8 \sim 18) \times 10^{-6} \ ℃$
热导率	室温:11 W/(m·℃);800 ℃:22 W/(m·℃)

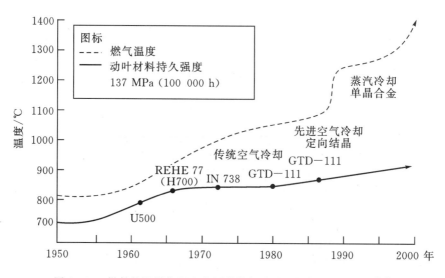

图1-23　燃气轮机燃烧温度发展趋势与动叶材料持久强度对比[18]

　　因此,人们在倾注了大量精力不断研究和提高高温合金性能、开发新型耐高温材料的同时,在燃气轮机透平叶片冷却技术和热障涂层(TBC)也取得了长足的进步,才促使燃气轮机在近三十年来取得飞速迅猛的发展。

　　燃气轮机透平叶片从内部和外部进行冷却。内部冷却是指用从压气机抽出的空气当作冷却介质在叶片内部强化传热的蛇形通道内流动并从叶片金属内壁吸收热量,以降低叶片金属温度;在叶片内部发挥了冷却作用后的空气通过叶片叶身上分散的孔或槽缝流出,在叶片外部通道中的主流燃气压力作用下在叶片外表面形成气膜以隔断高温燃气,防止高温燃气损坏叶片外部表面,称之为外部冷却。

　　要保证燃气轮机高温透平动、静叶片的冷却,首先要有一套可靠的叶片冷却空气供给系统(也叫做二次空气系统)。这套系统运用到的技术很复杂,不同的厂家、不同的机型,它的设计都不完全相同,但其最基本的任务是保证从压气机的适当部位,通过一系列复杂的管道系统、换热冷却系统、流动特性控制元件,将冷却空气送到透平相应的部位,保证透平动、静叶片冷却所需的冷却空气的流量、压力、温度,如图1-24所示。透平不同部位、不同级别的动、静叶所需的冷却空气是综合考虑燃机经济性与可靠性的要求,按照压力匹配原则,从压气机的不同压力位置抽气,有时根据不同的设计理念和机组其它性能要求,会对冷却空气进行外部冷却后,再输送到透平不同部位、动静叶片。

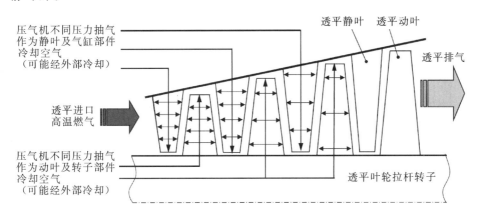

图1-24　燃气轮机高温透平动、静叶片冷却空气供给系统(二次空气系统)方案示意图

　　目前通用的燃气轮机高温透平叶片冷却技术包括气膜冷却(Film Cooling)、冲击冷却(Impingement Cooling)和强化对流冷却(Augmented Convection Cooling)。

　　图1-25和图1-26分别展示了典型的透平第1级静叶和第1级动叶的内、外部冷却结构图、三种冷却型式的应用和外部冷却气膜形成的机理。

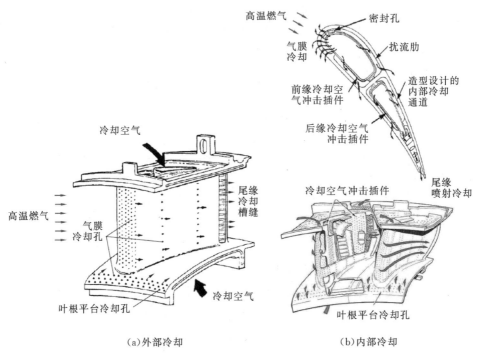

（a）外部冷却　　　　　　　　（b）内部冷却

图 1-25　燃气轮机透平第 1 级静叶冷却[16,17]

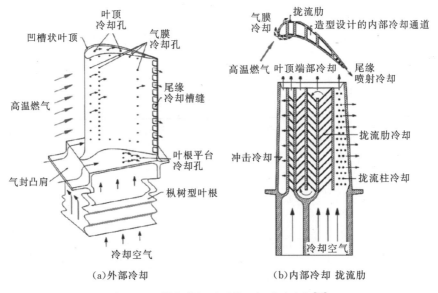

（a）外部冷却　　　　　　　　（b）内部冷却　扰流肋

图 1-26　燃气轮机透平第 1 级动叶冷却[18]

从图 1-25 可以看出,静叶内部设计有前缘冷却空气冲击插件和后缘冷却空气冲击插件,从压气机来的冷却空气分别从冲击插件位于静叶叶冠和叶根的开孔进入叶片内部,冷却空气首先通过冲击插件上密布的小孔冲击冷却叶片内壁,一部分再通过叶片上位于前缘、压力面、吸力面、靠近尾缘部位上的气膜孔流出,在与主流压力的相互作用下,在叶身表面形成冷却气膜,阻断叶片通道主流高温燃气对叶身表面的传热达到冷却的目的;一部分冷却空气通过位于叶片尾缘的喷射孔向外喷射,阻挡主流燃气对叶片尾缘的传热。叶片内部冷却通道通常都是经过特殊造型设计,如设置扰流肋、扰流柱以及其它可以强化内部传热的结构特征。

从图 1-26 可以看出,燃机高温透平动叶多采用枞树形叶根,冷却空气从动叶根部进入动叶内部进行冷却。透平动叶安装在旋转的转子上,承受巨大的离心力作用,因此内部一般不采用冲击插件,而是采用内部特殊造型设计的多回路蛇形通道。在通道内壁面上设置有扰流肋、扰流柱以及其它可以强化内部传热的结构特征,有时会在外壁向内传热激烈的区域,采用特殊的铸造结构,由两层壁面结构上的几排小孔形成冲击冷却,见图 1-26(b)"冲击冷却"位置。如同静叶一样,一部分冷却空气通过叶片上位于前缘、压力面、吸力面上气膜孔流出,在叶身表面形成冷却气膜;一部分冷却空气通过位于动叶尾缘的喷射孔向后喷射,形成尾缘喷射冷却。

目前商业用燃气轮机燃烧室出口温度已达到 1600 ℃,从图 1-22 和图 1-19 可以看出,随着燃气轮机向高温方向的发展,燃气轮机采用的超级耐热高温合金基材加上先进的空气冷却系统已不能完全满足透平动、静叶片及其它高温部件的工作要求。理论研究和工程实践证明,在燃机透平动、静叶片等高温部件上制备一层 $200\sim600\mu m$ 热障涂层(TBC),可以降低金属基体的工作温度,延长高温部件使用寿命,还可以防止高温零部件的高温氧化、腐蚀,提高燃气轮机的效率、降低能耗和污染排放。1963 年普惠公司第一次把 TBC 用在 JT8D 型燃气轮机的火焰筒中,如今 TBC 已经被燃气轮机制造商广泛地应用于各种级别的燃气轮机的高温部件。TBC 在当今先进燃气轮机的研发领域中发挥着越来越重要的作用,如图 1-27 所示。

目前使用的热障涂层一般是由顶部陶瓷层(Top Coating)和底部的金属粘结层(Bond Coating)组成。陶瓷层主要用来隔热,必须满足热导率低、抗热震性能好的指标,所以要求陶瓷层材料具有熔点高、高温下相稳定、热导率低、热反射率高等物理化学特性,同时要考虑其热膨胀系数与基体材料匹配。金属粘结层则用于防止金属基体的高温氧化,并缓解陶瓷层和金属基体的热

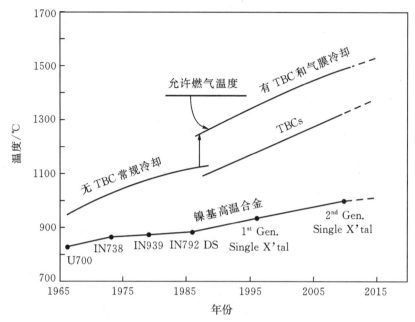

图 1-27　近五十年来镍基高温合金和热障涂层(TBC)抗高温能力的发展[20]

膨胀不匹配。另外,由于粘结层长期高温使用的氧化,粘结层和陶瓷层之间会生成一层氧化物,即热生长氧化物(TGO)[19]。图 1-28 展示高温透平叶片喷涂了 TBC 后壁面的多层结构组成,同时展示了透平叶片外部承受高温燃气、冷却空气气膜作用、热障层保护作用,内部受冷却空气作用后各组成层的

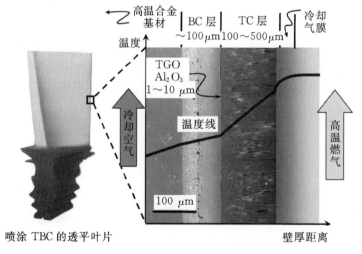

图 1-28　透平叶片金属壁面与 TBC 多层结构的组成[21]

温度变化趋势。图中 TBC 与冷却气膜共同阻隔了高温燃气的热传递,有效地降低了叶片金属基材的工作温度。

实际的叶片表面由于主流燃气在进入并通过叶片通道整个过程中发生的复杂流动现象而使叶身表面的每一点的传热都不相同,如图 1-29 所示为一个典型的透平叶片截面表面换热系数的分布。

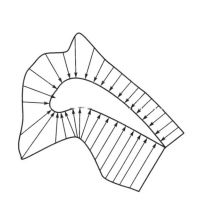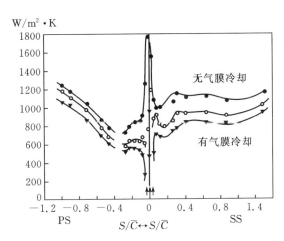

图 1-29 典型的透平叶片截面表面换热系数分布[17]

从图 1-29 可以看出,在透平叶片前缘驻点,由于法向直接承受主流高温燃气的冲击,此处的换热最为剧烈,表面换热系数最高;在压力面和吸力面,当主流由层流转捩为湍流,流动出现分离的时候,由于 Re 数的影响,表面传热系数也出现局部的升高变化。因此,叶身表面的传热是不均匀的,这也说明,燃气轮机高温透平叶片的温度场是不均匀的。所以,人们在做燃气轮机高温透平叶片强度和振动分析计算时,通常不会把它做为一个"等温体"考虑。这与传统蒸汽轮机叶片分析处理的方法不同。

图 1-30 是典型的透平动叶温度场分布图。从此图可以看出,透平叶片表面温度的不均匀性,叶片整体上最大温差可达到几百度以上。因此,在做透平叶片强度与振动分析时,温差应力(热应力)是必须要考虑的。

在高温透平中,需要为透平动叶、静叶、端壁、叶顶和其它一些部件设计冷却系统,满足温度限制。主要有五种基本的冷却方式:①对流冷却;②冲击冷却;③气膜冷却;④多重小孔冷却;⑤发汗冷却;⑥水/蒸汽冷却。

表 1-2 对 6 种不同冷却方式叶片材料的蠕变试验寿命进行了对比。

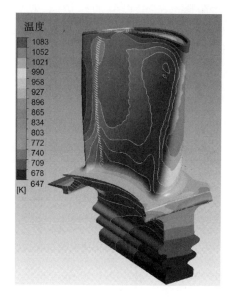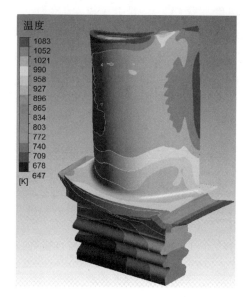

图 1 - 30　典型的透平叶片温度场

表 1 - 2　冷却设计叶片材料蠕变寿命试验汇总表

引起 1% 蠕变应变时间(小时数)		
叶片冷却设计方式	没有冷却	有冷却
对流和冲击冷却/插件设计	2430	47900
气膜和对流冷却设计	186	46700
发汗冷却设计	2530	无限
多重小孔冷却设计	4800	33500
水冷却透平叶片设计	150	无限
蒸汽冷却透平叶片设计	150	35000

　　透平叶片的冷却传热与隔热设计是非常复杂的,现在已发展成为专门的学科,此处不予赘述,有兴趣的读者,可以参阅相关的资料和文献。透平叶片的设计是一门复杂的交叉学科,透平叶片的换热和传热为强度与振动分析提供边界条件,因此,要做叶片强度振动研究及安全性评估,必须掌握和了解这方面的基本知识和原理。

1.4　重型燃气轮机技术发展的现状与前景

　　自 1939 年第一台燃气轮机诞生于瑞士,七十多年来重型燃机透平进口温度由早期的 550 ℃提高到目前可商业运行的 1600 ℃,单循环效率由 17.4%

提高到 40％以上，单机功率由 4 MW 提高到 470 MW，实现了巨大的技术跨越。

　　重型燃气轮机联合循环发电效率高、污染排放少、比投资低、建设周期短、用地用水量少，既适合调峰也适合带基本负荷运行，是电网不可或缺的能源转化设备。

1.4.1　燃气轮机技术总的发展趋势

　　"节能"与"环保"是世界可持续发展的两大主题。

　　提高燃气轮机透平进口温度、采用更高效率通流技术、运用低 NO_x 排放的燃烧技术是先进燃气轮机实现"高效率、低污染"的手段和方法。

　　提高燃气轮机透平进口温度，可以显著提高燃气轮机本身效率，更进一步提高联合循环效率（图 1-31）。

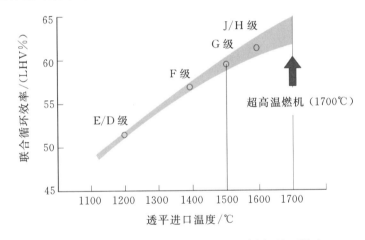

图 1-31　燃气轮机进口温度 TIT 与联合循环电厂效率

　　采用 1700 ℃的燃气轮机联合循环 LHV（低热值）效率可以达到 62％～65％，远高于超临界汽轮发电机组的效率（约 40％～45％）。

　　国际能源机构（IEA）预测：在 2030 年，全球发电量将超过 30000 TW·h。其中天然气发电在 2030 年将超过 10000 TW·h（图 1-32）。

　　假定在 2030 年，10000 TW·h 的天然气的发电量全部由 G 级燃气轮机联合循环完成的话，相对于 F 级联合循环，CO_2 的排放量将减少 2 亿 t；而一旦采用 1700 ℃的燃气轮机组成联合循环完成的话，相对于 F 级联合循环，CO_2 的排放量将减少 5～7 亿 t（图 1-33）。

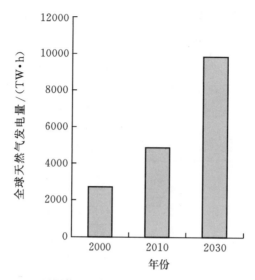

图 1-32 国际能源机构(IEA)关于天然气发电量的预测

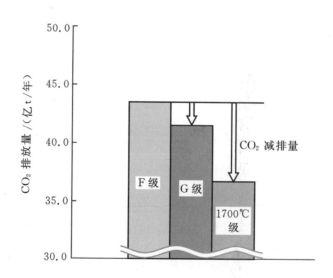

图 1-33 不同燃气轮机产生的 CO_2 的比较(发电量为 10000 TW·h)

因此,不断提高燃气轮机透平进口温度、提高燃气轮机效率、提高联合循环效率,不仅可以减少能源的消耗、降低 GDP 生产的单位能耗量、节约能源,而且可能更大地减少 CO_2 的排放量,更加环保。

燃气轮机是多种技术集成的综合高技术产品,按技术特征,工业型燃气轮机可分为四代,其传统的提高性能途径是:不断地提高透平初温,相应地增大压气机压比和完善有关部件。未来五十年,可能主要利用新材料和新技术的突破,再开发出新一代重型燃气轮机。重型燃气轮机按其技术特点,可分为以下几代:

第一代技术的特点是:单轴重型结构(航空移植除外),初期高温合金,简单空冷技术,亚音速压气机,机械液压式或模拟式电子调节系统。性能参数特征:透平初温小于 1000 ℃,压比在 4~10,简单循环效率小于 30%。

第二代为 F 级、G 级,技术特征:轻重结合结构,高温合金和保护涂层,先进的空冷技术,低污染燃烧,数字式微机控制系统,联合循环总能系统。性能参数特征:透平初温小于 1500 ℃,简单循环效率接近 40%,联合循环效率接近 60%。

第三代典型代表主要为美国 GE、日本三菱重工(MHI)、德国西门子的 H 级和 J 级,产品主要技术特征:采用更有效的蒸汽冷却技术或更先进全空冷技术,高温部件的材料仍以高温合金为主,采用先进工艺(定向结晶,单晶叶片等)进一步改善合金性能,部分静子部件可能采用陶瓷材料。透平初温 1600 ℃,简单循环效率接近超过 41%,联合循环效率超过 61%。应用智能型微机控制系统。

第四代燃气轮机正在构思,将主要基于采用革命性的新材料,燃烧室将处于或接近理论燃烧空气量条件下工作,透平初温将大于 1600~1800 ℃,采用 EGR(Exhaust Gas Recirculation,EGR)技术降低 NO_x 排放,更先进冷却技术或系统,采用先进合金或陶瓷复合材料,现采用的熔点 1200 ℃、密度为 8000 kg/m^3 的高温合金将逐步被淘汰,新的高级材料应是小密度、有更好的综合高温性能。采用更高性能的 TBC 技术或与陶瓷复合材料融合的热障技术。

燃气透平要求进口温度高、透平气动效率高、材料高温性能优越,更先进、更复杂的冷却技术,功率大。提高燃气透平的进口温度,需要最佳压比与之相匹配,才能总体提高燃气轮机效率。当今世界压气机正朝着级数少、压比高、效率高、运行稳定性高、裕度大、容量大的方向发展。燃烧室发展要求能耐更高温度的燃烧反应、燃烧效率高、污染排放物少、尺寸小。

世界重型燃气轮机制造业经过七十多年的研制、发展和竞争,目前已到了技术高度进步、可靠性高度提高、效率高度提升的阶段,基本形成了以 GE、西门子、三菱、ALSTOM 公司为主的重型燃气轮机产品体系,代表了当今世界燃气轮机制造业的最高水平。其中已经推出 G/H/J 级燃气轮机产品的有 GE、西门子、三菱三家公司。目前以这三大公司为核心主导,其它公司多数通过合并、合资、购买与这些大公司结成伙伴关系来生产制造燃气轮机。

1.4.2　美国通用电气重型燃气轮机

美国通用电气公司(General Electric,GE)公司不仅生产重型燃气轮机,而且生产航空衍生型发电和工业燃气轮机[7]。GE 公司重型燃气轮机产品有五种系列:MS3002,MS5000,MS6001,MS7001 和 MS9001。

MS5000 采用单轴和双轴两种设计,既可用于发电,也可用于机械驱动。MS5000 和 MS6001 采用齿轮箱结构,既可用于 50 Hz 电网发电,也可用 60 Hz 电网。比 MS6000 系列功率大的燃气轮机采用直接与发电机连接。MS7000系列用于 60 Hz 电网,额定转速 3600 r/min。MS9000 系列用于 50 Hz电网,额定转速 3000 r/min。

图 1-34 给出了 GE 燃机型号的编码方式。

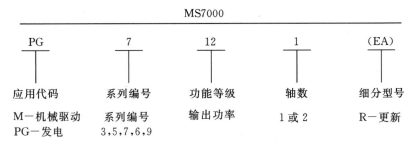

图 1-34　GE 重型燃气轮机型号命名方法

表 1-3 列出了 GE 公司重型燃气轮机功率和热耗等性能数据。表 1-4列出了机械驱动用燃气轮机功率和热耗等性能数据。

表 1-3　GE 发电用重型燃气轮机特性数据表[7]

型号	燃料	ISO 功率 /kW	热耗 /(kJ/kW·h)	工质流量 /(t/h)	排气温度 /℃	压比
PG5371(PA)	气	26 070	12 721	446	485	10.6
	油	25 570	12 847	448	486	10.6
PG6581(B)	气	42 100	11 223	525	543	12.2
	油	41 160	11 318	526	544	12.1
PG6101(FA)	气	69 430	10 526	742	594	14.6
	油	74 090	10 527	772	582	15.0
PG7121(EA)	气	84 360	11 054	1070	536	12.7
	油	87 220	11 550	1093	537	12.9

续表 1 - 3

型号	燃料	ISO 功率 /kW	热耗 /(kJ/kW·h)	工质流量 /(t/h)	排气温度 /℃	压比
PG7241(FA)	气	171 700	9 873	1605	604	15.7
	油	183 800	10 511	1672	591	16.2
PG7251(FB)	气	184 400	9 752	1613	623	18.4
	油	177 700	10 522	1677	569	18.7
PG9171(E)	气	122 500	10 696	1484	543	12.6
	油	127 300	11 202	1520	539	12.9
PG9231(EC)	气	169 200	10 305	1871	557	14.4
	油	179 800	10 928	1944	547	14.8
PG9351(FA)	气	255 600	9 757	2318	608	15.3
	油	268 000	10 464	2418	597	15.8
注:此表不包括 GE 最新的 FB 和 H 机型数据						

表 1 - 4 GE 机械驱动用燃气轮机特性数据表[7]

型号	年份	ISO 连续功率 /kW	热耗 /(kJ/kW·h)	排气流量 /(kg/s)	排气温度 /℃
M3142(J)	1952	11 290	13 440	53	542
M3142R(J)	1952	10 830	10 450	53	370
M5261(RA)	1958	19 690	13 270	92	531
M5322R(B)	1972	23 870	10 000	114	352
M5352(B)	1972	26 110	12 490	123	491
M5352R(C)	1987	26 550	9 890	121	367
M5382(C)	1987	28 340	12 310	126	515
M6581(B)	1978	38 290	11 060	134	545

最为工程人员熟悉的 GE 公司 9FA 燃气轮机就是图 1 - 35 的 MS9001 FA 单轴燃气轮机,也就是表 1 - 3 中的 PG9351(FA)燃机。9FA 燃气轮机压气机进气端轴头与发电机刚性联连。9FA 型燃气轮机主要部件的结构、性能和材料的情况如下[22]。

压气机:18 级轴流式,压比 15.4,空气质量流量 645 kg/s。头两级为跨音速级,带进口可调导叶,用于调节压气机进气量,提高透平的排气温度,提高机组(联合循环)运行效率。第 9 级和第 13 级设有排气口,防止机组启动过程

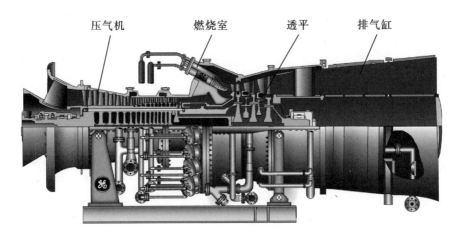

图 1-35 GE 公司 MS9001FA 单轴燃气轮机[5]

发生喘振。压气机每级都采用单轮盘结构,采用多根 IN 738 合金钢轴向拉杆连接成整体。末级叶轮上加工有径向内流槽道,将压气机级间压缩空气通过转子中心孔,输送到透平用于冷却高温叶片和防护转子。转子的第 1 阶临界转速高于同步转速 20%。

燃烧室:有 18 个逆流管筒形燃烧室,直径 350 mm,每个燃烧室有 6 个燃料喷嘴,共 108 个燃料喷嘴。可烧天然气、油和中热值气体燃料。两只高能点火器分装在两个燃烧室上点火,各燃烧室之间用联焰管联焰。可以注蒸汽或注水抑制 NO_x 的形成,也可选用干式低 NO_x(DLN)燃烧室。

高温透平:为 3 级轴流式,转子同样采用拉杆轮盘结构。透平冷却采用压气机级间抽气和出口排气。透平第 1,2 级动叶采用空气冷却,并采用真空等离子喷涂热障涂层(TBC)。第 3 级动叶不冷却,采用防高温腐蚀涂层保护。第 1 级动叶叶顶无围带,第 2,3 级动叶采用整体的 Z 形围带。全部静叶采用空气冷却,第 1,2 级静叶设计成两只一组的结构,采用真空等离子喷涂热障涂层(TBC)。第 3 级静叶设计成三只一组的结构,采用防高温腐蚀涂层保护。

轴承:由拉杆组装的整体转子支承在两个可倾瓦支撑轴承上,轴向推力由推力轴承平衡。

排气:排气缸应用加长的轴向扩压器,可以减小排气速度,降低排气损失。

材料和涂层:压气机的 1～9 级动叶和静叶以及进口可调导叶的材料为 C-450(Custom 450),这是一种抗腐蚀的不锈钢,可以不加保护涂层在受化学侵蚀的环境中运行。其它级的叶片采用加铌的 AISI403 不锈钢,同样不加保护涂层。气缸用球墨铸铁铸造。叶轮用 CrMoV 钢和 NiCrMoV 钢制造。

燃烧室外的火焰筒由 Hastelloy X 制造,后段应用 HS-188 材料,内表面加隔热涂层。过渡段材料为 Nimonic 263,带冷却。后座为铸造的 FSX-414。外壳为 SA/516-55 钢。

透平的三级动叶都采用 GTD-111 材料,它是由 Rene 80 改进了抗热腐蚀性能而开发的,与常用的 U-500 材料比较,其强度提高了 50%,低周疲劳性能改进了 20%。动叶采用精密铸造,第 1 级动叶为定向结晶,头两级动叶应用了 CoCrAlY 涂层,外面再覆以氧化物表层(热障涂层)。第 3 级动叶采用沉积工艺的高铬涂层,并进行了扩散热处理。第 1 级静叶采用精密铸造 FSX-414 钴基超级合金。第 2,3 级静叶为精密铸造 GTD-222 镍基合金。

透平轴和叶轮都是 Inconel 706 合金。透平气缸出 SA/516-55 钢制造,再加 347 不锈钢内衬。

GE 公司 2004 年 4 月公布了其最新的 7HA.01,7HA.02 和 9HA.01,9HA.02 燃气轮机,完全采用空气冷却,联合循环效率超过 61%。

GE 公司首台 9HA.01 燃气轮机原型机在位于美国南卡州格林威尔的试验基地进行全负荷性能试验验证。第二台于 2015 年发运到法国 EDF 一个新建电厂,2016 年投入商运。GE 公司最新的 H 型燃机压气机仅采用 14 级设计,透平采用 4 级设计,见图 1-36。

图 1-36　GE 公司 9HA.01 燃气轮机

表 1-5 是 GE 公司 9HA.01,9HA.02,7HA.01,7HA.02 燃气轮机主要性能参数。

表 1-5　GE 公司 9HA、7HA 燃气轮机性能参数[23]

型号	9HA.01	9HA.02	7HA.01	7HA.02
净输出功率/kW	397000	470000	275000	330000
热耗/(kJ/kW·h)	8673	8673	8694	8694
单循环净效率	41.5%	41.5%	41.4%	41.4%
压比	21.8:1	21.8:1	21.5:1	21.5:1
排气流量/(kg/s)	826	978	575	826
排气温度/℃	619	619	619	619
大约重量/t	950	1050	600	660
大约尺寸/m	30.5×5.8×5.8	33×6.0×6.1	25×4.6×7	27×5×6
联合循环净功率*/MW	592	701	405	486
联合循环热耗*/(kJ/kW·h)	5862	5862	5892	5892
联合循环净效率*	61.4%	61.4%	61.1%	61.1%
燃机出力/MW	394.5	467	273.4	328.1
汽机出力/MW	205.2	242.9	136.8	164.1
联合循环总出力/MW	600	710	410	492

注：* 联合循环为一台燃机带一台汽轮机。

GE 公司目前正在研究联合循环效率将达到 65% 的更先进燃气轮机[24]，将采用陶瓷基复合材料制造静叶，比高温合金提高 149℃ 高温性能。

1.4.3　日本三菱重工重型燃气轮机

日本三菱重工(MHI)在引进消化基础上于 1984 年成功开发透平进口温度 1100℃ 等级的 M701D 重型燃机，逐渐走上独立发展重型燃机的道路，不断朝着大容量、高效率、高可靠性方向发展。1989 年三菱重工开发成功透平进口温度 1350℃ 的 M501F 重型燃气轮机，1997 年成功开发 1500℃ 的 M501G 型重型燃气轮机。2004 年三菱重工参加日本"1700℃ 超高温燃气轮机关键技术开发"国家项目，利用所取得的研究成果于 2011 年成功开发透平进口温度为 1600℃ 等级、联合循环效率超过 61.5% 的 M501J 重型燃气轮机，并在其试验电厂进行了实证运行。

三菱重工在不断开发新型重型燃气轮机的同时，也利用其最新的技术对已有机型不断优化升级。利用透平进口温度为 1500 ℃ 的 G 型燃机技术，对其于 1992 年开发成功的 M701F 重型燃机，依次进行了 F2 型、F3 型、F4 型的技术升级。又在 60 Hz 的 M501J 型燃气轮机基础上，开发成功 50 Hz 的 M701F5 型燃气轮机[25]。

图 1-37 展示了三菱重工重型燃气轮机的发展历程。

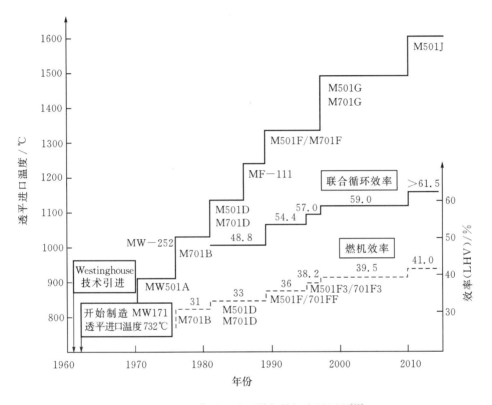

图 1-37　三菱重工重型燃气轮机发展历程[25]

三菱重工 M701F5 燃气轮机 ISO 工况主要性能参数见表 1-6。

表 1-6　三菱重工 M701F5 燃气轮机 ISO 工况主要性能参数[25]

型号	M701F5 型
首台机发货	2014 年
转数	3000 r/min
燃机出力	359 MW
联合循环出力	525 MW
联合循环效率	>61%

M701F5 压气机采用 17 级设计,透平采用 4 级设计,第 1 级至第 3 级透平静叶、动叶采用空气冷却,第 4 级动静叶不冷却,如图 1-38 所示。

图 1-38　三菱重工 M701F5 型重型燃机[25]

三菱重工 J 型燃机共有 M501J,M501JAC,M701J 三个型号,详细的性能数据,见表 1-7。

表 1-7　三菱重工 J 型燃机主要性能参数[26-28]

型号	M501J	M501JAC	M701J
转速/(r/min)	3600	3600	3000
燃机单循环净出力/MW	327	—	470
燃机单循环热耗/(kJ/kW·h)	8783		8783
燃机单循环效率	41.0%		41.0%
排气流量/(kg/s)	620		893
排气温度/℃	636		638
联合循环净出力*/MW	470	450	680
联合循环热耗*/(kJ/kW·h)	5854	—	5835
联合循环效率*	61.5%	>61%	61.7%

注:*联合循环为一台燃机带一台汽机。

M501J 型重型燃机透平进口温度为 1600℃。压气机压比 23,15 级设计,采用进口可调导叶(IGV)和三级可变角度导叶(VGV),可有效防止旋转失速并改善部分负荷下联合循环性能。透平第 1~4 级动叶全部采用空气冷却,第 1~3 静叶采用空气冷却,第 4 级静叶不冷却。透平动叶材料采用MGA1400,静叶采用 MGA2400,第 1~3 动叶采用定向晶铸造叶片。

M501J 运用了在日本国家开发项目中得到的高效气膜冷却和先进热障涂层(TBC)技术。首台 M501J 型燃机于 2011 年 2 月在三菱日本高砂试验电厂实证运行,原型机测点达 2300 多点。

M701J 型燃机是在 M501J 型燃机基础上进行模化放大 1.2 倍设计而来的。M701J 的尺寸是 M501J 的 1.2 倍,功率是它的 1.44 倍。首台 M701J 型燃机在 2014 年交货。

M501JAC 型燃机是在 M501J 基础上发展而来的。M501J 型燃机燃烧器采用蒸汽冷却。为了简化系统,提高设备可靠性,M501JAC 燃烧器采用空气冷却,提高了运行的灵活性,减少了机组启动时间,而性能与 M501J 相当。

目前,日本三菱和日立已经重组,共同组建了 Mitsubishi Hitachi Power Systems(MHPS)。

1.4.4　德国西门子重型燃气轮机

德国西门子阿尔斯通公司生产的工业和发电用燃气轮机覆盖从 5 MW 到 340 MW 的功率范围,如图 1-39 所示。

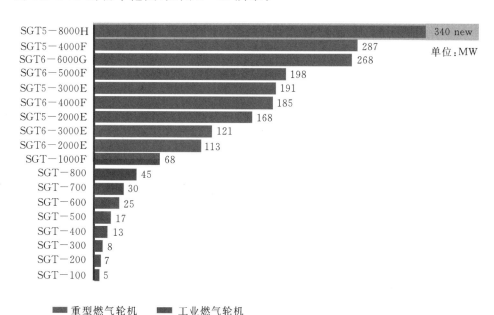

图 1-39　西门子(SIEMENS)燃机[29]

西门子目前 50 Hz 机组最具竞争力的 F 级燃气轮机是 SGT5-4000F 型,

主要的性能数据见表1-8。

SGT5-4000F型燃气轮机压气机采用15级设计,进口导叶可变角度调节。透平4级,采用环形燃烧室。透平4级动叶均为独立叶片,即使是第3级、第4级动叶既不采用叶顶整体围带,也不在叶高中部位置设计整体阻尼拉金或凸台。

西门子开发了联合循环效率超过60%的H型燃气轮机,其中50 Hz机组为SGT5-8000H,60 Hz机组为SGT6-8000H。西门子H型燃机主要的性能数据,见表1-8。

表1-8　西门子SGT5-4000F,SGT5-8000H,SGT6-8000H型燃气轮机主要性能参数

型号	SGT5-4000F[30,31]	SGT5-8000H[32]	SGT6-8000H[33]
燃机单循环功率/MW	307	400	274
燃机单循环热耗/(kJ/kW·h)	9001	8999	8999
燃机单循环效率/%	40	40	40
压比	18.8	19.2	19.5
排气流量/(kg/s)	723	869	604
排气温度/℃	579	627	617
转数/(r/min)	3000	3000	3600
重量/kg	312 000	390 000	286 000
长×宽×高/m	11×4.9×4.9	13.1×4.9×4.9	11.0×4.3×4.3
联合循环净出力*/MW	445	600	410
联合循环净效率*/%	58.7	>60	>60
联合循环净热耗*/(kJ/kW·h)	6133	<6000	<6000

注:*联合循环为一台燃机带一台汽机。

SGT5-8000H型燃气轮机压气机采用13级设计,进口导叶可变角度调节,4级可变角度机构静叶(VGV)。透平4级,采用筒形燃烧室。SGT5-8000H型燃机透平第1级至第3级动叶均为独立叶片,第4级动叶采用叶顶整体围带。

SGT5-8000H型燃气轮机透平动叶结构见图1-40。

1 级动叶　2 级动叶　3 级动叶　　4 级动叶

图 1-40　西门子 SGT5-8000H 型燃气轮机[34]

1.4.5　法国阿尔斯通重型燃气轮机

法国阿尔斯通阿尔斯通公司 2011 年推出的最新升级版 GT26,是该型燃机于 20 世纪 90 年代中期首次推出以来的第四次产品升级。

GT26 型燃机是唯一的拥有顺序(2 级)燃烧的所谓"先进级"燃气轮机。ALSTOM 公司宣称这种独特的燃烧系统使 GT26 既能够提供卓越的 CCPP 性能,同时其氮氧化物和一氧化碳的排放也很低;这使得 KA26 联合循环系统能够在负荷低至 20%(甚至更低)的情况下在线提供全待机热备用能力。在这种低负荷运行状态下,KA26 联合循环系统可以在不到 15 分钟内使 KA26-1(一拖一)配置的功率提升回到超过 350 MW,让 KA26-2(二拖二)配置的功率提升到超过 700 MW。

GT26 燃气轮机其 60 Hz 的姊妹型号燃机是 GT24,较之 GT26 有 1.2 的比例系数,也采用顺序(2 级)燃烧技术,提供了很高的全面性能和运行灵活性,同时排放也很低。到目前为止两种型号燃机已经累积运行超过 470 万小时。

GT26 燃气轮机压气机采用 22 级设计,其中包括提供高的部分负荷性能的 4 级可导向叶片。接下来是第 1 级燃烧室(EV 燃烧室),该燃烧室由环形分布的 EV 燃烧器组成。EV 燃烧室后面是单级高压透平(HP 透平),接下来是第二级燃烧室(SEV 燃烧室),后面是 4 级低压透平(LP 透平),然后是排气室/排气管。采用了焊接整体转子,它是由焊接在一起的铸造轮盘组成。阿尔斯通宣称其转子无需定期维修。

由于燃烧过程被分为了 2 个步骤,因此 1 级燃烧室(EV 燃烧室)能够在约 20%负荷时很快地达到其最佳额定负荷点,这使得燃机有能力在大的负荷范围内降低氮氧化物的排放,并提供稳定一致的排气温度。GT26 的加减载荷主要由第二级 SEV 燃烧室与压气机的可变导向叶片(VGV)的开启来控制。

在满负荷状态下,燃料(气体)流量在 1 级 EV 燃烧室和 2 级 SEV 燃烧室之间被大概 50%/50%对半分配。这种分级燃烧过程的操作概念,能够保证 GT26 在宽负荷范围内提供较高的性能。

表 1-9 为阿尔斯通公司 GT26 和 GT24 燃机主要性能参数。

表 1-9 阿尔斯通公司 GT26 和 GT24 型燃气轮机主要性能参数[35]

型号	GT26	GT24
燃料	天然气	天然气
频率/Hz	50	60
透平转速/(r/min)	3000	3600
总输出功率/MW	326	230.7
总发电效率/%	40.3	40.0
总热耗/(kJ/kW·h)	8933	9000
压气机压比	35.0∶1	35.4∶1
排气流量/(kg/s)	692	505
排气温度/℃	603	597
重量/t	406	230
尺寸(长×宽×高)(m)	12.0×4.9×5.5	10.7×4.0×4.6
备注	可使用双燃料燃烧器	可使用双燃料燃烧器

1.4.6　我国重型燃气轮机发展现状

目前,世界上运行最成功、销售量最大的是各大公司生产制造的 F 级重型燃气轮机。由于历史原因,我国至今没有掌握具有自主知识产权的重型燃气轮机的设计与制造技术。"十五"期间,我国开始重视发展燃气轮机联合循环发电,进行了三次捆绑招标,引进美国通用电气、德国西门子和日本三菱三种 F 级大功率单轴机组共 54 套,总装机容量达 20000 MW。目前,F 级重型燃气轮机在国内装机数量已超过一百台。

对于高科技含量的 F 级重型燃气轮机的研制,东汽和日本三菱合作,哈汽和美国 GE 联手,上汽与西门子并肩而战,几乎越过 E 型机而直奔 F 级燃机。表 1-10 为我国燃机打捆招标第一捆引进的三种 F 级重型燃气轮机性能数据表。

表 1-10　我国燃机打捆招标第一捆引进的三种 F 级重燃性能数据*

燃机型号	V94.3A	MS9001FA	M701F3
功率/MW	265	255.6	270
单循环效率	38.5	36.7	38.2
压比	17:1	15.4:1	17:1
压气机流量/(kg/s)	—	624	651
转速/(r/min)	3000	3000	3000
排气温度/℃	584	609	586

注:*表中数据来自公开资料。

南京汽轮电机(集团)有限责任公司与 GE 组成的联合体,也启动了 9E 系列大型燃气轮机国产化项目。哈汽与阿尔斯通合作生产 GT13E2 型重型燃机。

"十五"捆绑招标以市场换取技术,只限于部分制造技术,没有引进核心设计技术和关键的制造技术。发达国家把燃气轮机看成是国家综合国力的尖端技术,极端封锁,实行垄断,我国至今仍没有掌握重型燃气轮机核心设计、制造技术,与国外的差距很大。

参考文献

［1］ 沈维道,郑佩芝,蒋淡安. 工程热力学［M］. 2 版. 北京:高等教育出版社,1983.

［2］ Niclas Falck. Axial flow compressor mean line design ［D］. Lund University, Sweden,2008.

［3］ 舒士甄,朱力,柯玄龄,等. 叶轮机械原理［M］. 北京:清华大学出版社,1991.

［4］ 王仲奇,秦仁. 透平机械原理［M］. 北京:机械工业出版社,1991.

［5］ Meherwan P. Boyce. Gas turbine engineering handbook ［M］. Fourth Edition. UK:Butterworth-Heinemann,2012.

［6］ Han J C, Dutta S, Ekkad S. Gas turbine heat transfer and cooling technology ［M］. 2nd ed. New York:CRC Press.

［7］ Brooks F J. GE gas turbine performance characteristics. Ref. No. GER-3567H. GE Power Systems,Schenectady,NY.

［8］ 羽田哲等. 世界初の1600℃級 M501J ガスタービンの実証発電設備における検証試験結果. 三菱重工技報 Vol. 49 No. 1（2012）新製品刃新技術特集.

［9］ Yuri M, Masada J,Tsukagoshi K,et al. Development of 1600°C-class high-efficiency gas turbine for power generation applying J-type technology. Mitsubishi Heavy Industries Technical Review Vol. 50 No. 3（September 2013）.

［10］ SIEMENS. The SGT5-8000H — tried,tested and trusted.
http:// www. energy. siemens. com/hq/pool/hq/power-generation/gas-turbines/SGT5-8000H/downloads/SGT5-8000H_brochure. pdf.

［11］ General Electric. 9HA Gas Turbine World's Largest,Most Efficient Gas Turbine.
http:// efficiency. gepower. com/pdf/GEA31097％209HA_Gas_Turbine_FINAL. PDF.

［12］ General Electric. 7HA Gas Turbine World's Largest,Most Efficient Gas Turbine.
http:// efficiency. gepower. com/pdf/GEA31098％207HA_Gas_Turbine_FINAL. PDF.

［13］ http:// www. engsoft. co. kr/Prof_BELee/GT_Edu_Material/C2_GT-Tech. pdf.

［14］ Pollock T M, Tin S. Nickel-based superalloys for advanced turbine engines:chemistry, microstructure,and properties ［J］. Journal of Propulsion and Power,Vol. 22, No. 2, March—April 2006.

［15］ Schilke P W. Advanced gas turbine materials and coatings. GE Energy.
http:// site. ge-energy. com/prod_serv/products/tech_docs/en/downloads/ger 3569 g. pdf.

［16］ Han J C and Ekkad S. Recent development in turbine blade film Cooling ［J］. International Journal of Rotating Machinery,2001,7(1):21－40.

［17］ Giovanni Cerri,et al. Deliverable 3. 3. 4 preliminary turbine cooling requirement. http:// www. h2-igcc. eu/Pdf/SP3％20-％20D3. 3. 4％20Preliminary％20Turbine％20Cooling％

20Requirement. pdf.

[18]　Han J C and Rallabandi A P. Turbine blade film cooling using PSP technique. Frontiers in Heat and Mass Transfer (FHMT), 1, 013001 (2010)

[19]　纪小健, 李辉, 栗卓新, 等. 热障涂层的研究进展及其在燃气轮机的应用 [J]. 燃气轮机技术, 2008, 21(2): 7 - 11.

[20]　Clarke D R, Oechsner M, and Padture N P, et al. Thermal-barrier coatings for more efficient gas-turbine engines.
http://clarke. seas. harvard. edu/sites/default/files/MRS_Bulletin_TBCs. pdf.

[21]　Padture N P, Gell M, Jordan E H. Thermal barrier coatings for gas turbine engine applications [J]. Scicnce, 2002, 296(5566): 280 - 284.

[22]　9FA 燃机介绍_百度文库, wenku. baidu. com/view/4753fbf9700abb68a982fb52. html.

[23]　http://www. gasturbineworld. com/ge-7ha. html.

[24]　http://www. ge. com/sites/default/files/ge_mark_little_presentation_061411_0. pdf.

[25]　http://files. asme. org/asmeorg/Communities/History/Landmarks/12280. pdf.

[25]　安威俊重, 正田淳一郎, 伊藤 栄作. J 形ガスタービン技術を適用した高効率/高運用性ガスタービン M701F5 形の開発. 三菱重工技報 Vol. 51 No. 1 (2014) 新製品刃新技術特集.

[26]　https://www. mhi-global. com/company/technology/review/pdf/e462/e462031. pdf.

[27]　https://www. mhps. com/en/products/pdf/H480-48GT28E1-B-0. pdf.

[28]　https://www. mhi. co. jp/technology/review/pdf/e503/e503001. pdf.

[29]　https://www. swe. siemens. com/italy/web/pw/press/News/Documents/SGT5-8000H_benefits. pdf.

[30]　http://www. energy. siemens. com/hq/en/fossil-power-generation/gas-turbines/sgt5-4000f. htm#content＝Technical％20data.

[31]　http://www. energy. siemens. com/hq/pool/hq/power-generation/gas-turbines/SGT5-4000F/Siemens-SGT5-4000F-Gas-Turbine-Poster. pdf.

[32]　http://www. energy. siemens. com/hq/en/fossil-power-generation/gas-turbines/sgt5-8000h. htm#content＝Technical％20data.

[33]　http://www. energy. siemens. com/hq/en/fossil-power-generation/gas-turbines/sgt6-8000h. htm#content＝Technical％20data.

[34]　http://www. energy. siemens. com/hq/pool/hq/power-generation/gas-turbines/SGT5-8000H/gasturbine-sgt5-8000h-brochure. pdf.

[35]　http://www. alstom. com/Global/Power/Resources/Documents/Brochures/gt24-and-gt26-gas-turbines. pdf.

第2章 重型燃气轮机叶片的结构

2.1 压气机叶片的结构

2.1.1 压气机静叶

压气机静叶的功能是把压气机动叶作用在气流上的动能部分转变为压力能,提高气体静压,同时使气流按设计要求折转一定角度以适应下级动叶的入口。与动叶要承受离心力不同,压气机静叶工作时,只承受气流作用力,强度上问题不大,但由于压气机叶片的展弦比一般较小,且叶片厚度薄,容易在气流力的激振作用下产生振动,甚至共振;虽然压气机静叶承受的前后压差较小,也要考虑静叶的变形,防止动静碰摩。

早期的压气机静叶片多是直叶片设计,叶高方向各截面形状相同(图2-1(a)),加工简单方便。近年来,国际上已经在压气机气动设计上取得了

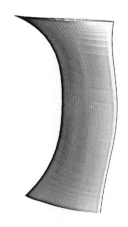

(a)直静叶片　　　　　(b)弯曲静叶片

图2-1　压气机静叶叶身[1]

重大突破,三维设计已普遍应用于压气机叶片设计,变截面、端弯设计的静叶(图2-1(b))已应用较普遍。

压气机静叶片为非旋转部件,安装在气缸上。由于习惯和传承,不同公司有不同安装方式。一般有四种装配形式:①悬臂式静叶装配方式;②内外环装配式静叶环;③内外环焊接式静叶环;④可变机构静叶。

1.悬壁式静叶装配方式

悬壁式静叶装配方式是在气缸内壁上加工出静叶叶根槽,将静叶一片一片按序直接推进叶根槽,然后预紧固定,就单只静叶片而言,就是一个悬臂梁。这种装配形式如图2-2所示。阿尔斯通公司 GT26 型燃机压气机静叶片就采用这种装配方式,见图2-3。GE 公司的 7F 系列燃机(图2-4)压气机静叶安装也是这种设计。

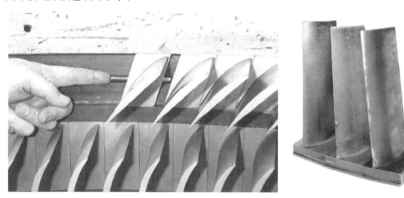

图 2-2　压气机单只静叶直接装配在气缸上[2,3]

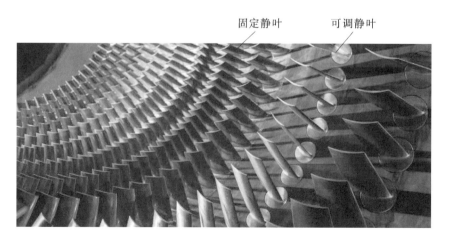

固定静叶　　可调静叶

图 2-3　阿尔斯通公司 GT26 燃机压气机静叶装配在气缸上[4]

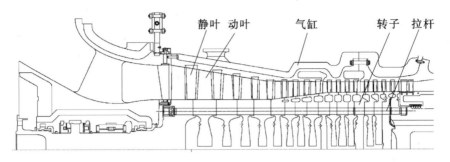

图 2-4　GE 公司 7F 燃机压气机[5]

压气机静叶由于受力较小，与气缸叶根槽配合的叶根型式较简单，每家公司有自己的设计规范，不过叶根多采用 T 形倒钩型式，见图 2-5。

对于稠度较小的叶片列，为了减少叶片毛坯锻件尺寸、降低成本、减小加工难度，会在两只静叶之间设计隔叶块（也叫做间隔块），隔叶块既有沿轴向平行切割方式，也有沿斜向切割方式，如图 2-5 所示。

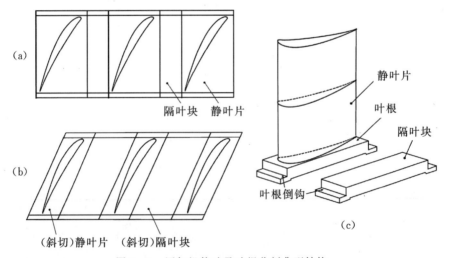

图 2-5　压气机静叶及叶根分割典型结构

悬臂式静叶安装结构，往往叶片的刚性较差，在气流的激振作用下，不断做高频微幅振动，会引起静叶或隔叶块叶根倒钩磨损，甚至失效脱落，严重的会造成压气机动、静叶片大面积损毁的恶性事故。

为此，人们设计了如图 2-6 所示的静叶栅外环，在外环上加工叶根槽，安装加工有叶根的静叶，在外环两侧加工倒钩，再与气缸装配。这种结构有效地提高静叶抵抗气流激振作用能力。外环的倒钩是分段整体，刚性比单只静叶增强了很多。这种结构也不再使用隔叶块,减少了事故发生的概率,增加了结构的可靠性。

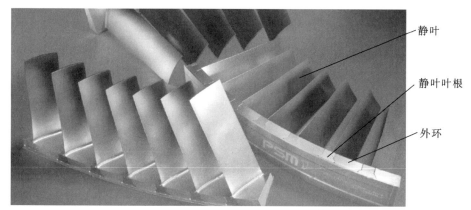

图 2-6　带整体外环压气机静叶栅[6]

2. 内外环装配式静叶环

悬臂式静叶片由于相邻的静叶都是独立的,叶片固有频率低,抵御振动能力差。为了解决这个问题,增加静叶片约束,消除或减小切向振动,设计增加了静叶内环结构,通过装配形成具有内外环的整体装配式静叶环,如图2-7所示。

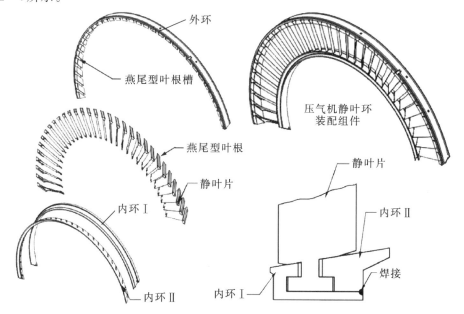

图 2-7　西门子公司装配式压气机静叶环[8]

　　为了适用于具有中分面剖分结构的燃气轮机压气机气缸,静叶环分为上、下两半(180°),图2-7结构仅表示了一半,这种结构由外环、静叶片、两个内环(I,II)以及一些装配附件组成。单只静叶片叶顶部位采用燕尾形叶根,叶根部位加工成T型止口,与内环I、内环II装配,内环I,II之间采用焊接或螺栓拧紧方式连接,形成整体结构。有时,还会在内环I内径表面加工出气封齿。静叶环沿周向装入气缸或静叶持环的静叶槽内,在水平中分面位置采用止动压板或止动螺钉限制静叶环周向滑移。

　　西屋公司的外环仍采用T形叶根,如图2-8所示。这种静叶环也沿周向装入气缸或静叶持环槽内。为了便于装配,对于直径较小的静叶环,采用中分面剖分为180°上下两半结构;对于直径较大的静叶环,往往将半幅静叶环又沿圆周方向分为多个扇形段。

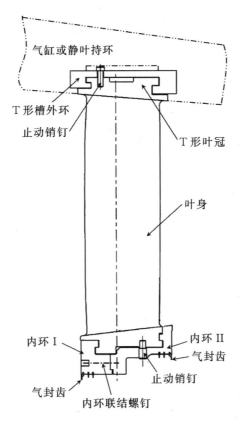

图2-8　西屋公司内外环整体装配压气机静叶栅

3. 内外环焊接式静叶环

采用焊接的方式可以将内、外环与静叶的连接刚性大大加强。一种焊接方式是内外环由锻造或钢板弯制成环形,精加工气道面,在内外环上用激光切割或线切割加工型线孔,与具有相同型线形状端部的静叶片装配在一起,然后将静叶两端部与内外环焊接在一起。

第二种焊接方式是采用真空 EBW 焊接(Electronic Beam Welding,电子束焊接)或钎焊。

真空 EBW 焊接是首先单独加工带有整体叶顶、叶根围带的静叶片,叶身型线部分、气道部分精加工,叶顶、叶根围带带有一定精加工余量,将这些叶片按整圈静叶环顺序拂配成环,在真空室中采用电子束使叶顶、叶根围带自熔而相互焊接在一起,最后精加工叶冠与气缸静叶槽装配接口、叶根气封齿,如图 2-9 所示。

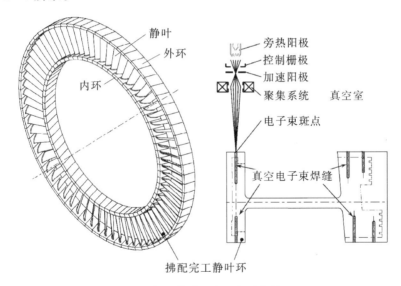

图 2-9　压气机静叶环真空电子束焊(EBW)

钎焊静叶片加工方式与真空电子束焊相同,只是在静叶拂配面上敷上钎焊料,在真空钎焊炉中高温令钎料熔化,冷却后就使叶片间连接面粘接在一起了,最后完成精加工工序。

4. 可变机构静叶

可变机构静叶(Variable Geometry Vanes,VGV),又称为可调静叶、可变角度静叶、可转导叶等等。从功能上讲,它又有两种区别。一种是进口可变机构导叶(Inlet variable mechanism Guide Vane,IGV),另一种是动叶后的静叶,则采用 VGV 的说法。虽然它们都具有改变气流方向,在一定程度上保持下游相邻级动叶入口冲角不变,避免气流分离,防止失速和喘振发生的功能,但 IGV 没有气流扩压的功能,VGV 则要承担增扩压的功能。

IGV 可以减少压气机入口空气流量,在燃机启动时,减少压气机耗功从而减少燃机启动耗功;在联合循环部分负荷运行时,减少压气机流量,减少燃机透平进口温度下降程度,从而减少整个联合循环的效率下降。发电用重型燃气轮机目前多使用 IGV。

随着燃机初参数越来越高,压气机压比越来越大。压气机在启动升速阶段变工况运行不匹配问题越来越突出,要扩大压气机稳定运行范围,不仅需要设计 IGV,同时要在前几级静叶设置 VGV,通过它们的协调控制,才能保证压气机顺利地启动升速至设计转速。

图 2-10 显示了压气机进口可变导叶(IGV)与可变机构静叶(VGV)装配图。IGV 装在压气机第 1 级动叶前,VGV 则装在前几级动叶后。

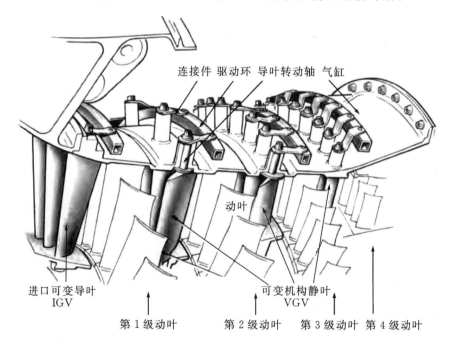

图 2-10　压气机进口可变导叶(IGV)与可变机构静叶(VGV)[10]

图 2-11 中的连接件和驱动环,有的公司也采用组合齿轮驱动代替。导叶驱动轴由于需要穿过气缸,产生漏气,采用套筒盘根进行密封,同时要保证

较小的摩擦力以便于驱动机构带动导叶旋转。同一列的静叶转动角度应相同,要依靠联动驱动装置实现。

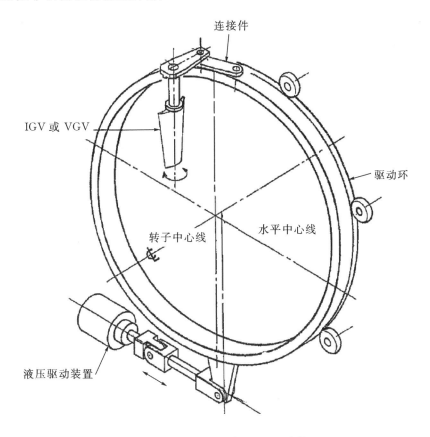

图 2-11　压气机 IGV 或 VGV 驱动装置

可变机构静叶如果需要带有内环,其内环设计与图 2-8 基本相同,内环Ⅰ与内环Ⅱ之间采用螺栓装配结构,静叶根部被两内环夹持部位为圆柱形状,两内环该部位为双半圆孔,每一个半圆孔位于一侧内环上。

2.1.2　压气机动叶

动叶是压气机实现对气体做功、决定压气机的性能的关键部件,要求具有良好的气动性能;它不仅要承受高速旋转的离心力作用,还要承受气体的反作用力,因此必须要有高的机械强度性能,并避免受气体激励作用发生共振。当代重型燃气轮机压气机没有采用整体轮盘,动叶多以单只的独立形式装配。重型燃机压气机(F 级以上)动叶上也很少采用顶部整体围带或中间拉金的结构。

　　压气机动叶型线较薄,折转角 θ 较小。动叶片如图 2-12 所示,通常包括叶身(型线部分)和叶根。动叶型线截面沿叶高方向通常都采用扭转积叠,以适应来流方向冲角,提高气动性能。

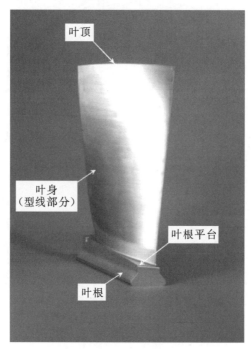

叶顶

叶身
(型线部分)

叶根平台

叶根

图 2-12　压气机动叶[11]

　　由于气动设计的需要,压气机动叶各个高度的弦长和厚度"埃菲尔铁塔"效应并不明显,即弦长沿高度方向减小不明显,厚度沿高度方向减薄不明显。但叶片各个截面型线积叠中心线可以在不影响气动性能的条件下,与重心线偏离一定角度,使叶片工作离心力可以抵消一部分气流弯曲力,减少叶片所承受的总应力。

　　由于压气机动叶宽而薄,其总的离心力相对于透平或蒸汽轮机叶片离心力小,其叶根较为简单。

　　一般重型燃气轮机压气机采用一对单齿的燕尾形叶根即可。燕尾形叶根既可采用轴向装配的方式,也可采周向装配的方式。

　　压气机动叶采用轴向装配的典型结构如 GE 公司 7HA 型燃机压气机第一级动叶,如图 2-13 所示。

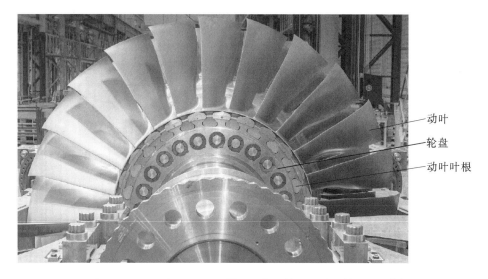

图 2-13　GE 公司 7HA 型燃机压气机第一级动叶轴向装配[13]

　　采用轴向装配的动叶轴向定位方式主要采用定位锁块结构（图 2-14）；也有在叶轮或叶片叶根端部加工冲铆边沿进行冲铆定位（图 2-15）；对于采用无内环静叶栅设计压气机，转子外表面是组成光滑气道的一部分，则不需要设计专门的动叶定位结构，而是由相邻转子轮盘接触面相互靠紧定位，GE公司大部分压气机级采用此种设计。压气机动叶也有采用周向装配结构。

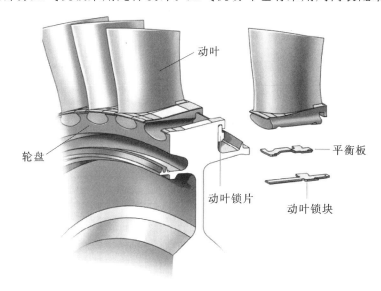

图 2-14　压气机动叶轴向装配方式[15]

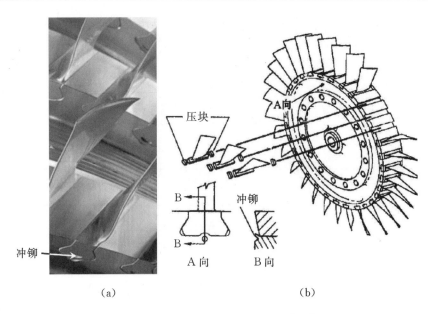

（a）　　　　　　　　　　　　　（b）

图 2-15　压气机动叶轴向装配方式[15,16]

2.2　高温透平叶片的结构

2.2.1　透平静动叶的布置

　　由于冷却设计理念的不同,各个公司燃气轮机高温透平结构呈现很多不同的特点。虽然高温透平仅为 3～4 级设计,但它却集中了最好性能的材料、抵抗高温的热障涂层(TBC)、复杂的冷却设计、高效率的气动设计,是每一家燃机公司最杰出设计与制造能力的体现。

　　燃气轮机透平动静叶片都采用镍基或钴基高温合金精密铸造,甚至采用定向结晶或单晶技术。设计比压气机动静叶片复杂很多。要了解它们的设计理念,有必要对世界主流燃气轮机高温透平的总体结构进行初步的了解。

　　图 2-16 是 GE 公司 7FB 重型燃气轮机高温透平剖面图。7FB 高温透平采用三级设计,透平第 1 级静叶是由压气机排气直接冷却,第 2,3 级静叶是由通过 I,II 冷却空气腔室供气冷却。透平第 1 级动叶由压气机排气直接冷却,第 2,3 级动叶采用由冷却腔室 VI,VII 冷却空气冷却或密封。透平静叶通过 8,9,10 隔热环与气缸连接,分别挂在气缸上形成两个 180°的静叶环,静

叶环根部通过止口连接密封环 12,13,14,形成转子表面之间的级间气封。每级动叶有单独的轮盘,轮盘间有定位盘。这些轮盘通过盘间短拉杆连接整体形成透平转子,透平短拉杆呈周向分布。

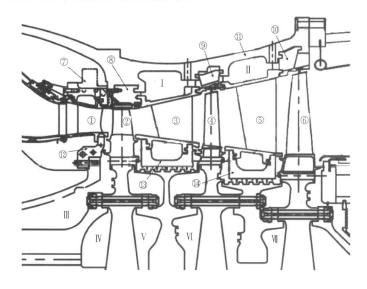

图 2-16　GE 公司 7FB 燃气轮机高温透平[17]

1—透平第 1 级静叶;2—透平第 1 级动叶;3—透平第 2 级静叶;4—透平第 2 级动叶;5—透平第 3 级
静叶;6—透平第 3 级动叶;7—透平第 1 级静叶持环;8—透平第 1 级隔热环;9—透平第 2 级隔热环;
10—透平第 3 级隔热环;11—透平气缸;12—透平第 1 级静叶支撑密封环;13—透平第 2 级静叶密封
环;14—透平第 3 级静叶密封环;Ⅰ,Ⅱ,Ⅲ,Ⅳ,Ⅴ,Ⅵ,Ⅶ—冷却空气腔室或通道

　　图 2-17 为三菱重工 M701G2 重型燃气轮机高温透平剖面图。高温透平采用四级设计方案,透平第 1 级静叶是由压气机排气直接冷却,第 2,3,4 级静叶是由通过 Ⅰ,Ⅱ,Ⅲ 冷却空气腔室供气冷却。压气机排气抽出到气缸外部冷却后通过冷却腔室 Ⅳ,Ⅴ,Ⅵ,Ⅶ 送到透平第 1,2,3,4 级动叶进行冷却或密封。每一级静叶有单独的静叶外环,透平静叶通过 13 隔热环与静叶外环装配,再与气缸连接,形成两个 180°的整体静叶环,静叶环根部通过止口连接密封环 14,15,16,17,形成转子表面之间的级间气封。每级动叶采用单独的轮盘。透平轮盘通过周向分布的拉杆拉压形成整体透平转子,轮盘间接触传扭由端面弧形齿承担。

　　SIEMENS 公司 V94.3A 型燃气轮机高温透平也采用四级设计方案。透平气缸设计不同于 GE 公司、三菱公司,透平气缸采用大圆钢筒焊接而成,在气缸中安装一个整体式的透平静叶持环,所有 4 级静叶直接通过安装止口装

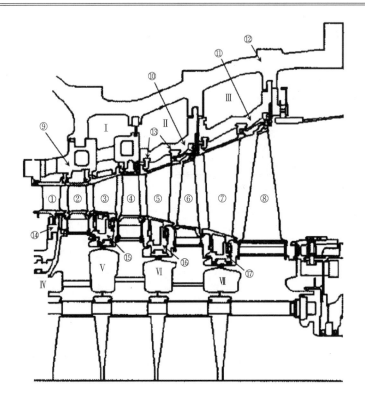

图 2-17　三菱重工 M701G2 燃气轮机高温透平[18]

1—第 1 级静叶;2—第 1 级动叶;3—第 2 级静叶;4—第 2 级动叶;5—第 3 级静叶;6—第 3 级动
叶;7—第 4 级静叶;8—第 4 级动叶;9—透平第 1,2 级静叶持环;10—透平第 3 级静叶持环;11—
透平第 4 级静叶持环;12—透平气缸;13—透平第 3 级隔热环(其它各级同);14—透平第 1 级静叶
支撑密封环;15—透平第 2 级静叶密封环;16—透平第 3 级静叶密封环;17—透平第 4 级静叶密封
环;Ⅰ,Ⅱ,Ⅲ,Ⅳ,Ⅴ,Ⅵ,Ⅶ—冷却空气腔室或通道

在静叶持环上。为了隔离不同压力的冷却空气,在静叶持环与透平气缸之间
装配有弹性密封板。透平轮盘与压气机轮盘采用一根中心拉杆拉压形成拉
杆式组合转子。

　　图 2-18 为 ABB 公司 GT8 燃气轮机高温透平。GT8 透平与 GT26 低压
透平设计理念一脉相承。透平静叶与气缸装配关系与西门子公司 V94.3A
透平相似,也采用一个整体的静叶持环,所有静叶直接与持环装配。透平转
子采用焊接转子,因此静叶根部的密封环设计与前三家公司迥然不同。

　　通过以上 4 家公司高温透平的不同总体结构图对比分析,可基本了解到
当代主要厂商透平静叶和动叶不同的结构特点。

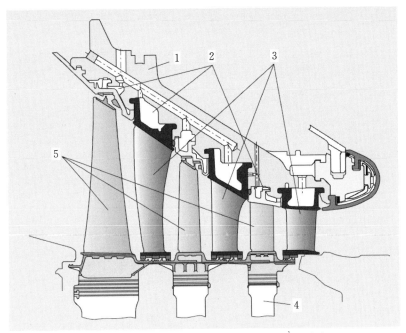

图 2 - 18　ABB 公司 GT8 燃气轮机高温透平[19]
1—气缸;2—隔热环;3—静叶;4—轮盘;5—动叶

2.2.2　高温透平静叶

透平第 1 级静叶是透平中承受工作温度最高的部件。随着透平进口温度节节攀升,透平第 1 级静叶冷却结构设计已从简单空心通道、多孔通道对流冷却发展到采用内部复杂冷却冲击插件强化冲击冷却、对流冷却和全气膜覆盖冷却复合冷却技术。

当透平进口温度达到 1250 ℃左右时,已全部采用复杂结构。如图 2 - 19 所示为三菱重工透平第 1 级静叶冷却设计结构的发展变迁。

F 级燃机透平进口温度提高到 1450 ℃以上,静叶内部结构明显变得复杂起来,继续采用三段式内部冷却插件。但内部冲击冷却已不能使前缘驻点温度下降到金属允许工作温度范围内,所以采用喷淋气膜冷却(Shower head cooling)。这种冷却是气膜冷却在叶型前缘应用的特殊形式,它利用冷却空气高于主流燃气的压力,由气膜孔向外逆对着主流燃气来流方向喷射冷却空气,在主流燃气的挤压作用下在前缘驻点附近形成一层厚实的冷却气膜,具有良好的隔热保护作用。在叶顶和叶根平台,对流冷却也已不能满足要求,

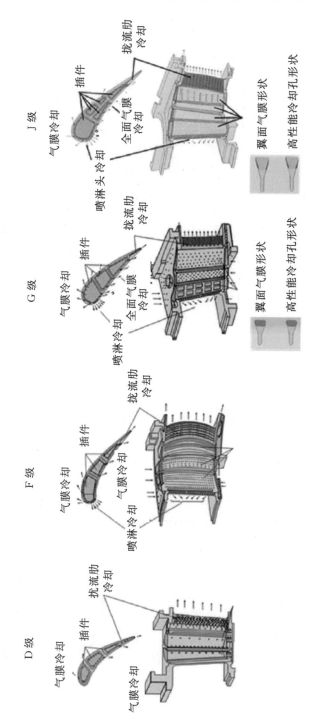

图 2 - 19　三菱重工第 1 级静叶冷却结构变迁[20]

所以在叶顶平台外径面和叶根平台内径面上设计增加了冲击冷却盖板,使进入静叶内部的冷却空气首先要通过这些冲击冷却孔先对叶顶和叶根平台进行一次冲击冷却后再进入静叶内部完成其它冷却功能。

通常情况下,受制于多种因素限制,包括精密铸造设备能力、技术能力、质量控制、热膨胀因素、安装维护等,F级以上重型燃机透平第1级静叶多采用单只浇铸,再经过机械加工、喷涂热障涂层、流量试验等工序,最后整圈装配在静叶持环或气缸上,如图2-20所示。每一只静叶与相邻静叶之间装配有密封片,防止冷却空气泄漏,也防止高温燃气倒灌。

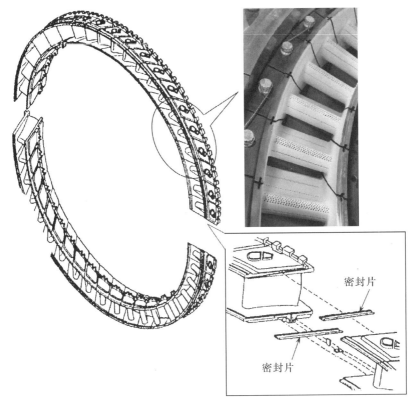

图2-20 透平第1级静叶环装配[21]

图2-21是三菱重工M701G2透平第1级静叶详细结构图,可以看见静叶进气侧上下叶冠、叶根部位设计有与燃烧器接配止口,出气侧叶冠部位有与第1级动叶顶部密封环接配止口。叶身部位,采用三段式内部冷却插件,插件与叶片金属内壁间形成冲击冷却夹层。静叶尾缘部位由于厚度薄,无法使用冲击冷却手段,因此采取了强化对流冷却措施,采用扰流肋和扰流柱复

合结构,扰流肋另一个重要任务是加强静叶尾缘出气边强度。冷却气体在完成叶身部位冲击冷却后,进入尾缘扰流区,加速向外喷射。气流速度提高加上结构的紊流特性,提高了雷诺数,也就提高了表面换热系数,得到了提升的冷却效果。叶冠顶部和叶根底部设计了冲击冷却盖板,保证了对叶片上下平台的冷却。与相邻静叶接配位置设计了密封片槽,便于密封片的装配。同时在与相邻静叶接配部位设计了冷却空气孔,引入一部分冷却空气,避免高温燃气逆流入金属部件间隙,也起到了冷却保护作用。

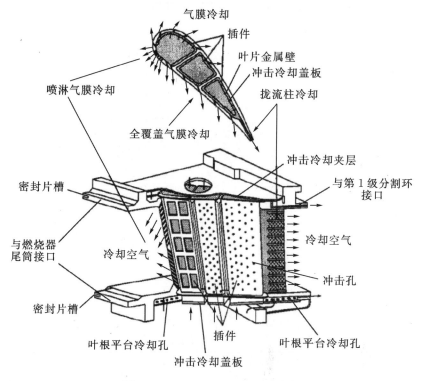

图 2-21　M701G2 第 1 级静叶[22]

　　GE 公司 7FB 燃机透平第 1 级静叶模型见图 2-22。西门子公司 F 级透平第 1 级静叶见图 2-23。阿尔斯通公司 GT26 重型燃机低压透平第 1 静叶见图 2-24。

　　透平第 2 级静叶冷却结构相对简单一些(图 2-25)。气膜冷却在透平第 2 级静叶减少使用;静叶内部仍采用冲击冷却插件或采用带肋蛇形通道,强化内部换热;尾缘仍采用扰流肋、扰流柱强化对流换热,最后由尾缘劈缝喷射强化换热。

图 2-22　GE 公司 7FB 透平第 1 级静叶[4]

图 2-23　西门子公司 F 级透平
第 1 级静叶[23]

图 2-24　阿尔斯通公司 GT26 低压透平第 1 级静叶[24]

在条件允许的情况下,也有 F 级燃机采用多只一组精密浇铸,如 GE 公司 MS6001FA 第 3 级静叶全部采用多只浇铸,第 1 级静叶为 2 只一组,第 2 级静叶为 2 只一组,第 3 级静叶为 3 只一组。

透平第 3 级静叶燃气温度仍超过金属允许工作温度,还需要空气冷却,但只需要简单内部插件冲击冷却或带扰流肋或柱内部简单通道就能满足冷却需要。GE 公司多数透平设计采用 3 级,其第 3 级燃气温度高于其它相同

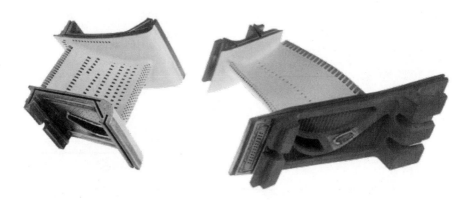

图 2-25 西门子公司 V64.3A 燃机透平第 1 级静叶与第 2 级静叶[25]

级别燃机透平进气温度,因此图 2-26 中透平第 3 级静叶冷却结构稍微复杂一些。一般燃机透平第 4 级静叶已经不需要冷却,但为了输送压气机低压抽气至第 3,4 级轮盘腔室进行转子表面冷却和密封,就在第 4 级静叶中铸造简单通孔使用,冷却作用也有利于提高第 4 级静叶的使用寿命。

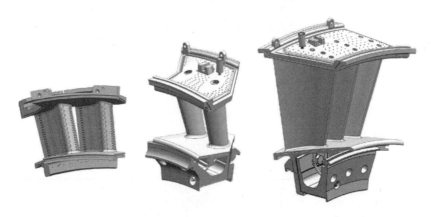

图 2-26 GE公司 MS6001FA 燃机透平第 1,2,3 级静叶[26]

为了解决温差和热应力的问题,燃机高温透平静叶最后都以装配的方式与静叶持环或气缸、密封环等形成静叶环整体(叶栅喷嘴),与燃机气缸总装,如图 2-27 所示。

因为在高温腐蚀环境下工作,燃机静叶都要采用高温热障涂层或防腐涂层。目前主要做法是,F 级燃机透平第 1,2 级静叶表面采用"底层防腐涂层＋表层热障涂层",第 3,4 级静叶只在表面采用防腐涂层。

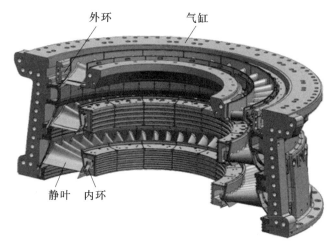

图 2-27　装配完成的透平静叶持环[28]

2.2.3　高温透平动叶

透平动叶是燃机中极限能力部件,承受高温和离心力等复合载荷作用,是决定燃机寿命的关键部件。

当今主要的燃气轮机透平动叶都采用枞树形叶根与透平轮盘连接装配在一起。枞树形叶根承载能力强,在隔热保护轮缘方面也有优势。

从图 2-28 中 GE 公司 9FA 燃机透平第 1 级动叶外形可以看出,为了有效地隔断高温燃气对轮盘的影响,动叶采用了长柄枞树形叶根,形成热障,这是与蒸汽轮机动叶采用枞树形叶根不同的地方。

透平动叶主要由枞树形叶根部分、加长中间体、叶身型线部分组成。轮盘枞树形叶根槽是动叶冷却空气通道,冷却空气由此进入叶片枞树形叶根中的孔,被输送到叶片各个部位进行冷却,完成冷却任务的冷却空气由叶顶、叶身、叶根平台、叶根间空腔、叶根槽间隙等位置流入到主流燃气混合弥散。

透平第 1 级动叶是燃气轮机结构的重中之重,它的成功设计对于燃气轮机具有重要意义。图 2-29 是三菱重工重型燃气轮机透平第 1 级动叶冷却结构发展过程。可以看出,三菱重工燃机从 F 级到 J 级,透平第 1 级动叶都采用长柄枞树形叶根结构。由于受离心力作用,动叶内部没有与静叶一样使用内部冲击冷却插件。1450 ℃ 等级的 F 级燃机第 1 级动叶内部采用七回路蛇形通道,通道设计有平行扰流肋以提高叶片内腔表面对流换热强度。叶片前缘

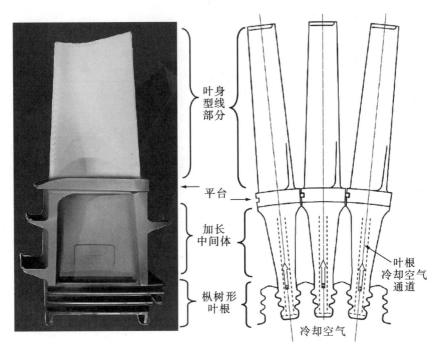

图 2-28 燃机透平动叶枞树形叶根[29]

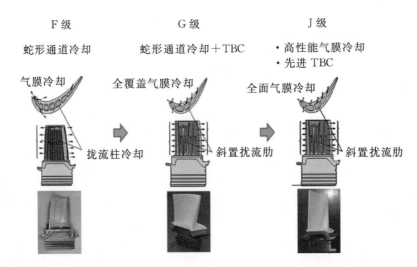

图 2-29 三菱重工燃机透平第 1 级动叶冷却结构变迁[30]

采用竖排布置的喷淋气膜冷却孔,叶片压力面和吸力面布置有气膜冷却孔。叶片尾缘采用扰流肋、扰流柱复合强化对流换热措施,尾缘冷却空气喷射槽加速冷却空气流动,提高冷却空气流动紊流度,提高对流换热系数。叶顶设有冷却空气排屑孔,用于排除冷却空气中沉积的杂质。

图 2-30 为阿尔斯通公司 GT26 燃机低压透平第 1 级动叶装在轮盘上的情形。GT26 燃机低压透平第 1 级动叶内部采用九回路蛇形通道冷却设计,叶片前缘布置有三排喷淋气膜冷却孔,背弧(吸力面)布置有四排气膜冷却孔,内弧(压力面)布置有两排气膜冷却孔,尾缘喷射孔采用无盖板设计。

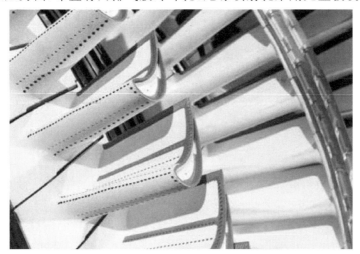

图 2-30　阿尔斯通公司 GT26 燃机低压透平第 1 级动叶[4]

西门子公司 F 级燃机透平第 1 级动叶采用了先进的矩阵冷却技术,详见图 2-31。

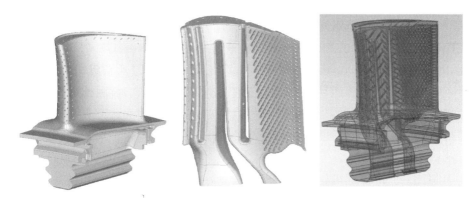

图 2-31　采用矩阵冷却(Matrix cooling)结构的透平动叶[32]

透平动叶精密铸造是集高精技术一体的制造技术。精密铸造透平第 1 级动叶实物,见图 2-32。

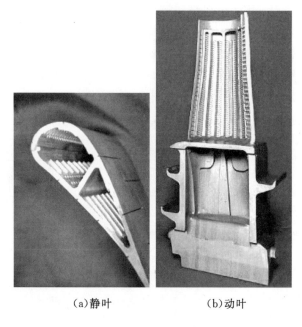

(a)静叶　　　　　　　(b)动叶

图 2-32　精密铸造透平动叶实物解剖[33]

透平第 2 级动叶工作温度较低,其冷却结构也就相对简单一些,减少了表面气膜冷却孔的使用,内部仍采用蛇形冷却通道。透平第 2 级动叶与第 1 级外形见图 2-33。

F 级以上重型燃机透平,三菱重工和西门子公司是采用 4 级设计,GE 公司采用 3 级设计,阿尔斯通公司采用 1 级高压和 4 级低压设计。

对于透平第 1,2 级动叶由于叶片高度较小,截面较大,一般都采用自由叶片设计,如三菱重工 F 级到 J 级所有燃机透平第 1,2 级,GE 公司 9FA 第 1 级,阿尔斯通公司 GT26 高压级和低压第 1 级。透平的其它级,即低压级动叶,工作温度下降,冷却结构简单甚至不需要,体积流量大,因此叶片展弦比都较大,叶片截面较小。这些叶片采用自由叶片设计在振动问题难以调开固有频率,所以均采用了自带叶冠,形成整体围带自锁阻尼结构,如图 2-34 所示。

GE 公司 6FA 燃机三级透平动叶设计,第 2,3 级动叶均采用此种自带冠整体围带结构设计。透平第 3 级动叶虽然工作温度没有透平第 1,2 级温度高,但需进行一定程度的冷却。透平第 3 级动叶由于叶片较高,叶片扭曲较大,一般采用简单多孔冷却方式。如 GE 公司 9FA 燃机透平第 3 级动叶采用

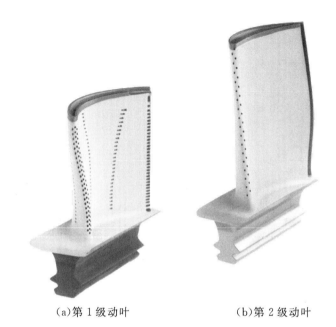

（a）第 1 级动叶　　　　　　　（b）第 2 级动叶

图 2-33　V64.3A 燃机透平第 1 级动叶和第 2 级动叶[34]

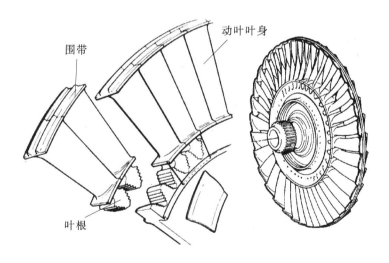

图 2-34　整体围带长叶片结构设计[35,36]

STEM(Shaped Tube Electro-chemical Machining)先进技术钻削加工冷却孔。

　　西门子公司 F 级第 1,2,3,4 级动叶均采用自由叶片设计。三菱重工 F 级燃机透平转子及叶片如图 2-35 所示。

图 2-35 三菱重工 F 级燃机透平转子及叶片[40]

参考文献

[1] Dorfner C, Nicke E, Voss C. Axis-asymmetric profiled endwall design by using multiob-jective optimisation linked with 3D RANS-Flow-Simulations [C]. ASME Turbo Expo 2007: Power for Land, Sea, and Air. 2007: 107 - 114.

[2] http: // www. combinedcyclejournal. com/webroot/1Q2007/107，％20p％2072-92％20 CTOTF. pdf.

[3] http: // combinedcyclejournal. com/3Q2009/309-20p2-30. pdf.

[4] http: // www. alstom. com/Global/Power/Resources/Documents/Brochures/gt26-gas-tu rbine-mxl-upgrade. pdf.

[5] http: // site. ge-energy. com/corporate/network/downloads/F％2520 Upgrades. pdf.

[6] http: // psm. com/PDF/update/7FAS0S4CompStator-60 Hz. pdf.

[7] http: // www. turbinepartsrepair. com/turbine-parts-and-turbine-parts -repair.

[8] http: // www. siemens. com. ar/energy-diadelainnovacion/files/14％2000％20hs％20 In-novaci％F3n％20en％20Servicios％20en％20 Generaci％F3n％20de％20Energ％EDa％ 20Modernizaci％F3n％20-％20Oliver％20Neukrantz. pdf.

[9] 赵士杭. 燃气轮机结构 [M]. 北京：清华大学出版社，1983.

[10] Soares C. Gas Turbines: A handbook of air, land and sea applications [M]. Butterworth-Heinemann, 2011.

[11] http://www.sulzer.com/zh/Products-and-Services/Turbomachinery-Services/Replacement-Parts/Compressor-Parts.

[12] http://www.powertransmission.com/issues/0813/fretting-fatigue.pdf.

[13] http://efficiency.gepower.com/pdf/GEA31098%207HA_Gas_Turbine_FINAL.PDF.

[14] http://indianpowerstations.org/Presentations%20Made%20at%20 IPS-2012/Day-1%20at%20Hotel%20Le%20Meridien, %20New%20Delhi/Session-3%20Environmental%20Concerns/Paper%204%20-%20FlexEfficiency%2050%20_GE%20Energy.pdf.

[15] http://ftp.energia.bme.hu/pub/Steam%20and%20gas%20turbine/24_TurbineCompressorStage.pdf.

[16] http://wenku.baidu.com/view/330f7f81d5bbfd0a78567309.html

[17] Eldrid R, Kaufman L, Marks P. The 7FB: The next evolution of the F gas turbine. Ref. No. GER-4194. GE Power Systems, Schenectady, NY.

[18] 焦树建. 燃气—蒸汽联合循环 [M]. 北京: 机械工业出版社, 2000.

[19] Dilip K. Mukherjee. State-of-the-art gas turbines — a brief update [J]. ABB Power Generation. 1997: 4-14.

[20] 由里雅则, 正田 淳一郎, 塚越敬三, 等. 1600 ℃级 J 形技術を適用した発電用高効率ガスタービンの開発 [J]. 三菱重工技報 Vol. 50 No. 3 (2013) 発電技術特集.

[21] http://www.energy.siemens.com/hq/pool/hq/power-generation/gas-turbines/SGT6-5000F/sgt6-5000f-application-overview.pdf.

[22] http://www.mhi-global.com/company/technology/review/pdf/e462/e462031.pdf.

[23] http://www.imia.com/wp-content/uploads/2013/05/WGP-1300-Large-Gas-Turbines.pdf.

[24] http://www.alstom.com/Global/Power/Resources/Documents/News%20and%20Events/_PGE_Conference%20Paper_TVB_31_05_2011_FINAL.pdf.

[25] http://www.sulzer.com/es/-/media/Documents/ProductsAndServices/General_Mechanical_Services/General/Specialty_Flyers/SiemensV643ASGT1000AnsaldoAE643AEquivalentVanesenE1028682014WEB.pdf.

[26] https://www.sulzer.com/en/-/media/Documents/ProductsAndServices/General_Mechanical_Services/General/Specialty_Flyers/Nozzles_equivalent_to_GE_MS6001FA.pdf.

[27] http://www.encheng-sh.com/uploadfile/20120831.pdf.

[28] http://www.sulzer.com/en/-/media/Documents/ProductsAndServices/General_Mechanical_Services/General/Specialty_Flyers/GE_MS9001E_EquivalentNozzles_en_E10258_5_2014_WEB.pdf.

[29] http://www.ccj-online.com/wp-content/uploads/gravity_forms/3-b246f63cf9a9ff5af247a3db291cb13f/2012/01/GE-Frame-6FA-7FA-9FA.pdf.

［30］ 安威 俊重，正田 淳一郎，伊藤栄作. J形ガスタービン技術を適用した高効率高運用性ガスタービンM701F5形 [J]. 三菱重工技報 Vol. 51 No. 1（2014）新製品新技術特集.

［31］ http：// www. escuelaendesa. com/pdf/Alstom. pdf.

［32］ http：// altairatc. com/（S（utrgbnswn24xjgpcie2oif35））/europe/ehtc 2011-abstracts/ EHTC-Presentations-2011/Session_16/OlegRojkov-Siemens-16-05102011. pdf.

［33］ http：// digital. hitachihyoron. com/pdf/2005/05/2005_05_ kinen04. pdf.

［34］ http：// www. sulzer. com/es/-/media/Documents/ProductsAndServices/General _ Mechanical _ Services/General/Specialty _ Flyers/SiemensV643ASGT1000AnsaldoAE643 AEquivalentBladesenE102858201 4WEB. pdf.

［35］ http：// www. tfd. chalmers. se/~thgr/gasturbiner/2005_material/Lecture7_2005. ppt.

［36］ http：// home. zcu. cz/~gaspar/TPS_EN/08_Turbines. pdf.

［37］ http：// www. sulzer. com/en/-/media/Documents/ProductsAndServices/General _ Mechanical_Services/General/Specialty_Flyers/Buckets_equivalent_to_GE_MS6001FA. pdf.

［38］ http：// www. uschinaogf. org/forum4/4harold_miller_eng. pdf.

［39］ http：// www. pondlucier. com/peakpower/2012/12/26/peakingpower/black-start-chapter-twenty-f-technology-and-beyond/.

［40］ https：// www. mhps. com/en/technology/business/power/service/gas/pdf/Upgrade _ View_A4.

第3章　燃气轮机叶片的材料和名义应力计算

3.1　燃气轮机叶片材料

燃气轮机的材料及其性能是燃气轮机发展关键之中的关键,和燃机相关的公司都有巨大技术和巨额资金投入于高温材料研制,采用先进制造工艺和严格的质量控制手段。我国燃气轮机材料的发展还有待进一步提高,选用在国际开放市场上能够采购到的、成熟的、性能可靠的燃气轮机材料,将是燃机研发起步阶段的重要基础。燃气轮机设计工程师应保持对国际燃气轮机材料发展的高度关注和掌握。

材料领域取得的进步对于研发更大功率和更高效率的燃气轮机做出了重大贡献。近几十年来燃气轮机透平进气温度不断提升的一个重要贡献应归功于材料性能的极大提高。这些先进材料及其技术的应用促进了航空发动机的功率和推重比提升,以及能源领域发电用地面燃气轮机的效率和单机功率的发展。更好性能的材料可以承受更高工作温度,更高工作温度通常意味着更高的循环效率,也可成功地减少机器的重量,提高发动机的推重比,这一点对于航空发动机尤为重要。设计制造一台燃气轮机要用到一系列的高性能材料,包括特种钢、钛合金以及高温合金。这些材料本身及结构的制造也需要复杂先进的工艺技术。其它材料包括陶瓷、复合材料、金属间化合物、粉末冶金材料,也一直是研究和发展的方向。终极目标是采用性能优越的材料,不断改善和提高燃气轮机的性能,减少能源消耗,降低污染物的排放。

燃气轮机材料发展的初期阶段主要是要求具有较高的高温抗拉强度。当燃气轮机的工作温度越来越高,要求有更长服役寿命时,持久寿命和蠕变性能变得重要起来。在后期和近年来的研究中,材料的低周疲劳寿命(Low Cycle Fatigue,LCF)和高周疲劳寿命(High Cycle Fatigue,HCF)成为另一个重要的性能指标。燃气轮机的许多零件主要承受疲劳或蠕变载荷以及疲劳/蠕变交互作用,因此材料选择要考虑到材料的这些性能优劣。

　　在运行过程中,高温透平材料要承受环境引发的性能退化。材料与环境的反应主要有两种型式:热腐蚀和高温氧化。

　　碱性金属有害物(钠和钾)与燃料中的硫发生反应生成硫酸盐熔融物,形成快速的热腐蚀。目前已经确认存在两种型式的热腐蚀,一种是温度850～950℃的高温热腐蚀,另一种是温度593～760℃的低温热腐蚀。这两种热腐蚀的宏观、微观特性和机理已有研究评价。如果环境中不存在碱性金属有害物和硫,则主要是高温氧化占主导地位,温度越高,氧化越快。需注意的是航空发动机和地面燃气轮机的运行环境不同。航空发动机中金属温度更高,但地面燃气轮机运行环境中存在更多的有害物(钠和硫),热腐蚀更厉害、范围更大。

　　在合金中加入有利于减小热腐蚀的元素是解决这个问题的重要手段。采用铝元素生成材料自身的保护层也作为防止高温氧化的方法。因为要考虑到其它一些功能,这些方法也不能使用过度。因此,开发了保护涂层用以减缓性能退化。燃气轮机部件所用的高温合金大多数采用了涂层进行保护。

　　涂层已经成为制造燃气轮机高温部件不可缺少的关键技术。涂层技术是能实现高强的机械性能和优越的防氧化、防高温腐蚀性能相互融合的有效方法和途径。

　　本节重点放在影响燃气轮机关键性能的压气机叶片、透平叶片及其关连部件所使用的材料上[1-4]。

3.1.1　压气机叶片材料

1. 地面燃气轮机压气机叶片材料——特殊钢

　　地面燃气轮机压气机叶片几乎都采用含12%Cr的马氏体不锈钢403或403Cb制造。由于空气中的盐分和酸性物质沉积在叶片上,叶片容易发生锈蚀。为了防止腐蚀,GE公司为压气机叶片开发了铝基浆料涂层。这种涂层也能部分地改善叶片的抗侵蚀能力。在1980年代,GE公司开发了新型的压气机叶片材料GTD-450,这是一种沉淀硬化马氏体不锈钢。与403不锈钢相比,GTD-450不仅增加了拉伸强度、高周疲劳强度和腐蚀疲劳强度,而且没有降低抗应力腐蚀能力。由于采用了较高含量的铬(Cr)元素和使用了钼(Mo)元素,GTD-450比403不锈钢还具有优越的抗酸性盐环境能力。表3-1给出了地面燃气轮机压气机叶片用特殊钢的化学成分[1]。

表 3 - 1　地面燃气轮机压气机叶片用材料

材料牌号	化学成分	备注
AISI 403	Fe12Cr0.11C	马氏体不锈钢
AISI 403＋Nb	Fe12Cr0.2Cb0.15C	含铌马氏体不锈钢
GTD-450	Fe15.5Cr6.3Ni0.8Mo0.03C	沉淀硬化马氏体不锈钢

2. 航空发动机压气机叶片及其它部件材料——钛合金

钛因其强度高、重量轻的优点成为航空发动机压气机的首选材料。钛合金材料部件在 20 世纪 50 年代仅占航空发动机总重的 3％,现今已发展到占总重的 33％。

高温钛合金在航空发动机上大面积地得到应用。Ti-6Al-4V 不仅用于静子部件,而且用于转动部件。Ti-6Al-4V 铸件用于制造复杂结构的静子部件。转动部件使用 Ti-6Al-4V 钛合金锻件已成为通用要求。例如普惠公司 4084 发动机使用 Ti-6Al-4V 钛合金作为风扇轮盘和低压压气机轮盘和叶片材料。这种合金最高使用温度可以达到 315 ℃。Ti-8Al-1Mo-1V 用作军用发动机的风扇叶片。Alloy685(Ti-6Al-5Zr-0.5Mo-0.25Si)和 829(Ti-5.5Al-3.5Sn-3Zr-1Nb-0.25Mo-0.3Si)经过完全 β 化热处理增大蠕变抗力,用于许多现役的欧洲发动机,如 RB211 和 535E4。Alloy834(Ti-5.8Al-4Sn-3.5Zr-0.7Nb-0.5Mo-0.35Si-0.06C),具有 $\alpha＋\beta$ 双相组织,显微组织中含有 5％～15％的等轴 α 相,同时优化了抗蠕变和抗疲劳性能。开发这种合金目的是为了取代目前欧洲发动机中使用的 Alloy685 和 829。Alloy834 用作罗-罗公司瑞达系列商用喷气发动机压气机中压最后两级和高压第 1～4 级轮盘材料。Ti-1100(Ti-6Al-2.8Sn-4Zr-0.4Mo-0.4Si)合金,性能与 IMI834 相当,在经过完全 β 化热处理后使用。该合金由埃里森燃气涡轮发动机公司(Allison Gas Turbine Engines)在更高推力的 406/GMA3007/GMA2100 系列发动机上进行验证,主要用于铸造部件。有声称 Ti-1100 合金可使用于 600 ℃。在美国,工程师在发动机领域更喜欢使用的高温合金是 Ti6-2-4-2(Ti-6Al-2Sn-4Zr-2Mo)。这种合金的另一个变种 Ti6-2-4-2S 也已经商业化。其中"S"表示添加了 0.1％～0.25％的 Si 元素改善材料的抗蠕变性能。该合金可用于使用温度不高于 540 ℃的叶片、叶轮和转子等旋转部件。它还可以应用于高压压气机工作温度高于 315 ℃的结构件。

目前,对于近 α 钛合金在高温下的极限使用温度约为 540 ℃。这个温度限制了钛合金在压气机中的应用,压气机的最高温度部件,如压气机最后几级的轮盘、动叶,不得不采用镍基高温合金制造,部件重量增加了近两倍。另外使用镍基高温合金也会出现诸如材料膨胀行为不匹配问题和材料连接技术问题。因此,目前正在开发全部采用钛合金材料的压气机,这就要求钛合金能够使用到 600 ℃或更高的温度,进一步推动了高温用钛合金研究领域更广泛的发展。

表 3 - 2 给出了文中的钛合金的化学成分和最高服役温度[1]。图 3 - 1 以 Larson-Miller 参数曲线给出了这些钛合金相对的蠕变性能[1]。对于每一种材料具体的性能数据,可参考航空发动机材料手册、高温合金材料手册以及 ASTM 文献等。

表 3 - 2　航空发动机压气机用钛合金化学成分与最高服役温度

材料牌号	化学成分	最高服役温度/℃
Ti64	Ti-6Al-4V	315
Ti811	Ti-8Al-1Mo-1V	400
Alloy 685	Ti-6Al-5Zr-0.5Mo-0.25Si	520
Alloy 829	Ti-5.5Al-3.5Sn-3Zr-1Nb-0.25Mo-0.3Si	550
Alloy 834	Ti-5.8Al-4Sn-3.5Zr-0.7Nb-0.5Mo-0.35Si-0.06C	600
Ti1100	Ti-6Al-2.8Sn-4Zr-0.4Mo-0.4Si	600
Ti6242	Ti-6Al-2Sn-4Zr-2Mo	
Ti6242S	Ti-6Al-2Sn-4Zr-2Mo-0.2Si	540

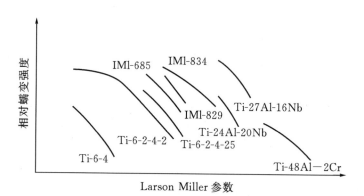

图 3 - 1　压气机部件用钛合金相对蠕变强度 Larson Miller 曲线

3.1.2　透平叶片材料

3.1.2.1　透平动叶静叶材料——铸造高温合金

铸造合金由于没有锻造性能的限制,化学成分可以进行调整以获得优良的高温强度。由于铸造合金的固有特性(铸件的晶粒粗大),其在高温下强度比锻件要高。

动叶片必须承受高温、高应力和恶劣的工作环境组合工况的严峻考验,第 1 级动叶尤其如此,是透平的极限部件。静叶片的功能是引导主流高温燃气流入动叶片通道。因此,它们必须承受更高温度的考验。静叶的应力要小于动叶,但它们的材料要求具有优良的抗高温氧化能力和抗腐蚀能力。

1. 传统等轴晶精密铸造

铸造高温合金 IN-713 是最早发展起来用作燃气轮机要求最苛刻部件(叶片)材料之一。通过增加 γ' 相体积分数,可实现更高的蠕变强度,从而发展了更多可用作发动机叶片材料的合金,如 IN 100 和 Rene 100。随后在合金中增加了一定含量的固溶强化难熔元素,如 W 和 Mo,产生了如 MAR-M 200,MAR-M 246,IN 792 和 M22 等合金。添加 2wt% 的铪(Hf)元素,改善了材料的塑性,产生了如 MAR-M 200+Hf,MAR-M 246+Hf,Rene 125+Hf 等新型合金。

GE 公司开发了自己的合金材料,如 Rene 41,Rene 77,Rene 80 和 Rene 80+Hf,这些合金铬(Cr)含量相比较高,改善了材料的抗腐蚀能力,但高温强度略有下降。其它一些高铬(Cr)含量的合金有 IN 738C,IN 738LC,Udimet 700,Udimet 710。表 3-3 列出了用于发动机叶片的传统等轴晶精密铸造材料[1]。

地面燃气轮机动叶片材料,1960 年代 GE 公司的很多燃气轮机都采用 U-500 作为第 1 级动叶材料,也选择性地用于某些型号的燃气轮机后几级动叶。在 1971~1974 年,IN 738 在若干台燃气轮机上用作第 1 级动叶材料,近年来,它也作一些 GE 燃气轮机的第 2 级动叶材料。IN 738 合金兼具良好的高温强度和抗热腐蚀能力,经常用于燃气轮机高温部件。制造工艺的进步,使得 IN 738 能够制造出大尺寸的合金锭,因此这种合金被广泛应用于重型燃气轮机领域。随后,GE 公司开发了 GTD-111 合金,它的高温强度优于 IN 738,抗热腐蚀能力相当。GTD-111 在 GE 公司很多机型上已经代替了

IN 738。表 3-4 列出了工业燃气轮机动叶用传统铸造高温合金[1]。

表 3-3 航空发动机叶片用传统等轴晶精密铸造材料

材料牌号	化学成分
IN 713	74.2Ni12.5Cr4.2Mo2Nb0.8Ti6.1Al0.1Zr0.12C0.01B
IN 100	60.5Ni10Cr15Co3Mo4.7Ti5.5Al0.06Zr0.18C0.014B
Rene 100	62.6Ni9.5Cr15Co3Mo4.2Ti5.5Al0.06Zr0.15C0.015B
MAR-M 200	59.5Ni9Cr10Co12.5W1.8Nb2Ti5Al0.05Zr0.15C0.015B
MAR-M 246	59.8Ni9Cr10Co2.5Mo10W1.5Ta1.5Ti5.5Al0.05Zr0.14C0.015B
IN 792	60.8Ni12.7Cr9Co2Mo3.9W3.9Ta4.2Ti3.2Al0.1Zr0.21C0.02B
M 22	71.3Ni5.7Cr2Mo11W3Ta6.3Al0.6Zr0.13C
MAR-M 200＋Hf	Ni8Cr9Co12W2Hf1Nb1.9Ti5.0Al0.03Zr0.13C0.015B
MAR-M 246＋Hf	Ni9Cr10Co2.5Mo10W1.5Hf1.5Ta1.5Ti5.5Al0.05Zr0.15C0.015B
Rene 41	56Ni19Cr10.5Co9.5Mo3.2Ti1.7Al0.01Zr0.08C0.005B
Rene 77	53.5Ni15Cr18.5Co5.2Mo3.5Ti4.25Al0.08C0.015B
Rene 80	60.3Ni14Cr9.5Co4Mo4W5Ti3al0.03Zr0.17C0.015B
Rene 80＋Hf	59.8Ni14Cr9.5Co4Mo4W0.8Hf4.7Ti3Al0.01Zr0.15C0.015B
IN 738	61.5Ni16Cr8.5Co1.75Mo2.6W1.75Ta0.9Nb3.4Ti3.4Al0.04Zr 0.11C0.01B
Udimet 700	59Ni14.3Cr14.5Co4.3Mo3.5Ti4.3Al0.02Zr0.08C0.015B
Udimet 710	54.8Ni18Cr15Co3Mo1.5W2.5Ti5Al0.08Zr0.13C
TMD-103	59.8Ni3Cr12Co2Mo6W5Re6Ta0.1Hf6Al

表 3-4 工业燃气轮机动叶用传统铸造高温合金

材料牌号	化学成分
Udimet 500	Ni18.5Cr18.5Co4Mo3Ti3Al0.07C0.006B
Rene 77	Ni15Cr17Co5.3Mo3.35Ti4.25Al0.07C0.02B
IN 738	Ni16Cr8.3Co0.2Fe2.6W1.75Mo3.4Ti3.4Al0.9Cb0.10C0.001B1.75Ta
GTD-111	Ni14Cr9.5Co3.8W1.5Mo4.9Ti3.0Al0.10C0.01B2.8Ta

地面燃气轮机静叶片材料,GE 燃气轮机采用专利牌号 FSX 414 钴基高温合金作为所有第 1 级静叶和一些后几级静叶材料。钴基高温合金在极高温度时强度超过镍基合金,这是选择钴基合金的原因之一。FSX 414 具有高于 X40 和 X45 两到三倍的抗氧化能力,也是用作静叶材料的原因。采用 FSX

414 代替 X40/X45 在同样氧化寿命下可以提高透平进口温度。后几级静叶同样也要求具有足够的蠕变强度,因此 GE 公司开发镍基高温合金 GTD-222,用于透平第 2 级和第 3 级静叶材料。相比于 FSX 414,GTD-222 具有高得多的蠕变强度。铁基高温合金 N155,具有很好的焊接性,GE 公司用于一些燃机的后几级静叶。表 3 - 5 列出了用于工业燃气轮机静叶的材料[1]。

表 3 - 5　工业燃气轮机静叶用材料

材料牌号	化学成分	备注
X40	Co-25Cr10Ni8W1Fe0.5C0.01B	钴基高温合金
X45	Co-25Cr10Ni8W1Fe0.25C0.01B	钴基高温合金
FSX414	Co-28Cr10Ni7W1Fe0.25C0.01B	钴基高温合金
N155	Fe-21Cr20Ni20Co2.5W3Mo0.20C	铁基高温合金
GTD-222	Ni-22.5Cr19Co2.0W2.3Mo1.2Ti0.8Al0.10V0.008C1.0B	镍基高温合金

2. 定向结晶铸造材料

航空发动机及燃气轮机动、静叶片材料的失效机理主要是横向晶界孔洞的形成和长大。透平动、静叶采用定向凝固(Directional Solidification,DS)消除了横向晶界,对于提高铸件高温性能具有重要作用。定向凝固高温合金比传统铸造高温合金可以显著提高透平叶片高温性能。

早在 1980 年代,定向凝固高温合金开始在航空发动机和燃气轮机中投入运行使用。目前可用的定向凝固合金就包含 MAR-M-200＋Hf,CM247LC 等。化学成分优化,改善了碳化合物微观组织,提高晶界抗裂能力,减少有害第二相折出,防止了 HfO_2 夹杂物形成,从而开发了定向凝固材料 CM247LC。普惠公司也开发了性能相当的定向凝固合金 PWA1422。表 3 - 6 列出了航空发动机用定向凝固高温合金化学成分[1]。

表 3 - 6　航空发动机叶片用定向凝固镍基高温合金

材料牌号	化学成分	备注
DS MAR M-200＋Hf	59.5Ni9Cr10Co12.5W2Hf1.8Nb2Ti5Al0.05Zr0.15C0.015B	第一代
CM247LC	61.7Ni8.1Cr9.2Co0.5Mo9.5W3.2Ta1.4Hf0.7Ti5.6Al0.01Zr0.07C0.015B	第一代
PWA1422	59.2Ni9Cr10Co12W1.5Hf1Nb2Ti5Al0.1Zr0.14C0.015B	第一代
DMD4	66.8Ni2.4Cr4Co5.5W6.5Re8Ta1.2Hf0.3Nb5.2Al0.07C0.01B	第三代

在地面燃气轮机,GE 使用了定向凝固的 GTD-111 合金作为众多型号燃气轮机的第 1 级动叶。它除了在合金化学成分上进行了更加严密的控制外,其它与 GTD-111 等轴晶相同。GTD-111 的定向凝固合金相比其等轴晶具有更好的蠕变寿命、更好的疲劳寿命和更高的冲击韧性。材料相对于传统铸造合金可以显著提高透平叶片金属材料的耐高温性能。TMD-103 是最近开发的用于工业燃气轮机叶片的定向凝固用铸造合金,具有非常优良的长期蠕变强度和抗热腐蚀能力。该合金可以用于工业燃气轮机大型空心叶片。工业燃气轮机透平动静叶的化学成分与航空发动机有很大的区别,不仅因为运行环境不同,而且由于工业燃气轮机的尺寸大定向凝固工艺难度大大增加。表3-7 列出了工业燃气轮机透平动叶用定向凝固高温合金化学成分[1]。

表 3 - 7　　工业燃气轮机透平动叶用定向凝固镍基高温合金

材料牌号	化学成分	备注
DTD-111	除了在合金化学上进行了更加严密的控制外,其它与 DTD-111 等轴晶相同	
TMD-103	59.8Ni3Cr12Co2Mo6W5Re6Ta0.1Hf6Al0.07C0.015B	第三代高温合金

3. 单晶铸造材料

在单晶铸件显微结构中没有晶界,整只叶片就是一个方向受到控制生长的单晶。单晶铸件不需要晶界强化元素,如 C,B,Zr 和 Hf。在设计单晶化学成分时没有这些元素有利于提高初熔温度,并相应地提高了高温强度。图3-2是铸造高温合金采用等轴晶精密铸造、定向铸造、单晶铸造时蠕变强度逐级提高的示意图[1]。

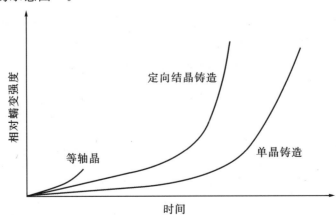

图 3-2　等轴晶、定向结晶、单晶铸造高温合金蠕变强度比较示意图

在航空发动机领域,早期的单晶高温合金包括罗-罗公司的 PR2000,PR2060,普惠公司的 PWA1480,Cannon Muskegon 公司的 CMSX3 和 GE 公司的 Rene N4。这些单晶合金比已有的定向合金承温能力提高 20 ℃。

人们努力通过增加难熔元素(主要是铼)不断尝试进一步提高单晶高温合金的高温性能,开发出了新的单晶合金 PWA1484,CMSX4,ReneN5,TUT 92。这些合金的承温能力较早期的单晶合金提高了约 30 ℃。

新一代开发的单晶高温合金期望提高 30 ℃承温能力,同时保持良好的环境抗力和显微组织中不能出现有害相。开发出了 CMSX10,Rene-6,TMS75,TMS80,法国 Onera 的 MC-NC,印度 DMRL 的 DMS4 和日本 NIMS 开发的 TMS-196。它们极具潜力成为新一代更高性能的燃气轮机的高温合金叶片备选材料。

图 3-3 示意性地用 Larson-Miller 参数表示了高温合金持久强度的提高过程[1],首先从定向晶(CM247)到第一代单晶(CMSX2)再到第二代单晶(CMSX4),再从第三代到第五代单晶(CMSX10 和 TMS196)。表 3-8 列出了航空发动机动叶用镍基单晶高温合金[1]。

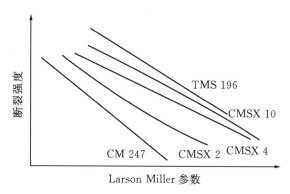

图 3-3 高温合金应力断裂强度发展对比

在地面燃气轮机领域,单晶合金铸件的使用同样有利于联合循环电站效率的提高,使用单晶材料可以允许更高的燃气轮机透平的进气温度。GE 公司已经在近年来使用单晶制造的动叶片。单晶合金如 CMSX11B,AF56,PWA1483,含有 12%的 Cr 提高长期环境耐性,添加了 C,B 和 Hf 提高了小角度晶界强度,可作为地面燃气轮机叶片材料使用。CMSX11C 和 SC16 等单晶合金含 Cr 的量大于 12%,增强了抗热腐蚀和氧化能力。组织性能也是这些合金设计中的重要考虑因素。表 3-9 列出了工业燃气轮机动叶用单晶高温合金[1]。

表 3-8　列出了航空发动机动叶用镍基单晶高温合金

代	材料牌号	化学成分	最高使用金属温度/℃
第一代	RR2000	62.5Ni10Cr15Co3Mo4Ti5.5Al1V	1060
	RR2060	63Ni15Cr5Co2Mo2W5Ta2Ti5Al	
	PW1480	62.5Ni10Cr5Co4W12Ta1.5Ti5Al	
	CMSX2	66.2Ni8Cr4.6Co0.6Mo8W6Ta1Ti5.6Al	
	CMSX3	66.1Ni8Cr4.6Co0.6Mo8W6Ta0.1Hf1Ti5.6Al	
	Rene N4	62Ni9.8Cr7.5Co1.5Mo6W4.8Ta0.15Hf0.5Nb3.5Ti4.2Al	
第二代	PWA1484	59.4Ni5Cr10Co2Mo6W3Re9Ta5.6Al	1120
	CMSX4	61.7Ni6.5Cr9Co0.6Mo6W3Re6.5Ta0.1Hf1Ti5.6Al	
	Rene N5	63.1Ni7Cr7.5Co1.5Mo5W3Re6.5Ta0.15Hf6.2Al0.05C0.004b0.01Y	
	TUT 92	68Ni10Cr1.2Mo7W0.8Re8Ta1.2Ti5.3Al	
第三代至第五代	CMSX 10	69.6Ni2Cr3Co0.4Mo5W6Re8Ta0.03Hf0.1Nb0.2Ti5.7Al	1135
	Rene N6	57.3Ni4.2Cr12.5Co1.4Mo6W5.4Re7.2Ta0.15Hf5.8Al0.05C0.004B	1110
	TMS 75	59.9Ni3Cr12Co2Mo6W5Re6Ta0.1Hf6Al	1115
	TMS 80	58.2Ni2.9Cr11.6Co1.9Mo5.8W4.9Re5.8Ta0.1Hf5.8Al0.5B3.0Ir	
	MC-NG	70.3Ni4Cr<0.2Co1Mo5W4Re5Ta0.1Hf0.5Ti6Al4.0Ru	
	DMS4	67Ni2.4Cr4Co5.5W6.5Re9Ta0.1Hf0.3Nb5.2Al	1140
	TMS 196	59.7Ni4.6Cr5.6Co2.4Mo5.0W6.4Re5.6Ta0.1Hf5.6Al5.0Ru	1150

表 3-9　燃气轮机透平动叶用镍基单晶高温合金

材料牌号	化学成分
CMSX11B	62.1Ni12.5Cr7Co0.5Mo5W5Ta0.04Hf0.1Nb4.2Ti3.6Al
AF56	61.4Ni12Cr3Mo5Ta4.2Ti3.4Al
PWA1483	60.3Ni12.2Cr9Co1.9Mo3.8W5Ta0.5Hf4.1Ti3.6Al0.07C0.008B
CMSX11C	64.5Ni14.9Cr3Co0.4Mo4.5W5Ta0.04Hf0.1Nb4.2Ti3.4Al
SC16	70.5Ni16Cr3Mo3.5Ta3.5Ti3.5Al

3.1.2.2　静叶——氧化物弥散强化合金

目前,在燃气轮机中有限地使用了氧化物弥散强化(Oxide Dispersion Strengthened,ODS)合金。ODS 高温合金是非常先进的高温材料,它可以在很靠近熔点的温度下仍然保持足够的使用强度。这种优良特性是依靠了在材料中均匀分布的稳定氧化物颗粒,它们能有效阻隔位错运动。MA754 从 1980 年代就在 GE 公司用作静叶材料。因为它具有高的长期高温强度,已经被广泛用作航空发动机静叶材料。

3.1.3　透平叶轮材料

1. 工业燃气轮机——特殊钢和高温合金

GE 公司大多数单轴重型燃气轮机的轮盘采用 1% Cr-1.25% Mo-0.25% V 低合金钢经过淬火和回火工艺制造。M152 比 Cr-Mo-V 钢具有更高的持久强度,断裂韧性也很优秀,能在大尺寸截面上获得高而且均匀的机械性能。A286 在燃气轮机上的运用始于 1965 年,随着制造工艺的进步,在当时已经可以实现所需产品质量的大型钢锭冶炼。

先进的燃气轮机透平进口温度越来越高,采用镍基合金 706 作为转子部件材料越来越必要。这种合金材料能够满足高温工作的能力要求,而且也能够适应将来透平进口温度的进一步提升。706 合金与 718 合金相似,718 合金已经具有超过 25 年用于航空发动机转子部件的历史。706 合金降低了易导致偏析的合金元素含量,它与 718 合金相比具有较低的偏析倾向,更易于制造大尺寸部件。因此,706 合金可用于制造地面工业用燃气轮机中的大尺寸轮盘等。718 合金虽然广泛应用于航空发动机,但因为它的偏析倾向,直到 20 世纪末才能制造最大直径为 500 mm 的钢锭。随着重熔技术和化学成分的精密控制技术的发展,现在已经可以制造最大直径为750 mm 的钢锭。这样,718 合金也能够满足现代工业燃气轮机的大尺寸轮盘制造需要了。

Udimet 720 合金也是一种先进的用于地面燃气轮机的变形高温合金。减少铬(Cr)含量防止 σ 相生成,减少碳(C)含量和硼(B)含量防止碳化合物、硼化合物或碳氮化合物纤维状或簇状夹杂物生成,由此开发出了 720LI 合金。这两种合金对于地面燃气轮机的发展都具有重要意义,它们已经在一些航空发动机上得到应用。表 3-10 列出了地面燃气轮机轮盘制造用特殊钢和高温合金[1]。

表 3 - 10　燃气轮机轮盘用高温合金材料

材料牌号	化学成分	备注
CrMoV 钢	Fe1Cr0.5Ni1.25Mo0.25V0.30C	中碳低合金钢
M152	Fe12Cr2.5Ni1.7Mo0.3V0.12C	12%Cr 钢
A286	Fe15Cr25Ni1.2Mo2Ti0.3Al0.25V0.08C0.006B	铁基高温合金
IN 706	Ni16Cr37Fe1.8Ti2.9Cb0.03C	镍-铁基高温合金
IN 718	Ni19Cr18.5Fe3Mo0.9Ti0.5Al5.1Cb0.03C	镍-铁基高温合金
Udimet 720	55Ni18Cr14.8Co3Mo1.25W5Ti2.5Al0.035C0.033B0.03Zr	镍基高温合金
Udimet 720LI	57Ni16Cr15Co3Mo1.25W5Ti2.5Al0.025C0.018B0.03Zr	镍基高温合金

2. 航空发动机叶轮材料——高温合金

奥氏体铁基合金 A286 在航空发动机上运用了很多年。高温合金 718 应用于航空发动机轮盘的制造超过了 25 年。这两种材料的制造均采用的是传统的铸锭冶金路线。

粉末冶金(Powder Metallurgy,PM)工艺已经广泛应用于高温合金部件的生产制造,尤其对于镍基合金,主要用于具有高强度的合金轮盘制造,如 IN 100 或 Rene 95,使用传统的锻造方法用这些材料制造轮盘很难或根本不现实。LC Astroloy,MERL 76,IN 100,Rene 95 和 Rene 88 DT 都是粉末冶金高温合金,原来都采用铸锭后锻造的制造方法,现在已由粉末冶金工艺代替了。

通用电气公司和普惠公司好几款先进的发动机均采用了粉末冶金工艺制造的高温合金轮盘。表 3 - 11 列出了常用的航空发动机轮盘高温合金材料[1]。

表 3 - 11　航空发动机轮盘用高温合金材料

材料牌号	化学成分	备注
A286	Fe15Cr25Ni1.2Mo2Ti0.3Al0.25V0.08C0.006B	铁基高温合金(铸锭锻造)
IN 718	Ni19Cr18.5Fe3Mo0.9Ti0.5Al5.1Cb0.03C	镍基高温合金(铸锭锻造)

材料牌号	化学成分	备注
IN 100	60Ni10Cr15Co3Mo4.7Ti5.5Al0.15C0.015B0.06Zr 1.0V	镍基高温合金（粉末冶金）
Rene 95	61Ni14Cr8Co3.5Mo3.5W3.5Nb2.5Ti3.5Al0.16C 0.01B0.05Zr	镍基高温合金（粉末冶金）
LC Astroloy	56.5Ni15Cr15Co5.25Mo3.5Ti4.4Al0.06C 0.03B0.06Zr	镍基高温合金（粉末冶金）
MERL-76	54.4Ni12.4Cr18.6co3.3Mo1.4Nb4.3Ti5.1Al 0.02C0.03B0.35Hf0.06Zr	镍基高温合金（粉末冶金）
Rene 88 DT	56.4Ni16cr13Co4Mo4W0.7Nb3.7Ti2.1Al0.03C 0.015B0.03Zr	镍基高温合金（粉末冶金）
Udimet 720	55Ni18Cr14.8Co3Mo1.25W5Ti2.5Al0.035C 0.033B0.03Zr	镍基高温合金（铸锭锻造/粉末冶金）
Udimet 720LI	57Ni16Cr15Co3Mo1.25W5Ti2.5Al0.025C 0.018B0.03Zr	Udimet 720 的低 C、低 B 变种

3.1.4　叶片表面涂层

要在越来越高的透平进气温度下工作同时抵御运行环境中过量有害物的侵害,要开发具有足够的蠕变强度、足够的腐蚀和氧化抵抗能力的合金越来越困难。在叶片表面运用涂层为叶片提供必要的保护已成为必然的选择。涂层是在叶片表面形成具有较强粘着能力的表层,达到保护基层金属材料,防止氧化、腐蚀和性能退化的作用。燃气轮机热腐蚀与航空发动机的纯氧化具有本质性的不同,因此重型燃气轮机的涂层具有与航空发动机涂层不同的性能。

有三种基本的涂层:①铝化物扩散涂层;②包覆涂层;③热障涂层(TBC)。

热障涂层(TBC),为高温合金在超过常规上限温度 150 ℃ 的运行服役环境提供了足够的隔热。TBC 是基于 ZrO_2-Y_2O_3 的陶瓷,采用等离子喷涂工艺制备。采用 TBC 涂层提高了燃气轮机的进气温度和效率。

　　目前已经在涂层技术方面了取得重大进步,现在的涂层寿命比 20 世纪 90 年代要高出 10～20 倍。通过涂层处理,叶片的寿命也得到了 100％ 的提高。TBC 现在基本用于所有燃气轮机的前几级。

　　近几年来进行了更能提高抗腐蚀能力的涂层材料的研究。特别是进一步提高抗氧化能力和抗热疲劳能力成为很多研发工作的重点。对于先进 TBC 的研究是调整它们的结构,使其能更好承受热疲劳并延长寿命。提高涂层的均匀性是另一个重要的研究领域。为包覆涂层应用开发出了高速等离子喷涂技术。采用这种技术可以强化涂层与金属基层的粘附能力,也能获得更高的涂层密度。

3.1.5　研究中的先进材料

1. 陶瓷

　　如果在燃气轮机中采用陶瓷材料代替高温合金,就能实现单靠高温合金不可能实现的透平进气温度的提高。透平可能在更高的温度下工作,尺寸更小而能产生更大的动力。因为陶瓷材料的脆性问题使得用它制造燃气轮机透平部件在实际工程中还未能实现。人们试图通过在陶瓷中添加铝来改善它的延展性。只有脆性问题得到彻底解决,陶瓷材料在燃气轮机中的应用才能真正地实现。

2. 金属间化合物

　　在过去 30 年里,进行了大量的努力开发应用于航空发动机的金属间化合物合金材料。最初的需求推动来自于打算使用低密度材料($4000\sim7000 \text{ kg/m}^3$)代替高密度的镍基合金($8000\sim8500 \text{ kg/m}^3$)以减少发动机的重量。钛和镍与铝间金属化合物材料吸引最多的关注。虽然经过大量研究,但在技术上、经济上存在障碍,目前尚不能进入应用阶段。

3. 复合材料

　　(1)聚合物基复合材料。应用于发动机冷端的聚合物基复合材料的开发和使用已取得实质性的进展。GE 公司目前生产的前列风扇叶片已使用环氧树脂碳纤维复合材料,真正地减少了发动机重量。

　　(2)钛基金属基质复合材料。连续纤维加强钛基金属基质复合材料是很多研究工作的中心,它可以改变传统的叶轮和叶根槽设计,减轻 70％ 的重量。将钛基复合材料用到燃气轮机上的关键是降低生产成本、提高性能等级和大批量生产的质量可控性。

(3)陶瓷基复合材料。采用陶瓷基复合材料(Ceramics Matrix Composites,CMC)制造高温通道部件,如燃烧筒,已很长时间被认识到是一条可行的途径,既可以提高运行温度,又不必增加冷却空气。

总的来说,虽然取得了一些实质的进展,在陶瓷基复合材料商业化生产制造燃气轮机部件之前还有比较大的风险和挑战。

(4)铬基合金材料。铬基合金熔点高、抗氧化能力强、密度低(比大多数镍基合金低 20%)、高热传导率(是大多数高温合金的 2～4 倍)。但铬基合金的韧脆转变温度高,其次铬暴露在高温空气中受氮化表现出脆性。近年来,对铬基合金的兴趣又开始回归。但距工程应用还有很长的路要走。

(5)铂基合金材料。铂基合金目前在保护气氛下用作超高温度材料,主要是由于它们的高熔点、非常好的机械和蠕变强度。但在 500 ℃左右以上温度,它们在空气中的氧化非常严重。

(6)铂基合金材料。铂基合金具有可以用到 1700 ℃温度的潜能。抛开它们的高价,它们在一些燃气轮机的应用非常具有吸引力。铂基合金具有优越的抗氧化性能、熔点高、优良的延展性、抗热冲击性能和优良的热传导率。它们可能用于燃机高热负荷的非转动部件。

3.1.6 GE 公司燃机叶片及关连部件材料

GE 公司基本引领着全球燃气轮机材料技术的发展。GE 公司先进的高温材料为燃气轮机的持续发展奠定了基础[5,6]。现在,高温合金的发展和加工工艺的改进已经可以允许高温部件在进气温度不断提高以及在离心力、热应力和振动应力共同作用的苛刻环境条件下工作数千至几万小时。

GE 使用的大多数喷嘴和叶片采用高温合金常规精密铸造工艺制造,见图 3-4。

GE 公司 MS5002C 定向凝固叶片是首件用于大型地面发电用燃气轮机的产品叶片,于 1989 年投入商业运行。图 3-5 所示为其三种机型定向凝固第 1 级动叶:MS9001FA,MS7001FA 和 MS6001FA。动叶经过了酸洗,呈现出定向晶组织。对叶片还需进行一些特殊工艺过程,包括电化学加工和放电加工、抗磨涂层、打磨。这些工艺及后续的防腐蚀和抗氧化涂层都能充分满足设计的技术要求,确保合金铸造件的冶金质量,消除有害残余应力。叶根进行喷丸强化处理,使表面产生残余压应力,提高疲劳强度。

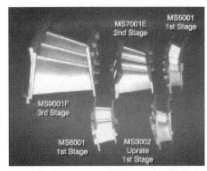
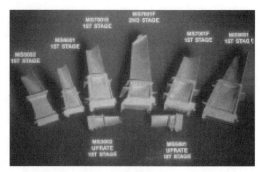

（a）静叶　　　　　　　　　　　　　　　（b）动叶

图 3-4　GE 公司高温合金等轴晶精密铸造静叶、动叶[5,6]

图 3-5　GE 公司高温合金定向晶精密铸造动叶[5,6]

　　表 3-12 是 GE 公司常用燃气轮机材料化学成分，可以看出 GE 公司用于燃气轮机不同部件的材料牌号。

表 3-12　GE 公司常用燃气轮机材料化学成分及不同部件所用材料[5,6]

成分	Cr	Ni	Co	Fe	W	Mo	Ti	Al	Cb	V	C	B	Ta
透平动叶													
U-500	18.5	BAL	18.5	—	—	4	3	3	—	—	0.07	0.006	—
RENE-77(U700)	15	BAL	17	—	—	5.3	3.35	4.25	—	—	0.07	0.02	—
IN-738	16	BAL	8.3	0.2	2.6	1.75	3.4	3.4	0.9	—	0.10	0.001	1.75
GTD-111	14	BAL	9.5	—	3.8	1.5	4.9	3.0	—	—	0.10	0.01	2.8
透平静叶													
X40	25	10	BAL	1	8	—	—	—	—	—	0.50	0.01	—
X45	25	10	BAL	1	8	—	—	—	—	—	0.25	0.01	—

成分	Cr	Ni	Co	Fe	W	Mo	Ti	Al	Cb	V	C	B	Ta
FSX414	28	10	BAL	1	7	—	—	—	—	—	0.25	0.01	—
N155	21	20	20	BAL	2.5	3					0.20		
GTD-222	22.5	BAL	19	—	2.0	2.3	1.2	0.8	—	0.10	0.008	1.00	
压气机叶片													
AISI403	12	—	—	BAL	—	—	—	—	—	—	0.11		
AISI403＋Cb	12	—	—	BAL	—	—	—	—	0.2	—	0.15		
GTD-450	15.5	6.3	—	BAL	—	0.8	—	—	—	—	0.03		
透平叶轮													
Alloy718	19	BAL	—	18.5	—	3.0	0.9	0.5	5.1	—	0.03		
Alloy706	16	BAL	—	37.0	—	—	1 8	—	2.9	—	0.03		
Cr-Mo-V	1	0.5	—	BAL	—	1.25	—	—	—	0.25	0.30		
A286	15	25	—	BAL	—	1.2	2	0.3	—	0.25	0.08	0.006	
M152	12	2.5	—	BAL	—	1.7	—	—	—	0.3	0.12		

GE 公司 MS9001FA 型燃气轮机压气机与透平叶片所用的材料牌号,见表3 - 13。

表 3 - 13　GE 公司 MS9001FA 燃气轮机叶片及重要部件材料表[5,6]

燃机型号	MS9001FA	
	材料牌号	涂层
压气机静叶	进口可变导叶 IGV:C-450 第 1～9 级静叶 S1-S9:C-450 其它静叶:AISI403＋Cb(铌)	无
压气机动叶	第 1～9 级动叶 R1-R9:C-450 其它动叶:AISI403＋Cb(铌)	无
压气机轮盘	CrMoV、NiCrMoV	—
压气机轮盘拉杆	IN-738	—
透平第 1 级静叶	FSX-414	有
透平第 1 级动叶	GTD-111(DS)	有
透平第 2 级静叶	GTD-222	有
透平第 2 级动叶	GTD-111	有
透平第 3 级静叶	GTD-222	有
透平第 3 级动叶	GTD-111	有
透平轮盘	IN-706	—

3.1.7　三菱重工燃机透平叶片材料及其性能

1. 三菱重工燃机透平静叶、动叶材料发展和主要材料化学成分

日本三菱重工为了不断研发高温高性能燃气轮机而开发了 MGA1400，MGA1400DS 和 MGA2400 高温合金。MGA 即是 Mitsubishi Gas turbine Alloy 的英文首字母缩写。

从表 3–14 可以看出，三菱重工在最初的燃机研发阶段也是采用国际市场上标准的高温合金，随着技术进步和自身燃机发展特点的要求，开发了符合自己需要的高温合金。

表 3–14　三菱重工燃气轮机透平动叶和静叶典型材料表[7]

型号	M701B2	M701D	M501F/M701F	M501G/M701G
TIT/℃	1021	1150	1350	1500
透平第 1 级静叶	X45[*1]	ECY768[*1]	MGA2400	MGA2400
透平第 1 级动叶	U520[*2]	U520[*2]	MGA1400/DS[*3]	MGA1400DS

注：[*1]—钴基高温合金；[*2]—镍基锻造合金；[*3]—常规精密铸造和定向结晶。

MGA1400 的高温性能优良，在其基础上开发了 MGA1400DS 定向晶高温合金。MGA1400 等轴晶用于透平第三级和末级动叶。开发的 MGA2400 用于透平静叶。MGA1400 蠕变断裂强度高于 IN 738LC，承受高温蠕变能力约高于 30 ℃。MGA2400 的高温性能，如蠕变断裂强度、热疲劳强度，比钴基合金 ECY768 和 X45 优秀。而且 MGA2400 具有足够的补焊性能。定向结晶凝固可以进一步提高材料的蠕变断裂强度和疲劳强度。MGA1400DS（图 3–6）在沿柱状晶方向蠕变断裂温度比 MGA1400CC（等轴晶）高约 20 ℃，在沿柱状晶方向热疲劳寿命则高出一个数量级[7]。表 3–15 为 MGA1400 和

表 3–15　MGA1400 和 MGA2400 合金成分表[8]

	Ni	Cr	Co	Mo	W	Ta	Nb	Ti	Al	其它	备注
MGA1400	Bal.	14	10	1.5	4.3	4.7	—	2.7	4	C,其它	MHI 开发
MGA2400	Bal.	19	19	—	6	1.4	1	3.7	1.9	C,其它	
Alloy-A	10	23.5	Bal.	—	7	3.5	—	0.25	0.2	C	透平静叶用商业合金
Alloy-B	10.5	25.5	Bal.	—	7.5	—	—	—	—	C,其它	
Alloy-C	Bal.	22.5	19	—	2	1.4	1	3.7	1.9	C,其它	

注：Alloy-A，B，C 为试验对比材料。

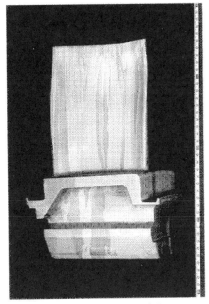

(a)MF111 第 1 级动叶　　　　　　　　　(b)M501G 第 1 级动叶

图 3-6　MGA1400DS 动叶[7]

MGA2400 合金成分对比。

2. MGA1400CC 等轴晶合金

MGA1400 具有优良的性能,拉伸强度(@ RT,650 ℃)比 IN 738LC 略高,延伸率和断面收缩率大于 5%。图 3-7 是蠕变断裂试验结果。试验温度

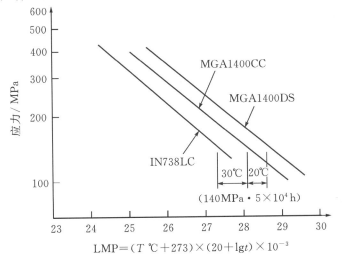

图 3-7　MGA1400 蠕变断裂强度[8]

范围从 800 ℃到 1000 ℃。MGA1400 蠕变断裂强度高于 IN 738LC,高温蠕变性能约高于 30 ℃。

MGA1400 疲劳性能也很优良。在燃烧室排气氛围中进行腐蚀试验,燃料中添加微量元素硫、钠和钒,试验温度 850 ℃和 1000 ℃。试验结果表明: MGA1400 在两种温度下重量变化很小,抗腐蚀性能高于 IN 738LC,见图 3 - 8。

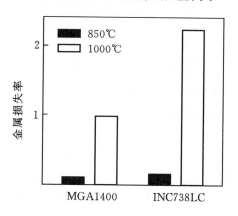

图 3 - 8　MGA1400 腐蚀试验[8]

MGA1400CC 用于 1300 ℃等级的 M701F 系列燃机透平所有级动叶,用于 1500 ℃等级的 M501G 型燃机透平第 3 级和第 4 级。

3. MGA1400DS 定向晶合金

基于 MGA1400CC 等轴晶的性能,进行添加 Hf 元素,改变热处理工艺,开发了 MGA1400DS 定向晶。如图 3 - 7 所示,MGA1400DS 在沿柱状晶方向蠕变断裂温度比 MGA1400CC(等轴晶)高约 20 ℃,在沿柱状晶方向热疲劳寿命则高出一个数量级。MGA1400DS 要进行固熔、稳定和时效热处理,其固熔温度比 MGA1400CC 高。MGA1400DS 用于 M501G 燃气轮机和 M501F/M701F 升级优化型机组中。

4. MGA2400CC 等轴晶

MGA2400 拉伸试验从室温到 1000 ℃。图 3 - 9 试验结果显示 MGA2400 具有比钴基合金 Alloy-A 优良的拉伸强度,延展性则同 Alloy-A 相当。

MGA2400 蠕变断裂试验在 760 ℃到 1000 ℃范围内进行。试验结果见图 3 - 10,与 Alloy-A 和 Alloy-B 两种合金进行对比。MGA2400 具有明显的优势,具有非常高的蠕变断裂应力。图 3 - 11 为 MGA2400 与 Alloy-A 合金热疲劳试验结果对比,试验温度循环:800 ℃ → 400 ℃ → 900 ℃ → 400 ℃。

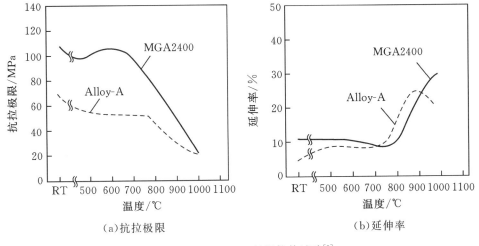

（a）抗拉极限　　　　　　　　　　　（b）延伸率

图 3-9　MGA2400 极限拉伸试验[8]

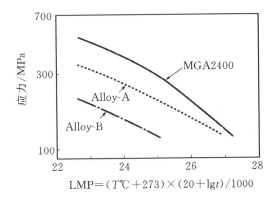

图 3-10　MGA2400 蠕变断裂试验[8]

MGA2400 具有优良的热疲劳强度。

　　对 MGA2400 进行了在 850 ℃ 温度大气环境条件下的腐蚀试验，表面涂覆有熔融态的盐（80% Na_2SO_4 + 20% V_2O_5）。试验结果表明 MGA2400 金属损失率小于 Alloy-D，与 Alloy-A 相当，见图 3-12。

　　与钴基合金相比，MGA2400 具有优良的抗高温蠕变强度、热疲劳强度，并具有足够的焊接性能和抗腐蚀性能。MGA2400 广泛应用于三菱的重型燃机透平静叶。1997 年 1 月，1500 ℃ 等级的 M501G 燃气轮机透平第 1 至 4 级 MGA2400 等轴晶静叶开始安装使用，运行直到现在。

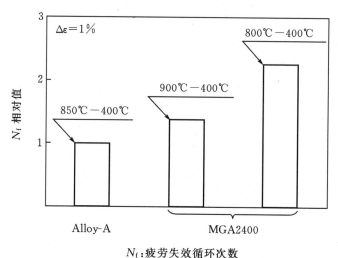

N_f:疲劳失效循环次数

图 3-11 MGA2400 热疲劳试验试验[8]

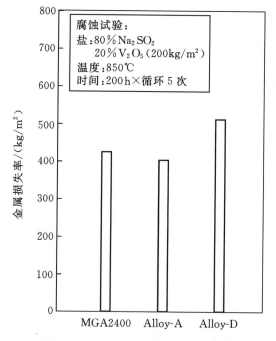

图 3-12 MGA2400 腐蚀试验结果[8]

5. 三菱重工 F 级、G 级燃机各级叶片选用的材料

到目前为止 MGA1400 和 MGA2400 基本上是三菱重工重型燃气轮机透

平动静叶主力高温合金材料。三菱重工重型燃机 M701F,M701G2(50 Hz)透平叶片材料,见表 3 – 16。

表 3 – 16　M701F 和 M701G2 重型燃机透平叶片材料表 (2002 年)[9]

		M701F	M701G2
静叶	第 1 级	MGA2400CC	MGA2400CC
	第 2 级	MGA2400CC	MGA2400CC
	第 3 级	MGA2400CC	MGA2400CC
	第 4 级	X-45	MGA2400CC
动叶	第 1 级	MGA1400DS	MGA1400DS
	第 2 级	MGA1400CC	MGA1400DS
	第 3 级	MGA1400CC	MGA1400CC
	第 4 级	MGA1400CC	MGA1400CC

三菱重工的燃机工程师在使用这些材料是基本使其平均工作温度保持在 850℃ 以下,见图 3 – 13。文献[10,11,12]也介绍了三菱重工燃机部件使用的材料。

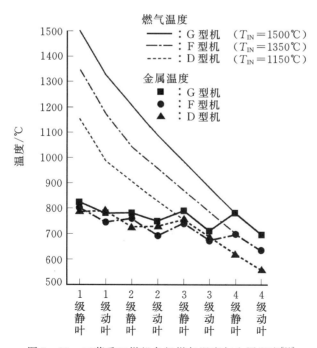

图 3 – 13　三菱重工燃机各级燃气温度与金属温度[11]

3.1.8　燃气轮机用材料统计

1. 西门子和阿尔斯通燃机用材料

西门子 V94.3A 燃机透平叶片使用材料情况[13]为:第 1 级静叶使用了材料 MAR-M 509,第 2 级、第 3 级和第 4 级静叶的材料是 Rene 80;第 1 级和第 2 级动叶使用了材料 SC PWA 1483,第 3 级和第 4 级动叶使用了材料 Rene 80。

阿尔斯通公司 GT26 燃机材料,见图 3-14。

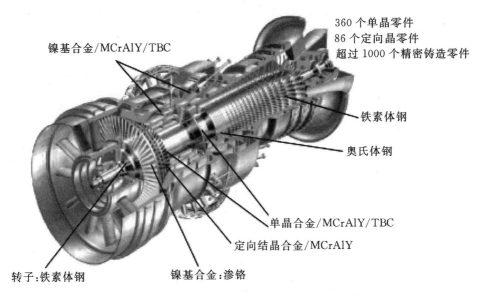

图 3-14　ALSTOM 公司 GT26 型燃机材料[14]

2. 燃气轮机用材料统计

国外有文献对目前工业燃气轮机使用的材料进行了统计,见图 3-15。读者可以查阅相关文献、技术资料或通过材料供应商得到真实可靠的材料数据,以用于计算研究、强度评估和寿命预测。

压气机叶片
Some 300SS
403,410,422,
450 Stainless
IN718
TiG4 titanium

燃烧室
300SS
Hastelloy-X,RA-33
IN-600,IN-617
Nimonic 75,Nimonic 263
Haynes 230

压气机气缸
Grey Cast Iron
Carbon Steel
Aluminum
透平气缸
Ductile Cast Iron
Stainless Steel
Nickel Alloy
压气机轮盘
Ni-Cr-MO-V
Forging
透平轮盘
Ni-Cr-MO-V Steel
Cr-Mo-V Forging
12Cr Stainless
Discalloy
A286
IN718

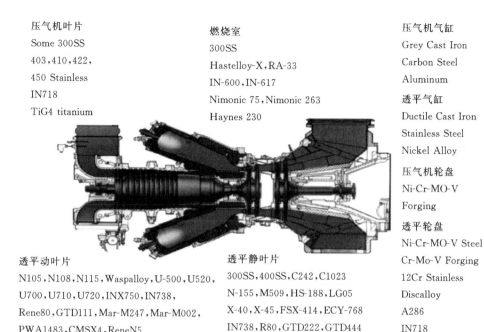

透平动叶片
N105,N108,N115,Waspalloy,U-500,U520,
U700,U710,U720,INX750,IN738,
Rene80,GTD111,Mar-M247,Mar-M002,
PWA1483,CMSX4,ReneN5

透平静叶片
300SS,400SS,C242,C1023
N-155,M509,HS-188,LG05
X-40,X-45,FSX-414,ECY-768
IN738,R80,GTD222,GTD444

图 3-15　工业燃气轮机用材料汇总[15]

3.2　重型燃机动叶片受力分析及叶型名义应力计算方法

　　动叶是重型燃机压气机和涡轮实现能量转换的核心部件,工作时承受着很大的静态和动态载荷,若叶片强度或振动裕度不足,叶片会产生裂纹、折断等故障,碎片飞出还会打坏本级及下游级叶片和气缸。燃机中叶片数量巨大,例如 F 级燃机压气机叶片都超过 1000 只。因此,研究燃机动叶片的强度和振动问题是开发燃气轮机不可缺少的一项重要工作。

3.2.1　叶片受力分析及静态气流力计算

1. 动叶片受到的主要载荷

1)气流力

压气机和涡轮动叶片都处于大流量、高流速的气流中,压气机叶片驱动空气,高温、高压燃气驱动涡轮叶片,因此有很大的气流力作用在叶片上,使叶片截面受到很大的气流力产生的弯矩。例如某重型燃机透平第 4 级气流力为 1470 N,在型线底部截面上产生的弯矩为 950 N·m。气流力在叶片截面上和叶根上产生弯应力,同样气流力产生的扭矩也会在叶片中产生扭转应力。随着单级功率的不断增大,叶片所受的气流力也会不断增大。

2)交变气流载荷

由于结构或制造安装误差等因素,会造成气流沿周向不均。当叶片随转子转动时,在非均匀气流力作用下会产生强迫振动。当压气机发生旋转失速或喘振时同样会给叶片施加激振力使叶片产生振动。在某些工况下,压气机叶片还有可能发生颤振,引起流固耦合振动,这将在叶片中产生交变的弯曲应力和扭转应力。在某些工况下或者设计不合理时,这种振动应力会很大,会导致叶片疲劳破坏。随着单级功率的不断增大,激振力的幅值同样也在不断增大。

3)叶片的叶身、叶根、围带凸肩等自身质量产生的离心力

离心力和转速平方成正比,发电用重型燃机转子以 3000 r/min 额定工作转速转动,工作时叶片自身产生的离心力很大。例如某重型燃机压气机末级叶片质量仅为 0.263 kg,离心力达到 27 kN,是自重的 10284 倍;第 1 级动叶离心力高达 2730 kN。某 300 MW 等级燃机透平末级叶片离心力达 1570 kN。叶片在其自身的离心力作用下,将产生很大的拉伸应力和弯曲应力,对于扭叶片还会引起扭转应力。

4)热负荷

压气机出口温度达到 320~450 ℃,因此压气机末几级叶片的温度可能会很高,燃机涡轮进口温度达 1200~1700 ℃,涡轮出口温度 600 ℃左右,可见,整个涡轮叶片的温度都很高。这不仅使材料的许用应力减小,而且叶片由于温度不均匀而产生热应力,特别是燃机启、停速度很快,会在叶片中产生很大热应力,设计或运行不当会导致叶片发生热疲劳破坏。

在上述各种负荷同时作用的情况下,叶片的应力状态十分复杂,加上叶片几何复杂,有时精确计算也不容易。为了使问题简化,可只计算主要的应力成分,并求出其代数和,得到近似的总应力,这也是常用的方法,然后根据叶片材料的许用应力,计算出安全系数。至于那些被忽略的和难于计算的应力成分,都放在安全系数中加以考虑。关于有限元法计算叶片在不同载荷下的应力和变形,将在其它章节叙述。

2. 叶片的气流力确定

当气流流过叶栅通道时,气流的轴向和周向速度都会发生变化,也就是

说气流的动量发生了变化,说明气流受到了力的作用。

如图 3-16(a)所示的压气机叶栅,气流流过动叶片叶栅时,气流受到了两个轴向力的作用:叶片给予气流的轴向力和叶栅前后气流压差形成的轴向力。根据动量定理,这两个轴向力之和应等于单位时间内气流的动量变化

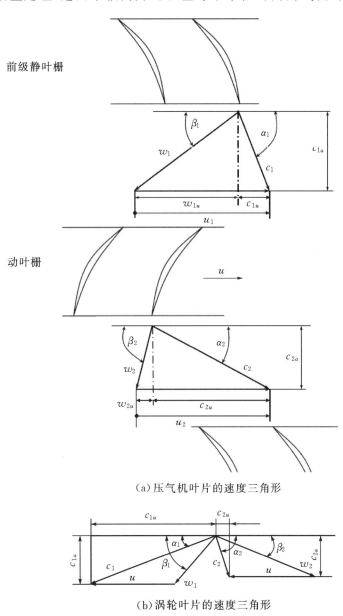

(a)压气机叶片的速度三角形

(b)涡轮叶片的速度三角形

图 3-16   压气机叶片和涡轮叶片的速度三角形

量。在叶片某个半径处取宽为一个栅距、高为单位长度的窗口,则流过该窗口的气流每秒钟内的动量变化为

$$(\rho_2 c_{2a} t_2 \times 1) c_{2a} - (\rho_1 c_{1a} t_1 \times 1) c_{1a} = \frac{2\pi r}{Z_b} (\rho_2 c_{2a}^2 - \rho_1 c_{1a}^2) \qquad (3-1)$$

式中,ρ_1,ρ_2 分别为进、出口截面处气流的密度;c_{1a},c_{2a} 分别为进、出口截面处气流的轴向速度;r 为叶片的任意一个截面的半径;Z_b 为动叶片只数。设进、出口截面处的栅距 t_1 和 t_2 相等,即

$$t_1 = t_2 = t = \frac{2\pi r}{Z_b} \qquad (3-2)$$

由叶栅前后气流压差引起的轴向力为

$$(p_1 - p_2) t = \frac{2\pi r}{Z_b} (p_1 - p_2) \qquad (3-3)$$

式中,p_1,p_2 分别为叶栅进、出口截面半径为 r 处气流的静压。

得到叶片给予流过窗口气流的轴向力为

$$\frac{2\pi r}{Z_b} [(\rho_2 c_{2a}^2 - \rho_1 c_{1a}^2) - (p_1 - p_2)] \qquad (3-4)$$

根据作用力与反作用力定律,在半径为 r,叶片单位叶高受到的气流力轴向分量为

$$p_a(r) = \frac{2\pi r}{Z_b} [(\rho_1 c_{1a}^2 - \rho_2 c_{2a}^2) + (p_1 - p_2)] \qquad (3-5)$$

同理,在半径为 r,叶片单位叶高上受到的气流力周向分量为

$$p_u(r) = \frac{2\pi r}{Z_b} (\rho_1 c_{1a} c_{1u} - \rho_2 c_{2a} c_{2u}) \qquad (3-6)$$

式中,c_{1u},c_{2u} 分别为进、出口截面处气流的切向速度。

如果忽略气流力沿高度方向上变化,叶片上受到的总轴向力和切向力分别为

$$F_a = \frac{G}{Z_b} (c_{1a} - c_{2a}) + \frac{2\pi R_m}{Z_b} (p_1 - p_2) l \qquad (3-7)$$

$$F_u = \frac{G}{Z_b} (c_{1u} - c_{2u}) = \frac{1000 N_u}{u Z_b} \qquad (3-8)$$

式中,R_m 为叶片的平均半径(型线底部与叶顶半径的平均值);N_u 为级的轮周功率(kW);G 为通过级的质量流量(kg/s);l 为叶高。

由于气流参数沿叶高是变化的,因此在任一半径处单位叶高上受到的气体力也是变化的,叶片上任一截面 R 以上部分受到的总的轴向力和切向力分别为

$$F_a = \int_R^l \left\{ \frac{2\pi r}{Z_b}(\rho_1(r)c_{1a}^2(r) - \rho_2(r)c_{2a}^2(r)) + \frac{2\pi r}{Z_b}(p_1(r) - p_2(r)) \right\} \mathrm{d}r$$

$$(3-9)$$

$$F_u = \int_R^l p_u(r)\mathrm{d}r = \int_0^l \left\{ \frac{2\pi r}{Z_b}(\rho_1(r) \cdot c_{1a}(r)c_{1u}(r) - \rho_2(r) \cdot c_{2a}(r)c_{2u}(r)) \right\} \mathrm{d}r$$

$$(3-10)$$

上述计算气流力,对于压气机动叶片或涡轮动叶片都是适用的,但应注意它们所受气流力方向。

3.2.2　叶型离心拉应力和气流弯曲应力计算方法

1. 叶型离心拉应力计算

为了提高气动效率和安全可靠性,目前压气机和涡轮叶片都采用了变截面叶片。从空气动力学角度考虑,应该使叶片型线沿高度变化;从强度方面考虑,也应该使截面积由叶顶向叶底逐渐增加,这样做的原因是,如果采用等截面叶片,则叶型底部截面的应力最大,而上部截面的应力逐渐减小,材料强度没有充分利用。当叶片较长,离心力较大时,矛盾更加突出,型线底部截面应力会超过材料的许用应力。因此,合理地削减叶型上部截面的面积,即作成变截面叶片,可以减小作用在叶片下部和底部截面上的离心力,使叶片下部和底部截面的应力水平降低;同时也减轻了叶根、轮缘以及叶轮承受的离心载荷。

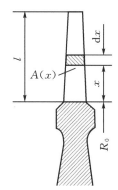

图 3-17　叶片离心应力计算图

叶型的离心力和应力可根据以下公式求得。

如图 3-17 所示,在距叶片底部截面距离为 x 处取一微段 $\mathrm{d}x$,其截面积为 $A(x)$,此微段的离心力为

$$\mathrm{d}C = \rho\omega^2 A(x)(R_0 + x)\mathrm{d}x$$

式中,R_0 为型线底部截面半径(m);$A(x)$ 为叶片各横截面积(m²);ρ 为叶片材料密度(kg/m³);ω 为旋转角速度(rad/s),$\omega = \frac{2\pi n}{60}$,$n$ 为转速(r/min)。

作用在距底部截面距离为 x_0 的叶片截面上的离心力为

$$C_x = \rho\omega^2 \int_{x_0}^l A(x)(R_0 + x)\mathrm{d}x$$

$$(3-11)$$

式中，l 为叶片型线部分高度(m)。

距叶片底部截面距离为 x_0 的截面上的离心拉应力则为

$$\sigma(x_0) = \frac{\rho\omega^2}{A(x_0)} \int_{x_0}^{l} A(x)(R_0 + x)\mathrm{d}x \quad (3-12)$$

叶片型线沿叶高的变化规律是从气动设计方面考虑的，在强度计算时，通常已知型线几何及面积变化规律，但它往往难于用解析式表达和进行积分。根据面积沿叶高的变化曲线，通常可采用数值积分近似地算出各截面的拉伸应力。如何做数值计算，这里不再赘述。

如果是等截面叶片，叶型底部截面上的拉应力一定最大，且为

$$\sigma = \rho\omega^2 l R_m \quad (3-13)$$

式中，R_m 为叶片平均半径(m)。

由离心拉应力计算公式可以看出，应力大小与密度、转速的平方、叶片高度、平均半径以及截面积沿叶高的变化规律有关。也可以看到对等截面叶片，增大叶片的截面积并不能降低叶片截面的拉应力。而采用密度比较小的材料则是减小离心拉应力最有效的方法。

当叶片顶部有围带和拉金时，围带和拉金的离心力在其以下截面也产生拉应力。围带和拉金的离心力分别为

$$C_s = \rho A_s t_s \omega^2 R_s \quad (3-14)$$

$$C_l = \rho A_l t_l \omega^2 R_l \quad (3-15)$$

式中，A_s, A_l 为围带和拉金的横截面积；t_s, t_l 为围带和拉金的节距；R_s, R_l 为围带和拉金质心的半径。

作用在叶片型线底部的离心力之和为

$$\sum C_o = C + C_s + C_l \quad (3-16)$$

底部截面拉应力为

$$\sigma = \frac{C + C_s + C_l}{A} \quad (3-17)$$

2. 气流力产生的弯应力

作用在叶片上的气流力是圆周向分力 P_u 和轴向分力 P_a 的合力为

$$P = \sqrt{P_u^2 + P_a^2} \quad (3-18)$$

实际上，作用在叶片上的气流力是一个分布载荷。$\dfrac{D_m}{l} > 10$，即叶片较短时，由于气流压力和速度沿叶高变化不大，可以认为气流力沿高度均匀分布，此时，叶片可以当作一端固定、承受均布载荷的悬臂梁来研究，如图 3-18 所示，其

均布载荷为

$$q = \frac{P}{l}$$

离叶片底部截面为 x 处的截面上的弯矩为

$$M(x) = \frac{q(l-x)^2}{2} \qquad (3-19)$$

底部截面弯矩最大,其值为

$$M_0 = \frac{ql^2}{2} = \frac{Pl}{2} \qquad (3-20)$$

当叶片较长,通常认为 $\frac{D_m}{l} < 10$ 时,则须考虑气流力沿叶高的变化。这种变化是由于气体流量、反动度以及圆周速度沿叶高变化所引起的。这样,气流载荷密度 q 沿叶高也是变化的,如图 3-19 所示。

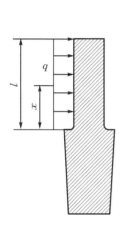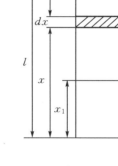

图 3-18　叶片承受的气流力　　图 3-19　气流载荷密度沿叶高的变化

在这种情况下,气流力作用在距型底截面 x_1 处截面上的弯矩为

$$M(x_1) = \int_{x_1}^{l} q(x)(x-x_1)\mathrm{d}x \qquad (3-21)$$

如果气流载荷密度沿叶高的变化规律无法用解析式表达时,则 $q(x)$ 和 $M(x)$ 可以用数值积分来确定。

为了计算截面中的最大弯曲应力,须找出通过叶片截面形心 C 的最小主惯性轴Ⅰ-Ⅰ以及与Ⅰ-Ⅰ轴垂直的最大主惯性轴Ⅱ-Ⅱ。实践证明,对多数叶片来说,可以认为Ⅰ-Ⅰ轴平行于叶片进出气边的联线 $m-n$,对计算结果影响不大,如图 3-20 所示。

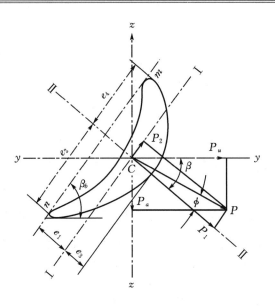

图 3 - 20　叶片型线截面承受的气流力示意图

气流力 P 在这两个主惯性轴方向的分力为

$$P_1 = P\cos\phi$$

$$P_2 = P\sin\phi$$

式中，ϕ 角为气流力 P 的方向与 Ⅱ－Ⅱ 轴的夹角，等于

$$\phi = \beta - \arctan\frac{P_a}{P_u}$$

β 角为 Ⅱ－Ⅱ 轴与叶轮平面（圆周方向）的夹角，β 角也等于 $90°$ 减安装角 β_b。
设作用力到分析截面的距离为 h，两个主惯性轴方向的弯矩为

$$M_1 = \frac{Ph}{2}\cos\phi$$

$$M_2 = \frac{Ph}{2}\sin\phi$$

M_1 和 M_2 在所分析的截面出气边、进气边和背部上产生的弯应力分别为

$$\begin{cases} \sigma_{出} = \dfrac{M_1}{W_{进、出}} + \dfrac{M_2}{W_{出}} = \dfrac{M_1 e_1}{I_{Ⅰ-Ⅰ}} + \dfrac{M_2 e_2}{I_{Ⅱ-Ⅱ}} \\[3mm] \sigma_{进} = \dfrac{M_1}{W_{进、出}} - \dfrac{M_2}{W_{进}} = \dfrac{M_1 e_1}{I_{Ⅰ-Ⅰ}} - \dfrac{M_2 e_4}{I_{Ⅱ-Ⅱ}} \\[3mm] \sigma_{背} = -\dfrac{M_1}{W_{背}} = -\dfrac{M_1 e_3}{I_{Ⅰ-Ⅰ}} \end{cases} \qquad (3-22)$$

式中,$W_{进、出}$,$W_{背}$ 分别为叶片进出气边和背部对最小主惯性轴的截面系数,

$W_{进、出}=\dfrac{I_{I-I}}{e_1}$,$W_{背}=\dfrac{I_{I-I}}{e_3}$;$W_{出}$,$W_{进}$ 分别为叶片出气边和进气边对最大主惯

性轴的截面系数,$W_{出}=\dfrac{I_{II-II}}{e_2}$,$W_{进}=\dfrac{I_{II-II}}{e_4}$;$I_{I-I}$,$I_{II-II}$ 分别为叶片截面的最

小和最大主惯性矩;e_1,e_3 分别为叶片进出气边缘和背部到 I-I 轴的最远距

离;e_2,e_4 分别为叶片出气边和进气边到 II-II 轴的最远距离。

对于长叶片,在计算弯距时,需要考虑气流力沿叶高方向上的变化。当
应力超过材料的许用弯曲应力时,可以增加叶片的宽度,使叶片的截面积和
主惯性矩得到相应的增大,从而使弯曲应力下降。

3.2.3　离心力和气流力弯矩的合成与补偿

作用在动叶片 j 截面上的总弯矩,等于作用在该截面上的气流力弯矩和
离心力弯矩的和[16,17],即

$$\left.\begin{array}{l} M_{xj,合} = M_{xj,气} + M_{xj,离} \\ M_{yj,合} = M_{yj,气} + M_{yj,离} \end{array}\right\} \tag{3-23}$$

通常,叶片气动设计完成后,气流力产生的弯矩是确定的或者不变的,气
流力在叶型的进、出气边产生拉应力,而在背弧产生压应力。图 3-21 给出了
压气机叶片与涡轮叶片在受气流力作用下的变形,由于压气机叶片与涡轮叶
片所受气体力的方向相反,所以这两种叶片形心连线的偏斜方向也是相反
的,偏斜方向总是与叶片所受气流力的方向一致。

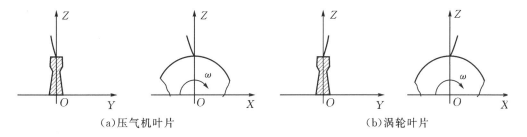

(a)压气机叶片　　　　　　　　　　　　　　(b)涡轮叶片

图 3-21　叶片中心的偏斜

离心力不但在叶片截面中产生拉伸应力,而且可能产生弯曲应力,是由
于该截面以上叶片部分的形心和旋转中心的联线(离心力的辐射线)不通过
该截面的形心(通过截面形心的离心力,在该截面上不产生弯应力),离心力

对该截面的作用是偏心拉伸。

在叶型的进出气边通过适当地设计叶片各截面形心的连线,即改变离心力弯矩,使它与气流力弯矩方向相反,部分抵消,使合成弯矩适当减小,甚至为零。称为弯矩的补偿。简单易行的方法是将叶片各截面的形心相对于 z 轴作适当的偏移,以达到弯矩补偿的目的。在航空发动机中,这个偏移量称为罩量[17]。在汽轮机中,这个偏移量称为安装值[16]。对于压气机,如果使叶片在正旋转方向平行移动一段距离,离心力引起的弯距刚好使背部受拉,进出气边受压,抵消气流力引起的弯曲应力。对涡轮机,如果使叶片在反旋转的方向平行移动一段距离,离心力所引起的弯距刚好使背部受拉,进出气边受压,抵消气流力引起的弯曲应力。可见,压气机和涡轮机正好是相反的。

压气机叶片比较平直,其各截面形心连线可取为直线。只要在加工轮盘上的榫槽时相对于轮心有一偏心距 Δ,叶片安装到盘上后就形成一个偏斜角 θ(图 3-22)。这种办法较为简便,因为只要改变罩量或安装值 Δ 而不更动其它设计,就能得到不同的偏斜角,以满足弯矩补偿的要求。

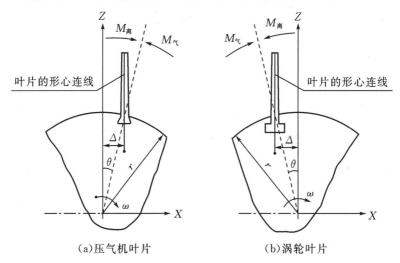

图 3-22 压气机和涡轮叶片的偏斜

以离心力弯矩补偿气体力弯矩时,还必须注意到这两个弯矩随工作状态的变化。离心力弯矩与转速有关,而气流力弯矩因工况变化而变化。总之,罩量或安装值调整既要考虑到使叶片各个截面上都得到合适的弯矩补偿,又要兼顾到运行工况,还涉及到叶片的加工和安装问题。

3.3　燕尾形叶根和轮槽的受力分析以及名义应力计算方法

1. 燕尾形叶根受力分析和应力计算

重型燃机压气机动叶片通常借助燕尾形叶根固定在轮盘上。为了使叶根受力均匀,通常将叶根截面的重心安装在叶根的中心线上(图 3-23)。由于叶根截面的抗弯截面系数大,故气流弯曲应力不大,在初步估算时可不予考虑。因此,在叶根的强度计算中,可以只考虑叶片离心力引起的应力[17]。

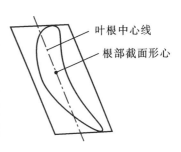

图 3-23　叶根截面重心的位置

燕尾形叶根的受力情况如图 3-24 所示。如果不计接触表面上的摩擦力,则叶身和叶根的总离心力 P_b 可以分解为两个大小相等的作用在轮盘槽侧面上的正压力

$$P_b = 2N\sin\frac{\alpha}{2} \tag{3-24}$$

$$N = \frac{P_b}{2\sin\dfrac{\alpha}{2}} \tag{3-25}$$

式中,α 为燕尾形叶根工作面的顶角。

正压力在叶根与轮盘榫槽接触面 AB(其中 A,B 分别为上下两个接触点)上产生的挤压应力为

$$\sigma_c^R = \frac{N}{hd} = \frac{P_b}{2hd\sin\dfrac{\alpha}{2}} \tag{3-26}$$

式中,h,d 分别为燕尾形叶根与轮槽接触面的长度和宽度。

在叶根 AE 截面上(见图 3-24(d))产生的剪切应力为

$$\sigma_\tau^R = \frac{P_b - 2F_{AEB}}{2hl_{AE}} \tag{3-27}$$

式中,F_{AEB} 为燕尾形叶根 AEB 区域(见图 3-24(d))的离心力;l_{AE} 为燕尾形叶根 AE 段的长度,注意 A 点应为接触点。

在叶根 AE 截面上产生的弯曲应力为

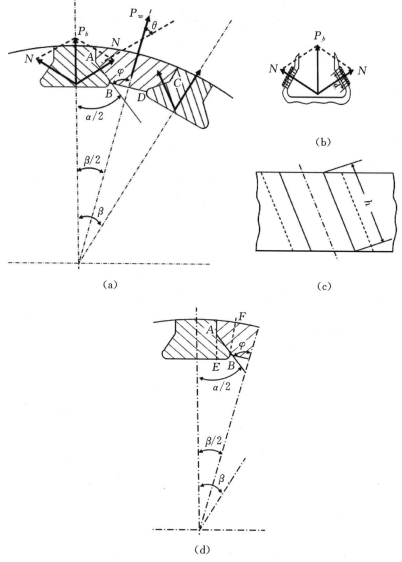

图 3 - 24　燕尾形叶根和轮槽计算示意图

$$\sigma_{bd}^{R} = \frac{N\sin(\alpha/2) \cdot d\sin(\alpha/2)/2}{\dfrac{h}{6}(l_{AE})^{2}} = \frac{3Nd(\sin(\alpha/2))^{2}}{h(l_{AE})^{2}} \qquad (3-28)$$

2. 燕尾形轮槽受力分析和应力计算

　　除了验算叶根接触面上的应力外,还需校核相邻轮槽间轮盘凸缘的危险截面 BD 上的平均拉伸应力。这一拉伸应力是由轮槽 AB,CD 两个面上受到

的正压力 N 与轮缘本身的离心力 P_w 引起的。设轮缘危险截面面积为 A_{BD}，则平均拉伸应力为

$$\sigma_l^w = \frac{2N\cos\theta + P_w}{A_{BD}} \tag{3-29}$$

从几何关系可知

$$\theta = 90° - \psi = 90° - \left(\frac{\alpha}{2} + \frac{\beta}{2}\right)$$

$$\beta = \frac{360°}{Z_B}$$

Z_B 为叶片数,将几何关系式代入到式(3-29),得

$$\sigma_l^w = \frac{2N\sin\left(\dfrac{\alpha}{2} + \dfrac{\beta}{2}\right) + P_w}{A_{BD}} \tag{3-30}$$

轮槽和叶根接触面上的挤压应力和前面计算的叶根挤压应力一致,即

$$\sigma_c^w = \sigma_c^R$$

在轮槽 BF 截面上产生的剪切应力为

$$\sigma_\tau^w = \frac{2N\cos\theta + 2F_{ABF}}{2hl_{BF}} = \frac{N\sin\left(\dfrac{\alpha}{2} + \dfrac{\beta}{2}\right) + F_{ABF}}{hl_{BF}} \tag{3-31}$$

式中,F_{ABF} 为燕尾形叶根对应轮槽 ABF 区域的离心力;l_{BF} 为燕尾形叶根对应轮槽 BF 段的长度,B 点应为接触区的端点。

在轮槽(轮盘榫槽)BF 截面上产生的弯曲应力为

$$\sigma_{bd}^w = \frac{(N\cos\theta + F_{ABF}) \cdot d\sin\psi/2}{\dfrac{h}{6}(l_{BF})^2}$$

$$= \frac{3\left(N\sin\left(\dfrac{\alpha}{2} + \dfrac{\beta}{2}\right) + F_{ABF}\right)d\sin\left(\dfrac{\alpha}{2} + \dfrac{\beta}{2}\right)}{h(l_{BF})^2} \tag{3-32}$$

在上述的计算中,认为叶根和轮槽接触面上的挤压应力、轮盘凸缘危险截面上的拉伸应力都是均匀分布的。实际上在局部存在严重的应力集中,对此应予以充分注意(图 3-25)。

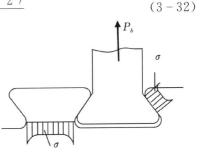

图 3-25　燕尾形叶根的应力集中

3.4 透平叶片枞树形叶根和轮缘的名义应力计算方法

重型燃气轮机透平动叶片大多采用了枞树形叶根,对于枞树形叶根的强度计算,首先需要确定各齿上的作用力。严格地说,由于受力后各齿变形不同,因此各齿上受力也不同。一般来说,由型线部分算起的第一对齿承载最重。但是,当叶根在加工精度较高、齿数较少、齿的刚性较小的条件下,可以近似认为各齿受力是相等的,即各齿平均分担着叶片的离心力。实际上,当各齿受力不均匀时,过载的齿会发生塑性变形;叶根在高温状态下产生的塑性变形也会使各齿受力重新分配,逐渐趋于均匀化[16]。

1. 叶根强度计算

以 $\sum C$ 表示整个叶片的离心力。按各齿受力相等的条件计算每个齿上的作用力 P,其数值为(图 3 - 26,其中线 1 表示叶根中心线)

$$P = \frac{\sum C}{2n\cos\frac{\varphi}{2}} \qquad (3-33)$$

式中,$2n$ 为齿数(含两面);φ 为枞树形叶根的锥角;$\sum C$ 为整个叶片的离心力,$\sum C = C + C' + C_0 + C_{x1}$;$C$ 为叶片型线和围带部分的离心力;C' 为叶根中间体部分的离心力;C_0 为 1—1 截面以上叶根部分离心力;C_{x1} 为 1—1 截面以下叶根部分离心力。

叶根 1—1 截面上的离心拉应力为

$$\sigma_{t1} = \frac{C + C' + C_0}{b_1 B_z} \qquad (3-34)$$

在叶根 2—2 截面上的离心拉应力为

$$\sigma_{t2} = \frac{C + C' + C_0 + C_1 - 2P\cos\frac{\varphi}{2}}{b_2 B_z} = \frac{C + C' + C_0 + C_1 - \dfrac{\sum C}{n}}{b_2 B_z}$$

$$(3-35)$$

式中,C_1 为截面 1 和 2 之间叶根部分的离心力。

在叶根的第 i 截面上的离心拉应力为

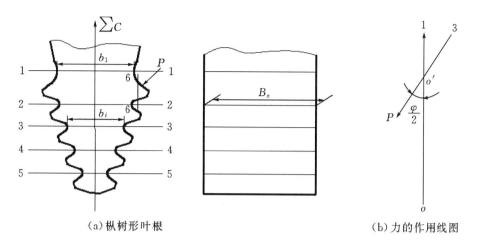

（a）枞树形叶根　　　　　　　　　　　　（b）力的作用线图

图 3-26　枞树形叶根应力计算示意图

$$\sigma_{ti} = \frac{C + C' + C_0 + \sum_{k=1}^{i-1} C_k - \dfrac{i-1}{n} \sum C}{b_i B_z} \qquad (3-36)$$

式中，i 为截面序号；$\sum\limits_{k=1}^{i-1} C_k$ 为叶根 i 截面到 1 截面之间的叶根部分离心力；b_i，B_z 为叶根第 i 截面的宽度和厚度。

在叶根 1—1 截面上，还可能存在气流弯应力，其数值为

$$\sigma_{bl1} = \frac{P_u \left(\dfrac{l}{2} + a \right)}{W_1} \qquad (3-37)$$

式中，P_u 为作用在叶片上的圆周向气流力；l 为叶片型线部分高度；a 为叶型底部截面到叶根 1—1 截面的距离；W_1 为叶根 1—1 截面的截面系数，$W_1 = \dfrac{b_1^2 B_z}{6}$。

2. 轮缘强度计算

在轮缘第 i 截面上，离心拉应力可由力的平衡关系求得。在图 3-27（并参阅图 3-26）中，线 1 表示叶根的中心线，并代表叶片的离心力方向；线 2 表示轮缘齿槽部分的中心线，并代表轮缘齿槽部分的离心力方向；线 3 表示在叶根齿上的作用力 P 的方向。线 1 和线 2 之间的夹角为 $\dfrac{\alpha}{2}$，线 1 和线 3 之间的夹角为 $\dfrac{\varphi}{2}$，则线 3 与线 2 之间的夹角为 $\dfrac{\varphi}{2} - \dfrac{\alpha}{2}$。

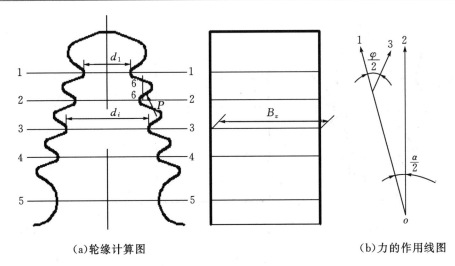

（a）轮缘计算图　　　　　　　　　　　　（b）力的作用线图

图 3-27　轮缘计算示意图（**图超版心了**）

将叶根作用在轮缘齿上的作用力 P 投影到轮缘中心线方向后，可求得轮缘第 i 截面上的拉应力（参阅图 3-27）

$$\sigma'_{ti} = \frac{2iP\cos\left(\dfrac{\varphi-\alpha}{2}\right) + \displaystyle\sum_{k=0}^{i-1} C_{dk}}{d_i B_z} \tag{3-38}$$

式中，α 为叶片栅角，$\alpha = \dfrac{360°}{Z_2}$，$Z_2$ 为动叶片数目；C_{dk} 为两相邻截面（$k-1$ 截面，k 截面）之间轮缘部分的离心力。

根据上式，轮缘最大拉应力是在轮缘齿槽部分的底部截面，即 5—5 截面。为了减小此应力，可将轮缘和叶根齿槽部分，由外向内逐渐增大轴向尺寸，如图 3-27（a）所示。

3. 叶根齿的强度计算

叶根齿的弯曲应力

$$\sigma_{bd1} = \frac{6P\cos\dfrac{\varphi}{2} e_1}{B_z h_1^2} \tag{3-39}$$

$$\sigma_{bd2} = \frac{6P\cos\dfrac{\varphi}{2} e_2}{B_z h_2^2} \tag{3-40}$$

式中，e_1 为作用力 P 到齿根 h_1 截面的力臂；h_1 为一对齿开始接触处的齿高（见图 3-28）；e_2 为作用力 P 到齿根 h_2 截面的

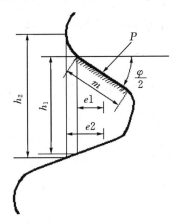

图 3-28　枞树形叶根齿的受力图

力臂；h_2 为齿根高度(见图3-28)。

叶根齿的挤压应力

$$\sigma_{cr} = \frac{P}{mB_z} \qquad (3-41)$$

式中，m 为齿实际接触面积的宽度(除去圆角和间隙)。

叶根齿的剪切应力

$$\tau = \frac{P\cos\frac{\varphi}{2}}{h_1 B_z} \qquad (3-42)$$

4. 轮缘齿的强度计算

轮缘齿的弯曲应力

$$\sigma'_{bd1} = \frac{6P\cos\frac{\varphi}{2}e_1}{B_z h_1^2} \qquad (3-43)$$

$$\sigma'_{bd2} = \frac{6P\cos\frac{\varphi}{2}e_2}{B_z h_2^2} \qquad (3-44)$$

式中，e_1 为作用力 P 到轮缘齿根 h_1 截面的力臂；h_1 为一对齿开始接触处的齿高(见图3-29)；e_2 为作用力 P 到齿根 h_2 截面的力臂；h_2 为轮缘齿根高度(见图 3-29)。

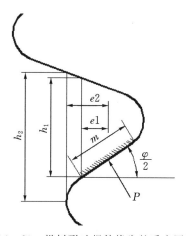

图 3-29　枞树形叶根轮缘齿的受力图

轮缘齿的挤压应力

$$\sigma'_{cr} = \frac{P}{mB_z} \qquad (3-45)$$

式中，m 为齿实际接触面积的宽度（除去圆角和间隙）。

轮缘齿的剪切应力

$$\tau' = \frac{P\cos\dfrac{\varphi}{2}}{h_1 B_z} \tag{3-46}$$

3.5　某燃机压气机各级动叶及轮槽名义应力计算

压气机叶片的安全可靠性关乎到整个燃机能否安全运转。而压气机叶片安全可靠性评价的一个重要指标就是静应力水平的高低。作者采用材料力学方法结合数值算法计算了某重型燃机压气机叶片叶型、叶根、轮槽名义应力值。尽管该计算方法并不十分精确，但简单、省时、概念清晰，在初步设计阶段仍是一个比较好的方法。另外，实际中有许多因素，例如：材料机械性能的分散性；作用载荷的数值不精确；零件的尺寸和几何形状与其名义值不符（即使是在其公差范围之内）；可能的偶然过载等等，再精确的方法也很难考虑这些因素，对这些因素通常是放在安全系数中去考虑。这就是采用常规计算方法的价值所在。

尽管作者对该机组压气机叶片做了安全评价，但为了技术保密，并没给出安全系数和安全评价的数值和结论。

某型重型燃机压气机共有 17 级动叶片，其叶根全部采用了燕尾形叶根形式，如图 3-30 所示。

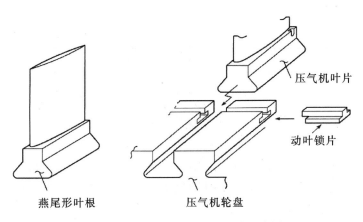

图 3-30　重型燃机压气机叶片示意图

1. 压气机各级动叶型线部分拉应力计算

采用常规强度计算方法对各级叶片叶型的应力进行了计算。计算中动叶的底截面从型线根部截面算起。第 1 级、第 6 级、第 12 级、第 17 级动叶叶型应力沿高度的变化见图 3-31。

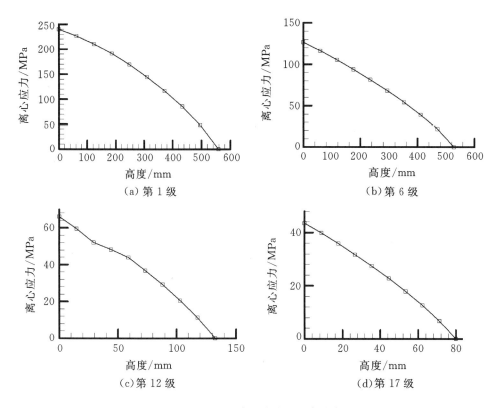

图 3-31　叶型离心应力沿叶高分布

图 3-32 为各级叶片叶型高度。图 3-33 为各级动叶的最大离心拉应力。

通过分析可以得到以下几点结论：

(1)尽管该压气机叶片为扭叶片和变截面叶片,但从计算结果可知各级叶片的最大离心拉应力仍然在底截面。

(2)比较各级叶片叶型的最大离心应力可知应力基本上从第 1 级开始,随着级数的增加,应力逐渐减小,这主要是随着级数的增加,叶片的高度变小的缘故造成的。

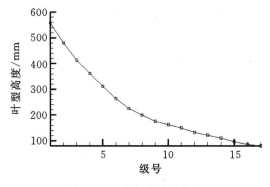

图 3-32　各级动叶的高度

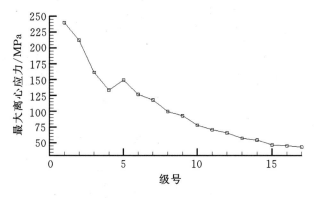

图 3-33　各级动叶的最大离心拉应力

2. 燃机压气机各级动叶片燕尾形叶根的应力计算

动叶叶根承载面和根颈应力的计算结果见表 3-17,一些符号的含义见图 3-34。

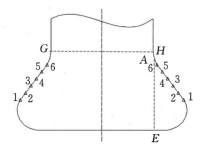

图 3-34　燕尾形叶根示意图

表 3 - 17　某燃机压气机各级叶根强度计算

级别 项目	单位	1	2	3	4	5	6
工作面挤压应力	MPa	307.42	219.66	221.36	167.38	200.99	177.48
AE 截面的剪切应力	MPa	118.60	83.95	84.60	66.35	78.97	69.74
AE 截面的弯曲应力	MPa	137.26	96.26	97.00	78.91	93.09	82.20
叶根 GH 截面处平均拉应力	MPa	115.4	85.2	80.4	74.0	71.7	61.7
级别 项目	单位	7	8	9	10	11	12
工作面挤压应力	MPa	117.57	142.12	138.73	156.34	154.46	125.05
AE 截面的剪切应力	MPa	45.69	56.36	55.01	51.42	50.81	43.11
AE 截面的弯曲应力	MPa	53.27	67.05	65.45	50.74	50.13	44.58
叶根 GH 截面处平均拉应力	MPa	53.3	57.3	53.5	44.6	43.2	38.9
级别 项目	单位	13	14	15	16	17	
工作面挤压应力	MPa	95.94	110.21	99.53	69.57	63.42	
AE 截面的剪切应力	MPa	36.20	34.74	31.37	25.31	23.07	
AE 截面的弯曲应力	MPa	40.98	32.84	29.66	27.62	25.18	
叶根 GH 截面处平均拉应力	MPa	32.7	31.5	27.3	25.5	22.4	

3. 某燃机压气机各级轮槽强度计算

某燃机压气机各级轮槽应力的计算结果见表 3 - 18，一些符号见图 3 - 35。

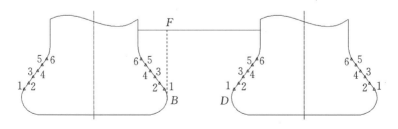

图 3 - 35　燕尾叶根轮槽示意图

表 3 - 18 某燃机压气机各级轮槽强度计算

级别 项目	单位	1	2	3	4	5	6
BD 截面拉应力	MPa	236.70	161.24	168.91	162.09	184.33	204.93
BF 截面的剪应力	MPa	98.18	68.87	68.75	62.42	66.76	60.04
BF 截面的弯曲应力	MPa	79.37	45.68	43.47	42.84	42.13	35.31
级别 项目	单位	7	8	9	10	11	12
BD 截面拉应力	MPa	129.31	144.45	147.35	71.36	76.45	85.56
BF 截面的剪应力	MPa	43.79	36.88	36.61	40.85	40.16	36.86
BF 截面的弯曲应力	MPa	26.14	14.60	14.59	18.11	17.89	18.27
级别 项目	单位	13	14	15	16	17	
BD 截面拉应力	MPa	60.63	69.17	71.03	64.45	61.58	
BF 截面的剪应力	MPa	33.89	34.41	31.85	24.58	22.79	
BF 截面的弯曲应力	MPa	19.92	17.85	16.61	12.98	12.23	

3.6 某燃机透平叶片强度的常规计算

1. 叶型强度计算及安全校核

某燃机透平叶片,转速为 3000 r/min,采用带 5 对齿枞树形叶根,叶顶带有自带冠围带,级内功率为 116691 kW,可见燃机透平单级功率非常大,约为一般汽轮机末级功率的 5 倍,质量流量为 653.144 kg/s,属于全周进汽。级前温度为 664 ℃,级后温度为 586 ℃。级前压力为 0.1694 MPa,级后压力为 0.094 MPa。动叶截面型线轮廓见图 3 - 36 所示。可见该叶片为变截面的扭叶片,且顶截面的轴向宽度仅为底截面的 1/4 到 1/3。

不考虑围带对弯应力影响,叶型上进、出汽边气流弯应力、合成应力沿叶高分布分别见图 3 - 37 和图 3 - 38。最大的离心应力、合成应力发生在底部截面上,其值见图 3 - 38。最大气流弯应力发生在高度 337.7 mm 截面的进汽边,大小为 130 MPa,比底截面弯应力高 30%。

考虑围带对弯应力影响后,最大离心应力、合成应力仍发生在底部截面上,其值见表 3 - 19,最大的气流弯应力发生在高度 337.7 mm 截面的进汽边,大小为 110 MPa,该截面上的结果见表 3 - 20。

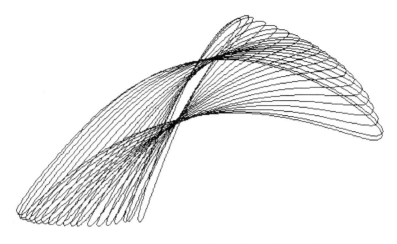

图 3-36　某燃机透平某级动叶截面型线轮廓图

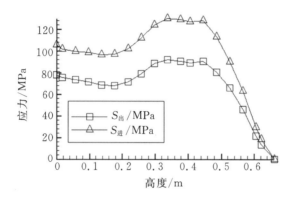

图 3-37　第 4 级动叶在进、出汽边气流弯应力沿叶高分布

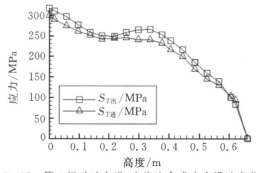

图 3-38　第 4 级动叶在进、出汽边合成应力沿叶高分布

表 3 - 19　叶片在叶型底截面处的应力计算结果

	部位	截面出汽边	截面进汽边	截面背弧
考虑围带影响	离心拉应力/MPa	347.912	347.912	347.912
考虑围带影响	离心弯应力/MPa	−106.712	−152.780	96.502
不考虑围带影响	气流弯应力/MPa	77.908	105.304	−67.984
	合成应力/MPa	319.108	300.435	376.430
考虑围带影响	气流弯应力/MPa	66.111	89.359	−57.6900
	合成应力/MPa	307.311	284.491	386.723

表 3 - 20　某叶片在叶型距底截面 337.7 mm 处的应力计算结果

	部位	截面出汽边	截面进汽边	截面背弧
考虑围带影响	离心拉应力/MPa	215.925	215.925	215.925
考虑围带影响	离心弯应力/MPa	−37.755	−103.333	58.451
不考虑围带影响	气流弯应力/MPa	91.862	130.183	−88.355
	合成应力/MPa	270.032	242.775	186.022
考虑围带影响	气流弯应力/MPa	77.952	110.471	−74.976
	合成应力/MPa	256.123	223.063	199.400

　　叶型的气流弯应力、离心应力、合成应力都小于材料许用应力,表明该叶片在设计工况下叶型的静强度满足要求。

2. 围带强度计算及安全校核

　　该叶片采用了自带冠成圈围带结构形式,具体结构如图 3 - 39 所示,采用常规强度计算方法对围带的各关键截面的应力进行了计算。离心力在 1—1 截面产生的弯应力为 251.84 MPa,剪应力 106.07 MPa,2—2 截面上弯应力 90.98 MPa,剪应力 16.21 MPa,围带弯应力、剪切应力都小于 650 ℃下的材料许用应力,因此围带静强度满足要求。

3. 叶根强度计算及安全校核

　　该动叶片叶根为具有 5 对齿的枞树形叶根,如图 3 - 40 所示,采用常规强度计算方法对叶根各关键截面的应力进行了计算,计算结果见表 3 - 21。从表中可以看到 1—1 截面上离心拉应力最大,为 269.31 MPa,从上向下各截面的离心拉应力逐渐减小;6—6 截面上弯应力为 271.97 MPa,剪应力为 189.45 MPa。叶根各截面拉应力、齿面挤压应力、齿剪切应力、齿弯曲应力均小于

650 ℃下的材料许用应力,因此叶根强度满足静强度要求。

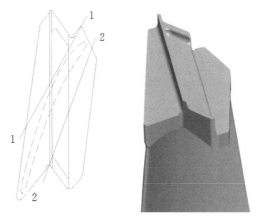

图 3 - 39　围带的结构示意图

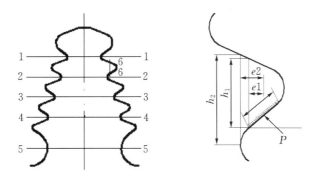

图 3 - 40　第 4 级叶根示意图

表 3 - 21　叶根强度计算

计算参数	结果
1—1 截面拉应力/MPa	269.31
2—2 截面拉应力/MPa	237.12
3—3 截面拉应力/MPa	230.45
4—4 截面拉应力/MPa	216.20
5—5 截面拉应力/MPa	179.79
6—6 截面剪应力/MPa	189.45
6—6 截面弯应力/MPa	271.97
各齿平均挤压应力/MPa	380.13

4. 轮缘强度计算及安全校核

对应于该动叶片具有 5 对齿的枞树形叶根,其轮缘也具有 5 对槽,如图 3-41所示,采用常规强度计算方法对轮缘的各关键截面的应力进行了计算,计算结果见表 3-22。从表中可以看到5—5 截面上离心拉应力最大,为 321.40 MPa,从上向下各截面的离心拉应力逐渐增大;6—6 截面上弯应力为 252.31 MPa。轮缘槽拉应力、齿剪应力、齿挤压应力、齿弯曲应力都小于轮缘材料许用应力,因此,轮缘槽强度满足静强度要求。

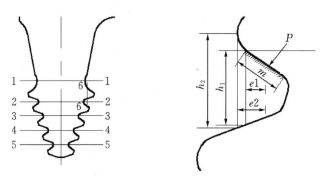

图 3-41 轮缘槽强度计算示意图

表 3-22 某透平叶片轮缘强度计算

参数	应力计算结果
1—1 截面拉应力/MPa	142.72
2—2 截面拉应力/MPa	201.97
3—3 截面拉应力/MPa	235.94
4—4 截面拉应力/MPa	258.43
5—5 截面拉应力/MPa	321.40
6—6 截面剪应力/MPa	185.55
6—6 截面弯应力/MPa	252.31
各齿平均挤压应力/MPa	380.13

参考文献

[1] Nageswara Rao Muktinutalapati. Materials for gas turbines: an overview. VIT University, India. http://www.intechopen.com/download/pdf/22905,2011.

[2]　http：// en. wikipedia. org/wiki/Fracture.

[3]　Meherwan P. Boyce. Gas turbine engineering handbook [M]. Fourth Edition. UK：Butterworth-Heinemann，2012.

[4]　Giampaolo T，Msme P E. Gas turbine handbook：principles and practices [M]. 3rd Edition. The Fairmont Press，2006.

[5]　Schilke P W. Advanced gas turbine materials and coatings. GE Energy.
　　http：// site. ge-energy. com/prod_serv/products/tech_docs/en/downloads/ger3569g. pdf.

[6]　http：// hamupeng. blog. 163. com/blog/static/29990560201010147185 7531/.

[7]　Okada I，Shimohata S，Taneike M，et al. Hot parts of MHI industrial gas turbine by precision casting. 13th World Conference on Investment Casting. Japan Foundry Society，Inc. 来源：http：// doc. assofond. it/.
　　13th_World_Conference_Investment_Casting/lectures/EndUserLecture/U02. pdf.

[8]　Okada I，Torigoe T，Takahashi K，Izutsu D. Development of ni base superalloy for industrial gas turbine. Superalloys 2004. TMS (The Minerals，Metals & Materials Society)，2004.
　　http：// www. tms. org/superalloys/10. 7449/2004/Superalloys_2004_707_712. pdf.

[9]　Maekawa A，Magoshi R，Iwaski Y. Development and in-house shop load test results of M701G2 Gas Turbine. IGTC2003Tokyo-TS-100. Proceedings of the International Gas Turbine Congress，Tokyo. November 2－7，2003.

[10]　福泉靖史. M501G 形ガスタービンの技術的特徴と運転実績 [J]. 紙パ技協誌. 2001-05.

[11]　福泉靖史，潮成弘，有村久登，馬越龍太郎，内田澄生. 大容量ガスタービンの最新技術動向 [C]. 特集論文. 三菱重工技報，Vol. 40，No. 4(2003_7).

[12]　日本経済産業省. 1700℃級ガスタービン 技術に関する事業 の概要について.
　　来源：www. meti. go. jp/committee/summary/0001640/034_05_07. pdf.

[13]　Reed R C. The superalloys fundamentals and applications [M]. Cambridge university press，UK，2006.

[14]　http：// www. matuk. co. uk/docs/Neil%20Glover%20Gas%20Turbines. pdf.

[15]　http：// www. iagtcommittee. com/downloads/2010papers/Session3. pdf.

[16]　吴厚钰. 透平零件结构强度计算[M]. 北京：机械工业出版社，1982.

[17]　吕文林. 航空发动机强度计算[M]. 西安：西北工业大学出版社，1995.

第4章 重型燃气轮机叶片应力应变有限元分析

4.1 叶片强度分析的有限元方程

由虚功原理可导出静力有限元平衡方程为[1]

$$\boldsymbol{\Psi}(\boldsymbol{X}) = \int_v \bar{\boldsymbol{B}}^{\mathrm{T}} \boldsymbol{\sigma} \mathrm{d}V - \boldsymbol{f} = \boldsymbol{0} \qquad (4-1)$$

式中,$\boldsymbol{\Psi}$ 代表广义内力和广义外力之和;$\boldsymbol{f}$ 代表广义外力,在叶片分析中包括叶片、围带、拉金的离心力,叶片表面受到的气流力等外力;$\bar{\boldsymbol{B}}$ 为应变转换矩阵,是位移 $\boldsymbol{X}$ 的函数。

如果应变仍然是适当的小,则应力和应变可用一般的弹性关系

$$\boldsymbol{\sigma} = \boldsymbol{D}(\boldsymbol{\varepsilon} - \boldsymbol{\varepsilon}_0) + \boldsymbol{\sigma}_0 \qquad (4-2)$$

式中,$\boldsymbol{\sigma}_0$ 是初应力;$\boldsymbol{D}$ 通常为弹性常数矩阵。

在方程(4-1)中,$\bar{\boldsymbol{B}}$ 中隐含着位移 $\boldsymbol{X}$,因此方程(4-1)是一个非线性方程。

结构力学的非线性方程中,Newton-Raphson 法是一种有效的解法,得到了广泛应用。本节的非线性方程也采用该方法。Newton-Raphson 法的一个关键是求出 d$\boldsymbol{X}$ 和 d$\boldsymbol{\psi}$ 之间的关系以及切线刚度矩阵。通过取方程(4-1)对于 d$\boldsymbol{X}$ 的适当变分,有

$$\mathrm{d}\boldsymbol{\Psi} = \int_V \mathrm{d}\bar{\boldsymbol{B}}^{\mathrm{T}} \boldsymbol{\sigma} \mathrm{d}V + \int_V \bar{\boldsymbol{B}}^{\mathrm{T}} \mathrm{d}\boldsymbol{\sigma} \mathrm{d}V = \boldsymbol{K}_T \mathrm{d}\boldsymbol{X} \qquad (4-3)$$

为了求出上式中切线刚度矩阵 $\boldsymbol{K}_T$,进一步展开上式中的中间部分。

由式(4-2)可以得到

$$\mathrm{d}\boldsymbol{\sigma} = \boldsymbol{D}\mathrm{d}\boldsymbol{\varepsilon} = \boldsymbol{D}\bar{\boldsymbol{B}}\mathrm{d}\boldsymbol{X} \qquad (4-4)$$

另由式(附录 A-19)可导出

$$\mathrm{d}\bar{\boldsymbol{B}} = \mathrm{d}\bar{\boldsymbol{B}}_L \qquad (4-5)$$

式(4-3)中间第 2 项可以写成

$$\int_V \bar{\boldsymbol{B}}^{\mathrm{T}} \mathrm{d}\boldsymbol{\sigma} \mathrm{d}\boldsymbol{V} = \int_V \bar{\boldsymbol{B}}^{\mathrm{T}} \boldsymbol{D}\bar{\boldsymbol{B}} \mathrm{d}\boldsymbol{V} \mathrm{d}\boldsymbol{X} = (\boldsymbol{K}_0 + \boldsymbol{K}_L)\mathrm{d}\boldsymbol{X} \qquad (4-6)$$

式中

$$\boldsymbol{K}_0 = \int_V \boldsymbol{B}_0^{\mathrm{T}} \boldsymbol{D}\boldsymbol{B}_0 \mathrm{d}\boldsymbol{V} \qquad (4-7)$$

$$\boldsymbol{K}_L = \int_V (\boldsymbol{B}_0^{\mathrm{T}} \boldsymbol{D}\boldsymbol{B}_L + \boldsymbol{B}_L^{\mathrm{T}} \boldsymbol{D}\boldsymbol{B}_L + \boldsymbol{B}_L^{\mathrm{T}} \boldsymbol{D}\boldsymbol{B}_0)\mathrm{d}\boldsymbol{V} \qquad (4-8)$$

这里 $\boldsymbol{K}_0,\boldsymbol{K}_L$ 分别为小位移刚度矩阵和初位移刚度矩阵(或称大位移矩阵)。

式(4-3)中间第 1 项可以写成

$$\int_V \mathrm{d}\boldsymbol{B}^{\mathrm{T}} \boldsymbol{\sigma} \mathrm{d}\boldsymbol{V} = \int_V \boldsymbol{G}^{\mathrm{T}} \mathrm{d}\boldsymbol{A}^{\mathrm{T}} \boldsymbol{\sigma} \mathrm{d}\boldsymbol{V} = \boldsymbol{K}_\sigma \mathrm{d}\boldsymbol{X} \qquad (4-9)$$

$$\mathrm{d}\boldsymbol{A}^{\mathrm{T}} \boldsymbol{\sigma} = \begin{bmatrix} \sigma_r \boldsymbol{I}_3 & \tau_{ry} \boldsymbol{I}_3 & \tau_{rr} \boldsymbol{I}_3 \\ \tau_{xy} \boldsymbol{I}_3 & \sigma_y \boldsymbol{I}_3 & \tau_{yz} \boldsymbol{I}_3 \\ \tau_{xz} \boldsymbol{I}_3 & \tau_{yz} \boldsymbol{I}_3 & \sigma_z \boldsymbol{I}_3 \end{bmatrix} \mathrm{d}\boldsymbol{\theta} = \boldsymbol{S}\boldsymbol{G} \mathrm{d}\boldsymbol{X} \qquad (4-10)$$

式中,$\boldsymbol{I}_3$ 是 3×3 的单位矩阵。

由式(4-9)、式(4-10)得到的初应力刚度矩阵或几何刚度矩阵 $\boldsymbol{K}_\sigma$ 为

$$\boldsymbol{K}_\sigma = \int_V \boldsymbol{G}^{\mathrm{T}} \boldsymbol{S}\boldsymbol{G} \mathrm{d}\boldsymbol{V} \qquad (4-11)$$

至此,得到总切线刚度矩阵为

$$\boldsymbol{K}_T = \boldsymbol{K}_0 + \boldsymbol{K}_\sigma + \boldsymbol{K}_L \qquad (4-12)$$

$\mathrm{d}\boldsymbol{X}$ 与 $\mathrm{d}\boldsymbol{\psi}$ 之间的关系为

$$\mathrm{d}\boldsymbol{\psi} = \boldsymbol{K}_T \mathrm{d}\boldsymbol{X} \qquad (4-13)$$

采用 Newton-Raphson 法求解时,可将线弹性解作为第一次近似解,具体求解过程可参见文献,这里不再赘述。

4.2　叶片有限元分析中弹塑性过渡区应力异常产生原因及解决方法

随着单级功率增大,叶片长度增加,加上转速高,叶片根部会承受很大应力,在应力集中部位甚至产生塑性变形[2-6]。采用弹塑性有限元法,借助大型商业有限元软件对叶片进行应力分析时,弹塑性过渡区应力的计算值有时会高于屈服极限,即会产生应力异常现象。本节给出了产生异常的原因及解决办法[7]。

4.2.1　弹塑性过渡区应力异常现象

　　某叶片根部的三维实体及有限元网格见图 4-1。假定材料为理想弹塑性，弹性模量为 2.1×10^5 MPa，泊松比为 0.3，屈服极限为 800 MPa，密度为 7850 kg/m³，材料的应力-应变曲线见图 4-2。为了简化，没有考虑接触，直接在叶根齿承载面上施加分布力使叶片在离心力作用下满足力和力矩平衡条件。该叶片在自身近 500 t 离心力作用下，叶片背弧侧、内弧侧叶根圆角处局部区域的应力达到了材料屈服极限，进入了塑性。

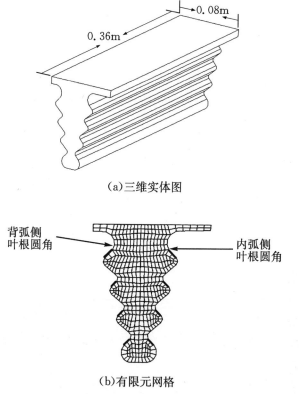

（a）三维实体图

（b）有限元网格

图 4-1　某叶根三维实体及有限元网格

　　采用三维弹塑性有限元法计算了该叶片的应力，叶片背弧侧叶根圆角处应力沿轴向分布见图 4-3。可以看到在弹性和塑性过渡的两个区域形成了两个类似"猫耳朵"的突起，其所表示的应力明显大于理想弹塑性材料的屈服极限 800 MPa，显然是不合理的，即出现了应力异常现象。

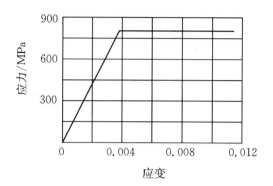

图 4 - 2　某叶片材料应力-应变曲线

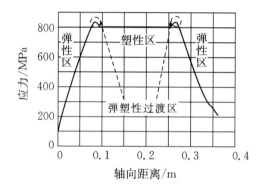

图 4 - 3　叶根圆角处应力沿轴向分布

4.2.2　弹塑性过渡区应力异常现象产生的原因

有限元法[8,9]通常先计算所有单元节点上的位移,然后基于位移场计算得到各单元高斯积分点上的应力,最后将高斯积分点的应力外推插值得到单元节点的应力。以六面体单元为例说明产生应力异常的原因。

8 节点六面体单元见图 4 - 4,节点编号为 $1,2,\cdots,8$;高斯积分点位于单元内部,编号为 $\mathrm{I},\mathrm{II},\cdots,\mathrm{VIII}$。$O\zeta\xi\eta$ 为单元坐标系,原点 O 位于单元中心,节点坐标为 $(\pm1,\pm1,\pm1)$,高斯积分点坐标为 $\left(\pm\dfrac{1}{\sqrt{3}},\pm\dfrac{1}{\sqrt{3}},\pm\dfrac{1}{\sqrt{3}}\right)$。

用 σ_i^g 表示单元高斯积分点的应力,用 σ_i^n 表示单元节点的应力。在有限元法中采用高斯积分点的应力外推插值法计算单元节点的应力

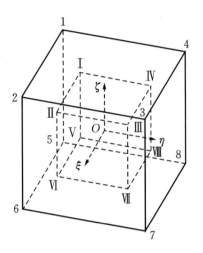

图 4 - 4　六面体单元节点及其高斯积分点

$$\sigma_j^n = \sum_{i=1}^{8} N_{ij} \sigma_i^g \tag{4-14}$$

式中，N_{ij} 为形函数，可以表示为

$$N_{ij} = 0.125(1 + 3\zeta_i^g \zeta_j^n)(1 + 3\xi_i^g \xi_j^n)(1 + 3\eta_i^g \eta_j^n) \tag{4-15}$$

式中，$\zeta_i^g, \xi_i^g, \eta_i^g$ 为高斯积分点 i 的坐标；$\zeta_j^n, \xi_j^n, \eta_j^n$ 为单元节点 j 的坐标。

不失一般性，先假设一个简单的应力场。该应力场包含塑性区和弹性区，并假设弹性区与塑性区的交界面为平面，弹性区应力梯度大小（$k =$ 32 MPa）保持不变；塑性区为理想塑性，应力梯度为 0，应力为 $\sigma_s = 800$ MPa。那么弹性区内任意一点 P 的应力可以表示为

$$\sigma = \sigma_s - kh \tag{4-16}$$

式中，h 是点 P 到弹塑性交界面的距离。采用上述方法可直接计算出单元高斯积分点处的实际应力和单元节点的实际应力。

另外利用求出的单元高斯积分点的实际应力，采用有限元节点应力计算公式（4 - 14），可以计算出单元节点的应力计算值。

为方便分析，以弹性区应力梯度的方向由单元坐标系原点 O 指向单元节点 1 为例，研究了单元在应力场中的 3 种情况：单元整体位于弹性区；单元被弹塑性交界面分割成两部分，一部分位于弹性区，另一部分位于塑性区；单元整体位于塑性区。

1. 单元整体位于弹性区

单元整体位于弹性区时，根据单元与弹塑性交界面的距离不同，可以分

成多种情况。在此情况下,应力没有产生奇异现象。

2. 单元跨过弹塑性交界面

单元一部分位于弹性区,另一部分位于塑性区,根据两部分高斯积分点数及单元节点数的不同,又可以分成很多种情况。为了能够简洁地说明单元节点应力奇异的问题,只对以下 4 种情况进行分析。

1)弹塑性交界面过高斯积分点Ⅰ

此时,只有单元节点 1 在塑性区。计算得到节点应力计算结果,见表 4-1。可以看出,采用有限元插值公式计算出的单元节点 1 的应力超出实际应力 40.7 MPa,显然不合理,即出现了应力异常现象。

表 4-1　交界面过高斯积分点Ⅰ时单元节点应力

节点	实际应力/MPa	有限元计算值/MPa
1	800	840.7
2,4,5	776.6	776.4
3,6,8	712.6	712.7
7	648.6	648.4

2)弹塑性交界面过高斯积分点Ⅱ,Ⅳ,Ⅴ

此时,单元节点 1,2,4,5 和高斯积分点Ⅰ在塑性区;单元高斯积分点Ⅱ,Ⅳ,Ⅴ在弹塑性交界面上;其余节点和高斯点在弹性区。计算得到节点应力计算结果,见表 4-2。可以看出单元节点 2,4,5 的应力有限元计算值超出实际应力 38.8 MPa。显然计算结果是不合理的,即出现了应力异常。

表 4-2　交界面过高斯积分点Ⅱ,Ⅳ,Ⅴ时节点应力

节点	实际应力/MPa	有限元计算值/MPa
1	800	783.3
2,4,5	800	838.8
3,6,8	749.5	742.6
7	685.5	687.4

3)弹塑性交界面过高斯积分点Ⅲ,Ⅵ,Ⅷ

此时,单元节点 1,2,4,5 和高斯积分点Ⅰ,Ⅱ,Ⅳ,Ⅴ在塑性区;高斯积分点Ⅲ,Ⅵ,Ⅷ在弹塑性交界面上;其余高斯积分点和节点在弹性区。计算得到节点应力计算结果,见表 4-3。可以看出,2,4,5 节点应力的有限元计算值比

实际应力小 6.8 MPa；单元节点 3,6,8 的应力有限元计算值超出实际应力 38.8 MPa，奇异最严重；节点 7 应力的有限元计算值比实际应力小 16.8 MPa；节点 1 的应力基本没有异常。

表 4-3　交界面过高斯积分点 Ⅲ,Ⅵ,Ⅷ时节点应力

节点	实际应力/MPa	有限元计算值/MPa
1	800	801.8
2,4,5	800	793.2
3,6,8	786.5	825.3
7	722.5	705.7

4）弹塑性交界面过高斯积分点 Ⅶ

此时，只有单元节点 7 位于弹性区，所有高斯积分点和其余的单元节点在塑性区。计算得到节点应力计算结果，见表 4-4。可以看出，单元节点 7 的应力有限元计算值超出的实际应力 40.6 MPa，产生应力奇异；其它节点应力没有异常。

表 4-4　交界面过高斯积分点 Ⅶ时节点应力

节点	实际应力/MPa	有限元计算值/MPa
1	800	800
2,4,5	800	800
3,6,8	800	800
7	759.4	800

3. 单元整体位于塑性区

此时，全部的节点和高斯积分点都在塑性区。单元节点应力的有限元值和实际应力均等于屈服应力，单元节点应力没有产生异常。

综上所述，单元整体处于弹性区或塑性区时，采用有限元法计算单元节点应力时不会产生应力奇异现象。当单元跨过弹塑性交界面，一部分处于弹性区域内，另一部分处于塑性区域内时，单元节点应力有限元值会出现超出实际应力，即产生应力奇异的现象。分析认为应力异常是由于有限元法计算单元节点应力时采用外推插值算法造成的。

4.2.3　弹塑性过渡区应力异常问题的解决方法

采用弹塑性有限元法对叶片进行应力分析,在叶片根部弹塑性过渡区出现应力奇异的现象,会对叶片的安全评价产生困扰,影响到叶片疲劳寿命评估的准确性,因此,在计算中避免应力异常现象的出现是十分必要的。

在有限元方法中,高斯积分点应力的有限元计算值都不会产生奇异。采用单元节点附近不同单元内的高斯积分点应力的加权平均值作为单元节点的应力,可以消除单元节点应力异常现象。采用加权平均方法计算单元节点应力公式为

$$\sigma^n = \frac{1}{N} \sum_{i=1}^{N} \sigma_i^g \tag{4-17}$$

式中,σ^n 为节点应力;N 为节点相邻的高斯积分点个数;σ_i^g 为高斯积分点 i 的应力。

以图 4-1 中所示的叶根为例,对叶片应力分析,得到叶片根部圆角处应力的分布曲线如图 4-5 所示,可以看出,在叶片根部弹塑性过渡区,采用加权平均方法计算出的应力没有再出现异常现象。

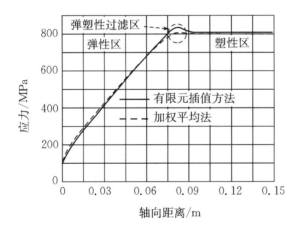

图 4-5　采用加权平均方法得到的应力沿轴向的分布

研究表明,在叶片有限元分析中,采用节点相邻的高斯积分点的应力加权平均计算节点应力,能有效避免叶片弹塑性过渡区应力产生奇异。该研究工作可为大型汽轮机、重型燃气轮机及航空发动机叶片的强度计算分析提供参考。

4.3   成圈叶片凸肩、围带接触转速的计算方法

动叶中的长叶片多采用围带或围带加凸肩的结构(见图 4-6)[10,11],使叶片之间在工作时处于自锁的成圈状态。初始状态下相邻围带之间存在一定的间隙,随着转速的增加,叶片发生扭转恢复,最终使相邻叶片围带相互接触并挤压(见图4-7),凸肩相互接触并挤压。

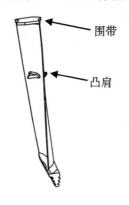

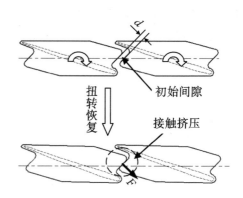

图 4-6   自带凸肩和围带叶片   图 4-7   叶片扭转恢复引起的围带接触

围带或凸肩之间的接触法向力或接触应力定量地反映了叶片的压紧程度和成圈性,是叶片设计中的重要参数之一[12-15],它的取值一方面与其所遵从的设计理念有关,是侧重于成圈整体性还是侧重于摩擦阻尼减振性[16];另一方面也与叶片的长度、工作条件相关。围带开始接触转速宏观上反映了间隙设计,叶片相邻围带之间相互压紧程度,进而反映了叶片的自锁成圈性,叶型一定时接触转速越小则工作状态下接触面上相互挤压越紧。重要的是,接触转速可以通过试验进行测量,表现在坎贝尔图上接触转速点的频率会发生跳跃。因此,计算和确定围带凸肩开始接触时的转速对成圈叶片设计有重要意义[17]。

1. 相邻围带、凸肩之间接触状态的量化表征

相邻围带之间关系包括相互分离和相互接触两种状态,分离状态下可用相邻围带之间的距离 d 来表征,接触之后可用围带之间的法向相互作用力 F 来表征(见图 4-8)。叶片的扭转恢复主要是由离心力引起的,并且随着转速的增加而增加,因此 d 和 F 都是转速的函数,即 $d=d(\omega)$,$F=F(\omega)$,他们随转速变化的趋势如图 4-8 所示。当 $\omega<\omega_c$ 时,间隙随着转速单调减小,法向

作用力保持为 0；当 $\omega > \omega_c$ 时，法向作用力随转速单调增大，而间隙值保持为 0，所以围带接触转速为

$$\omega_c = \min\{\omega \mid d(\omega) = 0\}$$
$$= \max\{\omega \mid F(\omega) = 0\} \qquad (4-18)$$

根据围带之间接触状态的量化表征，确定围带接触转速最终归结为寻找 $d(\omega) = 0$ 的最小根，或者寻找 $F(\omega) = 0$ 的最大根。相邻凸肩之间关系与围带的情况基本类似。

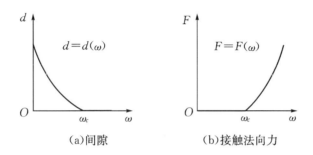

图 4-8　围带之间接触关系表征量与转速的变化关系

2. 算法

影响相邻围带、凸肩间隙和接触法向力大小的因素复杂。首先，离心力与转速平方成正比，间隙和接触法向力随转速非线性变化；其次，围带、凸肩以及叶根处存在接触，接触问题本身具有非线性，并且接触状态受离心力的影响；再次，长叶片一般柔度大，这导致几何非线性问题；最后，如果叶片上同时有围带和凸肩结构，它们相互之间也有影响。因此，图 4-8 为间隙和接触法向力随转速的变化趋势，但无法显式表达成转速的函数。

本书采用考虑接触的三维有限元方法确定某一给定转速下间隙或接触法向力的值。但通过有限元计算只能得到间隙或接触法向力的函数值，一般没有导数信息，因此迭代法中需要用到导数的梯度类算法如牛顿法，不能用于该问题的求解。另外，从图 4-8 可以看出，不论采用间隙还是接触法向力进行迭代，在全转速范围内方程 $d(\omega) = 0$ 或 $F(\omega) = 0$ 的根不是唯一的，应用非梯度类算法中的割线法能计算出其中的一个根，但不能得到 $d(\omega) = 0$ 的最小根或 $F(\omega) = 0$ 的最大根，因此也不适用于该问题的求解。二分法不需要导数信息，也没有割线法的问题，适用于接触转速的迭代计算。

虽然理论上间隙值和接触法向力都可以用于迭代计算，最终的收敛结果是相同的。但是进入接触之后，围带、凸肩的间隙都为 0，间隙值不能反映成

圈性的变化,而接触法向力则可以直接反映压紧程度,比间隙值更有工程价值,因此本书对接触法向力进行迭代计算,其算法流程见图4-9。

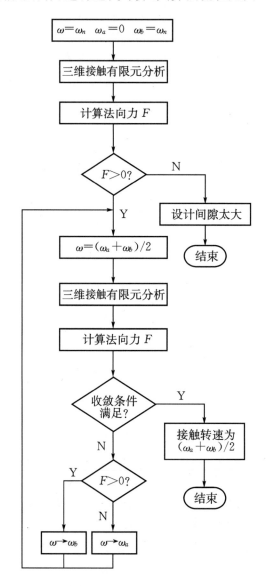

图 4-9 采用二分法计算接触转速流程图

假定 ω_c 所在的转速区间是 (ω_a, ω_b),采用二分法计算时,每迭代一次,ω_c 所在转速区间长度减小一半,直到转速区间的长度满足给定的收敛条件。收敛条件为:

$$\frac{\mid \omega_a - \omega_b \mid}{\omega_n} < \varepsilon \qquad\qquad (4-19)$$

式中，ω_n 为工作转速；ω_a，ω_b 为 ω_c 所在转速区间的上下界；ε 为给定的常数。

3. 应用案例

采用以上方法，计算某动叶片围带和凸肩的接触转速。叶片长度为816 mm，同时具有围带和凸肩结构（见图 4-10），围带之间间隙为 0.5 mm，凸肩之间间隙为 0.2 mm。利用循环对称特点，取整级叶片轮盘的一个扇区（见图 4-10(a)）进行计算，计算中考虑相邻围带之间的接触、相邻凸肩之间的接触以及叶根与轮盘之间的接触。因为需要考虑围带和凸肩的接触，所以叶片上的循环对称面选择在叶片内部，先对整只叶片进行网格剖分，然后将围带和凸肩上的一部分网格转动一个扇区，转动之后自然形成逐点匹配的循环对称节点。采用 8 节点六面体单元进行空间离散，单元总数为 127929 个，其中叶片划分了 92929 个单元，轮盘划分了 35000 个单元；节点总数为148360 个，其中叶片节点数为 106150 个，轮盘节点数为 42210 个。

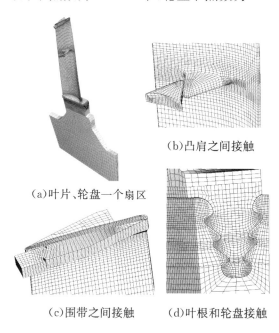

(a)叶片、轮盘一个扇区

(b)凸肩之间接触

(c)围带之间接触　　　(d)叶根和轮盘接触

图 4-10　某叶片、轮盘模型

根据围带、凸肩每一次迭代的计算结果，给出围带、凸肩上的接触法向力随转速的变化情况，结果如图 4-11 所示（0~1500 r/min 范围内）。从图中可得到围带的接触转速为 738 r/min,凸肩的接触转速为 1184 r/min。该叶片虽然围带的间隙大于凸肩的间隙,但围带比凸肩先进入接触状态。该叶片在工作转速下围带、凸肩接触法向力最大,对应的在围带上的平均接触应力为 14.5 MPa,凸肩上的平均接触应力为 18.5 MPa。围带接触、凸肩没接触的这一过程中,离心力产生的扭转恢复力矩与围带之间法向力产生的力矩平衡,围带上的法向力单调增大。当凸肩进入接触后,一部分扭转恢复力矩与凸肩法向力产生力矩平衡,因此围带上的法向力随转速增大而增加的速度在此时有所减小。

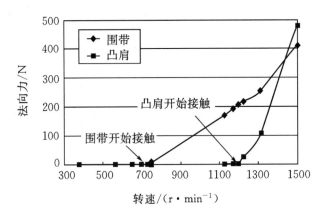

图 4-11　某叶片围带、凸肩上接触法向力随转速的变化

以上方法的最大计算成本在于三维接触有限元计算,对所研究的叶片共进行了 8 次有限元计算,包括迭代开始之前在工作转速下的一次有限元计算。接触问题具有非线性特点,其求解过程通常需要进行迭代,非线性问题的迭代收敛速度与初始值选择有关,初始值越接近真实解其收敛速度越快。由于上一次迭代已经在某一转速下达到平衡状态,其计算结果比任意给定的一组值更接近本次迭代转速下的真实解,因此笔者将上一次有限元计算结果作为本次接触有限元迭代的初始值。针对该叶片,采用 8 核 CPU,16G 内存进行计算,围带或凸肩接触转速的迭代计算过程需时 7 h,其中第一次接触有限元分析需 2 h,其后每次接触有限元分析约 43 min,计算速度显著提高。

采用二分法迭代 k 次后,解所在区间的长度是初始区间长度的 $1/2^k$。对工作转速为 3000 r/min 的机组,取收敛条件 $\varepsilon=0.01$,需要迭代 7 次,收敛时接触转速所在区间的长度为 23.4 r/min,取 $\omega_c=(\omega_a+\omega_b)/2$,则接触转速的计算误差小于 11.7 r/min。如果将收敛条件提高一个量级取 $\varepsilon=0.001$,这时需要迭代 10 次,接触转速的计算误差小于 1.5 r/min。笔者建议迭代收敛条件在 0.01～0.001 之间,即整个计算过程迭代 7～10 次。

4.4　压气机叶片接触强度有限元分析

1. 叶片叶轮的结构及有限元模型

某重型燃气轮机压气机第 3 级动叶片的参数为:叶型底截面直径为 1550 mm,叶型平均直径为 1965 mm,叶高为 410 mm,叶根轴向宽度为 200 mm,工作转速为 3000 r/min。

计算分析采用直角坐标系 $OXYZ$:X 轴与叶轮轴线重合(由进气边指向出气边);Y 轴由内弧指向背弧;Z 轴为叶片径向方向。叶片质量 15 kg,离心力为 1283 kN。

叶轮、叶片主要划分为 8 节点六面体单元加上少量五面体单元,叶轮单元数为 23351 个,节点数为 26493 个;叶片单元数为 22466 个,节点数为 28810 个。叶片有限元网格如图 4-12 所示,叶轮有限元网格如图 4-13 所示。

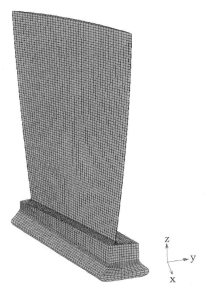

图 4-12　叶片有限元网格

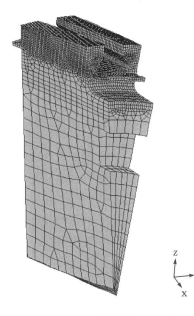

图 4-13　叶轮有限元网格

叶轮的轴向约束条件:叶轮靠拉杆连接,在轴向约束本级叶轮与相邻叶轮接触部位,叶轮径向面循环对称。叶根沿叶根槽方向约束,即叶根运动只能是沿轮槽方向,它与 X 轴的夹角就是斜齿叶根的斜角。叶根和叶轮工作面定义为接触单元。

叶片材料取为 0Cr17Ni4Cu4Nb;叶轮材料为 30Cr2Ni4MoV。材料的主要性能参数为:叶片、叶轮的密度分别为 7810 kg/m³ 和 7800 kg/m³;20 ℃时的叶片、叶轮的弹性模量分别为 204 GPa 和 217 GPa;泊松比都是为 0.3;叶片、叶轮的屈服极限 $\sigma_{0.2}$ 分别为 590 MPa 和 965 MPa。

2. 叶根应力的计算结果

图 4-14 为叶根内弧等效应力云图;图 4-15 为叶根背弧等效应力云图;图 4-16 为叶根最大应力截面等效应力云图;图 4-17 为叶根内弧工作面轴向等效应力图;图 4-18 为叶根背弧工作面轴向等效应力图;图 4-19 为叶根节点位置编号示意图;图 4-20 为叶根工作面接触法向力分布示意图。

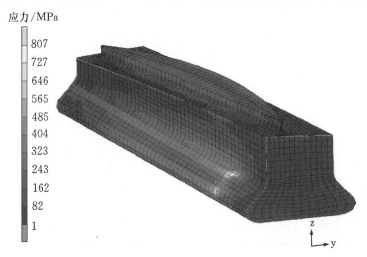

图 4-14 叶根内弧等效应力云图

从计算结果中,可以得出以下几点结论:

(1)其叶根应力沿轴向方向分布是不均匀的,背弧进气侧部位应力最大,内弧出气侧部位应力最大(如图 4-14 至图 4-18 所示)。也有文献报道了这样的应力分布存在于斜齿燕尾形叶根的情形。也说明了对这样的斜齿燕尾形叶根如果采用二维有限元计算分析,将有很大的局限性。

(2)设计中,背弧进气侧叶根工作面以及内弧出气侧叶根工作面均削去一块,即采用了较大间隙。这样的设计产生的结果是将局部最大应力区域向叶根中部转移(如图 4-17、图 4-18 所示)。在叶根的工作面的边缘通常和

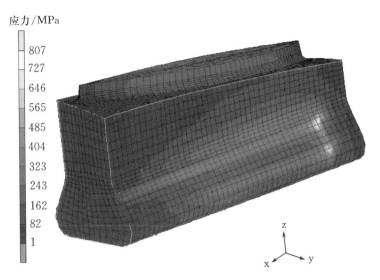

图 4-15　叶根背弧等效应力云图

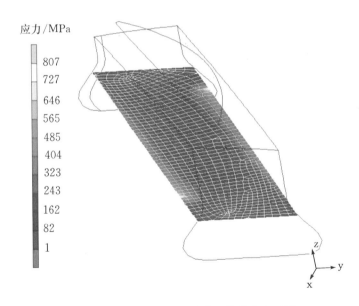

图 4-16　叶根最大应力截面等效应力云图

其它面相交形成结构上的尖角,容易形成大的应力集中,而且在叶根边缘表面加工质量通常没有叶根中部好。因此,如果最大的应力在叶根的边缘则容易导致疲劳裂纹的萌生以及拉伸破坏。当最大应力转移到叶根中部去后,极大地降低了发生事故的概率。

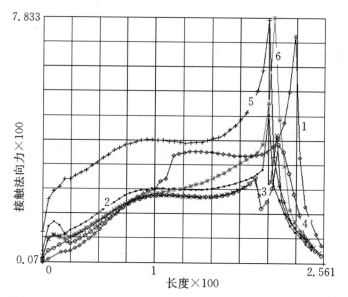

图 4-17　叶根内弧工作面轴向等效应力图(从进气边到出气边)
(节点位置编号如图 4-19 所示)

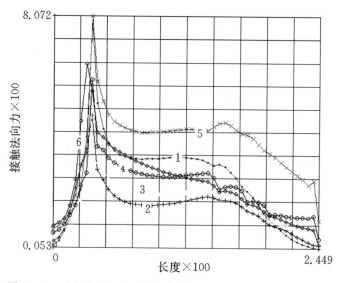

图 4-18　叶根背弧工作面轴向等效应力图(从进气边到出气边)
(节点位置编号如图 4-19 所示)

　　(3)从计算结果可以看出,内弧叶根靠近出气侧部分工作面上部的应力最大,其等效应力值为 617.6 MPa,从进气侧到出气侧应力呈逐渐增大趋势。

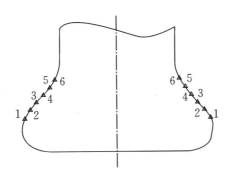

图 4-19　叶根节点位置编号示意图

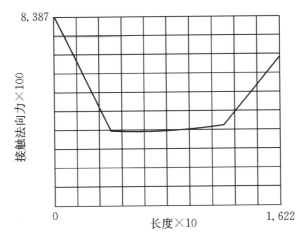

图 4-20　叶根工作面接触法向力分布示意图(从左至右依次为 1~5 号节点)

背弧叶根进气侧工作面上部的应力最大,其等效应力值为 580.9 MPa,从进气侧到出气侧应力呈逐渐减小趋势。可知有局部的等效应力超过了屈服极限,但是没有超过屈服极限的 1.5 倍。

(4)从计算结果也可以看出,各齿上等效应力在接触的边缘应力大,在中间小,即呈现两边大,中间小的 U 形分布。从分析叶根齿工作面节点接触法向力趋势可以看出,各齿工作面节点接触法向力都是第 1 号及第 5 号节点较大,中间部分节点接触力较小,和应力分布趋势一致。这是造成等效应力 U 形分布的主要原因。

3. 叶轮应力计算结果

图 4-21 为叶轮内弧等效应力云图;图 2-22 为叶轮背弧等效应力云图;图 4-23 为叶轮圆弧部位等效应力沿轴向分布。

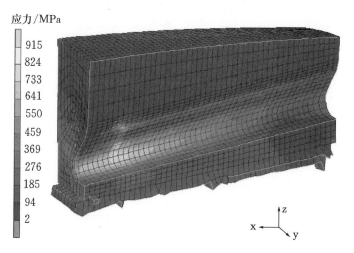

图 4 - 21　叶轮内弧等效应力云图

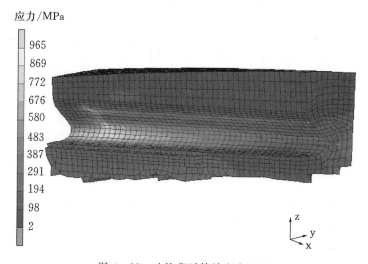

图 4 - 22　叶轮背弧等效应力云图

由于叶轮与叶根具有接触对应关系,叶轮在轴向及接触工作面上应力及接触法向力分布与叶根类似。

从计算结果可以得出以下几点结论:

(1)叶轮应力沿轴向方向分布是不均匀的,背弧应力从出气侧逐渐增大,到间隙增大部位后,应力开始降低,靠近进气侧部位应力最大;内弧应力从进气侧逐渐增大,到间隙增大部位后,应力开始降低,靠近出气侧部位应力最大。这和叶根应力分布是对应的,也说明了对这样的斜齿燕尾形轮槽采用二

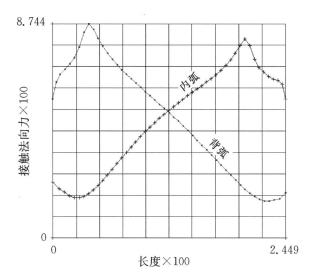

图 4 - 23　叶轮圆弧部位等效应力沿轴向分布(从进气边到出气边)

维有限元计算分析,难以满足计算精度要求,因此必须采用三维有限元分析手段。

(2)设计中,背弧进气侧叶根工作面以及内弧出气侧叶根工作面均削去一块,即采用了较大间隙。这样的设计产生的结果是将局部最大应力区域向轮缘中部转移(如图 4 - 21、图 4 - 22 所示)。如果最大的应力发生在轮缘的边缘则容易导致疲劳裂纹的萌生,以及拉伸破坏。当最大应力转移到轮缘中部去后,会降低发生事故的概率。

(3)从计算结果可以看出,内弧叶轮出气侧圆弧部位的等效应力最大,其值为 812.8 MPa,背弧叶轮进气侧圆弧部位的等效应力最大,其为 874.4 MPa,其余部位的应力水平均低于此值。可知局部等效应力小于屈服极限(该级叶轮 $\sigma_{0.2}=965$ MPa)。

4. 叶根载荷分配

接触点的接触力径向分量直接决定了各齿上的载荷大小,将每个齿上的接触力径向分量累计,便可得到整个齿上的载荷值,从而可以分析总载荷在各齿上的分配情况。由于结构叶根、轮缘工作面上载荷具有对应关系,此处取叶根各齿上载荷作为分析对象。

计算表明,接触径向分量值基本等于叶片离心力,说明了计算结果中接触力是收敛的。叶根内、背弧负荷分别为 49.9% 和 50.1%,比例均匀,说明该叶根齿载荷分配设计合理。

4.5 燃机涡轮叶片的温度场计算分析

本节给出了采用有限元法计算燃气轮机透平叶片轮盘温度场的思路和方法;获得叶片运行中温度场分布以及启动和停机过程中温度场随时间的变化;为计算叶片在运行及起停过程中热变形、热应力提供数据。

1.计算对象

计算对象为某重型燃气轮机透平第 4 级动叶片,叶片和轮盘如图 4 - 24 所示,采用循环对称算法进行降阶计算。叶片取其中一片,轮盘取一个扇区即轮盘的 1/100,轮盘与输出轴为一整体,截取轴其中一部分,其截断面距输出轴端面距离 1591.5 mm。

(a)叶片轮盘整体   (b)叶片轮盘一个扇区

图 4 - 24 叶片轮盘实体模型

2.热边界条件

温度场计算中对流换热边界属于第二类边界条件,工作中叶片、轮盘与燃气和冷却空气进行对流换热,因此计算中需确定所有对流换热面的对流换热系数及气体的温度[18,19]。

1)对流换热系数

叶片与燃气对流换热系数采用准则关系式为

$$Nu_{av} = \left(\frac{0.0805}{k^{2.85}} - 0.0022 \right) Re^{0.74 k^{0.34}} Pr^{1/3} \tag{4-20}$$

式中，$k = \dfrac{\sin\beta_2}{\sin\beta_1}$，$\beta_1$，$\beta_2$ 分别为进气角及出气角；$Nu_{av} = \dfrac{h_{av}l}{\lambda}$ 为平均努塞尔数，h_{av} 为沿叶型的平均换热系数；$Re = \dfrac{\rho ul}{\mu}$ 为雷诺数；$Pr = \dfrac{\mu c_p}{\lambda}$ 为普朗特数。

定性尺寸 l 取叶型的半周长，定性速度 u 取进出口相对速度的均值，燃气动力粘度 μ、导热系数 λ、定压比热 c_p 的定性温度取壁面温度，燃气密度 ρ 的定性温度取壁面温度和气体温度的均值。对该涡轮末级叶片计算所得的叶片平均换热系数约为 479.9 W/(m²·℃)。

在叶根处存在两个冷却通道，如图 4-25 所示，通道 1 由叶根与轮盘组成，通道 2 由相邻的叶片和轮盘外缘组成。冷却对流换热系数采用管内湍流换热格尼林斯基准则关系式：

$$Nu = 0.0214(Re^{0.8} - 100)Pr^{0.4}\left[1 + \left(\frac{d_e}{l}\right)^{2/3}\right]\left(\frac{T_f}{T_w}\right)^{0.45} \qquad (4-21)$$

式中，$d_e = \dfrac{4A_c}{P}$ 为当量直径，A_c 为通道截面积，P 为实际周长；T_f 为流体定性温度，取进出口平均温度；T_w 为壁面温度。

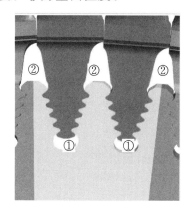

图 4-25　叶根冷却通道

计算中取 $T_f/T_w = 1.1$，计算得通道 1 的平均对流换热系数约 350 W/(m²·℃)，通道 2 的平均对流换热系数约 367 W/(m²·℃)。

轮盘及叶片其它冷却面上换热系数取约 100 W/(m²·℃)。

2）气流温度

考虑正常冷态启动工况，表 4-5 为正常冷态启动工况下透平第 4 级气流温度随时间变化。冷态启动总时间225 min，前31 min 为升速过程，后194 min 为负载增加过程。

表 4-5 正常冷态启动工况下透平第 4 级气流温度

时间/min	动叶片出口温度/℃	轮盘进口/℃	轮盘出口/℃	转速/(r/min)
0，点火	90	90	90	0
31				3000
225，满载	609	182	330	3000

运行工况，燃气温度取透平第 4 级叶片进出口温度均值 636℃，冷却空气温度取轮盘进出口温度均值 256℃，各个面上对流换热系数与前面相同。

停机工况，从停机原因来看机组停机有两种不同的停机工况，一种是根据电网要求或电厂计划安排进行的停机，称为常规停机；另一种是当机组出现事故或故障时需要的停机，称为紧急停机或故障停机。

常规停机又分为正常停机和维修停机，前者短时间内停机后再启动，如两班制运行和临时停机检查；后者停机后要进行检修维护等工作，停机时间较长，通常为加快冷却速度在转速低于 300 r/min 时需进行通风吹扫。

本节对维修停机工况过程中的温度场变化进行计算，叶片轮盘的初始温度为运行工况下的温度，吹扫空气温度 25℃。吹扫过程中各换热面上平均换热系数取运行工况下的 0.3 倍，叶片平均换热系数为 143.97 W/(m²·℃)，通道 1 的平均对流换热系数为 105 W/(m²·℃)，通道 2 的平均对流换热系数为 110.1 W/(m²·℃)，轮盘及叶片其它冷却面上换热系数为 30 W/(m²·℃)。

3. 有限元网格及质量检验

计算采用的网格单元总数为 104 409 个，节点总数为 123 253 个，采用六面体 8 节点单元，其中 167 个单元退化为三棱柱单元，考虑了叶型根部过渡圆弧和叶型顶部的过渡圆弧，表 4-6 列出了温度场计算时叶片及轮盘网格的单元及节点数。叶片、轮盘有限元网格见图 4-26。

表 4-6 温度场计算的网格组成

计算对象	单元数	节点数	六面体单元数	三棱柱单元数
叶片	65460	76673	65293	167
轮盘	38949	46580	38949	0
总计	104409	123253	104242	167

从单元质量的 4 个评价指标：Jacobian Ratio，Aspect ratio，min angle，max warp，对温度场计算所采用的网格进行了单元质量检查，图 4-27 为叶

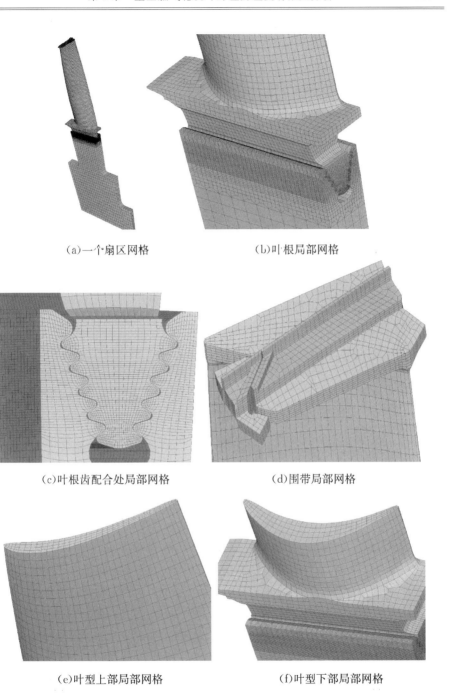

(a)一个扇区网格　　　　　　(b)叶根局部网格

(c)叶根齿配合处局部网格　　　　(d)围带局部网格

(e)叶型上部局部网格　　　　(f)叶型下部局部网格

图 4 - 26　叶片轮盘网格图

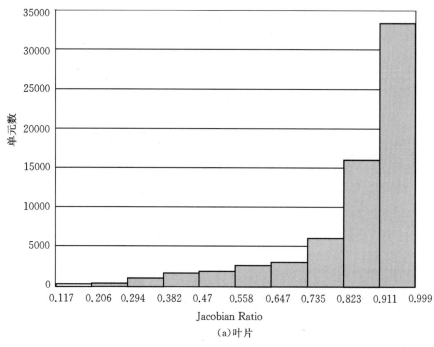

（a）叶片

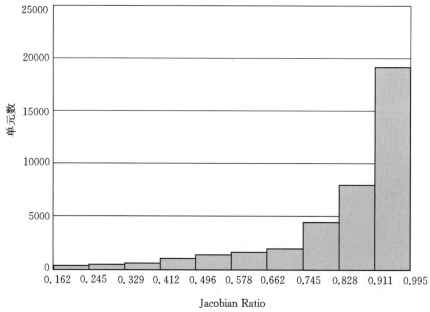

（b）轮盘

图 4 - 27　叶片、轮盘部分网格质量统计分布图

片、轮盘部分网格质量统计图,图中仅给出了按 Jacobian ratio 统计网格质量。Jacobian Ratio——Jacobian 矩阵行列式最小值比最大值,最佳值为 1。从统计结果可以看出网格质量较好。

4. 启动过程中叶片、轮盘温度场

冷态启动叶型上温度变化。启动过程中叶型上三个不同高度截面的平均温度随时间变化情况见图 4-28,三个截面从上到下相对叶根底部高度分别为 711,423,116 mm。从图中可看出冷态启动升速完成时三个截面的平均温度分别为 164.40,163.54 和 157.36 ℃;冷态启动结束时三个截面的平均温度分布为 635.21,634.34 和 606.10 ℃。

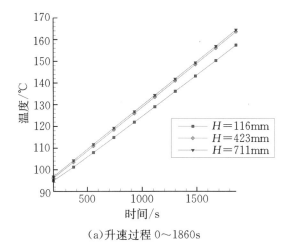

(a)升速过程 0~1860s

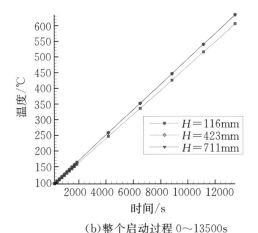

(b)整个启动过程 0~13500s

图 4-28　叶型三个截面上平均温度随时间变化

叶根上温度变化。枞树形叶根,5 对 10 个齿,叶根各齿编号如图 4 - 29 所示,奇数齿在背弧侧,偶数齿在内弧侧。图 4 - 30 给出了启动过程中叶根各个齿上某一点温度随时间变化情况,点取在各齿接触面的中间位置。图中绘制了左侧各个齿的温度的变化曲线,由于对应齿温度基本相等,内弧侧各齿温度变化曲线与背弧侧对应齿的温度变化曲线几乎重合。空间上各齿温度自上向下递减,1 和 2 齿温度高,9 和 10 齿温度低。

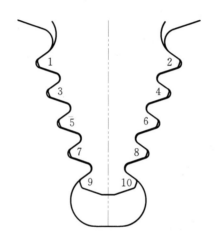

图 4 - 29　从排气端看各齿编号

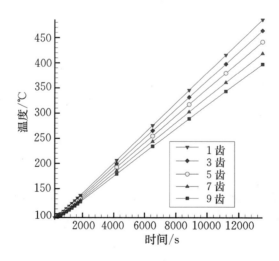

图 4 - 30　整个启动过程叶根齿上温度变化

冷态启动过程中,升速完成时 1 和 2 齿温度最高都为 136.83 ℃,9 和 10 齿温度最低分别为 124.46 ℃ 和 124.30 ℃;冷态启动结束时 1,2 齿温度分别为 483.83,483.79 ℃,9,10 齿温度分别为 397.98 ℃ 和 396.84 ℃。

轮盘温度变化。轮盘上给出了其中三个典型点 A,B,C 的温度变化情况,三个点的位置如图 4 - 31 所示。A,B,C 三点的温度在启动过程中随时间变化曲线见图 4 - 32。从中可知 A 点温度最高,因为 A 点为与轮缘上靠近高温燃气,升速结束时 A,B,C 三点温度分别为 138.96,103.71,94.40 ℃,冷态启动结束时 A,B,C 三点温度分别为 496.16,287.04,206.36 ℃。

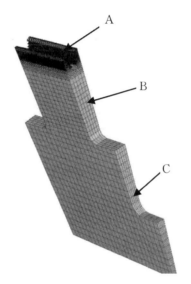

图 4 - 31   轮盘上三个典型点所在位置图

5. 运行工况下叶片、轮盘温度场及温度梯度

运行工况下叶片和轮盘的温度分布分别见图 4 - 33、图 4 - 34,达到热平衡状态后叶型部分温度最高,温度为 636 ℃,轮盘靠近外缘温度较高,最高 508.4 ℃,靠近轴线温度较低,最低为 270.1 ℃。因此叶根处的两个冷却通道有效地隔离了热量向轮盘及轴的传导。

运行工况下叶片轮盘的温度梯度分布见图 4 - 35、图 4 - 36,达到热平衡状态后叶根及轮盘外缘处的温度梯度最大,叶根上最大温度梯度 7.62 ℃/mm,轮缘上最大为 10.3 ℃/mm,而叶型及轮盘齿以下部分的温度梯度较小。表明靠近叶根齿处温度分布最不均匀,会产生较大的热应变,从而引起较大的热应力。

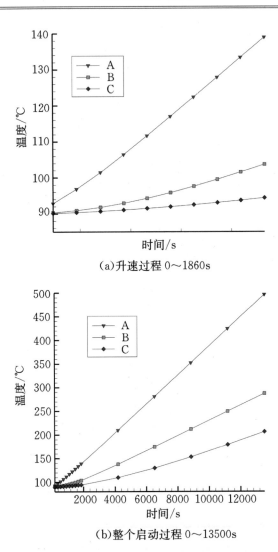

(a)升速过程 0～1860s

(b)整个启动过程 0～13500s

图 4 - 32　轮盘上三个典型点温度随时间变化

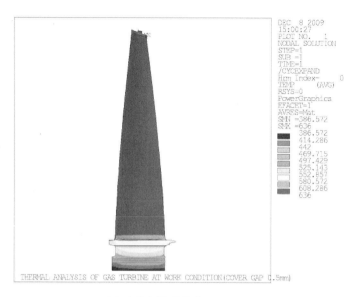

（a）叶片上温度分布

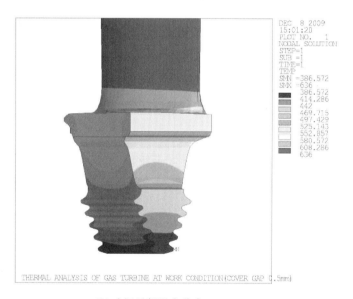

（b）叶根局部温度分布

图 4 - 33　运行工况下透平叶片的温度分布

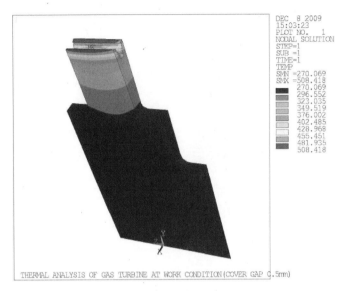

(a)轮盘温度分布

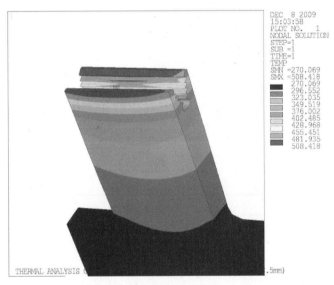

(b)轮盘外缘局部温度分布

图 4 - 34 运行工况下轮盘一个扇区的温度分布

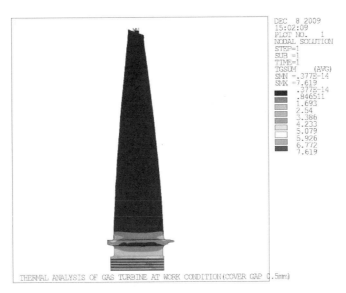

(a)叶片温度梯度分布

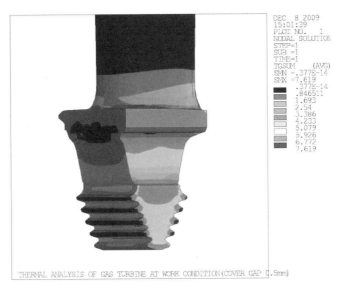

(b)叶根局部温度梯度分布

图 4 - 35 运行工况下叶片的温度梯度分布

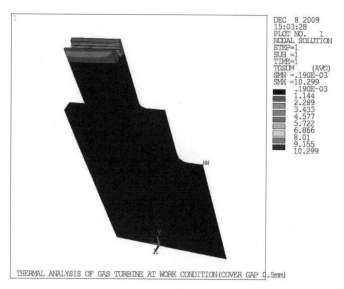

（a）轮盘温度梯度分布

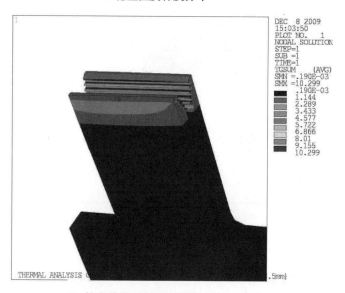

（b）轮盘外缘局部温度梯度分布

图4-36　运行工况下轮盘一个扇区的温度梯度分布

6.停机过程中叶片、轮盘温度场及温度梯度

　　叶型上温度变化。图4-37给出了停机后1小时内叶型上三个不同高度位置截面的平均温度随时间变化规律，三个截面从上到下相对叶根底部高度

分别为 711,423,116 mm,停机 1 小时后三个截面上的温度分别是 36.69,
46.90,81.19 ℃。

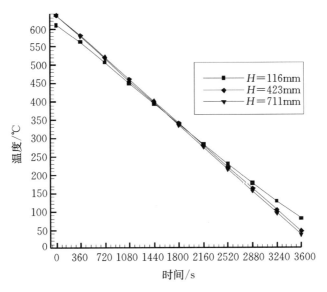

图 4-37　停机工况叶型三个截面上平均温度随时间变化

叶根上温度变化。停机后 1 小时内叶根齿上的温度变化见图 4-38,叶
根齿编号见图 4-29,每个齿取齿接触面的中间位置上一点。从中可以看出
停机后的 1 小时中左右对应的两齿上温度基本相同,同步变化,不同齿上的
初始温度虽然不同,冷却过程中温度逐渐降低趋于一致。

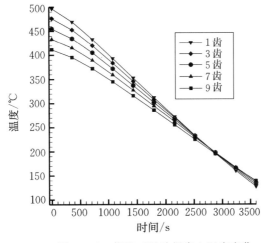

图 4-38　停机工况叶根齿上温度变化

轮盘温度变化。图 4-39 给出了轮盘上三个典型点 A,B,C 的温度变化情况,三个点的位置如图 4-31 所示。

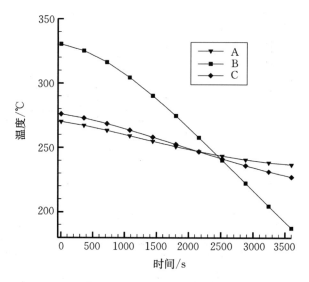

图 4-39 停机工况轮盘上三个点温度随时间变化

停机过程中叶片、轮盘温度梯度。叶片轮盘温度变化最大的区域为叶根及轮盘的外缘,相应的在此区域会产生较大的热应力。停机过程中的最大温度梯度随时间变化曲线见图 4-40。

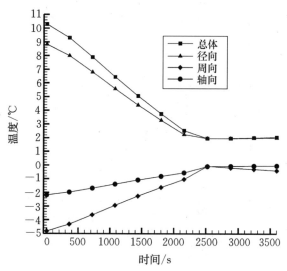

图 4-40 停机工况最大温度梯度随时间变化

4.6　某燃机涡轮末级成圈叶片强度分析

计算分析对象为某燃机涡轮末级叶片见图 4-24。采用接触模拟叶片与叶片之间,叶片与轮盘之间的相互作用。考虑气流力、离心力、温度载荷等作用,计算实际应力分布等强度特性,计算工作条件下叶片、轮盘的强度及扭转恢复角;不同转速下围带接触面及叶根齿承载面上的接触状态、接触应力;叶根各齿的承载力分配;温度载荷对应力、接触以及齿承载力分配的影响。

为研究温度场的影响,计算有温度载荷和无温度载荷两种情况。计算中考虑大变形效应;离心力载荷考虑了 8 个转速 $300i$ r/min,$(i=3\sim10)$;考虑拉杆预紧力;离心力为 3000 r/min 时,考虑了气流力作用。采用了循环对称算法降阶计算;考虑了材料属性随温度变化。

1. 围带接触转速、接触状态及接触应力

围带之间的接触状态随转速而变化,不考虑气流力及热载荷的情况下围带之间开始接触的转速在 1150 r/min 到 1200 r/min 之间;考虑热载荷之后围带之间开始接触的转速在 800 r/min 到 850 r/min 之间。

各转速下围带之间的接触力、平均接触正压力见图 4-41,对比了有、无热载荷对围带之间的接触影响。计算结果表明:接触法向力随转速增加而增加;接触平均正压力随转速增加而增加;考虑热载荷影响之后,围带接触法向力及平均正压力增大,接触面积减小。

2. 叶根齿接触

无热载荷时各个转速下叶根上各齿的径向承载力见图 4-42,叶根的编号见图 4-29。

计算分析可以发现,无气流力作用时,内弧侧齿承载力低,背弧侧齿承载力高;有气流力作用,转速 3000 r/min 下,上面三对齿内弧侧齿承载力大于背弧侧齿承载力,下面两对齿背弧侧齿承载力大于内弧侧齿承载力。有热载荷作用时,各齿承载力分布更不均匀。

叶根齿上载荷沿轴向的变化如图 4-43 所示,横坐标为 0 的位置对应出气端。从图中可以看出叶根齿进气端比出气端承受的载荷要大,这是由于叶型从进气侧到出气侧逐渐变窄,叶片的离心力沿轴向是非均匀的,同时进气端轴向气流力的作用产生的弯矩也会使进气端承受较大载荷。

有关叶根应力分析也可参考文献[20,21,22]。

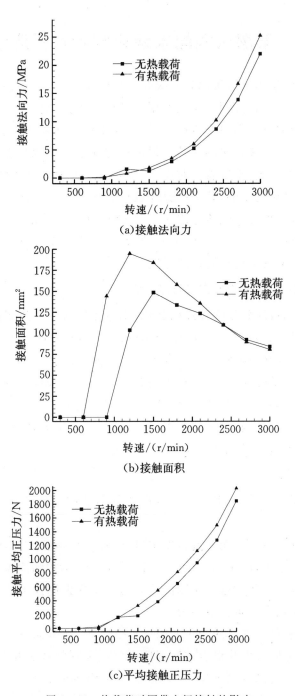

(a)接触法向力

(b)接触面积

(c)平均接触正压力

图 4-41 热载荷对围带之间接触的影响

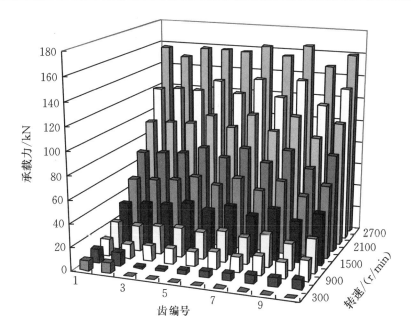

图 4-42　无热载荷时各齿的承载力

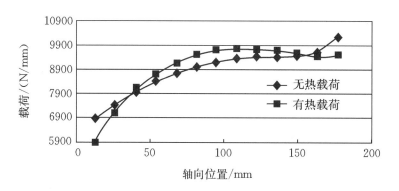

图 4-43　叶根齿载荷沿轴向变化

3. 叶片扭转恢复角

考虑了接触、离心力、气流力和拉杆预紧力,因此所得的叶片扭转恢复角是叶片实际工作状态下的扭转恢复角,计算结果如图 4-44 所示。热载荷对扭转恢复角的影响如图 4-45 所示。

从图中可以看出,低转速时,无热载荷转速低于 1500 r/min,有热载荷转速低于 1200 r/min,叶片处于自由状态,扭转恢复角沿叶高单调增加,扭转恢

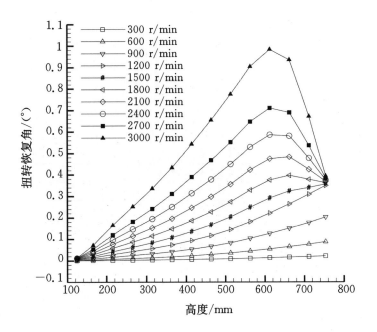

图 4-44 考虑热载荷成圈叶片扭转恢复角

复角最大值位置在叶型顶部。

高转速时,叶型顶部的扭转受围带的限定,各个转速下基本相同,但叶型顶部不是最大扭转的位置,随着转速增加最大扭转恢复角位置逐渐下降;不论是否考虑热载荷作用,3000 r/min 时最大扭转恢复角位置相同,在 612 mm 处;考虑热载荷后叶型下部扭转恢复角变大,上部扭转恢复角变小。

4. 叶片轮盘应力及变形

成圈时叶片、轮盘的应力及位移分布云图见图 4-46 和图 4-47。

有热载荷作用时,叶片上最大总位移 13.33 mm 对应的径向位移 13.06 mm,切向位移 2.32 mm,轴向位移 1.39 mm,位于围带接触面上靠近出气边处,这一点也是径向位移最大的位置。由于热载荷的作用,叶片的最大径向位移增大了 9.27 mm。

叶型上最大等效应力位于背弧侧根部过渡圆弧上,靠近进气边;围带上最大等效应力位于背弧侧围带与叶型过渡圆弧上,靠近进气边;叶根上最大应力位于第 2 齿的根部,靠近进气侧;轮盘最大应力位于第 3 齿和第 5 齿之间的齿根处,靠近中间位置,进气端的冷却通道上应力最大。

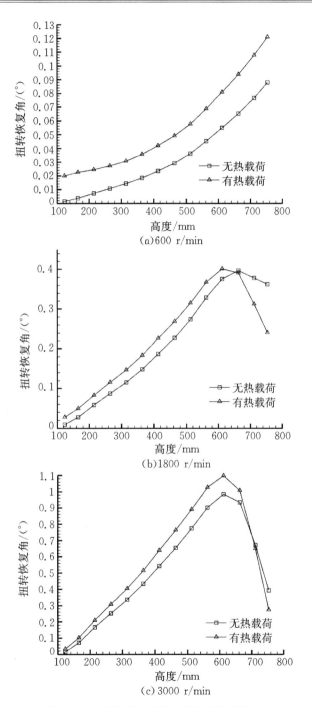

图 4-45　热载荷对叶片扭转恢复角的影响

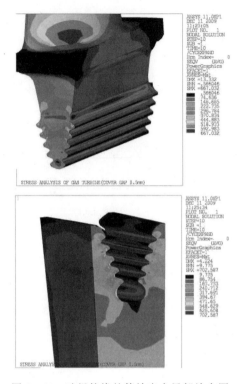

图 4 - 46　　叶根轮缘的等效应力局部放大图

5. 间隙大小对围带接触转速及接触法向力的影响

不同围带间隙下,围带之间开始发生接触的转速范围见表 4 - 7,间隙越大围带之间开始发生接触的转速越高,同一间隙下考虑热载荷影响时的接触转速低于不考虑热载荷的接触转速。

表 4 - 7　　不同间隙下围带接触转速

围带间隙/mm	0.1	0.3	0.5	0.7	0.9
无热载荷转速/(r/min)	300~600	900~1150	1150~1200	1200~1500	1500~1800
有热载荷转速/(r/min)	~300	300~600	800~850	850~900	1200~1500

工作转速下(3000 r/min)围带间隙对相邻围带之间接触力的影响如图 4 - 48所示,在 0.1~0.9 mm 的围带间隙范围内,随着间隙的增加围带接触法向力及接触面积都减小;当围带间隙在 0.1~0.7 mm 时,围带上平均接触应力基本不变,间隙为 0.9 mm 时由于接触面积减小速度较快,围带上平均接触应力增大。

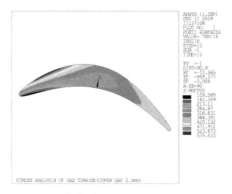

（a）底部 高度 116 mm

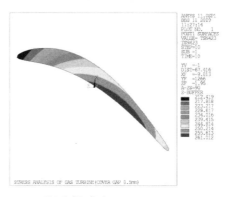

（b）中部 高度 423 mm

图 4-47　叶型典型截面上的应力分布

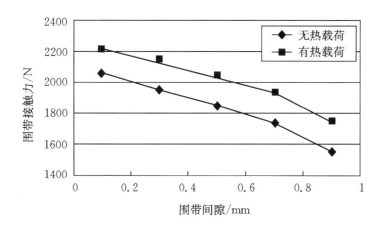

图 4-48　围带间隙对围带接触法向力的影响

参考文献

[1] O. C. 监凯维奇. 有限元法(下册) [M]. 北京：科学出版社, 1985.

[2] Rao J S, Suresh S. Blade root shape optimization[J]. Proceedings of Future of Gas Turbine Technology, 2006:1 - 11.

[3] Sinclair G B, Cormier N G, Griffin J H, et al. Contact stresses in dovetail attachments: finite element modeling[J]. ASME Journal of Engineering for Gas Turbines and Power, 2002, 124:182 - 189.

[4] Sinclair G B, Cormier N G. Contact stresses in dovetail attachments: alleviation via precision crowning[J]. Journal of Engineering for Gas Turbines and Power, 2003, 125: 1033 - 1041.

[5] Rao J S, Kishore C B, Mahadevappa V. Weight optimization of turbine blades [C]. Proceedings 12th International Symposium on Transport Phenomena and Dynamics of Rotating Machinery, 2008.

[6] P. Měšťánek. Low cycle fatigue analysis of a last stage steam turbine blade[J]. Applied and Computational Mechanics, 2008, 2(1):71 - 82.

[7] 仲继泽, 徐自力, 方宇, 等. 叶片有限元分析中弹塑性过渡区应力奇异产生原因及解决方法[J]. 西安交通大学学报, 2015, 49(9):47 - 51.

[8] Zienkiewicz O C, Taylor R L, Zhu J Z. The finite element method: its basis and fundamentals, Sixth ddition[M]. Butterworth-Heinemann, 2005.

[9] Cook R D, Malkus D S, Plesha M E, et al. Concepts and applications of finite element analysis, 4th Edition[M]. New York: Chichester, Brisbane, Singapore and Toronto: John Wiley & Sons, 2001.

[10] Kaneko Y, Mori K, Ohyama H. Development and verification of 3000rpm 48inch integral shroud blade for steam turbine[J]. JSME International Journal Series B, 2006, 49(2): 205 - 211.

[11] Fukuda H, Ohyama H, Mori, et al. Development of 3,600-rpm 50-inch/3,000-rpm 60-inch ultra-long exhaust end blades[J]. Mitsubishi Heavy Industries Technical Review, 2009, 46(2):18 - 25.

[12] 徐芬, 程凯, 彭泽瑛. 围带结构对整圈自锁叶片振动特性的影响[J]. 动力工程学报, 2010, 30(5):347 - 351.

[13] Xu F, Cheng K, Peng Z Y. Influence of shroud configuration on vibration characteristics of the full circle self-lock blade[J]. Journal of Chinese Society of Power Engineering, 2010, 30(5):347 - 351.

[14] 杨鑫, 马艳红, 洪杰. 基于接触状态的叶冠预扭设计[J]. 航空发动机, 2008, 34(4):11 - 15.

[15]　Yang X,Ma Y H,Hong J. Pretwisted design of shroud at contact state[J]. Aeroengine, 2008,34(4):11-15.

[16]　Kaneko Y,Ohyama H. Analysis and measurement of damping characteristics of integral shroud blade for steam turbine[J]. Journal of System Design and Dynamics,2008,2(1): 311-322.

[17]　陈德祥,徐自力,曹守洪,等. 长叶片围带开始接触转速计算方法研究[J]. 动力工程学报,2012,32(9):661-665.

[18]　曹玉璋,等. 航空发动机传热学[M]. 北京:北京航空航天大学出版社,2005.

[19]　杨世铭,陶文铨. 传热学[M]. 北京:高等教育出版社,1998.

[20]　Papanikos P,Meguid S,Stjepanovic Z. Three-dimensional nonlinear finite element analysis of dovetail joints in aeroengine discs[J]. Finite Elements in Analysis and Design, 1998,29(3/4):173-186.

[21]　Meguid S,Kanth P,Czekanski A. Finite element analysis of fir-tree region in turbine discs[J]. Finite Elements in Analysis and Design,2000,35(4):305-317.

[22]　Beisheim J,Sinclair G. On the three-dimensional finite element analysis of dovetail attachments[J]. Journal of Turbomachinery,2003,125(2):372-378.

第5章 叶片振动特性及响应的有限元分析

5.1 气流激振力

5.1.1 激振力的来源

重型燃气轮机压气机叶片和透平叶片,以及汽轮机叶片受到的振动激励在定性上是已知的,但在大多数情况下,仍难以定量估计。在这方面仍有许多工作要做。

总的来看,叶片振动激励源大体可归为五大类[1,2]:

(1)空间非均匀引起的激振力,在空间上压力、速度或角度非均匀流动,流入到动叶上所引起的激励,从动叶角度看是一个随时间变化的周期性的波动流或力场,这一类激励频率是和叶片的旋转频率或倍频有关的。

(2)空间非均匀引起激励的一个特例,即静叶尾迹或动静干涉引起的激励,这一类激励频率通常是和等效喷嘴数与叶片旋转频率乘积及其倍频有关。

(3)由于非定常流动引起的激励,无论是在静叶流道,或者经过叶片本身引起的。这种现象可能会造成非同步激励,和转速无直接关系。

(4)自激振动,特别是由于流动和叶片变形之间产生的流-固耦合,也表现为非同步的频率。

(5)轮盘或转子振动引起的叶片振动激励。

1. 空间非均匀引起的激振力

1)几何不对称

抽气管、排气管等结构引起的激振力。抽气管、排气管的存在,也会造成流场畸变。这些管道是沿气缸周向分布的。当气流沿管道流出时,使处于这些管道的前一级和后一级的级后或级前压力沿圆周方向分布不均匀。因为,在抽气管或排气管口处的压力比沿圆周方向远离抽气管地方的压力显著降低。例如,抽气管后面的一级,在抽气口处的喷嘴,由于喷嘴前的压力减小,而使喷嘴的压差减小,从而气流速度小,气流作用力也小。因此,当叶片旋转到抽气口处,叶片受到的气流力就会减小,因而引起叶片的振动。其激振力的频率为 in_s,n_s 为叶片旋转频率,i 为整数。

气流通道中加强筋和肋引起的激振力。由于气流通道中有加强筋和肋存在,它们阻碍气流流动,使加强筋和肋前后的速度减小,从而使气流参数沿圆周方向分布不均匀,形成激振。若加强筋沿圆周均匀分布,其数目为 i,则激振力的频率为 in_s。

径向进气、排气引起的激振力。对于径向进气透平,流动需要由径向转成轴向;对于从径向排气透平,又要求流动由轴向转成径向。这些都会引起压力或速度在周向的不均匀性。良好的气动设计,可以最大限度地减少非均匀性的幅度,使周向变化平滑,达到仅有一周一次的激励分量,减小或消除高阶谐波分量。在正常工作转速下,前两阶谐波(旋转频率和两倍)通常是低于叶片的最低阶固有频率的。

部分进汽引起的激振力。在一些小功率蒸汽透平和大型蒸汽轮机的高压调节级中,采用了部分进汽(蒸汽从圆周的一部分进入动叶)结构。例如采用喷嘴调节的汽轮机调节级,它的喷嘴常常分为几个喷嘴组,各喷嘴组之间相互隔开,分别用阀门控制,以实现改变进汽量,达到调节汽轮机功率的目的。喷嘴进汽弧段没有充满整个圆周,只有一部分弧段进汽。在喷嘴组之间的空挡没有蒸汽流过。因此当叶片旋转经过进汽弧段时,受到全部汽流力的作用,而当叶片退出进汽弧段进入空挡时,汽流的作用力突然降为零。部分进汽时叶片受到的汽流激振力是全部的汽流力,因此幅值很大。

2)制造、安装偏差

喷嘴和叶片槽道制造、安装偏差引起的激振力。若某些喷嘴和叶片的节距、安装角或厚度偏离设计值,则单个槽道的面积、进出气角、喷嘴尾迹与其它喷嘴不同,使得这些喷嘴后的压力、速度等气流参数也不相同。当叶片旋转到这些喷嘴处,受到突变气流力的作用,而引起叶片的振动。这些不准确的喷嘴槽道的分布和数目是事先无法估计的,具有随机性,但这种变化每周重复出现,因此,可分解成谐波,范围可以从叶片旋转频率到大于喷嘴激振力频率。显然,补救措施是在制造和装配操作阶段进行良好的质量控制。

隔板中分面处喷嘴接合不良引起的激振力。在中分面上静叶几何形状的非精确匹配,在该处形成气流突变,形成激振力。通常一圈有两处接缝,其

激振力的频率为 $in_s(i=1,2)$。可以采用斜切分面不剖分喷嘴叶型,避免这种激振力。另外,在中分面上的静叶围带或隔板的间隙泄漏也会引起激振力。

动叶安装偏心引起激振力。相对于静止密封或喷嘴隔板,动叶安装偏心引起的振力,主要引起旋转频率激励,但也可能引起更高谐波的激励。

制造或热变形引起的固定密封,或喷嘴隔板的偏心引起的激振力。

2. 静叶尾迹或动静干涉

当气流流过喷嘴叶栅时,由于喷嘴出气边有一定厚度,使得每个喷嘴出口边后面尾迹中的气流速度降低,因而作用在叶片上的气流力小;喷嘴通道中部的气流速度大,作用在叶片上的气流力亦大。因此,沿喷嘴叶栅圆周方向上,气流的速度和作用力是不均匀的。当动叶片旋转到喷嘴出口边缘处,作用在叶片上的气流力突然减小,而离开出口边缘时气流作用力又突然增大。叶片每经过一个喷嘴槽道时就受到一次激振,这样叶片就受到周期性的激振力作用。若整圈喷嘴数为 Z_1,当叶片旋转一圈时,便受到 Z_1 次激振。叶片每秒钟旋转 n_s 转,因此叶片每秒钟受到 $Z_1 n_s$ 次激振,其激振力的频率为

$$f_e = Z_1 n_s \qquad\qquad (5-1)$$

式中,Z_1 是指整圈喷嘴的数目,如果不是整圈都有喷嘴,应该将实际有的喷嘴数 Z_1' 化为相当的或等效的整圈喷嘴数 Z_1。

产生"喷嘴尾迹"效应的原因有几个方面:

(1)由边界层产生的"黏性尾迹",即使一个薄平板在平行流中也会存在尾迹分量,其厚度主要是取决于基于叶片弦长的雷诺数,很难去改进它,应当指出的是在尾流中的速度明显小于自由流的速度。

(2)出气边厚度产生的尾迹分量。即使在静叶片周围流动良好,由于尾缘有一定的厚度,这会形成扰流尾迹,增加总尾迹的厚度。制造商必须努力在尾缘厚度过大产生尾迹的不良影响,和过薄结构的带来的强度和制造问题之间找到平衡。

(3)分离尾迹。如果设计得不好,或者在偏离设计点运行,进入静叶的流动角度可能会导致流动到达静叶尾缘之前与叶片分离。这将导致一个更宽的尾迹,可能产生强的流动波动。

在低压透平的末级及其它级,蒸汽通常低于饱和压力,因此含有凝结水分,液体的雾滴一小部分凝结在静叶上,形成一个较厚的薄膜,并在静叶尾缘上以大液滴的形式离开静叶。这些大液滴加速缓慢,并会撞击到高速旋转的动叶片上。这也是动叶片的前缘侵蚀的主要原因,液滴撞击会导致在叶片上作用一个周期力,因此会引起振动激励。简化的研究表明,并不是每一个尾

迹、每个液滴都与动叶片产生碰撞,因此,激励频率有一定的随机性,通常频率低于喷嘴激振频率。降低侵蚀是设计的趋势,也将减少这种激励源,例如转静子之间采用更大的轴向间距,蒸汽中较低的湿度。

喷嘴尾迹效应是燃气轮机、汽轮机和其它透平机械中最常见的激励来源之一。喷嘴通过频率的谐波共振对于长的低压叶片,其特征主要在叶片尾缘薄的部位存在一系列的"扇贝状"的变形。这种振动变形仅在叶片局部区域发生,而不是在整个叶片上。

3. 与旋转频率无关的瞬时流动的扰动

(1)静叶通道内流动的不稳定。入口管路、抽气管路和其它腔室的声共振;流动流过时产生的激励,肋后的旋涡脱落等;静叶的非稳态流动分离等;静止叶片通道内的堵塞和非稳定激波;由于湍流冲击表面引起的压力波动,流到动叶片围带、轮盘等等。

(2)在旋转叶片内的非稳定流动。边界层压力波动;叶片尾缘旋涡脱落,引起的非定常气动力。

4. 自激振动现象

失速颤振,会发生在压气机叶片,或在低负荷条件下的低压透平的末级叶片。这一现象是叶片失效重要的潜在原因之一,设计上需要尽量避免失速颤振,或者至少叶片有足够的强度可以抵抗它。

5. 转子或轮盘引起的叶片振动激励

发电机中的两相、三相短路等电气故障会激发转子的扭转振动,而转子的扭转振动又可引起叶片或叶片-轮盘振动。减少这种激励的方法是调整转子扭转固有频率远离额定转速及其倍数。

对叶片或叶片组,理论上在某一级叶片被激励可能会引起另一级相同固有频率的叶片产生振动。因此,在同一轮盘或同一转子上的叶片之间的耦合作用值得分析和研究。

5.1.2　激振力频率

气流激振力的基本频率可归结为两类:一类是喷嘴叶栅出口边厚度引起的频率为 $Z_1 n_s$ 及倍频的高频激振力;另一类是其它因素引起的频率为 n_s 及倍频的低频激振力。

叶片在不均匀的气流场中转动时,不仅受到基本频率激振力的作用,而且会受到基本频率倍数的激振力的作用,因为喷嘴出口的不均匀气流是非常不规则的,它不是一个简单的正弦波形,而是很多个正弦(或余弦)波的叠加。所以叶片还要受到倍于基本频率的多个谐波激振力的作用。因此,叶片在这个不均匀气流场中转动时,不但受到基频为 n_s 激振力的作用,而且受到倍频为 $2n_s,3n_s,4n_s,\cdots,Kn_s,\cdots$ 的激振力的作用,其中 K 为整数。

将周期性气流激振力 P 沿圆周方向按傅里叶级数展开,作用在叶片上的激振力可写为

$$P = \bar{P} + \sum_{K=1}^{\infty} P_K \sin[K\omega t - \varphi_K] \qquad (5-2)$$

式中,ω 为转子旋转角速度,$\omega = 2\pi n_s$;$\bar{P}$ 为作用在叶片上的气流力按时间的平均值;K 为激振力的阶次,对低频激振力,$K = 1,2,3,\cdots$;对高频激振力,$K = Z_1,2Z_1,3Z_1,\cdots(Z_1$ 为整圈喷嘴数);P_K 为第 K 阶激振力幅值;φ_K 为第 K 阶激振力的相位角。

激振力幅值 $P_1,P_2,P_3,\cdots$ 一般说来是逐渐减小的,即当 K 值增加时,激振力幅值减小,振动的危险性也减小。因此,叶片在低频不均匀气流场中旋转时,实际上主要考虑 $K=1\sim6$ 激振力的作用,有些公司考虑到 7 阶,其相应的频率为

$$f_n = Kn_s \qquad (5-3)$$

式中,$K = 1,2,3,\cdots,6$。

同理,在基本频率为 $Z_1 n_s$ 的不均匀流场中,叶片承受的高频激振力频率为

$$f_n = KZ_1 n_s \qquad (5-4)$$

式中,$K = 1,2,3$。有些公司仅考虑到 2 阶。

5.2　各阶模态危险程度的理论评价

1. 高频振动危险程度低的理论依据

对弱阻尼自由振动系统,振动过程中机械能不再守恒,动能和势能相互转化外,阻尼消耗掉一部分能量,随着时间变化,系统的总能量被阻尼不断地消耗,振动将逐渐衰减。

叶片或叶片组通常是正的弱阻尼强迫振动系统,外力对物体做功,能量不断地输入系统中,当一个周期内输入的能量和阻尼消耗的能量相当时,振动的振幅为常值,系统保持稳态振动。当一个周期内阻尼消耗的能量大于输

入的能量时,振幅就会逐渐减少。

假设作用在单自由度阻尼黏性系统上的简谐力表示为

$$P(t) = P_0 \sin\omega t \tag{5-5}$$

在简谐力作用下,稳态响应为[3]

$$x(t) = B\sin(\omega t - \psi) \tag{5-6}$$

激振力在每一个周期内所做的功为

$$W_f = \int_0^T P(t)\mathrm{d}x = \int_0^T P(t)\dot{x}\mathrm{d}t = \pi B P_0 \sin\psi \tag{5-7}$$

可见,激振力在一个周期内所做的功 W_f 同激振力的幅值 P_0、响应振幅 B 成正比,同时与相位差 ψ 有关。从式(5-7)可以看到,减少激振力幅值,将减少激振力对系统做功。

黏性阻尼力表示为

$$P_c = c\dot{x} = cB\omega\cos(\omega t - \psi) \tag{5-8}$$

阻尼力在一个周期内所消耗的能量,即黏性阻尼力在一个周期内所做的负功为[3]

$$W_c = \int_0^T c\dot{x}\,\mathrm{d}x = \int_0^{\frac{2\pi}{\omega}} c\dot{x}^2\,\mathrm{d}t$$

$$= \int_0^{\frac{2\pi}{\omega}} c[B\omega\cos(\omega t - \psi)]^2\,\mathrm{d}t = \pi cB^2\omega \tag{5-9}$$

式(5-9)说明,黏性阻尼一个周期内所做负功与振幅平方成正比,与振动频率成正比。振动的频率越高,一个周期内耗散的能量越多,因此,高频振动更容易被阻尼衰减。这就是高频振动相对于低频振动危险程度低的原因之一。

2. 振型越复杂危险程度越低

简谐激励下多自由度系统动力学方程为[3]

$$M\ddot{X} + C\dot{X} + KX = P_0 \sin\omega t \tag{5-10}$$

式中,$P_0 = [p_0, \quad \cdots, \quad p_n]^T$

对无阻尼系统进行固有振动分析,可得到各阶固有频率 ω_i 及相应的主振型 ϕ_i。求出的谱矩阵和振型矩阵分别为 Λ 和 Φ。

利用振型矩阵作坐标变换,η 为主坐标(模态坐标)

$$X = \Phi\eta \tag{5-11}$$

得到模态坐标下的动力学方程为

$$M_{pi}\ddot{\eta}_i + C_{pi}\dot{\eta}_i + K_{pi}\eta_i = Q_{0i}\sin\omega t \quad i = 1, 2, \cdots, n \tag{5-12}$$

主坐标(模态坐标)下的激振力幅值为

$$Q_{0i} = \boldsymbol{\phi}_i^T \boldsymbol{P}_0 \tag{5-13}$$

主坐标(模态坐标)下的稳态响应为[3]

$$\eta_i(t) = \frac{Q_{0i}}{K_{pi}} \beta_i \sin(\omega t - \varphi_i) \tag{5-14}$$

式中，$\lambda_i = \dfrac{\omega}{\omega_i}$，$\beta_i = \dfrac{1}{\sqrt{(1-\lambda_i^2)^2 + (2\xi_i\lambda_i)^2}}$，$\varphi_i = \arctan \dfrac{2\xi_i\lambda_i}{1-\lambda_i^2}$。

将主坐标的响应变换到物理坐标下的响应，得到稳态响应为

$$X(t) = \boldsymbol{\Phi}\boldsymbol{\eta}(t) = \sum_{i=1}^n \boldsymbol{\phi}_i \eta_i(t) = \sum_{i=1}^n \frac{\beta_i \boldsymbol{\phi}_i \boldsymbol{\phi}_i^T \boldsymbol{P}_0}{K_{pi}} \sin(\omega t - \varphi_i) \tag{5-15}$$

式中，$\boldsymbol{\phi}_i^T \boldsymbol{P}_0$ 反映了振型和激振力之间的关系，当 $\boldsymbol{\phi}_i^T \boldsymbol{P}_0$ 为"0"，响应中第 i 阶模态的贡献就为"0"；随着固有振动阶次增高，振型会变得越复杂，$\boldsymbol{\phi}_i^T \boldsymbol{P}_0$ 就会变得很小，因此，振动响应减少，这就是高阶固有振动危害性小的原因。

5.3　叶片振动控制方程

1. 旋转参考坐标系[4,5]

考虑一个物体，绕空间中的一个方向固定的轴，以恒定的角速度 Ω 转动，取 $O\text{-}XYZ$ 为惯性坐标系，坐标系的 Z 轴和转子在发生变形时的转轴重合。定义一个旋转参考坐标系 $O\text{-}x_r y_r z_r$，它的 z_r 轴和惯性坐标系的 Z 轴重合，而其 x_r 和 y_r 轴在 XY 平面内绕着 Z 轴以角速度 Ω 转动。如图 5-1 所示。

通过一个坐标转换矩阵，可以把一个向量在惯性坐标系下的分量转换到旋转坐标系下，这个坐标转换矩阵为

$$\boldsymbol{R} = \begin{bmatrix} \cos\Omega t & \sin\Omega t & 0 \\ -\sin\Omega t & \cos\Omega t & 0 \\ 0 & 0 & 1 \end{bmatrix} \tag{5-16}$$

考虑物体上的任意一点 P，$\boldsymbol{X}_r$ 表示在旋转坐标系中 P 点在物体未发生变形时的位置，$\boldsymbol{u}_r$ 表示在旋转坐标系中物体变形 P 发生的位移。于是物体上任一 P 点相对于旋转坐标系的向量可以表示为

$$\boldsymbol{P}_r = \boldsymbol{X}_r + \boldsymbol{u}_r \tag{5-17}$$

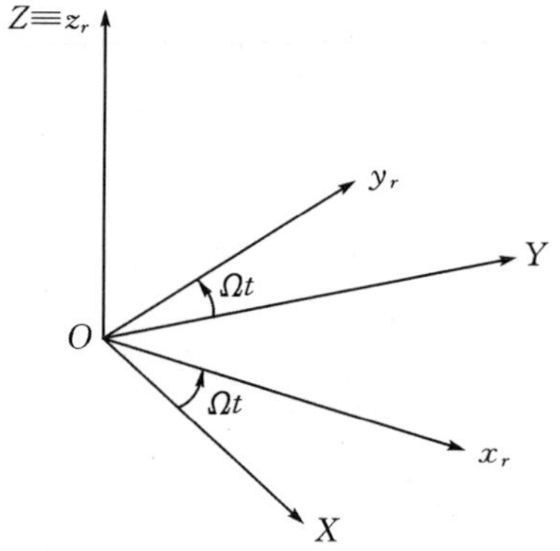

图 5-1　旋转坐标系和惯性坐标系

通过坐标转换矩阵转换到惯性坐标系下：

$$\boldsymbol{P}_i = \boldsymbol{R}^{\mathrm{T}}(\boldsymbol{X}_r + \boldsymbol{u}_r) \tag{5-18}$$

通过对时间求导可获得惯性坐标系下的 P 点的速度

$$\boldsymbol{V}_{pi} = \frac{\mathrm{d}\boldsymbol{P}_i}{\mathrm{d}t} = \dot{\boldsymbol{R}}^{\mathrm{T}}(\boldsymbol{X}_r + \boldsymbol{u}_r) + \boldsymbol{R}^{\mathrm{T}}(\dot{\boldsymbol{X}}_r + \dot{\boldsymbol{u}}_r)$$

$$= \dot{\boldsymbol{R}}^{\mathrm{T}}(\boldsymbol{X}_r + \boldsymbol{u}_r) + \boldsymbol{R}^{\mathrm{T}}\dot{\boldsymbol{u}}_r \tag{5-19}$$

2. 考虑旋转软化的系统动能表达式

将上述速度表达式代入到动能表达式[4,5]

$$T = \frac{1}{2}\int_V \rho \boldsymbol{V}_{pi}^{\mathrm{T}}\boldsymbol{V}_{pi}\mathrm{d}V$$

$$= \frac{1}{2}\int_V \rho\left[\dot{\boldsymbol{u}}_r^{\mathrm{T}}\boldsymbol{R} + (\boldsymbol{X}_r^{\mathrm{T}} + \boldsymbol{u}_r^{\mathrm{T}})\dot{\boldsymbol{R}}^{\mathrm{T}}\right]\left[\boldsymbol{R}^{\mathrm{T}}\dot{\boldsymbol{u}}_r + \dot{\boldsymbol{R}}^{\mathrm{T}}(\boldsymbol{X}_r + \boldsymbol{u}_r)\right]\mathrm{d}V \tag{5-20}$$

动能由三部分构成

$$T = T_0 + T_1 + T_2 \tag{5-21}$$

其中，相对于旋转坐标系由于动态变形造成的动能，也可以说是相对动能，如果发生振动的话，这一部分就是振动动能

$$T_0 = \frac{1}{2}\int_V \rho \dot{\boldsymbol{u}}_r^{\mathrm{T}}\boldsymbol{R}\boldsymbol{R}^{\mathrm{T}}\dot{\boldsymbol{u}}_r\mathrm{d}V = \frac{1}{2}\int_V \rho \dot{\boldsymbol{u}}_r^{\mathrm{T}}\dot{\boldsymbol{u}}_r\mathrm{d}V \tag{5-22}$$

转动和变形运动耦合造成的动能

$$T_1 = \int_V \rho \dot{\boldsymbol{u}}_r^{\mathrm{T}}\boldsymbol{R}\dot{\boldsymbol{R}}^{\mathrm{T}}(\boldsymbol{X}_r + \boldsymbol{u}_r)\mathrm{d}V = \Omega\int_V \rho \dot{\boldsymbol{u}}_r^{\mathrm{T}}\boldsymbol{B}(\boldsymbol{X}_r + \boldsymbol{u}_r)\mathrm{d}V \tag{5-23}$$

转动动能

$$T_2 = \frac{1}{2}\int_V \rho(\boldsymbol{X}_r^{\mathrm{T}} + \boldsymbol{u}_r^{\mathrm{T}})\dot{\boldsymbol{R}}\dot{\boldsymbol{R}}^{\mathrm{T}}(\boldsymbol{X}_r + \boldsymbol{u}_r)\mathrm{d}V = \frac{1}{2}\Omega^2\int_V \rho(\boldsymbol{X}_r^{\mathrm{T}} + \boldsymbol{u}_r^{\mathrm{T}})\boldsymbol{A}(\boldsymbol{X}_r + \boldsymbol{u}_r)\mathrm{d}V \tag{5-24}$$

式中

$$\boldsymbol{B} = \begin{bmatrix} 0 & -1 & 0 \\ 1 & 0 & 0 \\ 0 & 0 & 0 \end{bmatrix}$$

$$\boldsymbol{A} = \boldsymbol{B}^{\mathrm{T}}\boldsymbol{B} = \begin{bmatrix} 1 & 0 & 0 \\ 0 & 1 & 0 \\ 0 & 0 & 0 \end{bmatrix}$$

矩阵 A 其实是把矢径中的 X 和 Y 方向的分量提取出来，因为绕 Z 轴做定轴转动，各点的转动速度只与 X 和 Y 方向的分量有关。

这一部分表示的转动动能不同于一般刚体定轴转动的动能表达式,这个公式中的各点的矢径包含了由于变形发生的位移,正是由于这个变形产生的位移,出现了所谓的旋转软化现象。

上述是动能的解析表达式,是针对物体上的每一个点的,在使用有限元方法时,把一个物体划分成有限个单元,通过单元的节点位移利用形函数来获取单元内部各点的位移信息。用向量 $\boldsymbol{q}_r$ 表示各个单元的节点位移。则单元内部各点的位移可以表示为

$$\boldsymbol{u}_r = \boldsymbol{N}\boldsymbol{q}_r \tag{5-25}$$

式中,$\boldsymbol{N}$ 为形状函数。

将该式代入到动能的表达式中,就把解析形式的动能表达式转换成了有限元形式

$$T_0 = \frac{1}{2}\int_{V_e}\rho\dot{\boldsymbol{q}}_r^{\mathrm{T}}\boldsymbol{N}^{\mathrm{T}}\boldsymbol{N}\dot{\boldsymbol{q}}_r\mathrm{d}V = \frac{1}{2}\dot{\boldsymbol{q}}_r^{\mathrm{T}}\boldsymbol{M}\dot{\boldsymbol{q}}_r \tag{5-26}$$

$$T_1 = \Omega\int_{V_e}\rho\dot{\boldsymbol{q}}_r^{\mathrm{T}}\boldsymbol{N}^{\mathrm{T}}\boldsymbol{B}(\boldsymbol{X}_r + \boldsymbol{N}\boldsymbol{q}_r)\mathrm{d}V = \frac{1}{2}\Omega\dot{\boldsymbol{q}}_r^{\mathrm{T}}\boldsymbol{G}\boldsymbol{q}_r + \frac{1}{2}\Omega\dot{\boldsymbol{q}}_r^{\mathrm{T}}\boldsymbol{f}_1 \tag{5-27}$$

$$T_2 = \frac{1}{2}\Omega^2\int_{V_e}\rho(\boldsymbol{X}_r^{\mathrm{T}} + \boldsymbol{q}_r^{\mathrm{T}}\boldsymbol{N}^{\mathrm{T}})\boldsymbol{A}(\boldsymbol{X}_r + \boldsymbol{N}\boldsymbol{q}_r)\mathrm{d}V$$

$$= \frac{1}{2}\Omega^2 E + \frac{1}{2}\Omega^2\boldsymbol{q}_r^{\mathrm{T}}\boldsymbol{f}_2 + \frac{1}{2}\Omega^2\boldsymbol{q}_r^{\mathrm{T}}\boldsymbol{M}_{ni}\boldsymbol{q}_r \tag{5-28}$$

式中

$$\boldsymbol{M} = \int_{V_e}\rho\boldsymbol{N}^{\mathrm{T}}\boldsymbol{N}\mathrm{d}V, \quad \boldsymbol{G} = 2\int_{V_e}\rho\boldsymbol{N}^{\mathrm{T}}\boldsymbol{B}\boldsymbol{N}\mathrm{d}V, \quad \boldsymbol{f}_1 = 2\int_{V_e}\rho\boldsymbol{N}^{\mathrm{T}}\boldsymbol{B}\boldsymbol{X}_r\mathrm{d}V$$

$$E = \int_{V_e}\rho\boldsymbol{X}_r^{\mathrm{T}}\boldsymbol{A}\boldsymbol{X}_r\mathrm{d}V, \quad \boldsymbol{f}_2 = 2\int_{V_e}\rho\boldsymbol{N}^{\mathrm{T}}\boldsymbol{A}\boldsymbol{X}_r\mathrm{d}V, \quad \boldsymbol{M}_{ni} = \int_{V_e}\rho\boldsymbol{N}^{\mathrm{T}}\boldsymbol{A}\boldsymbol{N}\mathrm{d}V$$

综上所述,动能的有限元表达式为

$$T = \frac{1}{2}\dot{\boldsymbol{q}}_r^{\mathrm{T}}\boldsymbol{M}\dot{\boldsymbol{q}}_r + \frac{1}{2}\Omega\dot{\boldsymbol{q}}_r^{\mathrm{T}}\boldsymbol{G}\boldsymbol{q}_r + \frac{1}{2}\Omega\dot{\boldsymbol{q}}_r^{\mathrm{T}}\boldsymbol{f}_1 + \frac{1}{2}\Omega^2 E + \frac{1}{2}\Omega^2\boldsymbol{q}_r^{\mathrm{T}}\boldsymbol{f}_2 + \frac{1}{2}\Omega^2\boldsymbol{q}_r^{\mathrm{T}}\boldsymbol{M}_{ni}\boldsymbol{q}_r$$

$$\tag{5-29}$$

3. 考虑离心刚化的系统应变能表达式

利用能量原理推导受离心力作用下物体振动产生的应变能,并由此分析应力刚化产生的原因。

应力由两部分组成

$$\boldsymbol{\sigma} = \boldsymbol{\sigma}_0 + \boldsymbol{\sigma}_1 \tag{5-30}$$

式中,$\boldsymbol{\sigma}_0$ 表示物体由于旋转在其内部产生的应力;$\boldsymbol{\sigma}_1$ 表示物体振动产生的应力。具体形式为:

$$\boldsymbol{\sigma}_0 = \{\sigma_{x0}, \sigma_{y0}, \sigma_{z0}, \tau_{xy0}, \tau_{yz0}, \tau_{xz0}\} \tag{5-31}$$

$$\boldsymbol{\sigma}_1 = \{\sigma_{x1}, \sigma_{y1}, \sigma_{z1}, \tau_{xy1}, \tau_{yz1}, \tau_{xz1}\} \tag{5-32}$$

应变也由两部分组成

$$\boldsymbol{\varepsilon} = \boldsymbol{\varepsilon}_o + \boldsymbol{\varepsilon}_l \tag{5-33}$$

式中，$\boldsymbol{\varepsilon}_o$ 表示应变的线性项；$\boldsymbol{\varepsilon}_l$ 表示应变的高阶项（即非线性项）。

$\boldsymbol{q}_r$ 为单元节点的振动位移向量，在单元内有

$$\boldsymbol{\varepsilon} = \boldsymbol{B}\boldsymbol{q}_r \tag{5-34}$$

式中，$\boldsymbol{B}$ 为应变矩阵。

将应变和应力的表达式代入到应变能表达式中可得

$$U = \int_{Ve} \frac{1}{2}\boldsymbol{\varepsilon}^{\mathrm{T}}\boldsymbol{\sigma}\mathrm{d}V = \int_{Ve} \frac{1}{2}(\boldsymbol{\varepsilon}_o^{\mathrm{T}}\boldsymbol{\sigma}_1 + \boldsymbol{\varepsilon}_l^{\mathrm{T}}\boldsymbol{\sigma}_1 + \boldsymbol{\varepsilon}_o^{\mathrm{T}}\boldsymbol{\sigma}_0 + \boldsymbol{\varepsilon}_l^{\mathrm{T}}\boldsymbol{\sigma}_0)\mathrm{d}V \tag{5-35}$$

考虑到由于振动产生的应力和应变的非线性项都是小量，上面应变能表达式中的第二项是个二阶小量，可以舍去。应变能的表达式简化为

$$U = \int_{Ve} \frac{1}{2}(\boldsymbol{\varepsilon}_o^{\mathrm{T}}\boldsymbol{\sigma}_1 + \boldsymbol{\varepsilon}_o^{\mathrm{T}}\boldsymbol{\sigma}_0 + \boldsymbol{\varepsilon}_l^{\mathrm{T}}\boldsymbol{\sigma}_0)\mathrm{d}V \tag{5-36}$$

为了使转换成有限元形式之后能够获得比较整齐的形式，对应变的非线性项进行一些数学变形。将应变非线性项拆分成两个矩阵相乘

$$\boldsymbol{\varepsilon}_l = \boldsymbol{Q}\boldsymbol{d} \tag{5-37}$$

式中

$$\boldsymbol{Q} = \frac{1}{2}\begin{bmatrix} \frac{\delta u}{\delta x} & 0 & 0 & \frac{\delta v}{\delta x} & 0 & 0 & \frac{\delta w}{\delta x} & 0 & 0 \\ 0 & \frac{\delta u}{\delta y} & 0 & 0 & \frac{\delta v}{\delta y} & 0 & 0 & \frac{\delta w}{\delta y} & 0 \\ 0 & 0 & \frac{\delta u}{\delta z} & 0 & 0 & \frac{\delta v}{\delta z} & 0 & 0 & \frac{\delta w}{\delta z} \\ \frac{\delta u}{\delta y} & \frac{\delta u}{\delta x} & 0 & \frac{\delta v}{\delta y} & \frac{\delta v}{\delta x} & 0 & \frac{\delta w}{\delta y} & \frac{\delta w}{\delta x} & 0 \\ 0 & \frac{\delta u}{\delta z} & \frac{\delta u}{\delta y} & 0 & \frac{\delta v}{\delta z} & \frac{\delta v}{\delta y} & 0 & \frac{\delta w}{\delta z} & \frac{\delta w}{\delta y} \\ \frac{\delta u}{\delta z} & 0 & \frac{\delta u}{\delta x} & \frac{\delta v}{\delta z} & 0 & \frac{\delta v}{\delta x} & \frac{\delta w}{\delta z} & 0 & \frac{\delta w}{\delta x} \end{bmatrix} \tag{5-38}$$

$$\boldsymbol{d} = \left[\frac{\delta u}{\delta x}, \frac{\delta u}{\delta y}, \frac{\delta u}{\delta z}, \frac{\delta v}{\delta x}, \frac{\delta v}{\delta y}, \frac{\delta v}{\delta z}, \frac{\delta w}{\delta x}, \frac{\delta w}{\delta y}, \frac{\delta w}{\delta z}\right]^{\mathrm{T}} \tag{5-39}$$

由于 $\boldsymbol{d}$ 中包含弹性体内部振动位移分量，将其提取出来，并替换成单元节点位移

$$d = \begin{bmatrix} \dfrac{\delta}{\delta x} & \dfrac{\delta}{\delta y} & \dfrac{\delta}{\delta z} & 0 & 0 & 0 & 0 & 0 & 0 \\[2mm] 0 & 0 & 0 & \dfrac{\delta}{\delta x} & \dfrac{\delta}{\delta y} & \dfrac{\delta}{\delta z} & 0 & 0 & 0 \\[2mm] 0 & 0 & 0 & 0 & 0 & 0 & \dfrac{\delta}{\delta x} & \dfrac{\delta}{\delta y} & \dfrac{\delta}{\delta z} \end{bmatrix}^{\mathrm{T}} Nq_r \qquad (5-40)$$

简写为 $d = Lq_r$，代入到应变能公式的最后一项中可得

$$\varepsilon_l^{\mathrm{T}} \sigma_0 = (QLq_r)^{\mathrm{T}} \sigma_0 = q_r^{\mathrm{T}} L^{\mathrm{T}} Q^{\mathrm{T}} \sigma_0 = \frac{1}{2} q_r^{\mathrm{T}} L^{\mathrm{T}} SL q_r \qquad (5-41)$$

其中

$$S = \begin{bmatrix} s_0 & 0 & 0 \\ 0 & s_0 & 0 \\ 0 & 0 & s_0 \end{bmatrix}, \quad s_0 = \begin{bmatrix} \sigma_{x0} & \tau_{xy0} & \tau_{xz0} \\ \tau_{xy0} & \sigma_{y0} & \tau_{yz0} \\ \tau_{xz0} & \tau_{yz0} & \sigma_{z0} \end{bmatrix}$$

将式（5-41）和 $\sigma_1 = D\varepsilon = DBq_r$ 代入到应变能表达式中可得

$$U = \int_{Ve} \left(\frac{1}{2} q_r^{\mathrm{T}} B^{\mathrm{T}} DB q_r + q_r^{\mathrm{T}} B^{\mathrm{T}} \sigma_0 + \frac{1}{2} q_r^{\mathrm{T}} L^{\mathrm{T}} SL q_r \right) \mathrm{d}V \qquad (5-42)$$

式（5-42）可以简化成

$$U = \frac{1}{2} q_r^{\mathrm{T}} K q_r + q_r^{\mathrm{T}} f_3 + \frac{1}{2} q_r^{\mathrm{T}} K_g q_r \qquad (5-43)$$

其中

$$K = \int_{Ve} B^{\mathrm{T}} DB \, \mathrm{d}V, \quad K_g = \int_{Ve} L^{\mathrm{T}} SL \, \mathrm{d}V, \quad f_3 = \int_{Ve} B^{\mathrm{T}} \sigma_0 \, \mathrm{d}V$$

4. 基于旋转坐标的系统振动控制方程

将动能和应变能的表达式代入拉格朗日方程中，得到振动控制方程为

$$M\ddot{q}_r + \frac{1}{2}\Omega(G - G^{\mathrm{T}})\dot{q}_r + (K + K_g - \Omega^2 M_{ni})q_r = \frac{1}{2}\Omega^2 f_2 - f_3 \qquad (5-44)$$

式中，G 称为科里奥利矩阵；K_g 为应力刚化矩阵；M_{ni} 称为旋转软化矩阵。

G 矩阵产生的原因是旋转体振动和转动的耦合。K_g 矩阵产生的原因是离心力造成的预应力在振动产生的应变的非线性项上做功，它对应的就是离心刚化效应。M_{ni} 矩阵产生的原因是振动产生的变形量不能忽略，使物体各点的转动半径增大，由此带来的转动动能的额外增量，它对应的就是离心软化效应。

由于 G 是一个反对称矩阵，而且控制方程右端的力对于固有频率的计算没有影响，因此，固有振动控制方程可简化为

$$M\ddot{q}_r + \Omega G\dot{q}_r + (K + K_g - \Omega^2 M_{ni})q_r = 0 \qquad (5-45)$$

5. 系统振动控制方程分析和讨论

上述方程中,如果 $\Omega=0$,即一个静止物体,在不考虑阻尼的情况下它的固有振动控制方程为 $M\ddot{X}+KX=0$,科里奥利矩阵、旋转软化矩阵、应力刚化矩阵消去。由于旋转速度变成 0,则坐标转换矩阵 R 退化成单位矩阵,即旋转坐标系退化成惯性系,即 X_r 退化成 X_i。可见,高速旋转结构的振动,区别于一般结构振动的地方就在于动力学方程中含有科里奥利矩阵、旋转软化矩阵和应力刚化矩阵,当然,这里的应力刚化矩阵特指由离心力造成的预应力所形成的应力刚化矩阵。回顾整个控制方程的建立过程,我们可以给出这三个矩阵产生的原因。

1) 科里奥利矩阵

科里奥利矩阵来源于动能表达式中的第二项,即表示转动和振动耦合的动能。也就是说,科里奥利矩阵产生的原因是物体的转动和振动的耦合。

2) 应力刚化矩阵

离心力造成的预应力其作用有两个,一是与振动产生的应变的线性项作用,最终转化成了等效节点力;二是与振动产生的应变的非线性项作用,最终转化成了应力刚化矩阵。也就是说,应变非线性导致了应力刚化矩阵产生。

3) 旋转软化矩阵

旋转软化矩阵来源于动能表达式的转动动能部分。观察该动能的表达式可以看到转动的半径中包含了由于振动产生的位移,导致动能和刚体的转动动能有所不同,多出来的这部分动能在转换成有限元方程时导致了旋转软化矩阵的出现。一般情况下,当物体的刚度比较大时,振动产生的位移是个小量,相对于物体的尺寸可以忽略,那么这时离心软化效应太小而被忽略,旋转软化矩阵不存在。相反,如果物体的刚度比较小或者旋转速度很高时,物体的振动产生的位移很大,其产生的旋转软化矩阵对整体刚度矩阵的影响会非常大,以至于有时会对固有频率产生较大影响。

5.4　成圈叶片振动计算的分层多重模态综合法

随着计算机技术的发展以及有限元方法的广泛应用,数值模拟已经成为分析结构动力特性的重要手段之一。但对于大型复杂结构而言,采用三维有限元法对其离散后,整体系统的自由度有时高达上千万,甚至上亿,如果直接对如此大规模的有限元方程进行求解,耗时很长,甚至难以实现。因此,在满足计算精度的前提下,研究和运用降阶技术来缩减系统自由度数目,完成复杂结构计算,将是非常有意义的。

1. 固定界面模态综合法

固定界面模态综合法的基本思想是将一个整体系统划分为若干个子结构,对每个子结构进行模态分析并保留低阶主模态,形成超单元,再应用子结构对接界面协调条件组装超单元形成整体系统,对整体系统进行模态分析,得到广义坐标下的固有频率和模态振型,经过坐标反变换得到整体系统在物理坐标下的主振型[6,7]。

在物理坐标下,子结构无阻尼运动微分方程可以描述为

$$M\ddot{u} + Ku = f \qquad (5-46)$$

式中,M 为子结构质量矩阵;K 为子结构刚度矩阵;u 为子结构节点位移向量;f 为子结构对接界面节点力向量。

将运动微分方程式(5-46)子结构的刚度矩阵、质量矩阵和对接界面力向量按子结构内部和对接界面自由度分块,则子结构无阻尼运动微分方程可以重新描述为

$$\begin{bmatrix} M^{II} & M^{IB} \\ M^{BI} & M^{BB} \end{bmatrix} \begin{bmatrix} \ddot{u}^{I} \\ \ddot{u}^{B} \end{bmatrix} + \begin{bmatrix} K^{II} & K^{IB} \\ K^{BI} & K^{BB} \end{bmatrix} \begin{bmatrix} u^{I} \\ u^{B} \end{bmatrix} = \begin{bmatrix} 0 \\ f^{B} \end{bmatrix} \qquad (5-47)$$

式中,u^{I} 为子结构内部节点位移向量;u^{B} 为子结构对接界面节点的位移向量;f^{B} 为子结构对接界面节点上由于子结构之间相互作用产生的节点力。

求解微分方程式(5-47)的特征方程,可得子结构的谱矩阵 Λ 和正则模态矩阵 Ψ^{n}。

由约束模态的定义可以得到静力平衡方程式

$$\begin{bmatrix} K^{II} & K^{IB} \\ K^{BI} & K^{BB} \end{bmatrix} \begin{bmatrix} \Psi^{c} \\ I \end{bmatrix} = \begin{bmatrix} 0 \\ F^{B} \end{bmatrix} \qquad (5-48)$$

式中,F^{B} 为子结构的节点力向量。

由此可以得到子结构的约束模态 Ψ^{c}

$$\Psi^{c} = -(K^{II})^{-1} K^{IB} \qquad (5-49)$$

从运动学的角度出发,子结构的运动可以分解为相对运动和牵连运动,其中相对运动位移为界面固定时子结构的位移,牵连运动位移为界面节点运动引起的子结构的位移。相对运动和牵连运动可以分别用子结构的主模态 Ψ^{n} 与约束模态 Ψ^{c} 的线性组合表示出来,因此子结构内部节点位移可表示为

$$u^{I} = \sum_{i=1}^{n} \psi_{i} q_{i} + \sum_{j=1}^{n_{B}} \psi_{j}^{c} u_{j}^{B} = \Psi^{n} q^{n} + \Psi^{c} u^{B} \qquad (5-50)$$

式中,n 为子结构内部的节点自由度总数;n_{B} 为子结构对接界面的节点自由

度总数。

由此可以得到子结构总节点位移的表达式为

$$u = \begin{bmatrix} u^I \\ u^B \end{bmatrix} = \begin{bmatrix} \boldsymbol{\Psi}^n & \boldsymbol{\Psi}^c \\ 0 & I \end{bmatrix} \begin{bmatrix} q^n \\ u^B \end{bmatrix} = Tq \tag{5-51}$$

式中,T 为坐标转换矩阵;q 为模态坐标和对接界面的物理坐标组成的广义坐标向量。

舍去子结构的高阶模态,仅保留子结构的前 k 阶低阶主模态,对坐标转换关系式(5-51)进行变换,变换后的坐标转换关系式为

$$u = \begin{bmatrix} u^I \\ u^B \end{bmatrix} = \begin{bmatrix} \boldsymbol{\Psi}^k & \boldsymbol{\Psi}^c \\ 0 & I \end{bmatrix} \begin{bmatrix} q^k \\ u^B \end{bmatrix} \tag{5-52}$$

再将变换后的坐标转换关系式代入到了结构无阻尼运动微分方程式(5-47)中,得到降阶后的运动微分方程式

$$\begin{bmatrix} I & \overline{M}^{IB} \\ \overline{M}^{BI} & \overline{M}^{BB} \end{bmatrix} \begin{bmatrix} \ddot{q}^k \\ \ddot{u}^B \end{bmatrix} + \begin{bmatrix} \boldsymbol{\Lambda} & 0 \\ 0 & \overline{K}^{BB} \end{bmatrix} \begin{bmatrix} q^k \\ u^B \end{bmatrix} = \begin{bmatrix} 0 \\ f^B \end{bmatrix} \tag{5-53}$$

即

$$\overline{M}\ddot{q} + \overline{K}q = \overline{f} \tag{5-54}$$

此时,$\overline{M}$ 和 $\overline{K}$ 的阶数远低于 M 和 K 的阶数。至此实现了子结构内部自由度的缩减,完成了第一次降阶,形成了超单元。

组装子结构降阶形成的超单元,需满足各子结构在原系统中的真实连接情况,即满足子结构对接界面力平衡和位移协调条件。此处以 N 只叶片形成的整圈结构为例说明超单元的组装过程,N 个超单元对应的无阻尼运动微分方程描述成统一的形式为

$$\begin{bmatrix} \overline{M}_1 & & \\ & \ddots & \\ & & \overline{M}_N \end{bmatrix} \begin{bmatrix} \ddot{q}_1 \\ \vdots \\ \ddot{q}_N \end{bmatrix} + \begin{bmatrix} \overline{K}_1 & & \\ & \ddots & \\ & & \overline{K}_N \end{bmatrix} \begin{bmatrix} q_1 \\ \vdots \\ q_N \end{bmatrix} = \begin{bmatrix} \overline{f}_1 \\ \vdots \\ \overline{f}_N \end{bmatrix} \tag{5-55}$$

第 i 个超单元对应的节点位移和载荷向量可分别表示为

$$q_i = \begin{bmatrix} q_i^{B_1} & q_i^k & q_i^{B_2} \end{bmatrix}^T$$

$$\overline{f}_i = \begin{bmatrix} \overline{f}_i^{B_1} & 0 & \overline{f}_i^{B_2} \end{bmatrix}^T \tag{5-56}$$

式中,B_1 为超单元 i 与其相邻超单元 $i-1$ 的对接界面;B_2 为超单元 i 与其相邻超单元 $i+1$ 的对接界面。

在第 i 个与第 $i+1$ 个超单元的对接界面上,满足位移协调条件:$q_i^{B_2} = q_{i+1}^{B_1}$;在第 1 个与第 N 个超单元的对接界面上,满足位移协调条件:$q_N^{B_2} = q_1^{B_1}$。令

$$q_i^* = [\bar{q}_i^{B_1} \quad \bar{q}_i^k]^T \tag{5-57}$$

由此可以得到向量 $q = [q_1 \quad \cdots \quad q_i \quad \cdots \quad q_N]^T$ 和向量 $q^* = (q_1^* \quad \cdots \quad q_i^* \quad \cdots \quad q_N^*)^T$ 之间的转换关系式

$$q = Dq^* \tag{5-58}$$

式中，D 为变换矩阵

$$D = \begin{bmatrix} D_0 & & & & \\ & D_1 & & & \\ & & \ddots & & \\ & & & D_{N-1} & \\ I & & & & \end{bmatrix} \tag{5-59}$$

$$D_0 = \begin{bmatrix} I & \\ & I \end{bmatrix}, \quad D_i = \begin{bmatrix} I & \\ I & \\ & I \end{bmatrix}$$

将转换关系式代入运动微分方程式(5-55)，并将方程左右两侧各项分别左乘 D^T，可以得到

$$M^* \ddot{q}^* + K^* q^* = f^* \tag{5-60}$$

式中，$M^* = D^T \bar{M} D, K^* = D^T \bar{K} D, f^* = D^T \bar{f}$。

由子结构对接界面的力平衡条件 $\bar{f}_i^{B_2} + \bar{f}_{i+1}^{B_1} = 0$ 和 $\bar{f}_N^{B_2} + \bar{f}_1^{B_1} = 0$ 可以得到

$$f^* = D^T \bar{f} = D^T \begin{bmatrix} \bar{f}_1 \\ \vdots \\ \bar{f}_{N-1} \\ \bar{f}_N \end{bmatrix} = \begin{bmatrix} \bar{f}_1^{B_2} + \bar{f}_2^{B_1} \\ 0 \\ \vdots \\ \bar{f}_{N-1}^{B_2} + \bar{f}_N^{B_1} \\ 0 \\ \bar{f}_N^{B_2} + \bar{f}_1^{B_1} \\ 0 \end{bmatrix} = 0 \tag{5-61}$$

依据子结构对接界面力平衡和位移协调条件实现了超单元的组装，最终得到整体系统降阶后的无阻尼运动微分方程

$$M^* \ddot{q}^* + K^* q^* = 0 \tag{5-62}$$

求解方程式(5-62)可以得到整体系统在广义坐标下的固有频率和模态振型。

再通过坐标反变换得到物理坐标下系统的主振型。

2. 频率截止准则

将子结构总节点位移表达式(5-51)中的广义坐标向量 q 分成三部分：低

阶模态对应的模态坐标向量 $\boldsymbol{q}^k$；高阶模态对应的模态坐标向量 $\boldsymbol{q}^s$；子结构对接界面的坐标向量 $\boldsymbol{u}^B$。所以式(5-51)可重新描述为

$$\boldsymbol{u} = \begin{bmatrix} \boldsymbol{u}^I \\ \boldsymbol{u}^B \end{bmatrix} = \begin{bmatrix} \boldsymbol{\Psi}^k & \boldsymbol{\Psi}^s & \boldsymbol{\Psi}^c \\ \boldsymbol{0} & \boldsymbol{0} & \boldsymbol{I} \end{bmatrix} \begin{bmatrix} \boldsymbol{q}^k \\ \boldsymbol{q}^s \\ \boldsymbol{u}^B \end{bmatrix} \qquad (5-63)$$

将式(5-63)带入到子结构无阻尼运动微分方程式(5-46)中，并将方程左右两侧各项分别左乘 $\boldsymbol{T}^{\mathrm{T}}$，得到广义坐标下的运动微分方程的分块形式为

$$\begin{bmatrix} \overline{\boldsymbol{M}}_{kk} & & \overline{\boldsymbol{M}}_{kb} \\ & \overline{\boldsymbol{M}}_{ss} & \overline{\boldsymbol{M}}_{sb} \\ \overline{\boldsymbol{M}}_{kb} & \overline{\boldsymbol{M}}_{sb} & \overline{\boldsymbol{M}}_{bb} \end{bmatrix} \begin{bmatrix} \ddot{\boldsymbol{q}}^k \\ \ddot{\boldsymbol{q}}^s \\ \ddot{\boldsymbol{u}}^B \end{bmatrix} + \begin{bmatrix} \overline{\boldsymbol{K}}_{kk} & & \\ & \overline{\boldsymbol{K}}_{ss} & \\ & & \overline{\boldsymbol{K}}_{bb} \end{bmatrix} \begin{bmatrix} \boldsymbol{q}^k \\ \boldsymbol{q}^s \\ \boldsymbol{u}^B \end{bmatrix} = \begin{bmatrix} \boldsymbol{0} \\ \boldsymbol{0} \\ \boldsymbol{f}^B \end{bmatrix} \qquad (5-64)$$

式中，$\overline{\boldsymbol{K}}_{kk}$，$\overline{\boldsymbol{K}}_{ss}$ 为对角化之后的刚度阵；$\overline{\boldsymbol{M}}_{kk}$，$\overline{\boldsymbol{M}}_{ss}$ 为单位矩阵。

设子结构以频率 ω 振动，则子结构广义坐标为

$$\begin{bmatrix} \boldsymbol{q}^k \\ \boldsymbol{q}^s \\ \boldsymbol{u}^B \end{bmatrix} = \begin{bmatrix} \overline{\boldsymbol{q}}^k \\ \overline{\boldsymbol{q}}^s \\ \overline{\boldsymbol{u}}^B \end{bmatrix} \sin\omega t$$

将上式代入到微分方程式(5-64)，得到

$$\left\{ \begin{bmatrix} \overline{\boldsymbol{K}}_{kk} & & \\ & \overline{\boldsymbol{K}}_{ss} & \\ & & \overline{\boldsymbol{K}}_{bb} \end{bmatrix} - \omega^2 \begin{bmatrix} \overline{\boldsymbol{M}}_{kk} & & \overline{\boldsymbol{M}}_{kb} \\ & \overline{\boldsymbol{M}}_{ss} & \overline{\boldsymbol{M}}_{sb} \\ \overline{\boldsymbol{M}}_{kb} & \overline{\boldsymbol{M}}_{sb} & \overline{\boldsymbol{M}}_{bb} \end{bmatrix} \right\} \begin{bmatrix} \boldsymbol{q}^k \\ \boldsymbol{q}^s \\ \overline{\boldsymbol{u}}^B \end{bmatrix} = \begin{bmatrix} \boldsymbol{0} \\ \boldsymbol{0} \\ \boldsymbol{f}^B \end{bmatrix} \qquad (5-65)$$

式(5-65)中的第二个方程表达式为

$$\overline{\boldsymbol{K}}_{ss}\overline{\boldsymbol{q}}^s - \omega^2(\overline{\boldsymbol{M}}_{ss}\overline{\boldsymbol{q}}^s + \overline{\boldsymbol{M}}_{sb}\overline{\boldsymbol{u}}^B) = \boldsymbol{0} \qquad (5-66)$$

求解式(5-66)可以得到高阶模态对应的广义坐标幅值向量 $\overline{\boldsymbol{q}}^s$ 的表达式

$$\begin{aligned} \overline{\boldsymbol{q}}^s &= \omega^2 (\overline{\boldsymbol{K}}_{ss} - \omega^2 \overline{\boldsymbol{M}}_{ss})^{-1} \overline{\boldsymbol{M}}_{sb} \overline{\boldsymbol{u}}^B \\ &= \omega^2 (\boldsymbol{I} - \omega^2 \overline{\boldsymbol{K}}_{ss}^{-1} \overline{\boldsymbol{M}}_{ss})^{-1} \overline{\boldsymbol{K}}_{ss}^{-1} \overline{\boldsymbol{M}}_{sb} \overline{\boldsymbol{u}}^B \end{aligned} \qquad (5-67)$$

令 ω_t 为子结构非保留最低固有频率，则 ω_t 所对应的广义坐标幅值 $\overline{q}_t$ 可以描述为

$$\overline{q}_t = \left[\frac{(\omega/\omega_t)^2}{1-(\omega/\omega_t)^2} \right] \overline{\boldsymbol{M}}_{sb}\boldsymbol{u}^B = h_t \overline{\boldsymbol{M}}_{sb}\boldsymbol{u}^B \qquad (5-68)$$

式中，$h_t = \dfrac{(\omega/\omega_t)^2}{1-(\omega/\omega_t)^2} = \dfrac{1}{1-(\omega/\omega_t)^2} - 1$。

设 ω 是需求解的整体系统的最大频率值，ω/ω_t 与系数 h_t 的关系曲线如图 5-2 所示，由图中的曲线变化趋势可知，当 ω/ω_t 值越小，h_t 的值越小，向量 $\overline{\boldsymbol{q}}_t$ 的模越小。从图 5-2 中可以看出，当 $\omega/\omega_t < 0.2$ 时 h_t 趋近于零，即 ω_t 对应

的主模态贡献几乎为零,因此,在降阶计算过程中,可以将固有频率高于 ω_t 的主模态舍去。

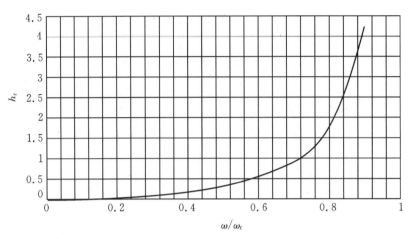

图 5-2 ω/ω_t 和 h_t 的关系曲线

3. 分层多重模态综合法[9]

对于大型复杂结构,仅子结构对接界面的自由度就已经远超出了计算机的容量,所以需要对子结构对接界面的自由度进一步缩减,实现整体系统的数值分析。分层多重模态综合法是固定界面模态综合法的逻辑延伸和推广,其主要思想是将一个大型复杂的整体系统先分成为数不多的若干个子结构(定义为一级子结构),然后再将一级子结构进一步分割成较小的子结构(定义为二级子结构),这样依次划分成 3,4,…,n 级更小的子结构,先求解 n 级子结构形成超单元,再组装超单元形成 $n-1$ 级子结构,逐级求解后最终得到缩减自由度后的整体系统,求解可以得到整体系统的固有频率及模态振型[5,6]。

为保证计算的精确性,在应用分层多重模态综合法进行降阶的过程中,主模态的选择和截取需要满足频率截止准则。

此处以两级子结构为例说明子结构对接界面自由度的缩减过程,将一个整体结构划分为两个一级子结构,其中一个一级子结构又划分为两个二级子结构,另一个一级子结构划分为三个二级子结构,如图 5-3 所示,图中 1 和 2 为一级子结构的编号,11,12,21,22,23 为二级子结构编号。

二级子结构降阶后的微分方程形成。通过一次降阶已经实现了二级子结构内部自由度的缩减,得到广义坐标下二级子结构无阻尼运动微分方程

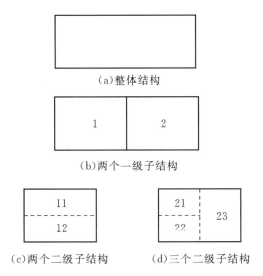

（a）整体结构

（b）两个一级子结构

（c）两个二级子结构　　　（d）三个二级子结构

图 5 - 3　子结构划分示意图

$$^{ij}\overline{\boldsymbol{M}}\,^{ij}\ddot{\boldsymbol{q}} + {}^{ij}\overline{\boldsymbol{K}}\,^{ij}\boldsymbol{q} = {}^{ij}\overline{\boldsymbol{f}} \qquad (5-69)$$

式中，ij 为二级子结构的编号；$^{ij}\overline{\boldsymbol{M}}$ 为二级子结构 ij 的质量矩阵；$^{ij}\overline{\boldsymbol{K}}$ 为二级子结构 ij 的刚度矩阵；$^{ij}\boldsymbol{q}$ 为二级子结构 ij 的广义位移向量；$^{ij}\overline{\boldsymbol{f}}$ 为对接界面的节点力向量。

一级子结构二次降阶后运动微分方程的形成。根据二级子结构间对接界面上力平衡、位移协调条件，组装二级子结构，可得到一级子结构在广义坐标下的运动微分方程为

$$^{i}\boldsymbol{M}\,^{i}\ddot{\boldsymbol{q}} + {}^{i}\boldsymbol{K}\,^{i}\boldsymbol{q} = {}^{i}\boldsymbol{f} \qquad (5-70)$$

式中，i 为一级子结构的编号；$^{i}\boldsymbol{M}$ 为一级子结构 i 的广义质量矩阵；$^{i}\boldsymbol{K}$ 为一级子结构 i 的广义刚度矩阵；$^{i}\boldsymbol{q}$ 为一级子结构 i 的广义坐标向量；$^{i}\boldsymbol{f}$ 为广义力向量。

广义坐标向量 $^{i}\boldsymbol{q}$ 包含了二级子结构模态坐标、二级子结构间对接界面的节点坐标 $^{i}\boldsymbol{u}_r^B$、以及一级子结构 i 和其它子结构对接界面上节点坐标 $^{i}\boldsymbol{u}_b^B$。因此，广义坐标向量 $^{i}\boldsymbol{q}$ 可写为

$$^{i}\boldsymbol{q} = \begin{bmatrix} ^{i}\boldsymbol{q}^k \\ ^{i}\boldsymbol{u}_r^B \\ ^{i}\boldsymbol{u}_b^B \end{bmatrix} \qquad (5-71)$$

将一级子结构 i 在广义坐标下的运动微分方程(5-70)写成分块形式

$$\begin{bmatrix} {}^iI & {}^iM_r^{IB} & {}^iM_b^{IB} \\ {}^iM_r^{BI} & {}^iM_r^{BB} & {}^iM_{rb}^{BB} \\ {}^iM_b^{BI} & {}^iM_{br}^{BB} & {}^iM_b^{BB} \end{bmatrix} \begin{bmatrix} {}^i\ddot{q}^k \\ {}^i\ddot{u}_r^B \\ {}^i\ddot{u}_b^B \end{bmatrix} + \begin{bmatrix} {}^i\Lambda & 0 & 0 \\ 0 & {}^iK_r^{BB} & {}^iK_{rb}^{BB} \\ 0 & {}^iK_{br}^{BB} & {}^iK_b^{BB} \end{bmatrix} \begin{bmatrix} {}^iq^k \\ {}^iu_r^B \\ {}^iu_b^B \end{bmatrix} = \begin{bmatrix} 0 \\ 0 \\ {}^if_b^B \end{bmatrix} \qquad (5-72)$$

此时二级子结构间对接界面坐标 ${}^iu_r^B$ 可以认为是一级子结构的内部坐标,应用一级子结构固定界面主模态和约束模态可以将 ${}^iu_r^B$ 表示为

$$ {}^iu_r^B = {}^i\Psi_m^B \, {}^iq_m^B + {}^i\Psi^C \, {}^iu_b^B \qquad (5-73)$$

式中,${}^i\Psi_m^B$ 为一级子结构 i 的固定界面主模态;${}^i\Psi^C$ 为一级子结构 i 的约束模态;${}^iq_m^B$ 为一级子结构 i 的模态坐标。

将坐标转换式(5-73)代入到式(5-71),可以得到广义坐标向量 ${}^iq$ 和进一步自由度缩减后的广义坐标向量 ${}^iP$ 的关系式

$$\begin{bmatrix} {}^iq^k \\ {}^iu_r^B \\ {}^iu_b^B \end{bmatrix} = \begin{bmatrix} I & 0 & 0 \\ 0 & {}^i\Psi_m^B & {}^i\Psi^C \\ 0 & 0 & {}^iI_b^B \end{bmatrix} \begin{bmatrix} {}^iq^k \\ {}^iq_m^B \\ {}^iu_b^B \end{bmatrix} = {}^iT \, {}^ip \qquad (5-74)$$

将式(5-74)代入到一级子结构在广义坐标下的运动微分方程(5-72),可以得到一级子结构进一步自由度缩减后的无阻尼运动微分方程

$$ {}^i\overline{M} \, {}^i\ddot{p} + {}^i\overline{K} \, {}^ip = {}^i\overline{f} \qquad (5-75)$$

式中,${}^i\overline{M}$ 为二次降阶后一级子结构 i 的广义质量矩阵;${}^i\overline{K}$ 为二次降阶后一级子结构 i 的广义刚度矩阵;${}^ip$ 为二次降阶后一级子结构 i 的广义坐标向量;${}^i\overline{f}$ 为二次降阶后一级子结构 i 的对接界面节点上由于子结构之间相互作用产生的节点力。

至此实现了子结构内部对接界面自由度的缩减,完成了二次降阶。

多重降阶及整体系统模态求解。由上面的推导过程可知,界面自由度缩减的核心依然是坐标转换,二重子结构系统可以通过二次降阶实现界面自由度的缩减。如果将系统分成 s 重子结构,则可以依据频率截止准则,重复应用二次降阶的坐标转换过程实现多重降阶,完成子结构对接界面自由度的缩减。

将第一次降阶时坐标转换矩阵用 T_1 表示,第二次降阶时坐标转换矩阵用 T_2 表示,第 s 次降阶时的坐标变换矩阵用 T_s 表示,则每次降阶的坐标转换矩阵为

$$T_1 = \begin{bmatrix} \Psi^k & \Psi^c \\ 0 & I \end{bmatrix}$$

$$T_2 = \begin{bmatrix} \boldsymbol{I} & \boldsymbol{0} & \boldsymbol{0} \\ \boldsymbol{0} & {}^i\boldsymbol{\Psi}_m^B & {}^i\boldsymbol{\Psi}^C \\ \boldsymbol{0} & \boldsymbol{0} & {}^i\boldsymbol{I}_b^B \end{bmatrix} = \begin{bmatrix} {}^{(2)}\boldsymbol{I} & \\ & {}^{(2)}\boldsymbol{T} \end{bmatrix} \tag{5-76}$$

$$\vdots$$

经 s 重降阶后，系统广义坐标向量可表示为

$$\boldsymbol{p}^* = \begin{bmatrix} {}^1\boldsymbol{p} & {}^2\boldsymbol{p} & \cdots & {}^s\boldsymbol{p} & {}^s\boldsymbol{u}^B \end{bmatrix}^T \tag{5-77}$$

再根据一级子结构间对接界面上力平衡、位移协调条件，组装一级子结构，可以得到整体系统在广义坐标下的无阻尼运动微分方程

$$\overline{\boldsymbol{M}}^* \ddot{\boldsymbol{p}}^* + \overline{\boldsymbol{K}}^* \boldsymbol{p}^* = \boldsymbol{0} \tag{5-78}$$

式中，$\overline{\boldsymbol{M}}^*$ 为 s 重降阶后整体系统的广义质量矩阵；$\overline{\boldsymbol{K}}^*$ 为 s 重降阶后整体系统的广义刚度矩阵；$\boldsymbol{p}^*$ 为 s 重降阶后整体系统的广义坐标向量。

求解微分方程式(5-78)可得到整个系统的固有频率和广义坐标下的模态振型，再经过坐标反变换可得到系统在物理坐标下的模态振型。

4. 成圈叶片中的应用及验证

为了验证模态综合法在叶片分析中的可用性，采用模态综合法对某 1800 mm 成圈叶片进行了分析，并与循环对称算法的结果进行了比较。子结构的划分如下：将 1 只叶片及安装叶片的轮盘外缘部分作为 1 个子结构，见图 5-4 (a)，整级有 76 只叶片，因此共划分了 76 个子结构；轮盘部分作为 1 个子结构，见图 5-4(b)。整个叶片轮盘系统共划分了 77 个子结构。超单元组装后如图 5-5 所示。

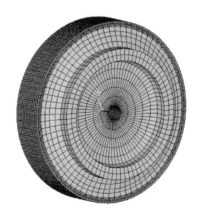

　　(a)单只叶片及轮盘外缘部分　　　　　　　　　(b)轮盘部分

图 5-4　子结构示意图

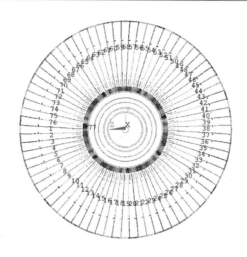

图 5 - 5　组装超单元

考虑工作状态下的离心刚化作用,通过模态综合法计算得到了各阶固有频率,如表 5 - 1 所示,与循环对称方法相比,前 6 阶固有频率偏差在 2% 以内,证明了该计算方法的正确性,及在叶片分析中的可用性。

表 5 - 1　模态综合法和循环对称法下某成圈叶片固有频率计算结果

阶次	固有频率/Hz		偏差/%
	模态综合法	循环对称方法	
1	40.73	40.59	0.34
2	63.51	62.69	1.31
3	64.15	63.01	1.81
4	65.95	64.57	2.14
5	67.83	66.51	1.98
6	69.64	68.32	1.93

5.5　某压气机动叶片振动的有限元计算分析

叶片是重型燃机压气机的核心部件,也是数量最多的部件,一只叶片的事故就可能导致机组非计划停运,甚至严重事故。叶片失效的主要原因之一,是气流诱发的叶片强迫振动,导致动应力过大,引起叶片疲劳破坏。因此,叶片固有频率和主振型计算分析是压气机设计的重要一环。压气机从低压级到高压级,气体压力增高,密度增大,体积流量减小,通流面积减小。因此,叶片高度逐级减小,固有频率逐级增大。图 5 - 6 显示了课题组对某压气

机各级动叶第 1 阶固有频率计算结果。可以看到,第 1 级动叶和末级动叶固
有频率相差很大。

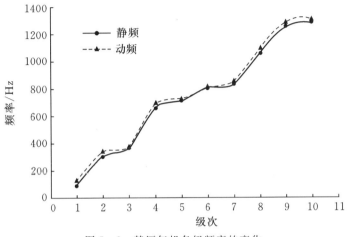

图 5-6　某压气机各级频率的变化

　　动叶片有限元网格类型主要为 8 节点六面体和少量 6 节点五面体。第 1
级动叶片单元数为 18305,节点数为 21148,如图 5-7 所示。末级动叶片单元
数为 15190,节点数为 18080,如图 5-8 所示。

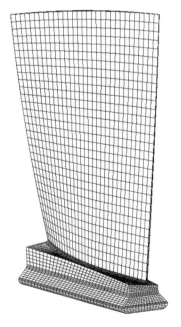

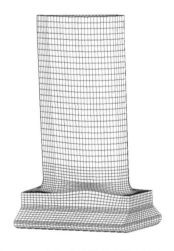

图 5-7　第 1 级动叶片有限元网格　　　　图 5-8　末级动叶片有限元网格

计算中考虑的边界条件和载荷为:叶根与轮槽接触的工作面单元节点所有自由度约束;计算转速取工作转速。

第1级动叶片的前4阶振型见图5-9,第1阶为叶片切向1阶振型,第2阶为叶片切向2阶振型,第3阶为叶片扭振振型,第4阶为叶片2阶扭振

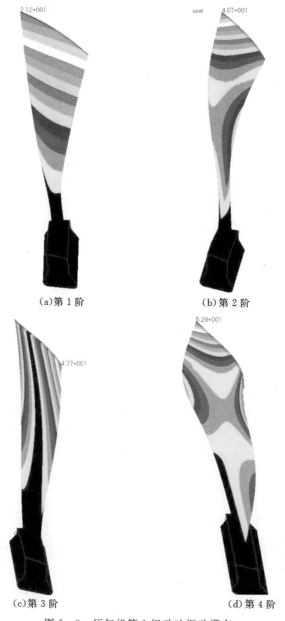

(a)第1阶　　　　　　　　　　　　(b)第2阶

(c)第3阶　　　　　　　　　　　　(d)第4阶

图5-9　压气机第1级动叶振动模态

振型。

末级叶片的前 4 阶振型见图 5 - 10，同样第 1 阶为叶片切向 1 阶振型，第 2 阶为切向 2 阶振型，第 3 阶为 1 阶扭转振型，第 4 阶为轴向 1 阶振型。

经分析该重型燃机压气机各级动叶振动特性满足叶片设计准则要求。

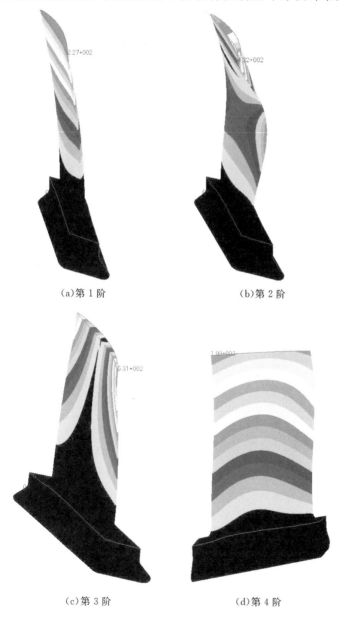

(a)第 1 阶　　　　　　　　(b)第 2 阶

(c)第 3 阶　　　　　　　　(d)第 4 阶

图 5 - 10　压气机末级动叶振动模态

5.6　可旋转导叶 IGV 振动特性计算分析

对于级前要求预旋设计的压气机,通常会在压气机第 1 级动叶前设置可旋转进口导叶,简称 IGV(Inlet Guide Vane),该列导叶具有改变压气机进口气流预旋角度的功能,并能在一定程度上调节压气机的进口流量,它结构上可以旋转,改变叶片截面的角度,通常又被称为进口可变机构导叶。

某燃机压气机可旋转导叶 IGV,叶高 600 mm,根径 1300 mm。单只可旋转导叶的实体造型见图 5-11,有限元网格见图 5-12,采用了四面体网格,节点数为 4389,单元数为 24195。

图 5-11　单只导叶三维实体模型　　　　图 5-12　IGV 有限元模型

在燃机没有工作时,叶柄可以转动,采用只约束 IGV 与旋转机构的连接处所有自由度是比较合理的。在工作时,气流力的作用下,叶柄压向一侧,这时采用约束 IGV 与旋转机构的连接处所有自由度和穿过缸体的联杆外表面法向自由度是比较合理的。为此,采用上述两种边界条件对压气级可旋转导叶的振动特性进行了计算,计算结果见表 5-2。

表 5-2　压气机可旋转导叶 IGV 固有频率计算结果　　　　单位:Hz

阶次	1	2	3	4	5	10
方案 1	42.5	47.2	147.1	289.3	327	1072.1
方案 2	80.2	285.3	325.3	391	747.9	1826.6

采用第 1 种边界条件计算出的前 4 阶模态振型,见图 5-13,分别为切向

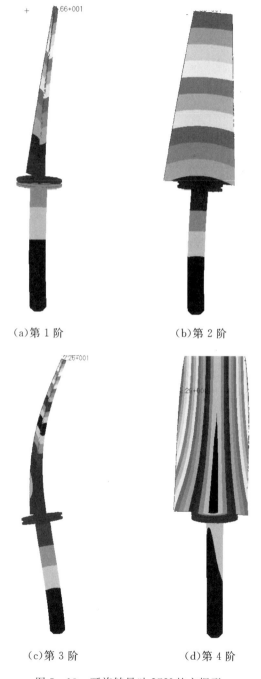

(a)第 1 阶　　　　　(b)第 2 阶

(c)第 3 阶　　　　　(d)第 4 阶

图 5-13　可旋转导叶 IGV 的主振型

第1阶振型、轴向第1阶振型、切向第2阶振型和第1阶扭振振型。振动发生在导叶叶型和叶柄两个部分。

从计算结果中,可以得到如下结论:

(1)两种状态下,固有振动频率和主振型有较大的差异。

(2)可旋转导叶的固有频率并不高,说明它的刚性并不大,因此,在设计时需要关注其在静、动载荷作用下的共振失效问题。

(3)从第2种方案振动模态的计算结果看,不管哪种振型,它的节线都在叶柄顶端(靠近叶型端),因此叶柄的顶端受到的静载荷最大,动载荷也最大,是导叶的薄弱环节。

5.7　压气机静叶振动特性计算分析

某燃机压气机第1级静叶叶型高 520 mm,根径为 1400 mm。单只叶片的实体造型见图 5-14,单只静叶的有限元网格见图 5-15,单只叶片的单元数为 3669,节点数为 5327。半圈静叶的有限元网格见图 5-16,半圈叶片的单元数为 5535,节点数为 77175。有限元网格以 8 节点六面体为主,含少量 6 节点五面体。

图 5-14　单只静叶三维模型

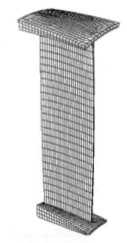

图 5-15　单只静叶有限元网格

对单只静叶约束两侧径向面所有自由度。整圈计算模型上半叶栅约束两侧与持环相配止口所有自由度,下半约束整个外围带的外环表面。

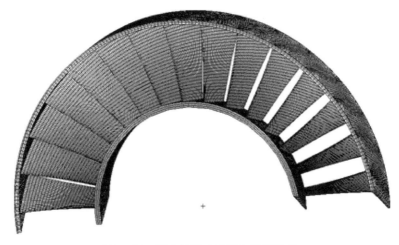

图 5 - 16　第 1 级静叶半圈有限元模型

作者对单只、7 片成组、半圈、整圈的静叶结构振动特性分别进行了计算，但仅给出了部分计算结果，如表 5 - 3 所示。

表 5 - 3　某压气机第 1 级静叶固有频率计算结果　　　　　单位/Hz

阶次	1	2	3	4	5
单只	378.2	689.2	832	1204.3	1477.1
整圈	83.3	263.7	314.1	343.9	353.7

第 1 级单只静叶的前 4 阶模态振型如图 5 - 17 所示，分别为切向第 1 阶或称 B_0 型振动、扭转第 1 阶振型、切向第 2 阶振型或称 B_1 型振动，以及第 1 阶扭振和切向第 2 阶振动耦合振型。振动主要发生在静叶叶型部分。

第 1 级静叶连成整圈结构的前 4 阶模态振型如图 5 - 18 所示。第 1 阶振型为 0 节径的切向振型；第 2 阶为 1 节径第 1 阶振动；第 3 阶为 2 节径第 1 阶振动；第 4 阶为 3 节径第 1 阶振动；第 5 阶为 4 节径第 1 阶振动。

分析第 1 级静叶振动特性的计算结果，可知单只静叶叶型本身的固有频率还是较高的。连成 7 片成组、半圈和整圈时振动表现出整体结构的振动特点，特别是连成半圈和整圈结构后表现出了典型的节径振动的形式。

气流从级前的动叶流过，通过静叶结构，然后流入其后的动叶。由于动静干涉作用，静叶受到级前动叶尾迹产生的高频激振力，其激振频率为级前动叶只数和转速的乘积。同样受到其后动叶进口前缘反射产生的高频激振力，其激振频率为其后动叶只数和转速的乘积。从计算结果知道：

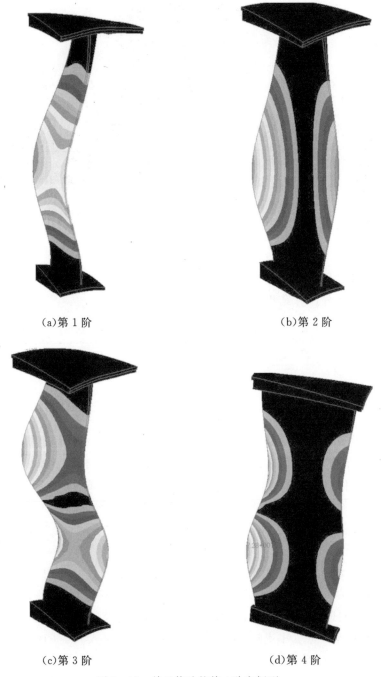

(a)第 1 阶   (b)第 2 阶

(c)第 3 阶   (d)第 4 阶

图 5 - 17 单只静叶的前 4 阶主振型

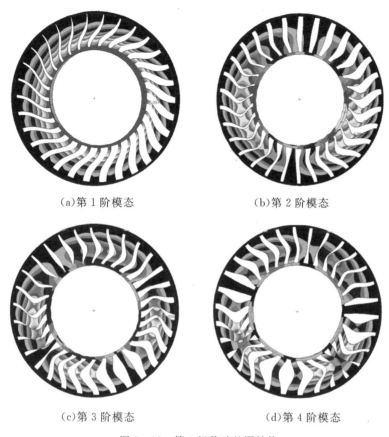

（a）第 1 阶模态　　　　　　　　　　（b）第 2 阶模态

（c）第 3 阶模态　　　　　　　　　　（d）第 4 阶模态

图 5 - 18　第 1 级静叶整圈结构

（1）该激振频率大于单只静叶切向第 1 阶、第 2 阶，以及扭转第 1 阶振动频率，不会出现共振现象。

（2）半圈或整圈结构的前 10 阶固有频率都小于 500 Hz，动静叶干涉产生的高频激振力也不会使该级静叶发生共振。

5.8　透平末级叶片振动的有限元计算

某重型燃气轮机透平末级叶片见图 5 - 19，围带见图 5 - 20，整级成圈叶片见图 5 - 21，动叶采用 5 对齿枞树形叶根，叶片自带冠，转速为 3000 r/min，叶片高度约 600 mm。

叶片轮盘网格见图 5 - 22。对振动计算所采用的网格进行了单元质量检查，从统计结果可知网格质量良好。

　　叶片为自带冠结构,在离心力作用下围带之间相互压紧形成成圈结构,成圈后其固有振动表现为节圆振动和节径振动等特点,与自由叶片振动有较大差异。重点计算了成圈结构叶片在 1200 r/min,1800 r/min,2400 r/min,3000 r/min 下的动频,因为转速高于 1200 r/min 时相邻围带才发生接触。分析成圈结构叶片工作转速下振动特性,为叶片振动安全性考核提供依据。

图 5-19　单叶片实体模型

图 5-20　围带的实体模型

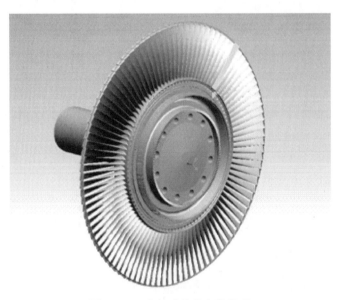

图 5-21　整级叶片的实体模型

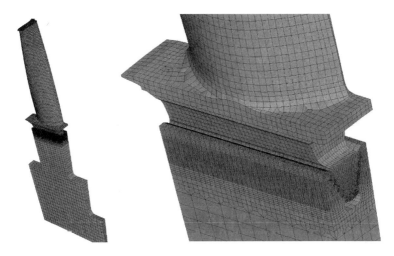

（a）一个扇区网格　　　　　　　　（b）叶根局部网格

图 5-22　叶片轮盘网格图

分析中考虑了离心力的刚化作用，采用循环对称算法进行降阶，根据围带接触面上节点接触状态为黏滞及滑移情况设置约束条件，叶根齿承载面上建立约束方程，计算 0 至 50 节径前 6 阶固有频率。

对本级叶片计算了 4 种转速下 0～50 节径的前 6 阶模态，考虑热载荷情况下，转速 3000 r/min，计算得到的前 6 阶频率中最低固有频率为 112.05 Hz，最高固有频率为 965.17 Hz。篇幅所限，仅给出了 0、1 节径的 1～4 阶振型如图 5-23 所示。

1. 工作转速下的"三重点"共振

该级静叶为 56 只，工作转速下喷嘴产生的危险激振力频率为 2800 Hz，5600 Hz 和 8400 Hz。

图 5-24 为工作转速 3000 r/min 下的 SAFE 平面图，图中固有频率曲线是由 3000 r/min 转速下的动频绘制的；图 5-24(a)中斜直线是根据"三重点"理论由直线方程 $f=50(iZ_b\pm m)$ 绘制的，图 5-24(b)是由直线方程 $f=50m$ 绘制的，表示和叶盘节径数相关的潜在激振力频率；图中黑实心圆点所标点为依据"三重点"理论和经验画出的危险激振频率点。如果叶片的固有频率和这些点重合，将发生"三重点"共振。

从图 5-24 可以看到，该级叶片前 6 阶固有频率（最高为 965.17 Hz），远小于高频危险激励频率，没有"三重点"存在，因此不会和高频激振力产生"三重点"共振。

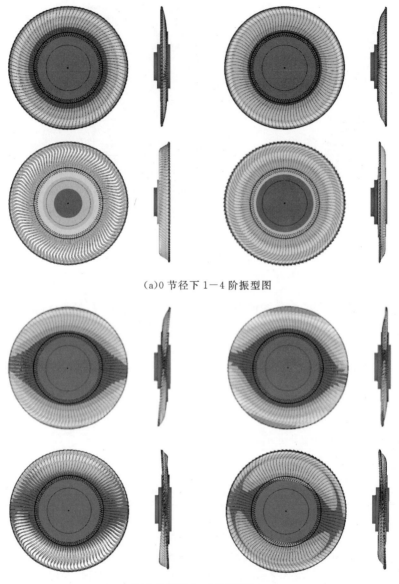

(a)0 节径下 1—4 阶振型图

(b)1 节径下 1—4 阶振型图

图 5-23   0、1 节径的 1—4 阶振型

　　另外,从图 5-24 可以看到低频激振力($K=1\sim6$)的频率与对应节径振动的固有频率没有重合,各阶频率避开率见表 5-4,可见节径下的固有频率和低频激振力频率的避开率大于一般设计要求的"三重点"避开值。

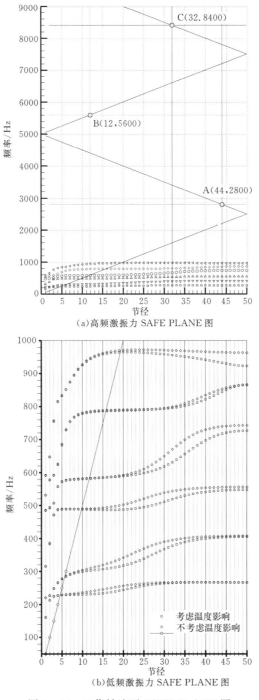

（a）高频激振力 SAFE PLANE 图

（b）低频激振力 SAFE PLANE 图

图 5 - 24　工作转速下 SAFE PLANE 图

表 5 - 4 叶片动频对低频激振力频率的避开率

激振力阶次和节径数($K=m$)	1	2	3	4	5	6
激振力频率/Hz	50	100	150	200	250	300
对应节径下最近动频/Hz	159.48	211.33	223.45	226.68	228.55	286.08
动频避开率/%	218.96	111.33	48.97	13.34	-8.58	-4.64

2. 启动停机过程中的"三重点"共振

当转速高于 1200 r/min 时，相邻围带发生接触形成成圈结构，启动过程中可能共振。发生 5 节径和 6 节径"三重点"共振，转速为 2655 r/min 时，发生 5 节径第 1 阶固有频率三重点共振；转速为 2112 r/min 时，发生 6 节径第 1 阶固有频率三重点共振；转速为 2853 r/min 时，发生 6 节径第 2 阶固有频率三重点共振。

在所计算的转速范围内($20 < n_s < 50$)，高频激励频率远高出所计算的前 6 阶固有频率，因此高频激振力不会产生"三重点"共振。

5.9 透平叶片强迫振动响应的计算分析

叶片在运行中受到气流激振力作用产生强迫振动，要分析这种振动产生的危害，就必须分析叶片在气流激振力作用下的响应，进而获得其动应力。

1. 计算方案及降阶方法[10]

对某叶高 780 mm 成圈叶片轮盘的振动进行了分析，发现其离"三重点"比较近的是 5 节径第 1 阶固有振动(271.6 Hz)和 6 节径第 1 阶固有振动(279.6 Hz)。所以振动响应分析主要考虑这两个固有振动频率附近的激振力，即第 5 阶和第 6 阶谐波激振力，频率分别为 250 Hz 和 300 Hz。

考虑额定工作转速下(3000 r/min)离心力产生的预应力，对整圈叶盘进行模态分析，选取了系统的前 50 阶模态(0～500 Hz)，采用模态叠加法计算瞬态响应。计算出响应后，求出叶盘动应力。

整圈叶片轮盘整体结构的有限元网格节点总数超过 1 千 4 百万，总自由度数约为 4 千万，若直接进行响应分析效率低，甚至受到计算机容量的限制。由于作用在相邻叶片上的气流力存在相位差，整圈叶片的载荷不具有循环对称性，因此循环对称降阶方法在响应计算中不适用。模态综合法降阶不受结构和载荷的循环对称性限制，精度能满足工程要求，因此采用了模态综合法对模型进行降阶。

采用模态综合法,子结构的划分如下:将 1 只叶片及安装叶片的轮盘外缘部分作为一个子结构,如图 5-25 所示。整级 n 只叶片,因此共划分了 n 个子结构;轮盘部分作为 1 个子结构。因此,整个叶片轮盘系统共划分了 $n+1$ 个子结构。

(a)单只叶片及轮盘外缘部分　　　　　　(b)轮盘部分

图 5-25　子结构示意图

2. 气流力及施加方式

在某非设计工况时,功率为 4000 kW,流量 130 kg/s,背压为 35 kPa。对该非设计工况,稳态流场内背弧的压力分布如图 5-26 所示。

由于流体计算所用网格与固体结构所用的网格不同,流体与固体交界面网格节点不重合,因此要得到结构网格节点的压强值,必须通过插值才能得到。

由于瞬态响应采用模态叠加法,很多软件只能用节点力,不能用面力。因此,还需要通过静力计算,将叶片表面单元节点的压强等效为节点力。

施加的气流力包含第 5,6 阶谐波激振力,并考虑叶片之间的相位差。

某只叶片所受第 5,6 阶谐波叠加的气流力在一个周期内随时间变化的曲线如图 5-27 所示。

在不同叶片的相同位置,激励的幅值、频率均相等,但存在相位差,画出第 1,6,11 只叶片相同位置所受的激励随时间的变化如图 5-28 所示。

3. 响应计算结果及分析

计算了高背压非设计工况下整圈叶片前 10 周期的动态响应,取第 10 周

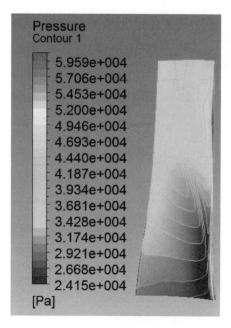
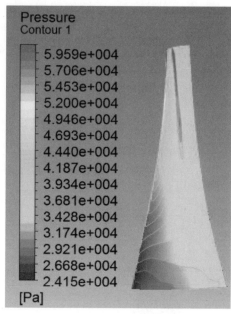

（a）内弧　　　　　　　　　　　　　（b）背弧

图 5-26　非设计工况叶片内弧、背弧压力分布

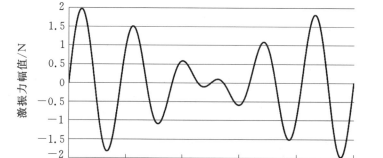

图 5-27　气流力随时间的变化

期的响应结果作为稳态振动进行分析。最大总位移计算值为 0.00430 mm。

　　进入稳态振动后，最大总位移点均位于围带顶部，最大总位移点位移分量随时间的变化及最大位移时刻的位移分布如图 5-29 所示。最大位移点的轴向位移分量远大于切向位移分量，这是由于切向气流力的幅值比轴向气流

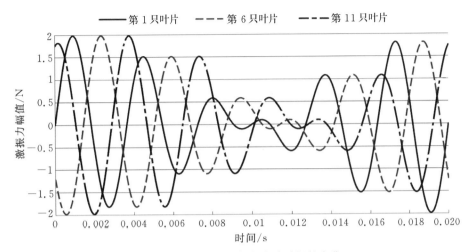

图 5 - 28　不同叶片气流力随时间的变化

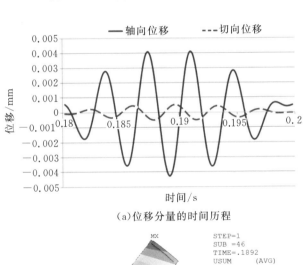

（a）位移分量的时间历程

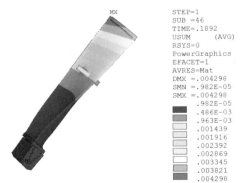

（b）最大位移时的位移分布

图 5 - 29　非设计工况下最大总位移点位移分量时间历程及最大位移时的位移分布

力幅值小,同时围带和拉筋凸肩增强了整圈叶片的切向刚度,从而有效抑制了切向振动,因此切向振动幅值明显比轴向幅值小。

叶根和轮盘的最大动应力值分别为 0.204,0.145 MPa。叶根最大动应力时刻的等效应力分布和径向应力分量如图 5-30 所示。最大动应力出现在内弧侧叶根第 1 齿过渡弧,偏出气侧。

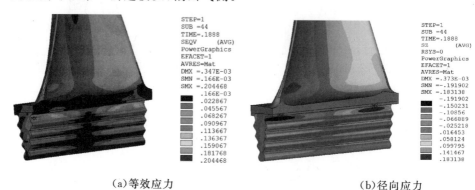

(a)等效应力　　　　　　　　　　　(b)径向应力

图 5-30　非设计工况下,叶根最大动应力时的等效应力及径向应力

轮盘最大动应力时刻的应力分布和径向应力分量如图 5-31 所示,轮盘最大动应力出现在内弧侧榫槽第 1 齿上。

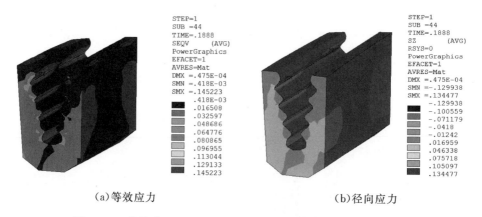

(a)等效应力　　　　　　　　　　　(b)径向应力

图 5-31　非设计工况下,轮盘最大动应力时的等效应力及径向应力

参考文献

[1]　Westinghouse Electric Corporation. Steam turbine blades: consideration in design and a survey of blades failure[R]. Electric Power Research Institute, Research Report Number

CS - 1967,1981.

［2］　吴厚钰.透平零件结构和强度计算［M］.北京:机械工业出版社,1982.

［3］　倪振华.振动力学［M］.西安:西安交通大学出版社,1989.

［4］　Geradin M,Kill N. A new approach to finite element modelling of flexible rotors［J］. Engineering Computations,1984,1(1):52 - 64.

［5］　Genta G. Dynamics of rotating systems［M］. Springer,2005.

［6］　王永岩.动态子结构方法理论及应用［M］.北京:科学出版社,1999.

［7］　楼梦麟.结构动力分析的子结构方法［M］.上海:同济大学出版社,1997.

［8］　Xu Z L,Dou B T,Fan X P,et al. Last stage blade coupled shaft torsional vibration analysis of 1000 MW steam turbine generator set by a reduced 3D finite element method［C］. Proceeding of ASME Turbo Expo 2014:Turbine Technical Conference and Exposition, 2014,Dusseldorf,Germany.

［9］　徐自力,窦柏通,范小平,等.基于分层模态综合法的大型汽轮发电机组转子－末级叶片耦合系统扭转振动分析［J］.动力工程学报,2014,34(12):938 - 944.

［10］　邱恒斌,徐自力,刘雅琳,等.一种求解含围带阻尼成圈叶片振动响应的高效方法［J］.西安交通大学学报,2016,50(11):1 - 6.

第6章 叶片流固耦合振动分析

6.1 流固耦合分析方法的分类

流固耦合是工程实际中广泛存在的一种力学现象,当前流固耦合分析方法主要可以分为两大类,即整体耦合分析方法和分域耦合分析方法。

在整体耦合分析方法中,流体和结构作为一个整体,通过理论分析建立起控制方程,经离散后采用同一个数值方法求解。整体流固耦合分析方法的一般求解流程见图6-1。在整体流固耦合分析方法中,流体和结构的求解完全同步,没有时间延迟而且能量守恒,能够切实反映流固耦合问题的物理实际,但整体流固耦合分析的数值求解方法缺乏稳定性,且占用极高的计算资源,所以目前主要用于研究二维流固耦合问题,还无法适应于工程实际中各种复杂流固耦合问题分析。

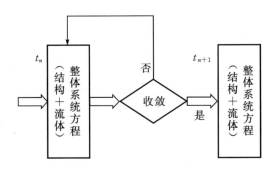

图6-1 整体流固耦合分析方法求解流程

在分域耦合分析方法中,流体和结构分别作为独立的个体,采用计算流体动力学的方法(Computational Fluid Dynamics,CFD)分析流场得到流固耦合面上的流体压力,然后以耦合面的流体作用力为激励,采用计算结构动力学的方法(Computational Structure Dynamics,CSD)求解结构动力学方程,计算结构运动位移,最后根据结构位移变更流场边界,重新计算流动域。总的来说,分域耦合分析方法充分利用了固体域和流体域原有的求解方法,两者之间仅通过相关边界条件的交错迭代实现更新,从而实现耦合作用的模拟。分域耦合分析方法又可以分为弱耦合和强耦合两种形式。在弱耦合方法中,流场求解和结构变形或振动的求解之间不进行迭代,而是在流场计算收敛之后直接进入下一时间步的计算,具体流程见图 6-2。在流固弱耦合方法中,由于流场求解和结构求解之间没有迭代,所以弱耦合计算的效率较高,这种求解方法在理论上不能严格满足流固耦合面上能量传递的守恒性,该方法本身有一定局限性。

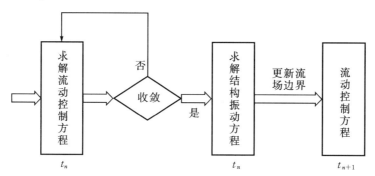

图 6-2　流固弱耦合分析方法求解流程

在流固强耦合分析方法中,每一时间步,流场求解和结构变形或振动的求解之间都要进行多次迭代,当流场分析和结构位移计算均达到收敛之后才进入下一时间步的计算,具体流程见图 6-3。通过多次迭代使得流场和结构达到时间同步求解,从而满足流固耦合面处能量传递的守恒性,因此比弱耦合方法更加贴近物理实际,能够保证收敛的解就是实际的物理解。

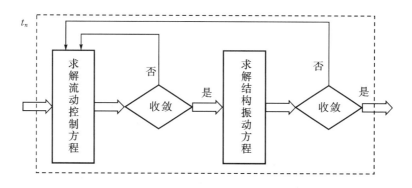

图 6-3　流固强耦合分析方法求解流程

　　根据强耦合分析方法所采用的离散技术,可以将流固强耦合方法分为无网格耦合法和基于网格的耦合分析方法。

　　目前用于流固耦合分析的无网格方法主要有光滑粒子流体动力学方法、点插值方法、移动粒子方法及等几何分析等。由于不受固定网格的限制,使得无网格法便于构造高精度的离散格式,且无网格法的计算节点可以根据需要任意布置,具有很好的自适应性。但目前无网格方法尚不成熟,其推广和实际应用受到了很大的限制。

　　基于网格的流固强耦合方法可以分为 2 类:流场网格不随结构运动的浸入边界方法和流场网格随结构运动的动网格方法。

　　在基于浸入边界的流固耦合分析方法中,采用力的方式将流固耦合面显式表达在流动和结构的控制方程之中,然后以固定的流场网格为背景网格刻画力所在的位置。由于浸入边界方法处理流固耦合面这类运动边界问题时不需要重新生成动边界的网格,所以计算效率高。该方法在流固耦合面的能量传递能够自动满足守恒定律,符合流固耦合的物理实际,但无法准确模拟高雷诺数的流动,所采用的全显式或半隐式的格式对时间步长有严格的限制,不适用于复杂三维流固耦合问题分析。

　　在基于动网格的流固强耦合分析方法中,考虑结构变形或振动以及流场边界变动,不断更新流场网格,使得变形后的流场网格边界与变形后的结构外形相匹配。基于动网格的流固强耦合计算可以结合基于力等效的流体作用力插值算法和满足位移连续条件的位移插值算法,通过多次迭代实现流体和结构的时间同步求解,满足流固耦合面能量传递的守恒性要求,能够较好适应工程实际中的具有复杂气动外形的结构流固耦合问题。所以该方法目前在解决工程实际应用问题中逐渐成为主流。

　　基于动网格的流固强耦合方法主要包含流场分析、结构变形或振动分析、流场动网格更新生成等 3 个部分,计算过程中每一时间步内都要经过多次迭代,其具体计算流程见图 6-4。在流固耦合计算的每一次迭代中,流场计算需要经多次内部迭代以达到流场计算结果的收敛,动网格计算也需要经过多次内部迭代以计算流场网格变形的位移并确保网格变形质量,不仅占用大量的计算资源,还会耗费大量时间,使得基于动网格的流固强耦合分析方法在工程实际中的广泛应用受到限制。所以为提高基于动网格的流固强耦合方法的计算效率,需从流场分析、流场网格更新和结构分析等着手,开发新型降阶模型和快速算法以降低每一个部分的计算时间。

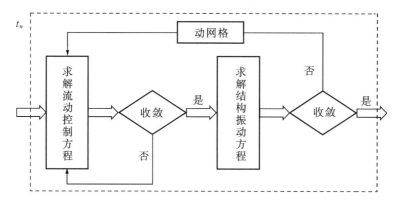

图 6-4　基于动网格的流固强耦合分析方法求解流程

6.2　基于虚拟弹性体的快速动网格生成方法

6.2.1　动网格生成方法

目前常用的动网格生成方法主要有弹簧法、弹性体法、超限插值法、Delaunay 图背景网格法、径向基函数法以及温度体法等。

超限插值法、Delaunay 图背景网格法、径向基函数法以及温度体法在网格变形能力、变形质量、计算效率和复杂流固耦合问题适用性上都有或多或少的缺陷，还需要进一步深入研究。

而弹簧法是将流场网格的每一条网格线视为一根弹簧，通过求解流场网格弹簧系统的静力平衡方程计算新的网格节点位置。弹簧法的程序实现需要考虑网格节点之间的连接关系，造成数据结构庞大，占用内存较多，计算效率低下。

弹性体法是将流场网格所包围的空间区域视为虚拟弹性体，将流场边界变形作为弹性体的位移载荷，求解该虚拟弹性体静力平衡方程计算网格节点新坐标。弹性体法的网格变形能力强，变形网格的质量高，是目前较常采用的动网格方法。与其它动网格方法相比，弹性体方法是一种基于物理模型的网格变形方法，更能贴近结构弹性变形的物理实际。1991 年，Tezduyar[1] 率先提出了弹性体方法。

早期的研究中，Tezduya[2,3] 和其它的研究人员都假定虚拟弹性体的弹性模量是各向同性的。采用这种弹性体方法更新流场网格时,边界层网格容易发生畸变,网格变形能力受到限制。Stein[4]引入了刚度系数,将虚拟弹性体刚度与流场网格大小关联,通过增加小网格附近弹性体的刚度,使得网格变形能力和变形网格的质量得到显著提高。Huo[5]提出了分层弹性体方法,该方法采用分层的思想,逐层决定虚拟弹性体的刚度,提高了网格变形能力。但是在流固耦合计算中,每一时间步,都需要更新流场网格,且流场网格的网格数量达 100 万甚至是 1000 万,因此流场网格变形的静力平衡方程规模大,反复求解会占用大量的计算时间。

本节针对已有弹性体动网格方法计算耗时的问题,在弹性体法的基础上,提出了一种快速动网格的生成方法。其原理可归纳为:将流场域视为虚拟弹性体,以虚拟弹性体的静力平衡方程和结构的振动控制方程为基础,构建结构-虚拟弹性体系统的动力学方程。然后,采用振型截断法计算结构-虚拟弹性体网格节点位移,从而实现流场网格变形的节点位移的快速计算。

6.2.2 弹性体动网格方法

为了表征结构变形或振动引起的流体域的形状改变,可以将流体域视为一种虚拟的弹性体,这种虚拟弹性体只是采用弹性变形的方式描述流体域的变形,而对流体域的流动不产生任何影响[6-7]。该虚拟弹性体会随着结构变形或振动而产生变形。在流固耦合计算中,为了计算流场网格变形的节点位移,通常会根据结构变形或振动的位移插值计算流固耦合面处流场网格节点的位移,而不是计算结构对虚拟弹性体的作用力,因此虚拟弹性体边界为位移边界。可以通过分块矩阵的形式将基于位移边界的静力平衡方程改写成

$$\begin{bmatrix} K_g^{11} & K_g^{12} \\ K_g^{21} & K_g^{22} \end{bmatrix} \begin{bmatrix} X_{g-in} \\ X_{g-n-in} \end{bmatrix} = 0 \tag{6-1}$$

式中,X_{g-in} 为流固耦合面处的流场网格节点的位移向量;X_{g-n-in} 为非流固耦合面处的流场网格节点的位移向量。

首先根据结构位移,采用插值计算 X_{g-in},然后通过求解式(6-1)计算 X_{g-n-in}。将流场网格节点位移与变形前流场网格节点坐标叠加就可得到变形后网格节点的新坐标,然后通过给节点设定新的坐标值更新流场网格。实际中,流场网格的规模都很大,节点数通常达到千万,甚至过亿,所以采用弹性体动网格方法更新流场网格会使得求解流场网格节点位移的静力平衡方程(6-1)规模过大,耗费大量计算资源。

6.2.3　结构-虚拟弹性体动网格快速生成方法

针对弹性体动网格方法计算耗时的问题,作者提出了一种快速动网格方法。原有弹性体法只是将虚拟弹性体变形问题作为一个独立的问题进行求解,而本文的快速动网格方法以虚拟弹性体的静力平衡方程和结构的振动控制方程为基础,构建了结构-虚拟弹性体系统的动力学方程,统一求解[8-11]。

在流体作用下,结构会产生振动。结构振动的有限元控制方程为

$$\boldsymbol{M}_s\ddot{\boldsymbol{X}}_s + \boldsymbol{C}_s\dot{\boldsymbol{X}}_s + \boldsymbol{K}_s\boldsymbol{X}_s = \begin{bmatrix} \boldsymbol{0} \\ \boldsymbol{F}_{in} \end{bmatrix} \tag{6-2}$$

式中,$\boldsymbol{M}_s$,$\boldsymbol{C}_s$,$\boldsymbol{K}_s$ 分别为结构的质量矩阵、阻尼矩阵和刚度矩阵;$\boldsymbol{X}_s$ 为结构有限元节点的位移;$\boldsymbol{F}_{in}$ 为流固耦合面受到的流体作用力。

为了便于推导结构-虚拟弹性体系统的振动方程,将结构的有限元节点分成流固耦合面节点和非流固耦合面节点等两部分,结构振动控制方程(6-2)改写成如下分块矩阵的形式:

$$\begin{bmatrix} \boldsymbol{M}_s^{11} & \boldsymbol{M}_s^{12} \\ \boldsymbol{M}_s^{21} & \boldsymbol{M}_s^{22} \end{bmatrix}\begin{bmatrix} \ddot{\boldsymbol{X}}_{s-n-in} \\ \ddot{\boldsymbol{X}}_{s-in} \end{bmatrix} + \begin{bmatrix} \boldsymbol{C}_s^{11} & \boldsymbol{C}_s^{12} \\ \boldsymbol{C}_s^{21} & \boldsymbol{C}_s^{22} \end{bmatrix}\begin{bmatrix} \dot{\boldsymbol{X}}_{s-n-in} \\ \dot{\boldsymbol{X}}_{s-in} \end{bmatrix} + \begin{bmatrix} \boldsymbol{K}_s^{11} & \boldsymbol{K}_s^{12} \\ \boldsymbol{K}_s^{21} & \boldsymbol{K}_s^{22} \end{bmatrix}\begin{bmatrix} \boldsymbol{X}_{s-n-in} \\ \boldsymbol{X}_{s-in} \end{bmatrix} = \begin{bmatrix} \boldsymbol{0} \\ \boldsymbol{F}_{in} \end{bmatrix}$$

$$\tag{6-3}$$

式中,$\boldsymbol{X}_{s-in}$ 为流固耦合面处节点的位移向量;$\boldsymbol{X}_{s-n-in}$ 为非流固耦合面处节点的位移向量。

在流固耦合面处,结构有限元网格节点和流场网格节点往往不重合,一般情况下流场网格节点比结构有限元节点更加密集,如图6-5所示。流场网格节点 M 在某一特定的结构单元面(节点编号为1,2,3,4)上,那么节点 M 随结构振动产生的位移可以采用有限元插值方法由节点1,2,3,4的位移 $\boldsymbol{x}_i$ 进

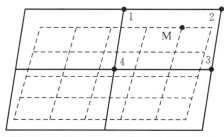

结构有限元网格(疏网格)　流场网格(密网格)

图 6-5　流固耦合面上的网格

行插值得到。

流场网格节点 M 的位移的插值计算公式如下

$$\boldsymbol{x}_M = \begin{bmatrix} \boldsymbol{N}_1 & \boldsymbol{N}_2 & \boldsymbol{N}_3 & \boldsymbol{N}_4 \end{bmatrix} \begin{bmatrix} \boldsymbol{x}_1^{\mathrm{T}} & \boldsymbol{x}_2^{\mathrm{T}} & \boldsymbol{x}_3^{\mathrm{T}} & \boldsymbol{x}_4^{\mathrm{T}} \end{bmatrix}^{\mathrm{T}} \quad (6-4)$$

式中,$\boldsymbol{x}_M$ 为流固耦合面处的流场网格节点 M 的位移向量;$\boldsymbol{N}_1$,$\boldsymbol{N}_2$,$\boldsymbol{N}_3$,$\boldsymbol{N}_4$ 分别为形函数矩阵;$\boldsymbol{x}_1$,$\boldsymbol{x}_2$,$\boldsymbol{x}_3$,$\boldsymbol{x}_4$ 分别为流固耦合面处的结构有限元节点 1,2,3,4 的位移向量。

那么流固耦合面处,所有流场网格节点的位移向量可以用下式表征:

$$\boldsymbol{X}_{g-in} = \boldsymbol{N} \boldsymbol{X}_{s-in} \quad (6-5)$$

式中,$\boldsymbol{N}$ 为整体形状函数矩阵;$\boldsymbol{X}_{g-in}$ 为流固耦合面上所有流场网格节点位移;$\boldsymbol{X}_{s-in}$ 为流固耦合面上所有结构网格节点位移。

将位移插值公式(6-5)代入到虚拟弹性体的静力平衡方程(6-1)中,得:

$$\begin{bmatrix} \boldsymbol{K}_g^{11}\boldsymbol{N} & \boldsymbol{K}_g^{12} \\ \boldsymbol{K}_g^{21}\boldsymbol{N} & \boldsymbol{K}_g^{22} \end{bmatrix} \begin{bmatrix} \boldsymbol{X}_{s-in} \\ \boldsymbol{X}_{g-n-in} \end{bmatrix} = 0 \quad (6-6)$$

显然,式(6-6)和式(6-3)中均含有项 $\boldsymbol{X}_{s-in}$,将 2 式相加可以得到

$$\begin{bmatrix} \boldsymbol{M}_s^{11} & \boldsymbol{M}_s^{12} & \\ \boldsymbol{M}_s^{21} & \boldsymbol{M}_s^{22} & \\ & & \boldsymbol{0} \end{bmatrix} \begin{bmatrix} \ddot{\boldsymbol{X}}_{s-n-in} \\ \ddot{\boldsymbol{X}}_{s-in} \\ \ddot{\boldsymbol{X}}_{g-n-in} \end{bmatrix} + \begin{bmatrix} \boldsymbol{C}_s^{11} & \boldsymbol{C}_s^{12} & \\ \boldsymbol{C}_s^{21} & \boldsymbol{C}_s^{22} & \\ & & \boldsymbol{0} \end{bmatrix} \begin{bmatrix} \dot{\boldsymbol{X}}_{s-n-in} \\ \dot{\boldsymbol{X}}_{s-in} \\ \dot{\boldsymbol{X}}_{g-n-in} \end{bmatrix}$$

$$+ \begin{bmatrix} \boldsymbol{K}_s^{11} & \boldsymbol{K}_s^{12} & \\ \boldsymbol{K}_s^{21} & \boldsymbol{K}_s^{22} + \boldsymbol{K}_g^{11}\boldsymbol{N} & \boldsymbol{K}_g^{12} \\ & \boldsymbol{K}_g^{21}\boldsymbol{N} & \boldsymbol{K}_g^{22} \end{bmatrix} \begin{bmatrix} \boldsymbol{X}_{s-n-in} \\ \boldsymbol{X}_{s-in} \\ \boldsymbol{X}_{g-n-in} \end{bmatrix} = \begin{bmatrix} \boldsymbol{0} \\ \boldsymbol{F}_{in} \\ \boldsymbol{0} \end{bmatrix} \quad (6-7)$$

式(6-7)即为结构-虚拟弹性体系统的振动控制方程。

由结构-虚拟弹性体系统的振动方程容易得到其固有振动方程为

$$\begin{bmatrix} \boldsymbol{M}_s^{11} & \boldsymbol{M}_s^{12} & \\ \boldsymbol{M}_s^{21} & \boldsymbol{M}_s^{22} & \\ & & \boldsymbol{0} \end{bmatrix} \begin{bmatrix} \ddot{\boldsymbol{X}}_{s-n-in} \\ \ddot{\boldsymbol{X}}_{s-in} \\ \ddot{\boldsymbol{X}}_{g-n-in} \end{bmatrix} + \begin{bmatrix} \boldsymbol{K}_s^{11} & \boldsymbol{K}_s^{12} & \\ \boldsymbol{K}_s^{21} & \boldsymbol{K}_s^{22} + \boldsymbol{K}_g^{11}\boldsymbol{N} & \boldsymbol{K}_g^{12} \\ & \boldsymbol{K}_g^{21}\boldsymbol{N} & \boldsymbol{K}_g^{22} \end{bmatrix} \begin{bmatrix} \boldsymbol{X}_{s-n-in} \\ \boldsymbol{X}_{s-in} \\ \boldsymbol{X}_{g-n-in} \end{bmatrix} = 0$$

$$(6-8)$$

为方便叙述,取英文单词"Holistic"的首字母作为下标,表示整体系统,从而将结构-虚拟弹性体系统的固有振动方程简写成如下形式

$$\boldsymbol{M}_H \ddot{\boldsymbol{X}}_H + \boldsymbol{K}_H \boldsymbol{X}_H = \boldsymbol{0} \quad (6-9)$$

结构-虚拟弹性体系统振型方程为

$$(\boldsymbol{K}_H - \omega_H^2 \boldsymbol{M}_H)\phi_H = \boldsymbol{0} \quad (6-10)$$

求解该方程得到,固有频率如下:

$$\boldsymbol{\omega}_H = \mathrm{diag}(\omega_H^i) \quad (i = 1, 2, 3, \cdots n) \tag{6-11}$$

结构-虚拟弹性体系统的正则振型矩阵如下：

$$\boldsymbol{\Psi}_H = \begin{bmatrix} \boldsymbol{\psi}_H^1 & \boldsymbol{\psi}_H^2 & \cdots & \boldsymbol{\psi}_H^n \end{bmatrix} \tag{6-12}$$

采用正则振型矩阵 $\boldsymbol{\Psi}_H$ 将结构-虚拟弹性体系统的振动控制方程(6-7)进行如下变换

$$
\boldsymbol{\Psi}_H^{\mathrm{T}}
\begin{bmatrix}
\boldsymbol{M}_s^{11} & \boldsymbol{M}_s^{12} & \\
\boldsymbol{M}_s^{21} & \boldsymbol{M}_s^{22} & \\
& & \boldsymbol{0}
\end{bmatrix}
\boldsymbol{\Psi}_H \ddot{\boldsymbol{\xi}}_H
+ \boldsymbol{\Psi}_H^{\mathrm{T}}
\begin{bmatrix}
\boldsymbol{C}_s^{11} & \boldsymbol{C}_s^{12} & \\
\boldsymbol{C}_s^{21} & \boldsymbol{C}_s^{22} & \\
& & \boldsymbol{0}
\end{bmatrix}
\boldsymbol{\Psi}_H \dot{\boldsymbol{\xi}}_H
$$

$$
+ \boldsymbol{\Psi}_H^{\mathrm{T}}
\begin{bmatrix}
\boldsymbol{K}_s^{11} & \boldsymbol{K}_s^{12} & \\
\boldsymbol{K}_s^{21} & \boldsymbol{K}_s^{22} + \boldsymbol{K}_g^{11}\boldsymbol{N} & \boldsymbol{K}_g^{12} \\
& \boldsymbol{K}_g^{21}\boldsymbol{N} & \boldsymbol{K}_g^{22}
\end{bmatrix}
\boldsymbol{\Psi}_H \boldsymbol{\xi}_H
= \boldsymbol{\Psi}_H^{\mathrm{T}}
\begin{bmatrix}
\boldsymbol{0} \\
\boldsymbol{F}_{in} \\
\boldsymbol{0}
\end{bmatrix}
\tag{6-13}
$$

记正则坐标下阻尼比 $\boldsymbol{\zeta}_H$ 满足 $2\boldsymbol{\zeta}_H\boldsymbol{\omega}_H = \boldsymbol{\Psi}_H^{\mathrm{T}} \begin{bmatrix} \boldsymbol{C}_s^{11} & \boldsymbol{C}_s^{12} & \\ \boldsymbol{C}_s^{21} & \boldsymbol{C}_s^{22} & \\ & & \boldsymbol{0} \end{bmatrix} \boldsymbol{\Psi}_H$。正则坐标

下流体作用力 $\boldsymbol{Q}_{in} = \boldsymbol{\Psi}_H^{\mathrm{T}} \begin{bmatrix} \boldsymbol{0} \\ \boldsymbol{F}_{in} \\ \boldsymbol{0} \end{bmatrix}$。那么方程(6-13)可以进一步简化得到正则坐

标下的振动方程

$$\boldsymbol{I}\ddot{\boldsymbol{\xi}}_H + 2\boldsymbol{\zeta}_H\boldsymbol{\omega}_H\dot{\boldsymbol{\xi}}_H + \boldsymbol{\Lambda}\boldsymbol{\xi}_H = \boldsymbol{Q}_{in} \tag{6-14}$$

对于实际的流固耦合问题，结构-虚拟弹性体系统自由度会非常庞大，不过，实际的流固耦合振动仅与若干阶模态相关，并不是所有模态都会参与振动，因此计算出其中的若干阶模态就能够满足结构流固耦合振动分析的需求。以英文单词"demand"首字母 d 表示流固耦合计算实际需要的模态阶数，根据文献数据可知 d 的取值范围为($1 \sim 100$)，那么在流固耦合计算之前，首先采用子空间迭代方法计算所必需的前 d 阶固有频率 ω_H^i 及正则振型 $\boldsymbol{\psi}_H^i$，并估算各阶模态的模态阻尼比 ζ_H^i；然后计算得到正则坐标下的流体作用力 Q_{in}^i，再采用 Wilson-θ 方法求解 d 个模态振动方程得到正则坐标下的模态位移 ξ_H^i，最后采用模态叠加方法计算结构有限元节点位移和流场网格节点位移

$$\boldsymbol{X}_H = \begin{bmatrix} \boldsymbol{X}_{s-n-in} \\ \boldsymbol{X}_{s-in} \\ \boldsymbol{X}_{g-n-in} \end{bmatrix} = \sum_{i=1}^d \boldsymbol{\psi}_H^i \xi_H^i \tag{6-15}$$

将计算得到的流固耦合面处结构有限元节点位移向量 $\boldsymbol{X}_{s-in}$ 代入到位移

插值公式(6-5)中可以计算出流固耦合面处流场网格节点位移向量 $\boldsymbol{X}_{g-in}$，至此所有流场网格节点的位移都已得到。

将流场网格节点位移与变形前的流场网格节点坐标相叠加即可以得到变形后的新坐标，然后根据计算得到的新坐标值更新流场网格节点的位置，从而得到变形后的新的流场网格。

如果结构的网格节点的总自由度数为 m，流场网格节点的总自由度数用 n 表示，一般情况下 $m \ll n$。原有的弹性体动网格方法需要先求解规模为 $m \times m$ 的结构振动控制方程(6-2)，然后求解规模为 $n \times n$ 的静力平衡方程(6-1)，可以近似认为其总的求解规模为 $n \times n$。而本文的快速动网格方法只需要求解 d 个正则坐标下的单自由度动力学方程，然后通过模态叠加公式(6-15)计算流场网格以及结构有限元网格节点位移，方程的规模约为 $d \times (n+m)$，可以近似认为其总的求解规模为 $d \times n$。考虑到 $d \in (1 \sim 100)$，因此本文的方法能够显著减少流场动网格的计算规模，提高计算效率。

6.2.4 虚拟弹性体弹性模量的选取准则

1. 弹性模量选取的理论依据

结构-虚拟弹性体系统的固有振动模态可以分成 2 类：结构振动为主，虚拟弹性体跟随结构振动而振动；结构振动和虚拟弹性体振动无法分清主次或虚拟弹性振动为主。将前一种称为结构振动主导的系统固有模态，第二种称为非结构振动主导的系统固有模态。

如果虚拟弹性体的弹性模量的设置不恰当，会使结构振动主导的系统固有模态中的结构部分的振动模态偏离原有结构固有振动模态，从而产生计算误差。下面将从理论角度给出虚拟弹性体弹性模量的选取准则。

结构-虚拟弹性体系统的振型矩阵可以分成 4 块：结构振动主导的系统固有振型的结构部分 $\boldsymbol{\varPsi}_H^{s-s}$；结构振动主导的系统固有振型的虚拟弹性体部分 $\boldsymbol{\varPsi}_H^{s-g}$；非结构振动主导的系统固有振型的结构部分 $\boldsymbol{\varPsi}_H^{ns-s}$；非结构振动主导的系统固有振型的虚拟弹性体部分 $\boldsymbol{\varPsi}_H^{ns-g}$。

则结构-虚拟弹性体系统的固有频率与固有振型之间存在以下关系

$$\begin{bmatrix} (\boldsymbol{\varPsi}_H^{s-s})^{\mathrm{T}} & (\boldsymbol{\varPsi}_H^{s-g})^{\mathrm{T}} \\ (\boldsymbol{\varPsi}_H^{ns-s})^{\mathrm{T}} & (\boldsymbol{\varPsi}_H^{ns-g})^{\mathrm{T}} \end{bmatrix} \begin{bmatrix} \boldsymbol{K}_s^{11} & \boldsymbol{K}_s^{12} & \\ \boldsymbol{K}_s^{21} & \boldsymbol{K}_s^{22}+\boldsymbol{K}_g^{11}\boldsymbol{N} & \boldsymbol{K}_g^{12} \\ & \boldsymbol{K}_g^{21}\boldsymbol{N} & \boldsymbol{K}_g^{22} \end{bmatrix} \begin{bmatrix} \boldsymbol{\varPsi}_H^{s-s} & \boldsymbol{\varPsi}_H^{ns-s} \\ \boldsymbol{\varPsi}_H^{s-g} & \boldsymbol{\varPsi}_H^{ns-g} \end{bmatrix} = \begin{bmatrix} \boldsymbol{\varLambda}_H^s & \\ & \boldsymbol{\varLambda}_H^{ns} \end{bmatrix}$$

$$(6-16)$$

其中结构-虚拟弹性体系统的固有频率可以分成两个部分:结构振动主导的系统固有频率 ω_H^s;非结构振动主导的系统固有频率 ω_H^{ns}。

那么,有

$$\boldsymbol{\Lambda}_H^s = (\boldsymbol{\Psi}_H^{-s})^{\mathrm{T}} \begin{bmatrix} \boldsymbol{K}_s^{11} & \boldsymbol{K}_s^{12} \\ \boldsymbol{K}_s^{21} & \boldsymbol{K}_s^{22} + \boldsymbol{K}_g^{11}\boldsymbol{N} \end{bmatrix} \boldsymbol{\Psi}_H^{-s} + (\boldsymbol{\Psi}_H^{-g})^{\mathrm{T}} \begin{bmatrix} \boldsymbol{0} & \boldsymbol{K}_g^{21}\boldsymbol{N} \end{bmatrix} \boldsymbol{\Psi}_H^{-s}$$
$$+ (\boldsymbol{\Psi}_H^{-s})^{\mathrm{T}} \begin{bmatrix} \boldsymbol{0} \\ \boldsymbol{K}_g^{12} \end{bmatrix} \boldsymbol{\Psi}_H^{-g} + (\boldsymbol{\Psi}_H^{-g})^{\mathrm{T}} \boldsymbol{K}_g^{22} \boldsymbol{\Psi}_H^{-g} \qquad (6-17)$$

为保证快速动网格算法的正确性,结构-虚拟弹性体系统固有模态中的结构振动主导的模态的频率应该与结构固有频率基本相等,而且模态振型的结构部分也应与结构的固有振型应该基本相同。记原结构的谱矩阵为 $\boldsymbol{\Lambda}^s$,主振型矩阵为 $\boldsymbol{\Psi}_s$,则需有

$$\boldsymbol{\Lambda}^s = \boldsymbol{\Lambda}_H^s \qquad (6-18)$$
$$\boldsymbol{\Psi}_s = \boldsymbol{\Psi}_H^{-s} \qquad (6-19)$$

结构谱矩阵和主振型应满足如下关系

$$\boldsymbol{\Lambda}^s = (\boldsymbol{\Psi}_H^{-s})^{\mathrm{T}} \begin{bmatrix} \boldsymbol{K}_s^{11} & \boldsymbol{K}_s^{12} \\ \boldsymbol{K}_s^{21} & \boldsymbol{K}_s^{22} \end{bmatrix} \boldsymbol{\Psi}_H^{-s} \qquad (6-20)$$

将式(6-17)和(6-20)代入到式(6-18)可以得到:

$$(\boldsymbol{\Psi}_H^{-s})^{\mathrm{T}} \begin{bmatrix} \boldsymbol{K}_s^{11} & \boldsymbol{K}_s^{12} \\ \boldsymbol{K}_s^{21} & \boldsymbol{K}_s^{22} \end{bmatrix} \boldsymbol{\Psi}_H^{-s}$$
$$= (\boldsymbol{\Psi}_H^{-s})^{\mathrm{T}} \begin{bmatrix} \boldsymbol{K}_s^{11} & \boldsymbol{K}_s^{12} \\ \boldsymbol{K}_s^{21} & \boldsymbol{K}_s^{22} + \boldsymbol{K}_g^{11}\boldsymbol{N} \end{bmatrix} \boldsymbol{\Psi}_H^{-s} + (\boldsymbol{\Psi}_H^{-g})^{\mathrm{T}} \begin{bmatrix} \boldsymbol{0} & \boldsymbol{K}_g^{21}\boldsymbol{N} \end{bmatrix} \boldsymbol{\Psi}_H^{-s}$$
$$+ (\boldsymbol{\Psi}_H^{-s})^{\mathrm{T}} \begin{bmatrix} \boldsymbol{0} \\ \boldsymbol{K}_g^{12} \end{bmatrix} \boldsymbol{\Psi}_H^{-g} + (\boldsymbol{\Psi}_H^{-g})^{\mathrm{T}} \boldsymbol{K}_g^{22} \boldsymbol{\Psi}_H^{-g} \qquad (6-21)$$

则虚拟弹性体的刚度矩阵 $\boldsymbol{K}_g$ 相对于对于结构刚度矩阵 $\boldsymbol{K}_s$ 必须是小量,才能满足式(6-21)左右两边相等。由于刚度矩阵与弹性模量直接相关,所以虚拟弹性体的弹性模量相对于结构的弹性模量也必须是小量。记虚拟弹性体的弹性模量为 E_g,结构的弹性模量为 E_s,那么虚拟弹性体的弹性模量必须满足以下条件

$$\frac{E_g}{E_s} \ll 1 \qquad (6-22)$$

综上可知,为确保快速动网格方法的正确性,虚拟弹性体的假设弹性模量必须远小于结构的弹性模量。但是,从数值计算方面考虑,如果虚拟弹性体的弹性模量过小又会造成计算机浮点溢出,使得计算无法正常进行,因此,虚拟

弹性体弹性模量的具体取值应根据实际问题确定。

2. 弹性模量的选取对振动频率的影响

以弹性模量比对数为参数,分析虚拟弹性体弹性模量对结构振动主导的模态频率及结构部分的振型的影响,以确定虚拟弹性体的弹性模量的合适取值。弹性模量比对数的定义如下

$$\text{ratio log} = \log(E_s/E_g) \qquad (6-23)$$

在虚拟弹性体的影响下,结构-虚拟弹性体系统固有模态中结构振动主导的模态频率与结构的固有频率之间存在一定偏差。这里以频率偏差为参数研究虚拟弹性体对结构振动主导的模态频率的影响。频率偏差的定义为:

$$\text{freq error} = \frac{\omega_H^s - \omega_s}{\omega_s} \qquad (6-24)$$

以某弹性梁流固耦合振动问题为例,弹性梁及其流场网格如图 6-6 所示,频率偏差与弹性模量比对数的关系曲线见图 6-7。可以看出,在弹性模量比对数一定的情况下,模态的阶数越高,频率偏差就越小。对于弹性梁,模态的阶数越高,振动的频率就越高,虚拟弹性体对弹性梁振动的影响越来越小,导致频率偏差下降。随着弹性模量比对数的增加,弹性梁的广义刚度相对于虚拟弹性体逐步升高,此时频率偏差逐渐减小,且模态阶数越高频率偏差随弹性模量比对数下降得越快。对于第 1 阶模态,当比对数为 6 时,频率偏差为 1.5%;对于第 2 阶模态,当比对数为 5 时,频率偏差为 0.64%;对于第 3 和第 4 阶模态,当比对数为 4 时,频率偏差分别为 1.3%和 0.5%。综上所

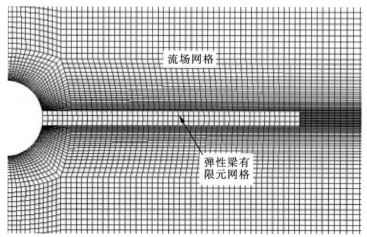

图 6-6　弹性梁有限元网格及附近流场网格

述,当比对数大于等于 6,虚拟弹性体对弹性梁振动主导的模态频率的影响可以忽略。

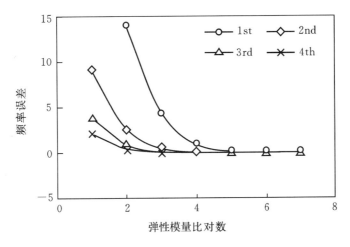

图 6-7　频率偏差与弹性模量比对数关系曲线

3. 弹性模量的选取对振型的影响

仍以上述弹性梁为例,弹性模量比对数与弹性梁振动主导的系统模态中弹性梁部分的振型之间的关系见图 6-8。随着弹性模量比对数的增大,虚拟弹性体对弹性梁部分的振型的影响逐渐减小。对于第 1 阶模态,见图 6-8 (a),当比对数为 5 时,弹性梁振动主导的系统模态中弹性梁部分的振型与弹性梁的固有模态的振型已经完全重合。对于第 2 阶模态,见图 6-8(b),当比对数为 4 时,弹性梁振动主导的系统模态中弹性梁部分的振型与弹性梁的固有模态的振型是基本重合的。对于第 3 阶模态,见图 6-8(c),当比对数为 3 时,弹性梁振动主导的系统模态中弹性梁部分的振型与弹性梁的固有模态的振型基本重合。对于第 4 阶模态,见图 6-8(d),当比对数为 3 时,弹性梁振动主导的系统模态中弹性梁部分的振型与弹性梁的固有模态的振型已经完全重合。可以看出,模态阶数越高,随着弹性模量比对数的增加,弹性梁振动主导的系统模态中弹性梁部分的振型接近弹性梁固有模态振型的速度越快,即模态阶数越高,虚拟弹性体对结构振动的影响也就越小。综上所述,当弹性模量比对数大于等于 5,虚拟弹性体对系统模态中弹性梁部分的振型的影响是可以忽略的。

综上所述,虚拟弹性体的弹性模量的取值小于等于弹性梁弹性模量的 10^{-6} 倍时,虚拟弹性体对弹性梁振动主导的系统模态频率及结构部分的振型

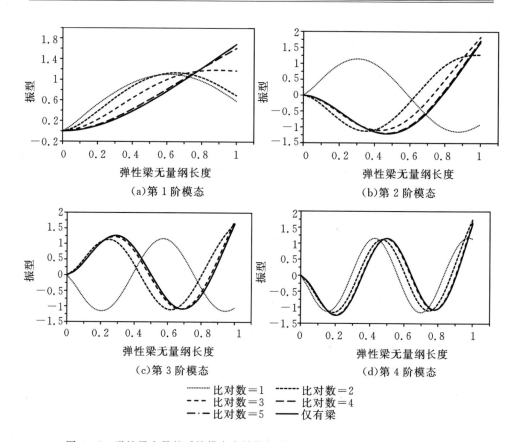

图 6-8 弹性梁主导的系统模态中结构部分的振型随弹性模量比对数的变化

的影响均可忽略不计。在计算过程中我们发现,如果虚拟弹性体的弹性模量取值过小的话,计算机会出现浮点溢出的情况,使得计算无法进行。因此,对于上述弹性梁问题,我们建议虚拟弹性体弹性模量的取值为结构弹性模量的百万分之一。比如,当弹性梁的弹性模量为 1.4×10^6 Pa 时,虚拟弹性体的弹性模量应该设定为 1.4 Pa。

6.2.5 虚拟弹性体采用变弹性模量提高动网格质量

为了准确模拟边界层的流动,流场网格一般在结构表面附近比较密,网格尺寸小,在远离结构的地方网格尺寸较大。但是,当整个虚拟弹性体采用单一弹性模量值,而不考虑流场网格大小不均的情况时,采用提出的弹性体方法进行流场网格变形时往往引起结构附近的小尺寸网格的严重扭曲,使得变形后的流场网格质量降低,影响流场计算精度,有时候甚至会出现网格最小角为负值的奇异网格,使得流场计算无法进行。因此,快速动网格方法在实际应用中必须解决边界层网格的扭曲问题。

下面以弹性梁流固耦合振动问题为例,梁弹性模量为 1.4×10^6 Pa,设置虚拟弹性体弹性模量为 1.4 Pa,并采用本文的快速动网格方法计算该弹性梁在第 1 阶固有振型附近的流场网格变形。

当弹性梁以第 1 阶模态振动,其右端位移最大,弹性梁处于不同最大位移时其附近流场网格变形如图 6 - 9 所示。当弹性梁的最大位移为 0.01 m时,从图 6 - 9(a)看出弹性梁右端附近的流场网格在弹性梁的拉扯下出现明显的扭转变形,其网格最小角大约为 56°,此时扭转变形的流场网格质量依然较高,能够满足流场分析对网格质量的要求。随着弹性梁最大位移的增加,变形后的流场网格的最小角逐渐减小,当弹性梁的最大位移为 0.05 m时,从图 6 - 9(c)可以看出变形后的流场网格的最小角大约为 25°,此时扭转变形的流场网格质量刚刚能够满足 CFX,Fluent 等商业软件对流场网格质量的最低要求。随着弹性梁最大位移继续增加,当弹性梁的最大位移为 0.07 m时,从

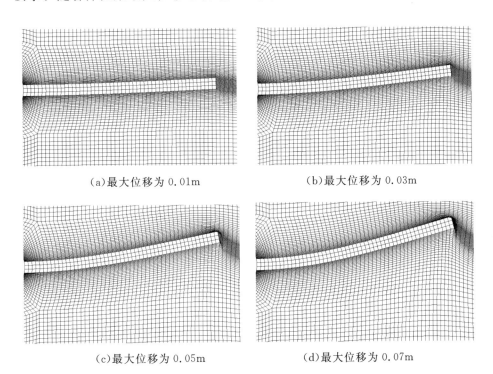

(a)最大位移为 0.01m　　　　　　　　(b)最大位移为 0.03m

(c)最大位移为 0.05m　　　　　　　　(d)最大位移为 0.07m

图 6 - 9　弹性梁以第 1 阶模态振动时的流场网格变形

图 6-9(d)看出弹性梁右端附近的变形后的流场网格,尤其是第 1 层网格最小角几乎为 0°,而最大角度接近 180°,扭转变形的流场网格已经成为非法网格,此时采用本文的快速动网格方法虽然能够计算流场网格位移,但是据此更新的流场网格其质量已经无法满足流场分析的要求。

　　为了便于分析,图 6-10 给出了不同模态条件下,流场网格变形后网格最小角随弹性梁最大位移的关系曲线。可以看出,随着最大位移的增加,变形后的流场网格最小角均呈现逐渐减小的趋势,而且模态阶数越高,减小的速度越快。比如,在第 1 阶模态下,弹性梁最大位移为 0.07m 时,变形后流场网格最小角才出现 0°角;而在第 2,3,4 阶模态下,变形后的流场网格出现 0°角对应的弹性梁最大位移却分别为 0.04 m,0.03 m 和 0.02 m。

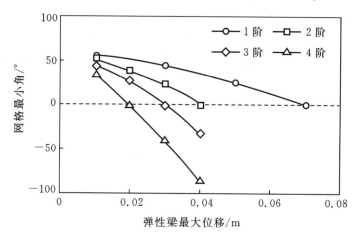

图 6-10　流场网格变形后网格最小角和弹性梁最大位移关系曲线

　　综上可知,如果虚拟弹性体采用单一弹性模量,那么随着结构振动位移的增加,就会发生网格变形质量迅速降低的现象,甚至会出现异常网格。为解决这一问题,可借鉴已有弹性体动网格方法提高网格变形质量的措施,设定虚拟弹性体弹性模量与流场网格大小相关,见下式

$$E_g^i = \frac{E_s}{10^6}\left(\frac{V_{\min}}{V_i}\right)^{2.5} \tag{6-25}$$

式中,E_g^i 为第 i 个网格内部的虚拟弹性体的弹性模量;$V_{\min}$ 为流场网格中最小网格的体积;V_i 为第 i 个网格的体积。

　　根据网格体积的大小设定虚拟弹性体的弹性模量,在流固耦合面处,流场边界层网格体积较小,对其内部的虚拟弹性体设定的弹性模量较大。离边界层越远网格体积就越大,网格内部的虚拟弹性体弹性模量设定值就越小。

虚拟弹性体的弹性模量随网格体积的增加以指数规律减小。当流场网格随结构振动发生变形时,边界层网格随着结构振动作整体的运动,从而避免边界层的流场网格在变形过程由于挤压、拉扯、扭转引起的网格质量降低的问题。

　　仍然以上述的弹性梁为例,根据网格体积的大小设定虚拟弹性体的弹性模量后,通过本书的快速动网格方法对弹性梁附近的流场网格变形进行计算,并对流场网格变形质量进行分析。假定弹性梁以第 1 阶模态振动,当最大位移为 0.07 m 时,其附近流场网格变形如图 6 - 11 所示。可以看出,流场网格变形整体比较平顺,弹性梁右端未出现非法网格。变形前后流场网格最小角的分布情况如图 6 - 12 所示,可以看出变形后流场网格最小角的分布与变形前基本保持一致,所有网格最小角维持在 63°以上。对于弹性梁第 1 阶模态的振动,采用新的虚拟弹性体弹性模量设定方法以后,通过本书的快速动网格方法更新弹性梁附近流场网格时,在弹性梁变形较大的情况下仍能够使得变形网格的质量维持在较高的水平。

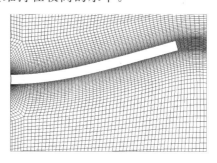

图 6 - 11　虚拟弹性体采用变弹性模量后的动网格

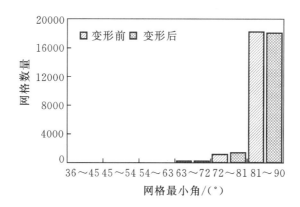

图 6 - 12　弹性梁以第 1 阶模态振动时流场网格最小角分布情况

　　综上可知,通过分析弹性梁各阶模态的振动下流场网格变形的质量,发现设定虚拟弹性体弹性模量与网格大小相关能够解决虚拟弹性体采用单一弹性模量时网格变形质量低的问题,而且在弹性梁最大位移较大的情况下,能够使得变形后的流场网格维持较高的网格质量,完全可以满足流场分析的要求。

6.2.6　快速动网格方法的计算效率

　　分别采用已有的弹性体方法和本书的快速动网格方法对弹性梁附近流场动网格进行计算。计算采用 2.9 GHz 单核 CPU,时间步长设置为 0.001 s,每一个时间步的计算耗时如表 6-1 所示,而流场动网格计算时间随网格数量变化的关系曲线如图 6-13 所示,其中本书动网格方法同时考虑了弹性梁-虚拟弹性体系统的前 4 阶模态。其中计算时间的相对值是本书快速网格生成方法计算时间与已有弹性体方法计算时间的比值。可以看出,随着流场网格数量的增加,两种方法的计算时间均呈增加趋势,但随着流场网格数量增大本书快速网格生成方法相对于已有弹性体方法的优势也就越大。

表 6-1　弹性梁流场动网格计算时间

网格数量		13784	16853	19627	23541
计算时间/s	本文方法	0.006	0.008	0.009	0.011
	已有弹性体方法	22.2	33.1	44.9	64.6

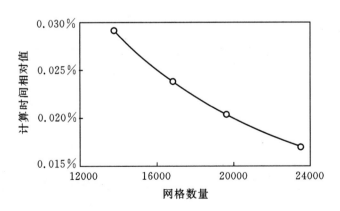

图 6-13　弹性梁流场动网格计算时间与流场网格数量关系曲线

从数量级的角度看,本书提出的快速网格生成方法的计算时间仅为已有弹性体方法计算时间的万分之一。

6.2.7　小　　结

针对已有弹性体动网格方法计算耗时的问题,在已有弹性体法的基础上发展了一种快速动网格方法。将流场域视为虚拟弹性体,并将结构和虚拟弹性体视为一个整体系统。通过模态分析得到系统的固有频率和主振型,并采用振型截断法计算结构-虚拟弹性体网格节点位移,从而实现流场网格变形的节点位移的快速计算。

通过理论分析给出了确定虚拟弹性体弹性模量人小的准则,即虚拟弹性体弹性模量必须远小于结构的弹性模量才能保证结构固有频率及模态振型的计算结果不受影响。但是虚拟弹性体的弹性模量不能过小,否则会造成计算机浮点溢出,使得计算无法进行。研究了某弹性梁算例,发现虚拟弹性体的弹性模量合适的取值为弹性梁弹性模量的百万分之一。

将虚拟弹性体的弹性模量大小与流场网格大小相关联,让体积较小的网格的虚拟弹性体具有较高的弹性模量值,使得边界层网格的虚拟弹性体整体刚度高于非边界层网格虚拟弹性体的刚度,从而避免了采用单一弹性模量易引起的边界层网格的扭曲问题,保证了网格生成质量。

对比所提出的快速动网格方法和已有弹性体法的计算时间,发现随着流场网格数量的增加,本方法以及已有弹性体方法的计算时间均呈逐渐增加的趋势,流场网格数量越大该方法相对于已有弹性体方法的计算效率优势越明显。

6.3　基于快速动网格的时空同步耦合分析方法

针对时间同步流固耦合计算中流场迭代次数过多,使得流固耦合计算时间增加的问题,提出了一种时空同步流固耦合分析方法。分析了流固耦合面的力、位移等信息的传递过程,证明了流场与结构能量传递的守恒性。采用该时空同步耦合方法计算了标准弹性梁颤振算例及弹性梁的流固耦合振动响应。

6.3.1 时间同步流固耦合分析方法

时间同步流固耦合方法是指在每一时间步内,首先采用耦合算法通过选代求解 RANS(Reynolds Averaged Navier Stokes)方程得到收敛的流场结果(主要是流速、压力、温度等变量的数值结果),然后采用模态叠加方法计算结构振动位移,最后采用动网格算法更新流场网格,重复上述过程直到结构振动计算收敛,具体流程如图 6-14 所示。

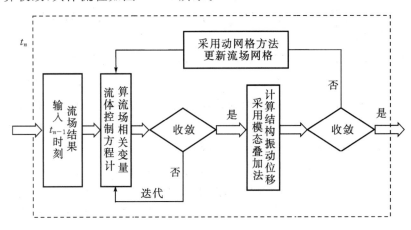

图 6-14 时间同步流固耦合分析方法的计算流程

6.3.2 时空同步流固耦合分析方法

目前多数动网格方法普遍计算效率偏低,采用这些方法更新流场网格的计算时间占流固耦合计算总时间的比重较大,减少流场网格更新次数有利于减少流固耦合计算的总时间。在时间同步流固耦合方法中,首先通过内部选代求解流场,然后采用外部选代耦合流场和结构振动,在流场计算收敛之后更新流场网格,可以减少流场网格更新的次数,从而减少流固耦合计算的总时间。但采用本书所提出的基于结构-虚拟弹性体的快速动网格方法,能显著提高网格生成效率,此时流场网格更新所需的时间较短,减少流场网格更新次数对缩短流固耦合计算的总时长意义不大,相反流场的多次选代求解会增加流场计算时间,从而使得计算总时长增加。在流固耦合计算中,每一时间步都需要流场与结构振动的多次选代求解,只要每一时间步的最后几次选代的结果是收敛的,就能保证流固耦合计算的收敛性。

因此,为解决时间同步流固耦合方法中流场迭代次数过多的问题,本文提出一种基于快速动网格的时空同步流固耦合方法。每一时间步内,在每一次流场迭代之后采用快速动网格算法计算结构振动位移并更新流场网格(流场与结构的空间同步求解),重复上述过程直到流场流速、压力、能量等变量的计算结果收敛,然后进入下一时间步的计算。该方法只包含 1 个层次的迭代,即流场分析和结构振动分析之间的迭代,流场计算收敛的同时结构振动计算也会收敛(流场与结构的时间同步求解)。本节的方法可以减少流固耦合计算中流场求解的迭代次数,减少流场分析所需的计算时间,从而减少流固耦合计算的总时间。

1. 时空同步耦合的计算方法

在进行流固耦合计算之前,需要做两个方面的准备工作:

(1)以结构有限元网格和流场网格作为空间离散网格,对结构-虚拟弹性体系统进行离散,采用有限元的方法得到系统的有限元振动控制方程,通过模态分析得到 d 个可能会参与流固耦合振动的模态频率 ω_H^i 和正则振型 ψ_H^i,通过坐标变化得到模态阻尼比 ζ_H^i,进而构建出 d 个关于正则坐标 ξ_H^i 的解耦的动力学方程。

(2)在流场网格的基础上,采用有限体积方法离散流体控制方程组(质量守恒方程、动量守恒方程、能量守恒方程、流体状态方程以及 S-A 模型的湍流运动粘度输运方程)得到一组代数方程组,并采用耦合算法通过迭代求解该代数方程组以得到稳态流场中流速、压力、温度等变量的数值解,将稳态流场结果用于流固耦合计算中瞬态流场的初值。所提出的时空同步流固耦合方法每一时间步的详细计算流程如图 6 - 15 所示[12-13]。

鉴于该方法采用的本书快速动网格技术是通过模态叠加计算结构振动位移和流场网格变形的节点位移,那么本节的时空同步流固耦合方法的适用范围受到模态分析这一线弹性理论的限制,即只适用于在流体作用下发生小幅线弹性振动的结构的流固耦合问题。

2. 结构与流体能量传递的守恒性分析

数值计算时,流体与结构之间流固耦合面上传递气动力和结构位移必须保证能量守恒才能客观反映流固耦合的物理实际。为保证结构与流体之间传递的能量具有守恒性,经等效得到的结构表面的节点力与流体压力之间须满足:

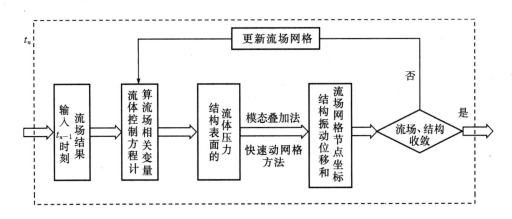

$$\text{图 6-15　时空同步流固耦合分析方法计算流程}$$

$$\sum_{in} \boldsymbol{F}_{node} \cdot \delta \boldsymbol{x}_{node} = \int_{in} p_{ds} \, \mathrm{d}s \cdot \delta \boldsymbol{x}_{ds} \tag{6-26}$$

式中，$\delta \boldsymbol{x}_{node}$ 为流固耦合面上节点的虚位移向量；$\delta \boldsymbol{x}_{ds}$ 为流固耦合面上微元面 $\mathrm{d}s$ 的虚位移向量。

对于流固耦合面上任意一个流场网格节点 M，如图 6-5 所示，节点气动力向量在该点处的虚功可以用下式表示

$$W_M^{vir} = \boldsymbol{F}_M \cdot \delta \boldsymbol{x}_M \tag{6-27}$$

对于图 6-5 中虚线所围成的微元面 $\mathrm{d}s_M$，流体压力在该微元面上的虚功为

$$W_{ds_M}^{vir} = p_{ds_M} \mathrm{d}s_M \cdot \delta \boldsymbol{x}_{ds_M} \tag{6-28}$$

微元面 $\mathrm{d}s_M$ 的形心位于节点 M 处，那么有 $\delta \boldsymbol{x}_{ds_M} = \delta \boldsymbol{x}_M$，另外综合考虑节点气动力向量计算公式和虚功计算公式(6-27)，(6-28)可以得到

$$\left. \begin{aligned} W_M^{vir} &= \boldsymbol{F}_M \cdot \delta \boldsymbol{x}_M = p_{ds_M} \mathrm{d}s_M \cdot \delta \boldsymbol{x}_M \\ W_{ds_M}^{vir} &= p_{ds_M} \mathrm{d}s_M \cdot \delta \boldsymbol{x}_{ds_M} = p_{ds_M} \mathrm{d}s_M \cdot \delta \boldsymbol{x}_M \end{aligned} \right\}$$

$$W_M^{vir} = W_{ds_M}^{vir} \tag{6-29}$$

式(6-29)表明，本文时空同步的流固耦合分析方法在流固耦合面上的任意一个流场网格节点位置的气动力和结构振动位移的传递都能满足能量守恒的要求，所以本文的时空同步的流固耦合分析方法能够保证结构与流体之间能量传递的守恒性。

6.3.3　算法验证——弹性梁流固耦合振动分析

1. 弹性梁及流场参数

采用弹性梁流固耦合振动算例来验证本文的时空同步流固耦合分析方法。该标准算例是由 Turek 和 Hron[14] 提供的,算例中弹性梁以及流体域的几何尺寸如图 6-16 所示。弹性梁的材料密度为 1.0×10^3 kg/m^3,弹性模量为 1.4×10^6 Pa,泊松比为 0.3。流体密度为 1.0×10^3 kg/m^3,动力黏度为 1.0 Pa·s。

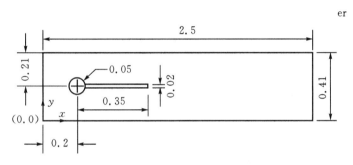

图 6-16　弹性梁以及流体域的几何尺寸(单位:m)

流体域左端面为流场进口,进口流速方向垂直于左端面,流速大小在 y 方向上呈抛物线分布。流速表达式如下

$$u = 1.5\overline{U}\frac{4.0}{0.1681}y(0.41 - y) \tag{6-30}$$

式中,$\overline{U} = 1.0$ m/s 为流体域进口流速的平均值;$1.5\overline{U}$ 为流体域进口的最大流速。

流体域右端为流场出口,边界条件为压力边界,压力为 0 Pa。流体域上、下两个端面的边界条件为无滑移壁面边界,弹性梁外表面和圆形壁面的边界条件为无滑移壁面边界。弹性梁外表面与流体域连接,设置为流固耦合面。

2. 流场网格的选取

流场及弹性梁的网格见图 6-17。梁的网格共有 4 节点矩形单元 153 个,节点 208 个;流场共有 4 节点矩形单元 19627 个,节点 20034 个。

3. 弹性梁振动与流体流动的相互影响

采用本文的时空同步流固耦合分析方法对弹性梁的流固耦合振动问题

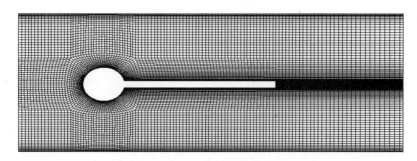

图 6-17　弹性梁流场网格

进行瞬态分析。采用定常流场的计算结果作为瞬态流场的初值以加快收敛速度。

　　考虑前 4 阶模态,进行流固耦合分析,得到弹性梁振动的模态位移时间曲线如图 6-18 所示。随时间的推进,第 1,3,4 阶振动的模态位移幅值逐渐减小,即第 1,3,4 阶模态振动是稳定的,不会发生颤振。第 2 阶振动的模态位移幅值不随时间变化,即第 2 阶模态的振动处于颤振临界点。第 4 阶振动的

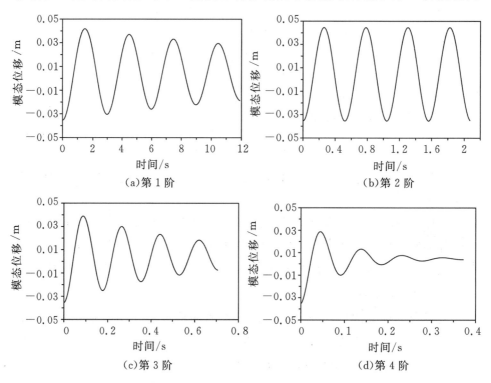

图 6-18　弹性梁模态位移时间曲线

模态位移幅值相对于第 3 阶衰减得更快。可以说，振动模态的阶数越高，频率越高，发生颤振的可能性就越低。

弹性梁处于颤振临界时的流固耦合振动的流场分布如图 6 - 19 所示，在弹性梁附近，流场漩涡的周期性形成、发展及在弹性梁右端脱落，使得作用在弹性梁流固耦合面的流体压力发生周期性的波动，正是这种周期性漩涡流动导致的周期性波动压力使得弹性梁发生了第 2 阶弯曲模态的颤振。

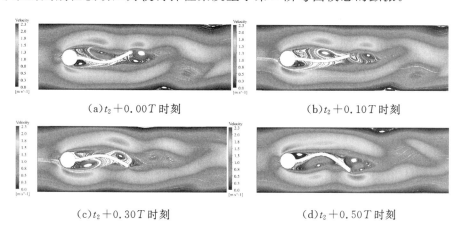

(a)t_2＋0.00T 时刻　　　　　　　　(b)t_2＋0.10T 时刻

(c)t_2＋0.30T 时刻　　　　　　　　(d)t_2＋0.50T 时刻

图 6 - 19　弹性梁处于颤振临界时的流固耦合振动

4. 计算结果的准确性验证及计算效率分析

计算得到弹性梁右端中点的位移时间曲线，如图 6 - 20 所示。可以看到，本文得到的位移-时间曲线与 Turek 和 Hron 的数据之间不存在相位偏差，数

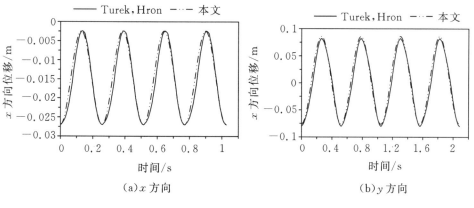

(a)x 方向　　　　　　　　(b)y 方向

图 6 - 20　弹性梁右端中点的位移时间曲线

据吻合很好,计算得到的弹性梁颤振周期与 Turek 和 Hron 的计算值一致,均为 0.52 s。

综上可知,本节所提出的基于快速动网格的时空同步流固耦合分析方法计算结果正确,计算性能良好。

采用本节的基于快速动网格的时空同步方法对弹性梁进行流固耦合分析,在 1 个时间步内,流场变量的相对残差随迭代次数变化的曲线如图 6 - 21 所示,而时间同步耦合计算中相对残差随迭代次数变化的曲线如图 6 - 22 所示。由图 6 - 21 可看出,在进行 24 次迭代之后,连续性方程的相对残差降至基本保持不变,认为计算已经收敛。而采用基于快速动网格的时间同步算法,流场计算与弹性梁振动分析之间的耦合迭代需要 13 次,而每 1 次的耦合

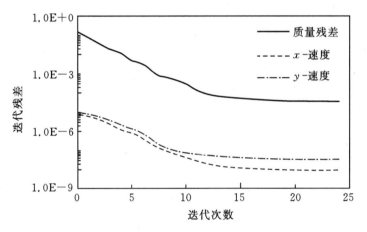

图 6 - 21　时空同步耦合计算中迭代残差迭代次数曲线

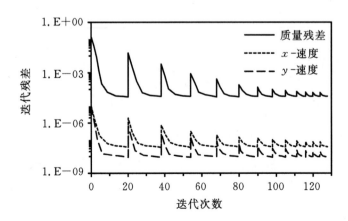

图 6 - 22　时间同步耦合计算中迭代残差迭代次数曲线

迭代中又需要在流场内部进行多次迭代,在总迭代次数为 128 步时才使得流固耦合计算达到收敛。本算例计算采用的是主频 2.9 GHz 的单核心 CPU,可调用内存大小为 8 G。采用本节时空同步流固耦合方法完成 1 个时间步的计算需要时间为 28.8 s,而采用时间同步流固耦合方法所需的计算时间为 153.2 s。可见,与已有的时间同步方法相比,本节的时空同步方法可以减少流固耦合计算时间的 81.2%。

6.4　基于分区动网格的叶片颤振流固耦合计算

在叶片流固耦合分析中,需对三维非定常流场和叶片的瞬态响应进行时间推进求解,需要对流场网格进行实时更新,因此计算时间较长[15,16]。鉴于叶片振动主要影响叶片附近的流场,所以只需取叶片的附近区域为动网格区,减少动网格的数量,降低更新流场网格的时间,从而可以减少流固耦合计算的总时间[17,18]。但如果所选取的动网格区域过小,动网格变形时正交性会变差,导致流场计算效率和精度降低,进而对流固耦合总体计算效率和精度产生影响。

以 NASA Rotor 67 轴流压气机叶片为例,取叶片附近区域为动网格区,并通过弹性体动网格法实时更新流场网格,通过叶片振动与流场之间的迭代求解实现流固耦合的颤振边界计算,研究不同动网格区域对计算效率和精度的影响。

6.4.1　叶片颤振边界的流固耦合计算

当叶片在气流力作用下产生变形时,流体域的边界随之改变。因此,需要对流场网格进行实时更新。本文将流体域网格分成动网格区和固定网格区两个部分。由于叶片振动主要影响其附近的流场,所以只需选择叶片附近的流场网格为动网格,其余部分为固定网格,见图 6 - 23。

NASA Rotor 67 是一个实验转子,其流场的实验数据见文献[19]。该转子只有 1 级动叶栅,动叶片 22 只,见图 6 - 24。转子进气端的轮毂直径为 0.18 m,机匣直径为 0.52 m。设计流量为 33.25 kg/s,设计转速为 16043 r/min,设计压比为 1.63。叶片的展弦比为 1.56,叶顶平均半径为 0.25 m,叶毂平均半径为 0.11 m,材料为钛合金,密度为 4539.5 kg/m³,弹性模量为 1.18 GPa,泊松比为 0.31。

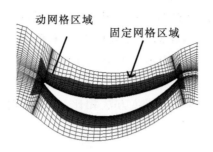

图 6 - 23　动网格区域和固定网格区域

图 6 - 24　NASA Rotor 67

　　本节主要研究动网格区域对计算精度的影响,叶间相位角的影响没有考虑。仅研究了叶间相位角为 0 时叶片的颤振稳定性。建立了 1 只动叶和对应流道的流场模型,采用循环对称边界条件进行计算。

　　采用六面体网格进行离散,保证了叶片表面结构网格与流场网格节点一一对应。叶片结构网格见图 6 - 25(a),共有 8 节点六面体单元 17248 个,节点 19958 个。流场网格见图 6 - 25(b),共有 8 节点六面体单元 294752 个,节点 313504 个。叶片表面网格节点数为 4907。

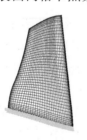
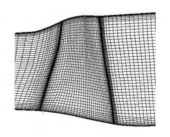

（a）固体网格　　　　　　　（b）流场网格

图 6 - 25　NASA Rotor 67 网格

对叶片颤振流固耦合分析之前,先对流场进行稳态分析,然后采用稳态流场计算结果作为流固耦合中瞬态流场迭代初值,以加快流固耦合计算的收敛速度。

对设计转速条件下的阻塞工况进行稳态流场分析,研究不同转速条件下的压比与质量流量的关系,计算得到转子的性能曲线,见图 6 - 26,其中标识的 100% 表示设计转速。

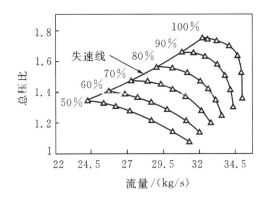

图 6 - 26　NASA Rotor 67 的流量特性图

图 6 - 27 是设计转速下压比与流量的关系曲线,与图 6 - 26 中标有 100% 的曲线是对应的。计算得到的质量流量为 34.98 kg/s,与实验值 34.96 kg/s 吻合良好。本节忽略了叶顶间隙的影响,因此计算值比实验值稍偏高。

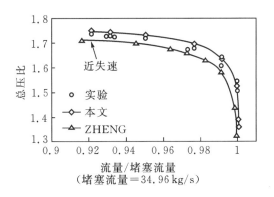

图 6 - 27　设计转速下的总压比和流量关系

一般情况下,在压气机的特性曲线图中,叶片颤振边界位于失速线的下方,NASA Rotor 67 的设计总压比为 1.63,为了确定叶片在设计转速下的临界颤振总压比,本文选取压比 1.60,1.63,1.66,1.69 等 4 种工况,对叶片进行流固耦合分析。

计算得到不同压比条件下叶片振动响应的对数衰减率,见图 6-28。虚线的上方,对数衰减率大于零,表示叶片振动幅值逐渐减小,不会发生颤振;虚线的下方,对数衰减率小于零,表示叶片振动幅值逐渐增加,发生颤振失稳;曲线与虚线的交点即为叶片发生颤振的临界点。插值得到设计转速条件下的叶片颤振临界压比为 1.648。通过对比叶尖前缘的振动位移和叶片振型,发现叶片颤振的三维变形与叶片第 1 阶弯曲振型相吻合,即叶片的颤振为第 1 阶弯曲颤振。

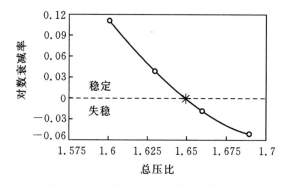

图 6-28　对数衰减率与总压比的关系

计算出不同转速条件下的叶片颤振临界压比,见图 6-29。在颤振边界上方区域内的工况下,叶片振动幅值会逐渐增加,发生颤振失稳;在颤振边界下方区域内的工况下,叶片振动幅值会逐渐减小,不会发生颤振。

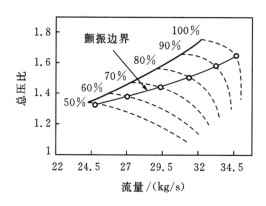

图 6-29　叶片颤振边界

6.4.2　不同动网格区对计算效率及精度的影响

叶片振动幅值越大,叶片附近流场受影响的区域也就越大,选取合适的动网格区域大小,才能兼顾流场计算的效率和精度[20]。

以流场动网格区外边界到叶片距离与叶片振动的最大位移的比值为变量,来研究动网格区域对动网格质量的影响。采用网格的最小角与最大角的比值(Angle Ratio),评估网格的质量。网格完全正交时,Angle Ratio 的值为1,网格正交性越差,该比值就越小。

采用不同动网格区对设计转速条件下的叶片颤振临界压比进行计算,动网格区的网格质量与动网格区域的大小关系曲线见图 6 - 30。可以看出,当动网格区外边界到叶片的距离与叶片最大位移的比值大于 2 时,动网格变形过程中网格质量基本保持不变,且维持在较好水平;当比值小于 2 时,动网格变形过程中网格质量降低。

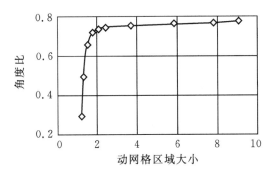

图 6 - 30　动网格区网格质量与动网格区域大小的关系

将基于分区动网格的叶片颤振流固耦合计算时间与基于全域动网格的计算时间的比值作为无量纲计算时间。不同动网格区大小对计算时间的影响见图 6 - 31。可以看出,随着动网格区域的减小,流固耦合计算时间先减小后增大。造成这一现象的原因是,当动网格区外边界到叶片的距离与叶片最大位移的比值大于 2 时,随着动网格区域的减小,动网格数减少,更新流场网格的时间减少,从而降低了流固耦合计算时间;当小于 2 时,虽然更新流场网格的时间减少了,但动网格质量降低导致流场求解时间增加,且流场求解时间的增加量大于动网格更新时间的减少量,使得流固耦合计算的总时间增加。当比值大约为 2 时,采用分区动网格计算时间最小,比采用全域动网格的计算时间减少了 13.4%。

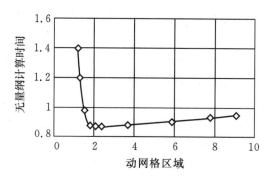

图 6-31　不同动网格区域对流固耦合计算时间的影响

采用不同动网格区对叶片进行流固耦合分析,得到的叶片颤振临界压比见图 6-32。可以看出,当动网格区外边界和叶片的距离与叶片最大位移的比值大约为 2 时,计算得到的临界压比为 1.64,与全域动网格的计算结果 1.648 相比,相对误差为 0.49%。

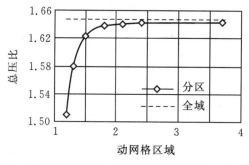

图 6-32　采用不同动网格区的叶片颤振临界压比的计算结果

采用分区动网格和全域动网格计算得到的叶片颤振边界见图 6-33。可以看到采用分区动网格计算出的颤振边界与采用全域动网格计算出的颤振边界基本一致。

计算表明,动网格区过大会增加动网格更新时间,使流固耦合计算时间增加。动网格区过小会降低动网格质量,同样会导致流固耦合计算时间增加,计算误差增大。对于叶高为 0.17 m 左右的轴流压气机叶片来说,取动网格区外边界和叶片的距离与叶片振动最大位移的比值约为 2 时,颤振临界压比的计算值相对全域动网格的误差为 0.49% 情况下,计算时间比全域动网格减少了 13.4%。能够在保持计算精度的前提下,最大限度地提高计算效率。

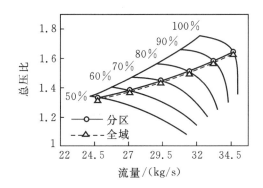

图 6 - 33　采用分区和全域动网格的颤振边界结果

6.5　某超长末级叶片气动稳定性分析

目前,分析叶轮机械气弹稳定性的方法分为传统法和时域分析法,传统法典型的如能量法,能量法实际上是一种线性化方法,最早由 Carta[21] 在 1967 年提出,即通过假定叶片的振动为某阶固有振型形式,且基于 Lane[22] 提出的行波假设指定叶片之间的位移相位相差一个相位角,研究叶片的周期做功,从而判定叶片的稳定性,然而传统方法由于实际上并没考虑固体对流体的耦合作用,因而大大忽略了流固耦合的非线性特征,而时域双向耦合算法将流体和固体分别迭代求解,期间利用流场与叶片交界面进行气动力、位移等变量的数据交换和迭代计算,并通过叶片时域位移响应趋势判断叶片是否发生颤振,从而能准确体现流固耦合作用的真实过程。

6.5.1　双向时域流固耦合计算原理

双向时域流固耦合的基本思路是,首先运用 CFD 方法进行流场的迭代计算,然后根据叶片表面的流体压力计算叶片表面有限元网格节点的节点力向量,并以叶片表面的节点力向量为激励分析叶片振动,每一次流场迭代收敛后需传递给叶片表面力数据;根据叶片的振动位移采用网格变形方法更新流场网格,再从流场分析开始迭代。

而在流场分析中,常采用三维 Navier-Stokes 方程作为控制方程,该方程组表示流体运动所应满足的质量守恒、动量守恒和能量守恒三大物理学定律,为考虑叶片振动对流场的影响,需要采用动网格的方法实时更新流场网格。对于流场网格可以变动的流场分析来说,流动控制方程须采用 ALE 坐标来表述。

质量守恒方程(也可以称为连续性方程)

$$\frac{\partial \rho}{\partial t} + \nabla \cdot [\rho(\boldsymbol{u} - \boldsymbol{u}_g)] = 0 \tag{6-31}$$

式中,ρ 为流体密度;t 为流动时间;$\boldsymbol{u}$ 为流场流速向量;$\boldsymbol{u}_g$ 为流场网格运动速度向量;∇ 为拉普拉斯算子。

动量守恒方程(通常称为 Navier-Stokes 方程)

$$\begin{cases} \dfrac{\partial(\rho u)}{\partial t} + \nabla \cdot [\rho u(\boldsymbol{u} - \boldsymbol{u}_g)] = \nabla \cdot (\mu \nabla u) - \dfrac{\partial p}{\partial x} + S_u \\[3mm] \dfrac{\partial(\rho v)}{\partial t} + \nabla \cdot [\rho v(\boldsymbol{u} - \boldsymbol{u}_g)] = \nabla \cdot (\mu \nabla v) - \dfrac{\partial p}{\partial y} + S_v \\[3mm] \dfrac{\partial(\rho w)}{\partial t} + \nabla \cdot [\rho w(\boldsymbol{u} - \boldsymbol{u}_g)] = \nabla \cdot (\mu \nabla w) - \dfrac{\partial p}{\partial w} + S_w \end{cases} \tag{6-32}$$

式中,u,v,w 分别为流场流速向量在 x,y,z 坐标方向上的速度分量;μ 为流体动力黏度;p 为流体压力;S_u,S_v,S_w 为广义源项

$$S_u = F_x + s_x, \quad S_v = F_y + s_y, \quad S_w = F_z + s_z \tag{6-33}$$

式中,F_x,F_y,F_z 分别为流体微元的体积力向量在 x,y,z 坐标方向上的分量。

$$\begin{cases} s_x = \dfrac{\partial}{\partial x}\left(\mu \dfrac{\partial u}{\partial x}\right) + \dfrac{\partial}{\partial y}\left(\mu \dfrac{\partial v}{\partial x}\right) + \dfrac{\partial}{\partial z}\left(\mu \dfrac{\partial w}{\partial x}\right) + \dfrac{\partial}{\partial x}[\lambda \nabla \cdot (\boldsymbol{u} - \boldsymbol{u}_g)] \\[3mm] s_y = \dfrac{\partial}{\partial x}\left(\mu \dfrac{\partial u}{\partial y}\right) + \dfrac{\partial}{\partial y}\left(\mu \dfrac{\partial v}{\partial y}\right) + \dfrac{\partial}{\partial z}\left(\mu \dfrac{\partial w}{\partial y}\right) + \dfrac{\partial}{\partial y}[\lambda \nabla \cdot (\boldsymbol{u} - \boldsymbol{u}_g)] \\[3mm] s_z = \dfrac{\partial}{\partial x}\left(\mu \dfrac{\partial u}{\partial z}\right) + \dfrac{\partial}{\partial y}\left(\mu \dfrac{\partial v}{\partial z}\right) + \dfrac{\partial}{\partial z}\left(\mu \dfrac{\partial w}{\partial z}\right) + \dfrac{\partial}{\partial z}[\lambda \nabla \cdot (\boldsymbol{u} - \boldsymbol{u}_g)] \end{cases}$$
$$\tag{6-34}$$

式中,λ 为流体第二黏度。

采用以温度 T 为变量的能量守恒方程

$$\frac{\partial(\rho T)}{\partial t} + \nabla \cdot [\rho T(\boldsymbol{u} - \boldsymbol{u}_g)] = \nabla \cdot \left(\frac{K}{c_p} \nabla T\right) + S_T \tag{6-35}$$

式中,c_p 为流体等压比热容;T 为流体温度;K 为流体导热系数;S_T 为流体微元的内部热源或由于黏性作用流体的机械能转化来的热能部分。

综合考虑流体的质量守恒方程、Navier-Stokes 方程和能量守恒方程,方程数为 5,而需要计算的未知量有 u,v,w,p,T 和 ρ 共 6 个,为使流体的控制方程封闭,流体的 p,T 和 ρ 之间须满足状态方程

$$p = p(\rho, T) \tag{6-36}$$

　　至此,流体控制方程的体系已经完备。不做任何简化,直接联立求解流体控制方程体系称为直接数值模拟方法(Direct Numerical Simulation, DNS)。但是工程实际中的流动问题多为湍流问题,而采用 DNS 方法分析湍流对计算机的存储和计算速度的要求很高,尚不具备工程应用价值。例如,对于大小为 0.1×0.1 m^2 的流动区域,在高 Reynolds 数条件下,流场中包含尺度为 $10 \sim 100$ μm 的涡,如果要描述所有尺度的涡,那么需要的网格节点数量为 $10^9 \sim 10^{12}$;另外,湍流脉动的频率为 10 kHz,这就要求计算的时间步长设定为 100 μs。显然,采用 DNS 方法分析湍流需要的网格数量极大,而需要的时间步长又极小,将其用于工程问题几乎不可能。为了使流体控制方程适用于工程流动问题,研究人员引入 Reynolds 时均方法和湍流模型,避免了流场所有流动细节的分析,而是直接得到流场变量的时间半均值。

　　对流体控制方程进行 Reynolds 时间平均之后,方程中会出现新的未知量,即 6 个不同的 Reynolds 应力项

$$\boldsymbol{\tau} = \begin{bmatrix} -\rho\overline{u'u'} & -\rho\overline{u'v'} & -\rho\overline{u'w'} \\ -\rho\overline{v'u'} & -\rho\overline{v'v'} & -\rho\overline{v'w'} \\ -\rho\overline{w'u'} & -\rho\overline{w'v'} & -\rho\overline{w'w'} \end{bmatrix} \tag{6-37}$$

式中,u',v',w' 为流速脉动值;上标"—"为时间平均。

　　引入张量符号后,Reynolds 应力可以改写成下面的形式

$$\tau_{ij} = -\rho\overline{u_i'u_j'} \tag{6-38}$$

　　由于 Reynolds 应力项的存在使得原来已经封闭的流体控制方程再次变成不封闭状态,所以为了封闭时均处理后的流体控制方程,Boussinesq 提出了涡黏假定,即采用时均速度表征 Reynolds 应力项,ALE 坐标下的 Reynolds 应力表达式如下

$$\tau_{ij} = \mu_t\left(\frac{\partial(u_i - u_g^i)}{\partial x_j} + \frac{\partial(u_j - u_g^j)}{\partial x_i}\right) - \frac{2}{3}\left(\rho k + \mu_t\frac{\partial(u_i - u_g^i)}{\partial x_j}\right)\delta_{ij} \tag{6-39}$$

式中,μ_t 为湍流黏性系数,$\mu_t = \rho C_\mu \dfrac{k^2}{\varepsilon}$,$C_\mu$ 为经验常数;u_i 为时均流速;δ_{ij} 为科罗内尔符号;k 为湍动能

$$k = \frac{1}{2}\overline{u_i'u_j'}, \quad \delta_{ij} = \begin{cases} 0 & i \neq j \\ 1 & i = j \end{cases} \tag{6-40}$$

　　研究人员提出了很多种湍流模型,其中 Realized k-ε 模型引入了旋转修正项,更适合旋转机械的流场分析,因此采用该湍流模型描述末级的湍流流动,ε 表示湍动能耗散率,公式为

$$\varepsilon = \frac{\mu}{\rho} \overline{\left(\frac{\partial u'_i}{\partial x_k}\right)\left(\frac{\partial u'_i}{\partial x_k}\right)} \tag{6-41}$$

至此,流体控制方程中的未知量为 $u, v, w, p, T, \rho, k, \varepsilon$ 等 8 个,现有控制方程(质量守恒方程 1 个、动量守恒方程 3 个、能量守恒方程 1 个、状态方程 1 个)数量为 6 个,再加上 Realized k-ε 模型包含的湍动能和湍动能耗散率输运方程,就可以使得流体控制方程组重新封闭。ALE 坐标下的湍动能以及湍动能耗散率输运方程为

$$\frac{\partial(\rho k)}{\partial t} + \frac{\partial[\rho k(u_j - u_g^j)]}{\partial x_j} = \frac{\partial}{\partial x_j}\left[\left(\mu + \frac{\mu_t}{\sigma_k}\right)\frac{\partial k}{\partial x_j}\right] + G_k - \rho\varepsilon$$

$$\frac{\partial(\rho\varepsilon)}{\partial t} + \frac{\partial[\rho\varepsilon(u_i - u_j)]}{\partial x_i} = \frac{\partial}{\partial x_j}\left[\left(\mu + \frac{\mu_t}{\sigma_\varepsilon}\right)\frac{\partial \varepsilon}{\partial x_j}\right] + \rho C_1 G_\varepsilon - \rho C_2 \frac{\varepsilon^2}{k + \sqrt{v\varepsilon}}$$

$$\tag{6-42}$$

其中

$$\begin{cases} C_1 = \max\left(0.43, \dfrac{\eta}{\eta+5}\right), \quad \sigma_k = 1.0, \quad \sigma_\varepsilon = 1.2 \\[2mm] \eta = (2E_{ij} \cdot E_{ij})^{0.5}\dfrac{k}{\varepsilon}, \quad C_2 = 1.9 \\[2mm] E_{ij} = \dfrac{1}{2}\left(\dfrac{\partial u_i}{\partial x_j} + \dfrac{\partial u_j}{\partial x_i}\right), \quad \mu_t = \rho C_\mu \dfrac{k^2}{\varepsilon}, \quad C_\mu = \dfrac{1}{A_0 + A_s U^* k/\varepsilon} \end{cases} \tag{6-43}$$

式中

$$\begin{cases} A_0 = 4.0, A_s = \sqrt{6}\cos\phi, \phi = \dfrac{1}{3}\arccos(\sqrt{6}W), W = \dfrac{E_{ij}E_{jk}E_{kj}}{(E_{ij}E_{ij})^{0.5}} \\[2mm] U^* = \sqrt{E_{ij}E_{ij} + \widetilde{\Omega}_{ij}\widetilde{\Omega}_{ij}}, \widetilde{\Omega}_{ij} = \Omega_{ij} - 2\varepsilon_{ijk}\omega_k, \Omega_{ij} = \overline{\Omega}_{ij} - \varepsilon_{ijk}\omega_k \end{cases} \tag{6-44}$$

式中,G_k, G_ε 分别为 k 方程和 ε 方程的产生项;Ω_{ij} 是时均转动速率张量,表征旋转的影响。

在固体域中,根据叶片表面的流体压力,采用力等效的方法可以计算得到叶片表面有限元点的力向量。叶片在流体压力的作用下产生振动,其有限元振动控制方程为:

$$M_b\ddot{X}_b + C_b\dot{X}_b + K_bX_b = F_{aero} \tag{6-45}$$

式中,M_b, C_b, K_b 为叶片的质量矩阵、阻尼矩阵和刚度矩阵;F_{aero} 为叶片表面有限元节点的节点气动力向量;X_b 为叶片有限元节点的位移向量。

概括来说,流体产生的气动力加在固体表面使固体发生变形产生位移,

固体的变形改变了流场的边界,因此需要在两者之间建立联系,运用样条方法,交界面上固体的位移和流体的位移满足下列关系:

$$\Delta x_a = G\Delta x_s \tag{6-46}$$

其中,下标 a 和 s 分别表示流场网格和固体网格;x 表示位移;G 表示适应网格交界面的形函数,受固体变形影响发生变化的流体气动力需要施加到固体界面上,同理有

$$\begin{aligned}
q_s^{\mathrm{T}} \Delta x_s &= q_a^{\mathrm{T}} \Delta x_a \\
q_s^{\mathrm{T}} \Delta x_s &= q_a^{\mathrm{T}} G \Delta x_s \\
q_s &= G^{\mathrm{T}} q_a
\end{aligned} \tag{6-47}$$

其中,q 表示施加在流固交界面上的气动力。对于流固耦合数值模拟,需要反复迭代以求出收敛的结果,而迭代也分为两个部分:首先是非定常求解时,针对每一个时间步,流体需要施加给固体气动力产生变形,然后固体域回馈给流场网格位移的变化进而改变气动力,此时流场需要在内部进行迭代完成流场的收敛后继续与固体域迭代直至耦合过程也收敛,此时进入下一时间步继续计算。

在叶片的流固耦合计算中,首先指定运行工况条件(流量、进出口压力等),然后采用该工况下稳态流场结果作为流固耦合计算中的瞬态流场的初始值。因此在初始时刻,动叶由不受气动力作用变成受到一个较大的稳态气动力作用。然后,通过流固耦合计算动叶振动与流场之间相互作用下的叶片振动以及流体的流动。

当叶片振动的幅值逐渐减小时,表示叶片振动的能量被流体吸收,叶片不会颤振;当叶片振动的幅值逐渐增加时,表示叶片振动从流体中吸收能量,叶片发生颤振;当叶片振动的幅值保持不变时,表示叶片处于颤振临界状态。

6.5.2　计算对象及有限元网格

计算的汽轮机末级由静叶和动叶组成,动叶的额定转速为 1500 r/min。动叶共有 76 只,静叶共有 66 只,静动叶数比为 0.868。末级流道的示意见图 6-34。

采用单通道模型,结合周期边界条件以反映末级叶栅的流动情况。采用 8 节点六面体网格离散末级流道。单通道静叶叶栅和动叶叶栅的网格数见表 6-2。静叶叶栅和动叶叶栅流道的整体流场网格见图6-35,静叶叶栅流道网格见图 6-36,动叶叶栅流道网格见图 6-37。

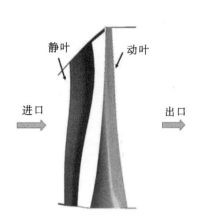

图 6-34　末级流道几何尺寸

图 6-35　末级静叶叶栅和动叶叶栅
流道整体流场网格

表 6-2　末级流道网格数

项目	静叶叶栅	动叶叶栅	总计
六面体单元数	405900	622400	1028300
节点数	426018	663166	1089184

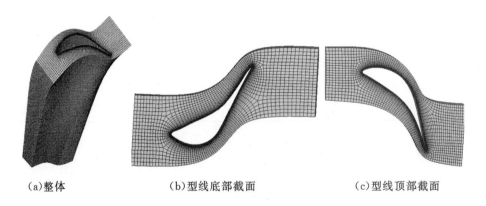

（a）整体　　　　　　　（b）型线底部截面　　　　　　　（c）型线顶部截面

图 6-36　末级静叶叶栅流道各个截面流场网格

在计算流体动力学中,网格质量是保证求解精度与效率的关键因素。本文采用 ANSYS CFX 计算末级流场,对网格质量的要求主要有以下五个方面:

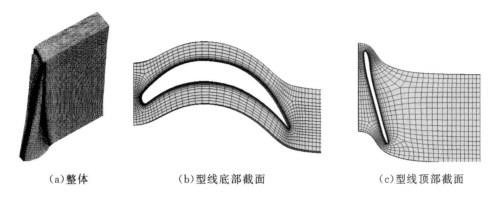

（a）整体　　　　　（b）型线底部截面　　　　　（c）型线顶部截面

图 6 - 37　末级动叶叶栅流道各个截面流场网格

（1）Aspect Ratio：单元的长宽比（建议小于 100）；

（2）Minimum face angle：单元面相邻边的夹角的最小值（建议大于 10°）；

（3）Orthogonality factor：单元正交因子系数（建议大于 0.33）；

（4）Mesh expansion factor：相邻单元体积比（建议小于 20）；

（5）Orthogonality angle：单元正交角（建议大于 20°）。

动叶固体域网格如图 6 - 38 所示，单元数为 13041 个，节点数为 32837 个，绝大多数为六面体网格。

图 6 - 38　动叶固体域网格

末级流道网格质量统计见图 6 - 39，可以看出网格的整体质量较高。

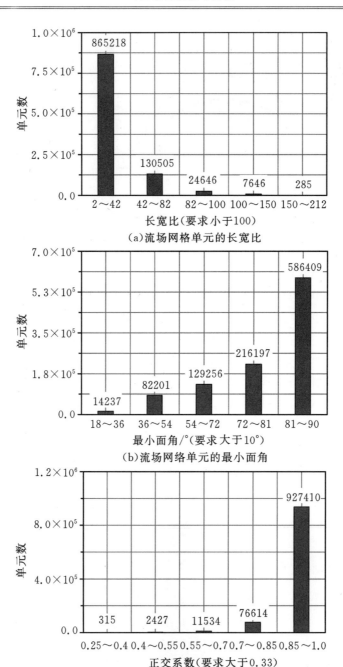

（a）流场网格单元的长宽比

（b）流场网络单元的最小面角

（c）流场网格单元的正交系数

图6-39　末级流道网格质量统计

6.5.3　末级动叶的气动稳定性分析

1. 设计流量及设计背压、高背压条件下动叶的
流固耦合分析

首先计算了在额定流量设计背压条件下,叶片时域振动响应。以稳态流场计算结果为初值,运用 ANSYS 软件的多场耦合模式,在叶片固体表面设定流固耦合交界面,用以与流场传递数据,设置非定常求解方法对末级动叶进行流固耦合计算,由于流固耦合计算时间非常长,计算 0.6 s 左右的时域响应需要花费 20 天左右的时间,因此本文所计算的时域响应一般不超过 1 s。得到 100% 流量设计背压工况叶片流固耦合振动时叶尖尾缘的位移时域频域图,如图 6-40 所示。叶片振动呈衰减趋势,叶片不会发生颤振。观察频谱图发现该工况下的主导频率接近第 1 阶弯曲动频率,即该振动是以第 1 阶弯曲模态为主的衰减振动。

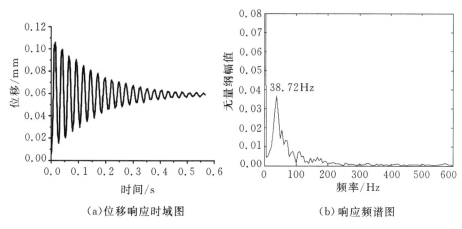

　　　　(a)位移响应时域图　　　　　　　　(b)响应频谱图

图 6-40　额定流量设计背压下叶尖尾缘位移曲线及频谱分析

当叶尖尾缘位于最大位移处时,动叶叶栅流场在不同叶高截面的流线分布如图 6-41 所示。可以看出,流动的攻角基本上均为 0°,然后气流分别沿着叶片压力面和吸力面向下游流动,没有出现流动分离现象。叶片振动对流场流线分布基本无影响。

叶尖尾缘处于最大位移和最小位移处时,动叶内弧侧压力分布如图 6-42(a)所示,动叶背弧侧压力分布如图 6-42(b)所示。可以看出,不管是叶片的内弧侧还是背弧侧,叶片变形前后,叶片表面压力分布基本保持不变,

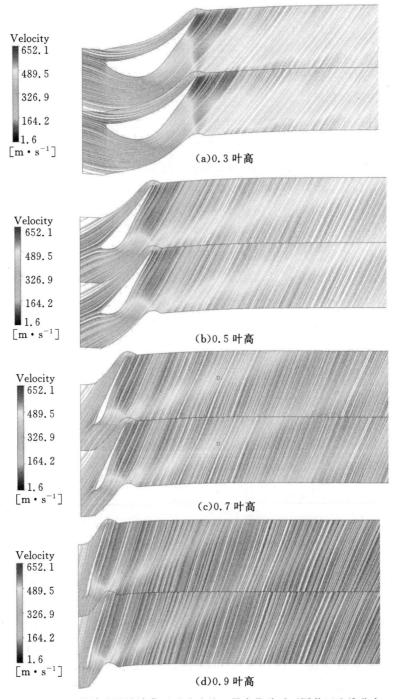

图 6-41　设计流量设计背压下叶片处于最大位移时不同截面流线分布

即振动对叶片表面流场压力分布基本无影响。

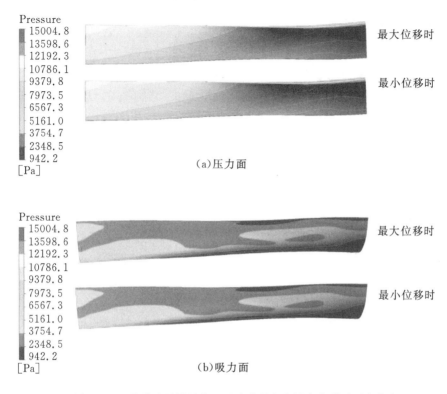

图 6-42　设计流量设计背压下叶片最小和最大变形时压力分布

在设计流量的流动条件下,采用流固耦合方法计算出背压 7200 Pa 时叶片流固耦合振动时叶尖尾缘的位移时间曲线,如图 6-43 所示。

从结果中可以看出,在背压 7200 Pa 时,尾缘响应曲线呈现缓慢的衰减趋势,可以认为,在该背压下叶片的响应仍然是收敛的,即叶片随着时间的推移,幅值逐渐减弱。从频图中还可以发现,与设计背压工况不同的是,该背压下叶片的响应呈现多个频率的叠加运动,从时域响应曲线中也可发现叶片振动并不规则,产生了类似拍振的现象,频率成分靠近叶片的第 1～4 阶固有频率,尤其以 1 阶固有频率最为突出,第 2 阶固有频率附近也有一些比重,因此,该背压下的运动主要是第 1 阶和第 2 阶固有频率的叠加运动。

继续提高背压到 10800 Pa,尾缘响应曲线和其频率成分如图 6-44 所示。

在背压 10800 Pa 时,与前两个背压工况类似,时域响应曲线呈现衰减趋势,可以认为,在该背压下叶片的响应时收敛的,叶片不会发生颤振,从频谱图中可以看出,频率成分靠近第 1 阶固有频率,即该背压下第 1 阶弯曲振动

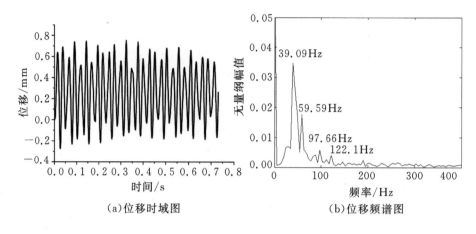

（a）位移时域图   （b）位移频谱图

图 6-43   设计流量背压 7200 Pa 时叶尖尾缘位移的时间历程及频谱

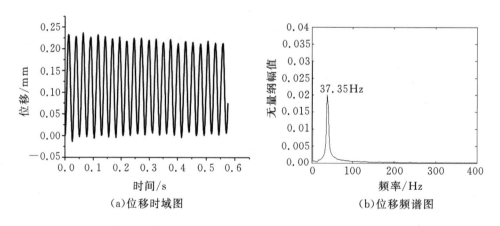

（a）位移时域图   （b）位移频谱图

图 6-44   设计流量时背压 10800 Pa 叶尖尾缘位移的时间历程及频谱

有绝对主导作用。

2.50％设计流量及设计背压、高背压条件下动叶的流固耦合分析

计算出在 50％设计流量及设计背压条件下叶片流固耦合振动时叶尖尾缘的位移时间曲线，如图 6-45 所示，叶片振动呈衰减趋势，即叶片在 50％设计流量下不会发生颤振，动叶振动频率 37.94 Hz 靠近第 1 阶动弯曲固有频率，同时兼有后几阶固有频率成分，因此可观察到叶片除了以第 1 阶固有模态为主进行自由衰减振动，同时还可观察到微弱的模态叠加运动。

而在 50％设计流量及背压 3800 Pa 的流动条件下，叶片流固耦合振动时

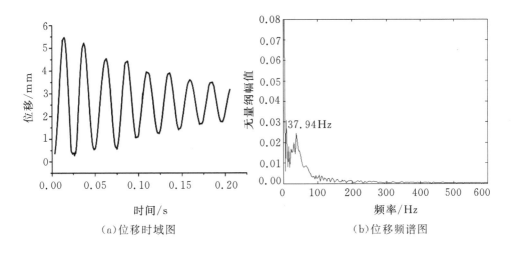

（a）位移时域图　　　　　　　　　　　（b）位移频谱图

图 6-45　50％设计流量设计背压时叶尖尾缘的位移时间历程及频谱

　　叶尖尾缘的位移时间曲线图和频率成分见图 6-46。从结果中可以看出，尾缘响应曲线没有发散而是随着气动阻尼的作用逐渐趋近于静平衡位置，从频谱图中可以看出，频率成分靠近第 1 阶固有频率占主导，同时还有靠近第 2阶固有频率成分，然而与第 1 阶相比极其微弱，可以认为，该背压下的振动是以 1 阶弯曲固有频率为主导的振动。

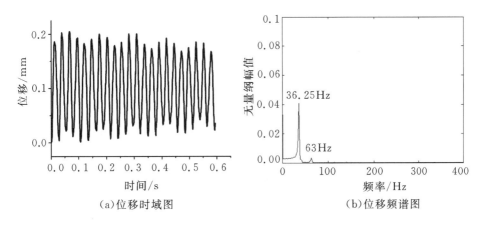

（a）位移时域图　　　　　　　　　　　（b）位移频谱图

图 6-46　50％设计流量及背压 3800 Pa 时叶尖尾缘的位移时间历程及频谱

　　提高背压，在设计流量，背压 5200 Pa 的尾缘响应曲线频率成分如图6-47所示。从结果中可以看出，时域响应曲线是收敛的，没有观察到颤振的迹象。频谱图显示，该背压下叶片的响应呈现出几个频率的拍振现象，其中最突出的是前 2 阶固有频率附近的频率成分,且第 1 阶频率成分占主导,同时第 2 阶固有频率附近的谐波成分也占一定比例,因此,该背压下的叶片尾缘的振动是以第 1 阶为主,伴有第 2 阶固有成分的拍振运动。

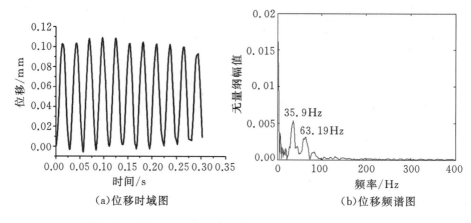

（a）位移时域图　　　　　　　　　（b）位移频谱图

图 6-47　背压 5200 Pa 叶尖尾缘位移的时间历程及频谱

3. 小结

分析了末级动叶在 4 个流量工况,设计背压和 2 个高背压工况下的流固耦合振动时域结果,得出以下几点结论:

在 4 种流量工况下,叶片流固耦合振动的位移幅值均呈衰减的趋势,即叶片附近的流场对叶片振动起阻尼作用,叶片振动能量逐渐减小,不会发生颤振。

叶片在不同流量和背压工况下,振动曲线呈现出非线性特征,表明运用双向时域响应算法能有效捕捉真实叶片的耦合响应特性,提高流固耦合气动稳定性分析的正确性和精度。

在设计流量及设计背压下的结果表明,在叶片振动过程中,动叶攻角基本为 0°,未见大攻角现象;末级流场流动仍然维持平稳状态,未见流动分离。当叶片处于最大振动位移时,与叶片处于最小位移时相比,叶片受到的周向、轴向以及扭矩的相对偏差均在 0.2% 左右。可见该级叶片振动对流场的影响微乎其微。

参考文献

[1]　Tezduyar T E,Behr M,Mittal S,et al. A new strategy for finite element computations in-

volving moving boundaries and interfaces-the deforming-spatial-domain/space-time procedure:I. the concept and the preliminary tests[J]. Computer Methods in Applied Mechanics and Engineering,1992,94(3):339-351.

[2]　Tezduyar T E,Behr M,Mittal S,et al. A new strategy for finite element computations involving moving boundaries and interfaces-the deforming-spatial-domain/space-time procedure:II. Computation of free-surface flows,two-liquid flows,and flows with drifting cylinders [J]. Computer Methods in Applied Mechanics and Engineering, 1992, 94 (3):353-371.

[3]　Bar-Yoseph P Z,Mereu S,Chippada S,et al. Automatic monitoring of element shape quality in 2-D and 3-D computational mesh dynamics[J]. Computational Mechanics,2001,27 (5):378-395.

[4]　Stein K,Tezduyar T,Benney R. Mesh moving techniques for fluid-structure interactions with large displacements[J]. Journal of Applied Mechanics,2003,70(1):58-63.

[5]　Huo S H,Wang F S,Yan W Z,et al. Layered elastic solid method for the generation of unstructured dynamic mesh[J]. Finite Elements in Analysis and Design,2010,46(10): 949-955.

[6]　仲继泽,徐自力.流固单向耦合的能量法及机翼颤振预测[J].西安交通大学学报,2017, 51(1):109-114.

[7]　Zhong J Z,Xu Z L. An energy method for flutter analysis of wing using one-way fluid structure coupling[J]. Proceedings of the Institution of Mechanical Engineers,Part G: Journal of Aerospace Engineering,2017,231(14):2560-2569.

[8]　仲继泽,徐自力.基于动网格降阶算法的机翼颤振边界预测[J].振动与冲击,2017,36 (4):29-35.

[9]　Zhong J Z,Xu Z L. A modal approach for coupled fluid structure computations of wing flutter[J]. Proceedings of the Institution of Mechanical Engineers,Part G:Journal of Aerospace Engineering,2017,231(1):72-81.

[10]　Zhong J Z,Xu Z L. Coupled fluid structure analysis for wing 445.6 flutter using a fast dynamic mesh technology[J]. International Journal of Computational Fluid Dynamics, 2016,30(7-10):531-542.

[11]　Zhong J Z,Xu Z L. A reduced mesh movement method based on pseudo elastic solid for fluid structure interaction[J]. Proceedings of the Institution of Mechanical Engineers, Part C:Journal of Mechanical Engineering Science,2018,232(6):973-986.

[12]　仲继泽,徐自力.基于快速动网格技术的时空同步流固耦合算法[J].振动工程学报, 2017,30(1):41-48.

[13]　Zhong J Z,Xu Z L. A time-space synchronized fluid structure coupling algorithm for the prediction of wing flutter[J]. Proceedings of the Institution of Mechanical Engineers, Part G:Journal of Aerospace Engineering,2018,232(5):922-931.

[14] Turek S,Hron J. Proposal for numerical benchmarking of fluid-structure interaction be-
     tween an elastic object and laminar incompressible flow [M]. Berlin: Springer,
     2006:371 - 385.

[15] Yang X D,Hou A P,Li M L,et al. Influence of mistuning on aerodynamic damping of
     blade in transonic compressor[J]. Proceedings of the Institution of Mechanical Engi-
     neers,Part G:Journal of Aerospace Engineering,2016,230(13):2523 - 2534.

[16] Kachra F, Nadarajah S. Aeroelastic solutions using the nonlinear frequency-domain
     method[J]. AIAA Journal,2008,46(9):2202 - 2210.

[17] Cinnella P,Palma P D,Pascazio G,et al. A numerical method for turbomachinery aero-
     elasticity[J]. Journal of Turbomachinery,2002,126(2):310 - 316.

[18] 张小伟,王延荣,张潇,等.涡轮机械叶片的流固耦合数值计算方法[J].航空动力学报,
     2009,24(7):1622 - 1626.

[19] Strazisar A J,Wood J R,Hathaway M D,et al. Laser anemometer measurements in a
     transonic axial-flow fan rotor[J]. NASA Sti/recon Technical Report N, 1989, 90(2):
     430 - 437.

[20] 王蕤,仲继泽,徐自力,等.动网格区域对叶片颤振流固耦合计算效率及精度的影响[J].
     推进技术,2017,38(9):2086 - 2092.

[21] Carta F O. Coupled blade-disk-shroud flutter instabilities in turbojet engine rotors[J].
     Journal of Engineering for Power,1967,89(3):419 - 426.

[22] Lane F. System mode shapes in the flutter of compressor blade rows[J]. Journal of the
     Aeronautical Sciences,1956,23(1):54 - 66.

第7章 叶片围带、凸肩干摩擦阻尼减振机理研究

7.1 叶片干摩擦阻尼研究及进展

60%～80%的叶片损坏是由振动诱发的疲劳破坏引起的。采取有效措施,把振动水平降低到允许的范围内,避免叶片振动破坏,是叶轮机械研制需要考虑的重要问题。

降低叶片振动应力主要有三种方式:减小激振力,改变共振频率,增加阻尼。激振力是由于叶片在不均匀流场中受流体作用力而形成的,叶轮机械向大功率、高效率方向发展,叶片会承受比以往更大的气流力,因此减小激振力并不可行。在叶片设计阶段,调整或者改变叶片共振频率,避开机组运行频率及倍频激振力,能够避免叶片共振。但在启停机或其它变转速工况时,改变叶片共振频率以避开机组工作频率是很难实现的。增加叶片阻尼的方式包括:干摩擦阻尼、气动阻尼和材料阻尼。干摩擦阻尼具有阻尼效果好、不受温度限制、容易实施、成本低等优点,是目前叶片减振较为有效的方法,因此围带、凸肩等具有干摩擦阻尼的结构形式在叶片中被广泛采用。

根据摩擦学理论,当两物体摩擦接触时,接触面之间会产生切向摩擦力,方向与接触面相对运动或相对运动趋势方向相反。在接触面相对运动过程中,摩擦力总是做负功,将物体的动能转化为热能。摩擦运动过程中,接触面会出现黏滞、滑动及分离等状态,因此接触面摩擦力具有高度非线性。正是由于叶片系统自身的复杂性和摩擦力的非线性,叶片系统干摩擦阻尼减振方面的研究存在很多困难,包括摩擦力模型的建立,含摩擦阻尼结构振动系统非线性响应的求解方法,以及摩擦阻尼结构的优化设计等[1-3]。

7.1.1　干摩擦阻尼结构的类型及特点

目前应用于实际机组的叶片干摩擦阻尼结构大致可分为围带、拉筋、凸肩、平台阻尼、燕尾形叶根等五种类型。这几种阻尼结构,可以单独采用,也可以根据需求同时使用两种及以上类型。下面简要介绍这五种干摩擦阻尼结构。

1. 围带

围带是叶片最常用的一种干摩擦阻尼结构,如图7-1所示。围带结构分为装配围带和叶片自带围带两种,通常位于叶片顶部。根据其形状可分为:梯形、W形、V形和Z形,如图7-2所示。装配好的叶片,静态时相邻围带间有初装间隙,工作时由于离心力作用发生叶片扭转恢复,使得相邻围带接触面相互贴紧。叶片振动时,围带接触面发生相对滑移耗散振动能量,降低叶

图7-1　带围带的叶片

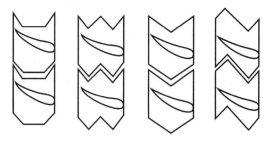

图7-2　围带的形式

片振动应力,从而延长叶片寿命和提高叶片运行的安全可靠性。围带的优点是:阻尼效果好,且能减小叶顶漏气损失,提高气动效率。其缺点是会给叶片带来附件质量,增加叶片的离心应力。

2. 拉筋

为了降低叶片的振动,在叶型上钻孔,然后用一条拉筋穿过该孔将叶片连接成组或成圈,如图 7 - 3 所示。机组转动后,在离心力作用下,拉筋与拉筋孔之间产生接触正压力。转速较低时,接触正压力较小,拉筋与拉筋孔之间相互摩擦,消耗振动能量。转速较高时,接触正压力变得很大,这使得拉筋与拉筋孔之间很难发生摩擦。因此,多认为拉筋在启动或停机过程对叶片的减振效果比较好。缺点是拉筋会对流动造成扰动,降低气动效率。

图 7 - 3　带拉筋的叶片

3. 凸肩

凸肩的位置一般在叶型的中间偏叶顶处,其工作原理跟围带相似。凸肩除了具有减振作用外,还可以增加叶片的刚性,提高叶片的颤振稳定性。某含凸肩的航空发动机叶片如图 7 - 4 所示。凸肩的缺点也是会对流动产生干扰,降低叶片的气动效率。

4. 平台阻尼

平台阻尼器安装在叶片缘板下面,其形状有平板形、楔形等多种形式,如图 7 - 5 所示。可以通过改变平台阻尼器的质量来调节接触正压力,降低叶片的振动响应。由于平台阻尼器安装方便,又不降低机组的气动效率,所以近年来在航空发动机上被广泛采用,比如 CFM56-3 发动机的第一级风扇叶片

图 7 - 4   含凸肩的航空发动机叶片

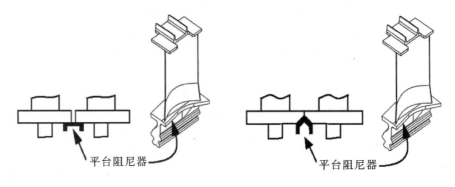

图 7 - 5   平台阻尼器

和 RB211-524G/H 发动机的低压涡轮叶片均使用了平台阻尼器。

5. 燕尾形叶根

具有燕尾形叶根的叶片通常采用松装的方式,如图 7 - 6 所示,具有结构简单、拆装方便、不影响气动性能、无附加质量等优点。在启动、停机过程中,叶片自身的离心力比较小,叶片发生振动时,叶根与轮槽接触面会相互摩擦,消耗振动能量。但在机组正常工作时,由于离心力非常大,会使叶根和轮槽接触面处于粘死状态,不能消耗振动能量。因此,叶根阻尼主要在机组起停机过程中对叶片的减振作用贡献比较大,而在正常工况下对叶片的减振作用比较小。

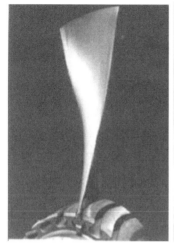

图7-6　燕尾形叶根叶片

7.1.2　干摩擦阻尼叶片非线性振动响应的求解方法

干摩擦阻尼叶片系统的振动方程是一个复杂的非线性微分方程,需要迭代求解,目前大多采用数值方法求解,主要有:时间积分法、频域法和时频域交互算法。

时间积分法,如 Newmark 法、Runge-kutta 法等通过直接对系统微分方程进行数值积分来计算系统的响应,并对每一时刻接触面的状态进行分析。时间积分法可以得到各个时刻系统的响应,适用于各种复杂非线性问题的求解。但用时间积分方法计算周期激励下系统稳态响应的效率较低。

Nayfeh 和 Mook 提出的谐波平衡法(Harmonic Balance Method)是频域法中最具代表性的方法。HBM 法通过将振动响应和非线性干摩擦力转化为傅里叶级数形式,代入振动微分方程,将时域振动微分方程转化为频域的代数方程组形式,然后通过迭代求解得到系统的稳态振动响应[4,5]。一阶谐波平衡法被认为是一种求解干摩擦阻尼叶片非线性振动响应快速且有效的方法。但是当接触面为黏滞滑移状态时,尤其是接触面发生分离时,非线性项中的高次谐波对振动的影响很大,采用一次谐波平衡法会带来较大的误差,因此需要采用高阶谐波平衡法。

Cameron[6]于 1989 年提出了一种综合了时域法和频域法两者优点的时频域交互算法 AFT(Alternating Frequency Time Domain Method)。该方法充分利用了频域法求解非线性代数方程的高效性和在时域内计算非线性干摩擦力的便捷性。通过傅里叶变换,将非线性干摩擦力的表达式由时域转化为频域,以便求解系统的稳态振动响应,然后对振动响应做傅里叶逆变换得到其在时域的值,进而求解时域内的非线性干摩擦力,通过反复迭代最终得到叶片系统的稳态振动响应。其它学者在此基础上做了诸多改进。在计算干摩擦阻尼叶片非线性响应时,时频交互法有效避免了在频域内判断接触点对黏滞、滑移状态的难题,能够在时域内准确描述接触点运动轨迹和计算非线性干摩擦力,将时域内周期变化的物理量通过傅里叶变换转换为频域内多阶谐波的叠加,因此可以快速处理复杂的周期性问题。作者所在课题组发展了该方法,并对干摩擦阻尼结构叶片振动进行了分析,相关成果见文献[7-9]。

7.1.3　干摩擦接触模型

描述接触面间约束力的干摩擦接触模型可以分为两大类:宏滑移模型(macro-slip)即整体滑移模型,和微滑移模型(micro-slip),也称之为局部滑移模型。

1. 宏滑移模型

宏滑移模型假设接触面上各接触点的正压力均相等,整个接触面同时发生黏滞或者滑移,采用一个接触点来表示整个接触面。宏滑移模型又可分为Sgn模型和滞后滑移模型。Sgn宏滑移模型是Den Hartog于1931年提出的一种理想的库仑摩擦模型,如图7-7所示。该模型忽略了接触面之间的切向接触刚度,认为接触面的摩擦力是突然发生的。相互接触的两物体之间要么处于静止状态要么处于滑动状态。

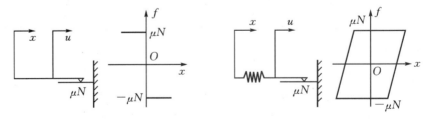

图7-7　Sgn宏滑移模型　　　　　　　图7-8　滞后宏滑移模型

滞后宏滑移模型是由一无质量的线性弹簧和理想库仑摩擦元串联组成

的,如图 7-8 所示。与 Sgn 宏滑移模型不同的是滞后模型认为接触面之间的相对滑动并非突然发生的,当切向载荷小于临界摩擦力而未发生滑动时,接触点之间就存在一定的变形;当相对位移过大导致切向载荷大于临界摩擦力时,接触面之间才会发生相对滑动。研究表明当接触面受到较小正压力时,采用滞后宏滑移模型计算的结果与实际结果吻合得比较好。一些学者对滞后宏滑移模型也进行了改进,以考虑更多的影响因素。

2. 微滑移模型

在实际中,接触面有一定大小,在发生整体滑移之前,会存在局部滑移的现象。于是采用多点接触的微滑移模型来模拟这种现象更准确,微滑移模型允许接触面一部分处于滑移状态,另一部分则处于黏滞状态。目前主要的微滑移模型有 Iwan 微滑移模型、Menq 微滑移模型和 Sextro 微滑移模型。

Iwan 微滑移模型假设接触面存在部分滑移状态,给出了描述微滑移模型的串联和并联两种模型。Iwan 并联微滑移模型将摩擦力表示为位移的函数,比 Iwan 串联模型更适合描述摩擦接触面运动,工程上常采用并联微滑移模型研究摩擦接触面运动。

Menq 微滑移模型如图 7-9 所示,假设两接触面存在一个弹性剪切层,认为整个接触面的相对位移是由接触面在三个阶段上的变形产生的,即接触面上的所有接触点均为弹性变形、接触面上部分接触点为弹性变形而其余接触点发生滑动。Csaba 对

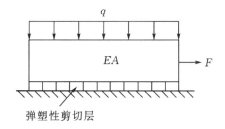

图 7-9　Menq 微滑移模型

Menq 微滑移模型进行了改进,采用离散点对模拟界面的微滑移特性提出了单边微滑移模型。作者所在课题组采用该模型进行叶片干摩擦阻尼研究[10-14]。

Sextro 微滑移模型通过在接触界面的有限元节点上分布的各接触点对,分别求解各个接触点对的运动状态来考虑界面的微滑移特性。Sextro 微滑移模型的摩擦力表达式简单并且计算方便,容易向三维运动推广,因此得到广泛的应用。作者所在课题组在 Sextro 模型的基础上发展了一种考虑界面复杂运动的三维干摩擦接触数值模型,并采用该发展的模型求解了围带阻尼叶片的非线性振动响应[15-19]。

7.2　三维微滑移接触模型

　　围带间接触面与叶片型面之间存在一定角度,当叶片发生振动时,接触界面会沿三个方向发生相对运动,因此只有使用三维接触运动模型才能更准确地描述界面的摩擦约束力。本节在传统三维摩擦接触运动的基础上,结合微滑移摩擦模型,发展了与叶片有限元分析相匹配的三维微滑移摩擦接触模型[15,18]。

7.2.1　接触面间相对运动和力的分解

　　图 7-10 所示为三个相邻的含围带结构的叶片系统,随着转速的升高,在离心力所引起的扭转恢复作用下围带将相互接触形成摩擦接触面,接触面间将会发生周期性的三维相对接触运动。

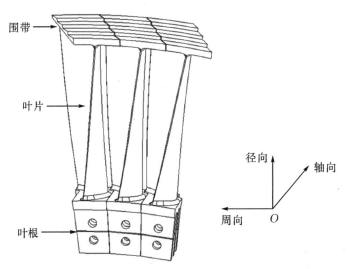

围带

叶片

径向

轴向

周向　　O

叶根

图 7-10　带围带叶片系统的接触结构

　　通常围带接触面存在接触角度,接触面的方向和叶片振动的方向不同,为了便于描述接触面的三维相对运动和求解接触面间的摩擦力,需要定义两组坐标系来分别描述叶片系统的整体运动和围带接触面间的局部相对运动。将叶片系统整体运动的坐标系定义为全局坐标系 XYZ,如图 7-11 所示,其中 X 轴为叶片的周向,Y 轴为叶片的径向,Z 轴为叶片的轴向。在围带接触面上建立局部坐标系 xyz 用于描述接触面的相对运动和求解摩擦力,如图 7-11所示,其中 x 轴和 y 轴为接触平面的两个切向,z 轴为接触面的法向。因此在求解整个叶片系统非线性响应过程中需要不断在叶片系统的全局坐标系 XYZ 和围带接触面上的局部坐标系 xyz 之间进行相互转换。

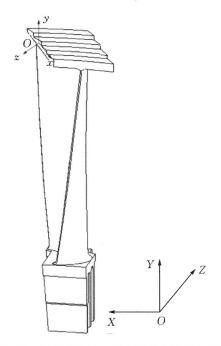

图 7-11　围带叶片的全局坐标系和局部坐标系

全局坐标系和局部坐标系的转换关系可以通过围带接触面与叶片轴向的夹角:围带角 α,及围带接触面与叶片径向的夹角:倾斜角 β 来确定。由全局坐标系 XYZ 向局部坐标系 xyz 转换的坐标变换矩阵可根据三维空间的旋转公式确定,两组坐标系的转换关系如下式所示:

$$[x\ y\ z] = [X\ Y\ Z]\bm{T} \tag{7-1}$$

式中,$[x\ y\ z]$ 为局部坐标系下的坐标向量;$[X\ Y\ Z]$ 为全局坐标系下的坐标向量;$\bm{T}$ 为由全局坐标系向局部坐标系转换的坐标变换矩阵。

两围带接触面之间的相对运动是三维的,在计算求解时通常将其分解为如图 7-12 所示的两部分:切向平面内二维相对运动和垂直于接触面变化的法向运动。切向运动产生摩擦接触,消耗系统的振动能量从而起到减振作用;法向运动导致接触正压力的变化,在某些情况下可能导致接触面出现间歇性的分离现象。

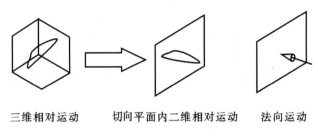

三维相对运动　　　切向平面内二维相对运动　　　法向运动

图 7-12　三维相对运动的分解

接触面之间的相互作用力亦可分解为接触面内的黏滞-滑移摩擦力和法向正压力。为简化问题的分析难度,做如下假设:

(1)忽略叶片振动导致的围带接触面法向方向的变化。

(2)在振动过程中围带接触面始终保持为平面。

7.2.2　摩擦约束力的求解

只有对摩擦接触运动进行一定简化处理后,一维接触运动和一些简单的二维接触运动才可以获得摩擦约束力与相对运动间的本构关系解析式,对于复杂的三维接触运动而言,想要通过理论推导求解摩擦约束力是十分困难的。首先,接触面黏滞-滑移-分离状态的转换条件定义起来很复杂;其次,接触状态转换时所对应的三维接触运动的相角难以确定;滑动触点的运动与接触点给定相对运动之间的滞后角度不再保持定值且变化规律无法用公式表示。因此,只有用数值方法来求解接触面间的摩擦约束力。文献[3,20,21]通过对接触点的轨迹跟踪的方法研究了法向接触正压力不变情况下接触面做椭圆运动时接触面之间的摩擦约束力作用。

笔者在前人工作的基础上,发展了一种可描述接触面做复杂运动时三维微滑移摩擦约束力模型。该模型主要有下述三个特点:

(1)将对应的两个接触面离散成多个摩擦接触区域来模拟接触面黏滞-滑移状态共存及法向接触正压力分布不均匀的情况,并考虑了接触面各向异性,更适合与有限元分析模型相结合。

(2)根据切向平面内摩擦运动的特点,使用被动滑动触点对主动滑动触点的运动轨迹进行跟踪来确定切向摩擦约束力,不需要像解析模型那样寻找接触点对运动状态转变的临界点。

(3)对接触面的相对运动轨迹没有限定,可以描述任意复杂运动状态下的摩擦约束力,适用于摩擦阻尼结构叶片系统在复杂激励下的非线性振动响应求解。

将围带接触面离散成多个微小接触区域,结合微滑移摩擦模型在接触面之间建立多个接触点对,如图7-13所示。每个接触点对都能够描述三维接触运动且各接触点对的接触运动状态是单独判断的,整个围带接触面的作用力为各个接触点对的合力。

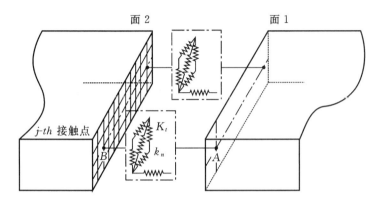

图 7-13　两接触面之间的三维微滑移摩擦接触模型

以两接触面间任意一个接触点对为例来说明求解摩擦约束力的方法。假设该摩擦接触点对包含两个摩擦节点 A 和 B,以及用来模拟切向弹性接触的弹性系数矩阵 $\boldsymbol{K}_t$ 和法向弹性接触的无质量弹簧系数 k_n,如图7-14所示。在面2上建立局部坐标系 xyz,将 x 轴和 y 轴与面2的切向相重合,z 轴与面2的法向重合。

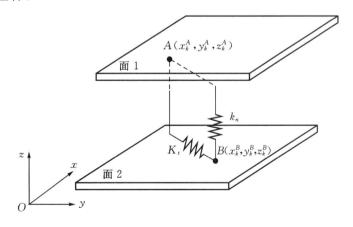

图 7-14　单个离散点上接触对之间的相对运动

将切向接触刚度定义为式(7-2)所示形式,以表征接触刚度的各向异性

$$\boldsymbol{K}_t = \begin{bmatrix} k_{xx} & k_{xy} \\ k_{yx} & k_{yy} \end{bmatrix} \tag{7-2}$$

假设节点 A 始终与面 1 保持黏滞,节点 B 将在两接触面发生相对运动时沿着面 2 做黏滞-滑移运动,产生切向摩擦约束力。当两接触面没有振动时,节点 A,B 最初重合在一起,在总体坐标系统中具有同样的坐标。当两接触面发生相对运动时,由于假设节点 A 与面 1 始终保持黏滞,所以通过面 1 的运动轨迹就可得到节点 A 的运动轨迹,只需对节点 B 的运动状态进行计算就可以得到接触面之间的运动轨迹和摩擦约束力的分布。当面 1 相对于面 2 的法向运动分量过大而导致点 B 跟面 2 发生分离时,此时的摩擦约束力用零表示。

通过分析接触点对之间的运动关系不难发现它具有如下特点:接触点对之间通过弹簧连接,在运动过程中,接触点对之间的距离保持在某一变化范围之内,无法直接写出运动轨迹;此外,对接触问题而言,求解滑动点的运动轨迹是为了最终求解摩擦约束力,而摩擦约束力的方向取决于两接触点之间的相对位置关系。

假设在全部坐标系 XYZ 中,节点 A 和 B 在一个运动周期内运动轨迹分别表示为 $(X_k^A, Y_k^A, Z_k^A)(k=1,2,\cdots,N_k)$ 和 $(X_k^B, Y_k^B, Z_k^B)(k=1,2,\cdots,N_k)$,其中 N_k 表示一个运动周期内时间离散点数。接触点对之间的相对位移可表示为:

$$\begin{cases} X_k^r = X_k^A - X_k^B \\ Y_k^r = Y_k^A - Y_k^B \\ Z_k^r = Z_k^A - Z_k^B \end{cases} \tag{7-3}$$

则局部坐标下接触点对之间的相对运动可以通过坐标转换得到

$$(\Delta x_k, \Delta y_k, \Delta z_k) = (X_k^r, Y_k^r, Z_k^r)T \tag{7-4}$$

通过局部坐标系下的相对位移便可求得接触点对产生的摩擦约束力。

1. 法向接触力

法向接触正压力应该是接触面初始正压力和由于叶片振动引起的接触面周期性变化的法向作用力之和,其大小可以利用下式计算得到

$$f_z^k = \begin{cases} n_0 + k_n \Delta z_k, & \text{当 } \Delta z_k \geqslant -n_0/k_n \\ 0, & \text{当 } \Delta z_k < -n_0/k_n \end{cases} \quad (k=1,2,\cdots,N_k) \tag{7-5}$$

式中,f_z^k 为 k 时刻接触面的法向正压力;n_0 为接触面初始正压力;k_n 为接触

面法向接触刚度。$n_0 \geqslant 0$ 表示接触面之间存在一定的初始正压力，$n_0 < 0$ 则表示接触面之间存在初始间隙。

2. 接触面内黏-滑运动

摩擦力与接触面间切向相对运动之间的关系，一般无法用显式的解析表达式来描述，只能在时域下对接触点对之间的相对运动轨迹进行数值跟踪，通过不断迭代得到振动周期内接触点对之间的相对运动波形，然后利用迭代收敛后的每一时刻接触点的相对位置来确定该时刻摩擦力的大小和方向。

以面 2 上摩擦节点 B 在整体坐标系下的振动位移为动态局部坐标系的原点，则面 1 上摩擦节点 A 的运动完全可以通过 A,B 之间的相对运动进行描述。图 7-15 所示为图 7-14 中接触点对在接触面内的黏滞-滑移接触模型，K_t 为用来描述接触面之间的切向接触刚度的无质量弹簧单元，f_z 为法向正压力，μ 为摩擦系数。假设在接触面上存在接触点 a,b，最初，摩擦节点 A，B 与接触点 a,b 都重合在一起，具有相同的坐标值。需要指出，接触点 a 与节点 A 是面 1 上始终固结在一起的两个点，只是节点 A 是描述接触面 1 上接触点相对于整体坐标系原点的位移，而接触点 a 则是描述面 1 上接触点相对于局部坐标系原点的位移。无论接触面 1,2 之间是否发生振动，接触点 a 始终与节点 A 黏结在一起，而接触点 b 和节点 B 之间在初始阶段依靠静摩擦力 $F_{cr} = \mu f_z$ 黏滞在一起，随着接触面之间相对位移的变化，接触点 b 可能与节点 B 分开。

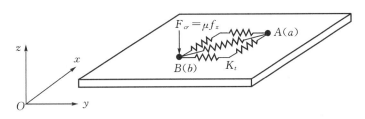

图 7-15 接触面内接触点黏滞-滑移模型

当节点之间由于振动产生相对运动时，以节点 B 作为局部坐标系 (xyz) 的坐标原点，用接触点 b 的运动来描述发生在接触面上滑动触点相对于 B 点的滑动位移。接触点 a 在局部坐标系 (xyz) 中的位置可通过接触面之间的相对运动来确定，即 $(x_a, y_a, z_a) = (\Delta x, \Delta y, \Delta z)$；而接触点 b 的位置代表了滑动接触点相对于 B 点的滑动位移是一个不断变化的量，由接触点之间的初始相对位移 (x_a, y_a, z_a) 和接触面之间的法向压力共同决定。当点 b 的位置确定后,接触面之间摩擦力的大小和方向则可由接触点 a,b 之间的最后的相对位移即弹簧的变形量及方向进一步计算获得。不论接触点 a 的运动如何复杂,相对应的接触点 b 的稳定运动轨迹都可以在时域内通过数值轨迹跟踪的方法得到。

将 k 时刻接触点 $a(x_k^a, y_k^a)$ 在接触面内的位移向量表示为 $\boldsymbol{a}_k$,接触点 b (x_k^b, y_k^b) 的位移向量表示为 $\boldsymbol{b}_k$,为方便描述将 k 时刻接触点 a 和接触点 b 之间的相对位移表示为:

$$d_u(a_k, b_k) = \begin{bmatrix} x_k^a - x_k^b \\ y_k^a - y_k^b \end{bmatrix} \tag{7-6}$$

那么下一时间点接触点 b 的位移向量 $\boldsymbol{b}_{k+1}$ 可通过下述步骤计算得到:

步骤一:将已知的接触点 a 在一个运动周期上的相对运动轨迹离散一定数量的点 N_k。在轨迹跟踪的过程中,对相对运动轨迹的离散点的个数会影响解的计算精度与计算时间,离散点数量越多,计算精度越高,但是计算时间会越长。

步骤二:从振动周期中第一个离散时间点开始,根据接触点 b 的受力情况判断 b 点的位置,并将其作为下一个离散时间点的开始位置。假设点 b 起始位置为 $x_1^b = y_1^b = 0$,如果接触点之间 $|K_t d_u^1| \leqslant \mu f_z^1$,则接触点为黏滞状态,点 b 保持不动,x_1^b, y_1^b 仍等于零;如摩擦触点之间 $|K_t d_u^1| > \mu f_z^1$,则点 b 相对 B 点产生滑动,滑动方向指向点 a,直到两个接触点之间 $|K_t d_u^1| = \mu f_z^1$,第 1 个时刻点 b 的坐标就可以确定。

步骤三:将计算得到的点 b 在第一个时刻的坐标作为计算第 2 个时刻点 b 坐标的初值,即 $x_2^b = x_1^b$ 和 $y_2^b = y_1^b$,计算 a_2 和 b_1 之间的距离。如果 a_2 和 b_1 之间 $|K_t d_u^2| \leqslant \mu f_z^2$,接触点 b 将与节点 B 保持固定维持不变,有 $x_2^b = x_1^b$ 和 $y_2^b = y_1^b$;反之,接触点 b 将向点 a 运动,直到满足 a_2 和 b_2 之间 $|K_t d_u^2| = \mu f_z^2$,则第 2 个时刻点 b 的坐标就可以确定。

步骤四:点 b 在其它时刻的坐标 $(x_k^b, y_k^b)(k=3,4,\cdots,N_k)$ 可通过相同方法计算得到,直到振动周期内所有离散时间点上的轨迹都满足收敛条件为止。

确定点 b 的运动轨迹后,便可利用下式计算一个振动周期内所有离散时间点上的接触面切向摩擦力

$$f_t^k = K_t d_u(a_k, b_k) = \begin{bmatrix} k_{xx} & k_{xy} \\ k_{yx} & k_{yy} \end{bmatrix} \begin{bmatrix} x_k^a - x_k^b \\ y_k^a - y_k^b \end{bmatrix} \tag{7-7}$$

$$
\theta_k =
\begin{cases}
\arctan\left(\dfrac{y_k^a - y_k^b}{x_k^a - x_k^b}\right) & x_k^a - x_k^b > 0 \\[3mm]
\pi + \arctan\left(\dfrac{y_k^a - y_k^b}{x_k^a - x_k^b}\right) & x_k^a - x_k^b < 0
\end{cases}
\tag{7-8}
$$

式中，f_t^k 表示 k 时刻切向摩擦力大小；θ_k 是摩擦力与局部坐标系 x 轴正方向的夹角。

假设两接触面之间的相对运动为椭圆运动，在一个运动周期内接触点 b 轨迹跟踪过程如图 7-16 所示，图中 b_k 和 a_k 之间的距离反映了切向摩擦力的大小，点 b_k 指向点 a_k 反映了摩擦力的方向。

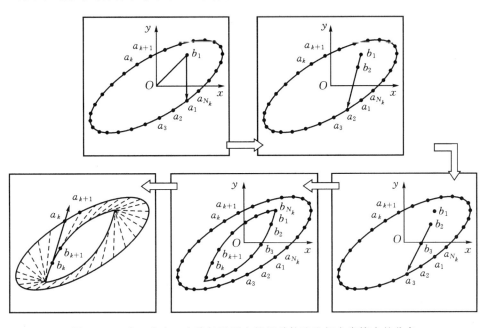

图 7-16　点 a 和点 b 在接触界面上的运动轨迹和切向摩擦力的分布

计算得到一个振动周期内接触面所受的摩擦约束力之后，将其转换到整体坐标系下和激振力一起作为系统的外部力对振动响应进行求解。在进行阻尼结构叶片系统的非线性响应计算时，每一个求解迭代步都需要进行摩擦接触点对的轨迹跟踪以求解摩擦约束力。

7.2.3　复杂摩擦接触运动的接触状态及摩擦力特点

应用三维微滑移摩擦接触模型对几种复杂接触运动进行了摩擦约束力

的计算,揭示了一些无法用理论进行分析的复杂接触运动接触状态及摩擦力的特点。

双谐波周期下的三维摩擦约束力。选取切向上的双谐波周期函数为

$$d(t) = \begin{cases} 10.0\cos\omega t - 2.0\sin2\omega t & x\ \text{方向} \\ 4.0\sin\omega t + 2.0\sin3\omega t & y\ \text{方向} \\ 1.0\cos(\omega t + \varphi) & z\ \text{方向} \end{cases} \qquad (7-9)$$

接触面参数:$\mu = 0.5\ \text{N}, n_0 = 5\ \text{N}, k_n = 2\ \text{N/m}, \boldsymbol{K}_t = \begin{bmatrix} 1 & 0 \\ 0 & 1 \end{bmatrix}\text{N/m}$;取时间间隔 $\Delta t = T/50$。

四个不同相位差下,x, y, z 三个方向的摩擦力的变化规律曲线如图7-17所示。

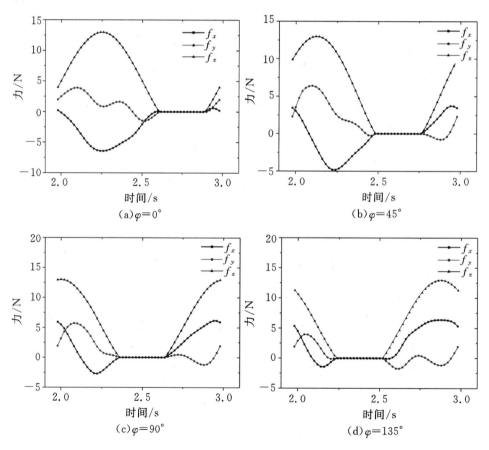

图 7-17　摩擦力及法向力的变化规律

由于界面的初始正压力 n_0 比较小，四个相位差下摩擦面均出现了分离状态，摩擦力在一个运动周期上的极值会随相位差变化，而且到达极值的时刻也随相位差发生变化。可以看出，接触摩擦力有高次谐波分量。

不同相位角下切向平面内摩擦力与对应的切向相对运动形成的迟滞回线见图 7-18。由于双谐波的作用，迟滞回线复杂且不规则，不但不具有中心对称的特点，大的回线中还包含小回线，很难根据迟滞回线的形状判断摩擦触点的运动状态，摩擦界面复杂的相对运动导致在一个运动周期内摩擦力出现多个局部极值。

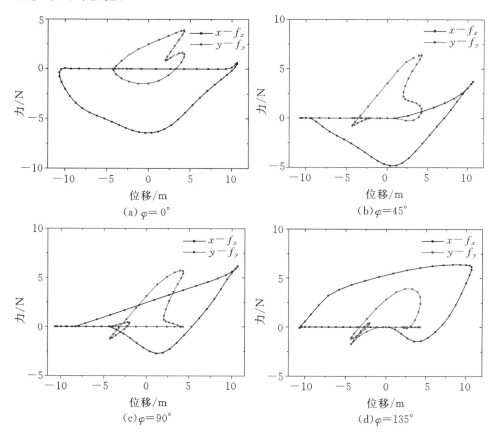

图 7-18 摩擦力与对应的切向相对运动形成的迟滞回线

图 7-19 是针对上述接触运动所得到的轨迹跟踪结果，以及平面内切向摩擦力的大小和方向，其中点 A 为给定运动，点 B 为跟踪运动轨迹。轨迹跟踪法对相对运动为凹曲线的情况仍然适用，点 A 和点 B 运动轨迹的重合部分表示接触界面处于分离状态，此时摩擦约束力为零，摩擦力的方向是由点 B

指向点 A，在一个运动周期上接触界面处于分离状态的时间在随相位差发生变化。

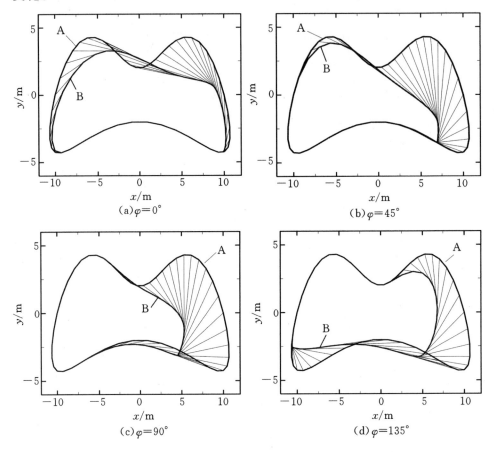

(a) $\varphi = 0°$

(b) $\varphi = 45°$

(c) $\varphi = 90°$

(d) $\varphi = 135°$

图 7 - 19　接触运动轨迹

由上述的计算分析不难发现，法向运动与切向运动的关系十分密切，切向两个方向的运动都要受到法向运动的影响，切向运动状态的转变不仅受到相位差的影响，更是法向运动与切向运动相互耦合的作用，因此，考虑接触面摩擦效应时，必须将法向运动与切向运动结合在一起进行分析。此外，轨迹跟踪法可能出现数值误差的两个原因：其一是摩擦运动中接触状态的转换时间点不一定位于离散的计算点上，这就意味着在计算中必须采用较多的离散点进行轨迹跟踪，尽量使离散计算点接近或者位于真实转换点；另一原因是轨迹跟踪使用滑动轨迹的割线代替滑动轨迹的切线，这也会产生一定的误差。

7.3　分形接触干摩擦微滑移模型

干摩擦接触模型中接触刚度和摩擦系数是两个重要参数,先前大部分摩擦接触模型中,多采用经验值。实际上,摩擦系数和接触刚度会随接触正压力、接触面形貌、弹性模量、泊松比等参数发生变化。

基于三维干摩擦微滑移模型,发展了一种分形接触干摩擦力微滑移模型,用于计算考虑接触面形貌的摩擦力。采用分形几何模拟接触表面的形貌,基于分形理论和弹塑性接触力学,建立接触面粗糙度、正压力、弹性模量、泊松比等参数与接触刚度和摩擦系数的关系;并结合三维干摩擦微滑移模型,由接触刚度、摩擦系数和接触点对的相对位移计算摩擦力。研究成果见文献[22-26]。

7.3.1　分形接触表面

研究表明,粗糙表面的形貌都具有分形特征,也就是说轮廓曲线的局部和整体具有某种自相似性,这类表面就被称为分形表面。具有分形特征的三维各向同性的粗糙表面轮廓曲线可由 Yan 和 Komvopoulos 改进后的 W-M (Weierstrass-Mandelbrot)函数来模拟生成,该函数连续不可导,具有无限细节特征。数学表达式如下[27]:

$$z(x,y) = L\left(\frac{G}{L}\right)^{(D-2)}\left(\frac{\ln\gamma}{M}\right)^{1/2}\sum_{m=1}^{M}\sum_{n=0}^{n_{\max}}\gamma^{(D-3)n}\Big\{\cos\phi_{m,n}$$
$$-\cos\Big[\frac{2\pi\gamma^{n}(x^2+y^2)^{1/2}}{L}\cos\Big(\arctan\frac{y}{x}-\frac{\pi m}{M}\Big)+\phi_{m,n}\Big]\Big\} \quad (7-10)$$

式中,$z(x,y)$ 为粗糙表面轮廓的高度;x,y 为粗糙表面轮廓的位移坐标;G 为反映表面轮廓 z 的特征尺度系数,G 越大越粗糙;L 为形貌取样长度;D 为表面轮廓的分形维数,表征表面轮廓的不规则性和复杂程度,且 $2<D<3$;r 为决定频率密度的参数,通常 $r>1$;n 为空间频率序数,这里最低频率序数为 0,最高频率序数为 $n_{\max}=\text{int}[\lg(L/L_s)/\lg\gamma]$,$L_s$ 截止长度,通常近似为材料的原子间距离;γ^n 表示轮廓曲线的空间频率,一般 $\gamma=1.5$ 比较符合高频谱密度和相位随机的情况;M 为粗糙表面褶皱的重叠数;$\phi_{m,n}$ 是随机相位,取值范围为 $[0,2\pi]$。

为了说明分形维数 D 对接触表面形貌的影响,分别模拟了 $D=2.3$ 和 D

＝2.6 的两种分形接触表面如图 7－20 所示。比较两种表面形貌,发现当固定分形参数 G 时,分形维数 D 越大,表面越光滑。

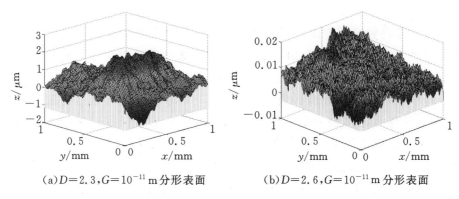

（a）$D＝2.3,G＝10^{-11}$ m 分形表面　　　（b）$D＝2.6,G＝10^{-11}$ m 分形表面

图 7－20　三维分形接触表面

7.3.2　基于分形的接触刚度

1. 接触面的微观接触

　　粗糙接触面的接触刚度源于接触表面分布着一系列的微凸体,研究表明,两个粗糙表面之间的接触可以等效为一个粗糙表面和一个光滑理想的刚性平面之间的接触[28],如图 7－21 所示。

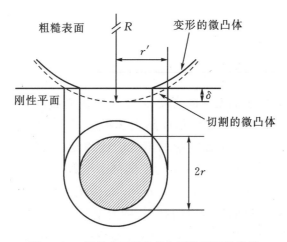

图 7－21　粗糙表面微凸体与刚性平面的接触

则该系统的等效弹性模量为:

$$E^* = \left[(1-\nu_1^2)/E_1 + (1-\nu_2^2)/E_2\right]^{-1} \quad (7-11)$$

式中,ν_1,ν_2 和 E_1,E_2 分别为两个接触微凸体的泊松比和弹性模量。

微凸体变形量由 W-M 分形函数决定[29,30]:

$$\delta = 2G^{(D-2)}(\ln\gamma)^{1/2}(2r')^{(3-D)} \quad (7-12)$$

式中,r' 为微凸体切割半径。

微凸体切割面积 a' 的统计学分布函数为:

$$n(a') = \frac{D-1}{2a_l'}\left(\frac{a_l'}{a'}\right)^{(D+1)/2} \quad (7-13)$$

式中,$a' = \pi(r')^2$ 为微凸体的切割面积;a_l' 为最大微凸体切割面积。

微凸体的曲率半径为:$R^2 = (R-\delta)^2 + (r')^2$,忽略二阶小量可写为:$(r')^2 = 2R\delta$,代入到式(7-12)可得:

$$R = \frac{(a')^{(D-1)/2}}{2^{(5-D)}\pi^{(D-1)/2}G^{(D-2)}(\ln\gamma)^{1/2}} \quad (7-14)$$

为研究接触面参数与表面粗糙度的关系,引入了接触面粗糙度 Ra,根据文献[34]实验测量结果得到分形维数 D、分形参数 G 与接触面粗糙度 Ra 的关系,可以近似表示为:

$$D = 1.515/Ra^{0.088} + 1 \quad (7-15)$$

$$G = 10^{(-8.259/Ra^{0.088})} \quad (7-16)$$

Kogut 等[28]将微凸体的变形分为四个阶段:完全弹性、第一弹塑性、第二弹塑性和完全塑性四个变形阶段。即当 $\delta < \delta_c$ 时微凸体处于完全弹性变形阶段;当 $\delta_c \leqslant \delta \leqslant 6\delta_c$ 时微凸体处于第一弹塑性变形阶段;当 $6\delta_c < \delta \leqslant 110\delta_c$ 时微凸体处于第二弹塑性变形阶段;当 $\delta > 110\delta_c$ 时微凸体处于完全塑性变形阶段。接触面微凸体由完全弹性到第一弹塑性变形阶段的临界变形量为[35]:

$$\delta_c = \left(\frac{\pi KH}{2E^*}\right)^2 R \quad (7-17)$$

式中,H 为材料硬度;$K = 0.454 + 0.41\nu$ 为材料的硬度系数,ν 为软材料的泊松比。

将式(7-12)和式(7-14)代入式(7-17),微凸体由完全弹性到弹塑性变形的临界切割面积可表示为:

$$a_c' = \left[2^{(9-2D)}\pi^{(D-2)}G^{(2D-4)}\ln\gamma\left(\frac{E^*}{KH}\right)^2\right]^{1/(D-2)} \quad (7-18)$$

当微凸体变形量 $\delta < \delta_c$ 时发生完全弹性变形,由赫兹接触理论,单个微凸体处于完全弹性变形接触时的法向载荷可表示为:

$$F_e = \frac{4E^* r^3}{3R} = \frac{4}{3}E^* R^{1/2}\delta^{3/2} \tag{7-19}$$

此时单个微凸体法向接触刚度可表示为：

$$k_{ne} = \frac{\mathrm{d}F_e}{\mathrm{d}\delta} = \frac{2\sqrt{2}}{3\sqrt{\pi}}E^*\left(\frac{4-D}{3-D}\right)a'^{1/2} \tag{7-20}$$

当微凸体变形量 $\delta_c \leqslant \delta \leqslant 6\delta_c$ 时，微凸体处于第一弹塑性变形阶段，此时单个微凸体的法向载荷可表示为：

$$F_{ep1} = \frac{2}{3}KH\pi R\delta_c \times 1.03\left(\frac{\delta}{\delta_c}\right)^{1.425} \tag{7-21}$$

此时单个微凸体法向接触刚度为：

$$k_{nep1} = \frac{\mathrm{d}F_{ep1}}{\mathrm{d}\delta} =$$

$$\frac{1.03\times(1.85-0.425D)2^{(0.15D+1.825)}K^{0.15}H^{0.15}E^{*0.85}G^{(0.3-0.15D)}a'^{(0.075D+0.35)}}{3\times(3-D)\pi^{(0.075D+0.275)}(\ln\gamma)^{0.075}} \tag{7-22}$$

当微凸体变形量 $6\delta_c \leqslant \delta \leqslant 110\delta_c$ 时，微凸体处于第二弹塑性变形阶段，单个微凸体的法向载荷可表示为：

$$F_{nep2} = \frac{2}{3}KH\pi R\delta_c \times 1.4\left(\frac{\delta}{\delta_c}\right)^{1.263} \tag{7-23}$$

此时单个微凸体法向接触刚度为：

$$k_{nep2} = \frac{\mathrm{d}F_{ep2}}{\mathrm{d}\delta} =$$

$$\frac{1.4\times(1.526-0.263D)2^{(0.474D-0.107)}K^{0.474}H^{0.474}E^{*0.526}G^{(0.948-0.474D)}a'^{(0.237D+0.026)}}{3\times(3-D)\pi^{(0.237D-0.448)}(\ln\gamma)^{0.237}} \tag{7-24}$$

当微凸体变形量 $\delta > \delta_p$ 时，$\delta_p = 110\delta_c$，微凸体处于完全塑性变形阶段，单个微凸体的法向载荷为：

$$F_p = 2\pi R\delta H \tag{7-25}$$

于是，单个微凸体的法向接触刚度为：

$$k_n = k_{ne} + k_{nep1} + k_{nep2} \tag{7-26}$$

由文献[30]得到单个微凸体的切向接触刚度：

$$k_\tau = \frac{4G^* r}{2-\nu} \tag{7-27}$$

式中，$G^* = \dfrac{E^*}{2(1+\nu)}$ 为接触面的等效剪切弹性模量。

2. 接触面的总接触刚度

假设整个接触面的接触刚度是所有单个微凸体接触刚度的总和[31,32]，于是接触面的法向接触总刚度为：

$$K_n = \int_{a'_c}^{a'_l} k_{ne} n(a') \mathrm{d}a' + \int_{6^{1/(2-D)} a'_c}^{a'_c} k_{nep1} n(a') \mathrm{d}a' + \int_{110^{1/(2-D)} a'_c}^{6^{1/(2-D)} a'_c} k_{nep2} n(a') \mathrm{d}a$$

$$(7-28)$$

同理，接触面的切向接触总刚度为：

$$K_\tau = \int_{110^{1/(2-D)} a'_c}^{a'_l} k_\tau n(a') \mathrm{d}a' \qquad (7-29)$$

整个接触面的法向载荷为：

$$F_n = \int_{a'_c}^{a'_l} F_e n(a') \mathrm{d}a' + \int_{6^{1/(2-D)} a'_c}^{a'_c} F_{ep1} n(a') \mathrm{d}a' + \int_{110^{1/(2-D)} a'_c}^{6^{1/(2-D)} a'_c} F_{ep2} n(a') \mathrm{d}a$$

$$+ \int_{a'_s}^{110^{1/(2-D)} a'_c} F_p n(a') \mathrm{d}a' \qquad (7-30)$$

式中，a'_s 是最小微凸体切割面积

切向和法向接触刚度随正压力和粗糙度的变化如图 7-22 和图 7-23 所示。其中接触面材料参数设置为：$E = 207$ GPa，$\nu = 0.3$，$HB = 220$（布氏硬度）。由图看出，法向和切向接触刚度均随着接触正压力的增加而逐渐增加，随着粗糙度的增加而迅速减小。

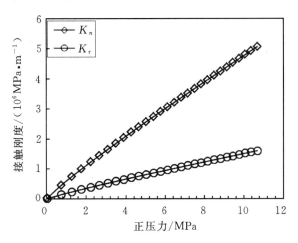

图 7-22　接触刚度随正压力的变化

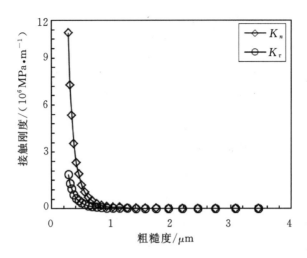

图 7 - 23　接触刚度随粗糙度的变化

7.3.3　基于分形的摩擦系数计算

　　如图 7 - 24 所示当微凸体同时受到法向载荷 F 和切向载荷 T 共同作用时，微凸体表面的应力场目前还没有完整的解析解，现有文献大多基于一定的假设条件对表达式进行简化。本文采用文献[33]中提出的假设，认为微凸体的屈服发生在微凸体表面接触点的边缘，接触点边缘的应力为：

$$\begin{cases} \sigma_x = \dfrac{1-2\nu}{2a'}F + \dfrac{3\pi}{4a'}\left(1+\dfrac{\nu}{4}\right)T \\[2mm] \sigma_y = \dfrac{9\pi\nu}{16a'}T - \dfrac{(1-2\nu)}{2a'}F \\[2mm] \sigma_z = \tau_{xy} = \tau_{xz} = \tau_{yz} = 0 \end{cases} \qquad (7-31)$$

式中，F 为微凸体所承受的法向载荷；T 为微凸体所承受的切向载荷；σ_x，σ_y，σ_z 分别为三个坐标轴方向的正应力；τ_{xy}，τ_{xz}，τ_{yz} 分别为三个坐标平面的剪应力；ν 是较软材料的泊松比。

　　Tresca 屈服准则由于能够很好地符合工程实际，得到广泛的应用，本文采用 Tresca 屈服准则计算接触微凸体屈服时的应力。

　　当微凸体的接触界面达到完全屈服时，$|\sigma_x - \sigma_y| = \sigma_s$，代入式(7 - 31)，可计算得到此时接触面承受切向载荷 T：

$$T = \frac{8\sigma_s a}{\pi(6-3\nu)} + \frac{8(2\nu-1)}{\pi(6-3\nu)}F \qquad (7-32)$$

　　接触面受法向接触力作用时，假设表面发生塑性变形的微凸体由于受到

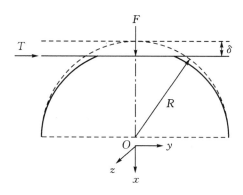

图 7 - 24　同时承受切向和法向载荷的微凸体

局部接触载荷已经使其发生塑性流动，将不能继续承受切向载荷[36]。因此在计算静摩擦力不包含已经发生塑性变形的微凸体（只包含发生完全弹性变形和第一弹塑性变形的微凸体）。当整个接触面处于临界滑动状态时，微凸体表面边缘的应力将达到完全屈服，此时整个接触面所有微凸体所承受的切向载荷即为最大静摩擦力 T_t：

$$T_t = \int_{a'_l}^{a'_i} Tn(a')\mathrm{d}a' + \int_{6^{1/(2-D)}a'_c}^{a'_l} Tn(a')\mathrm{d}a' \qquad (7-33)$$

整个接触面的法向载荷可由式（7-30）计算得到，因此摩擦系数可以由下式计算得到：

$$\mu = \frac{T_t}{F_n} \qquad (7-34)$$

接触面摩擦系数随正压力和粗糙度的变化如图 7-25 和图 7-26 所示。其中接触面材料参数为：$E=207\mathrm{GPa}$，$\nu=0.3$，$HB=220$（布氏硬度）。由这两

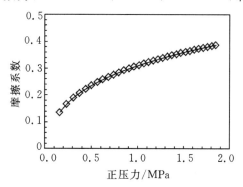

图 7 - 25　摩擦系数随正压力的变化

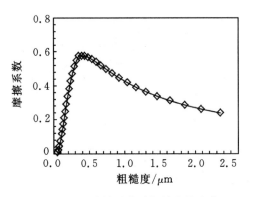

图 7-26　摩擦系数随粗糙度的变化

幅图可以看出，摩擦系数随着接触面正压力的增加而逐渐增加，随着粗糙度的增加而先迅速增大后逐渐减小。

7.3.4　分形接触干摩擦模型的数值仿真

以单个接触单元为例，应用上述分形接触干摩擦模型进行摩擦力的模拟，分析复杂接触运动的接触状态和摩擦力的特点。接触参数包括：每个接触单元的初始正压力 $n_0=10$ N；表面粗糙度 $Ra=1.6\mu\mathrm{m}$；接触刚度 K_n，K_t 和摩擦系数 μ 分别采用式（7-28），（7-29）和（7-34）计算。以接触面内做椭圆运动，法向做简谐运动为例，点 A 和点 B 的相对位移函数如式（7-35）所示，其中角频率 $\omega=200\pi$。

$$d(t)=\begin{cases}10.0\times10^{-3}\cos\omega t & x\text{ 方向}\\ 4.0\times10^{-3}\sin\omega t & y\text{ 方向}\\ 4.0\times10^{-3}\cos(\omega t-\pi/4) & z\text{ 方向}\end{cases}\qquad(7-35)$$

图 7-27 给出了一个运动周期上点 A（给定的相对运动）和点 B（接触点运动轨迹）在接触面上的运动轨迹。由图可见接触点 B 在接触面上的运动轨迹不再是椭圆，而是一个复杂的平面曲线，摩擦力的方向由点 B 指向点 A；点 A 和点 B 运动轨迹的重合部分表示接触点处没有摩擦力。

图 7-28 为 x,y,z 三个方向在一个运动周期内摩擦力随时间的变化，其中 F_x 和 F_y 是接触面内的切向摩擦力，F_z 为接触面间的法向接触力。由图可以看出接触面在运动过程中出现了分离状态，处于分离状态的三个方向的力为零，同时分离状态对应于图 7-27 运动轨迹中的重合部分。

图 7-29 和图 7-30 分别为摩擦约束力沿 x 方向和 y 方向的迟滞曲线，

可以看出接触面摩擦约束力的迟滞曲线是不规则的。图中给出了接触点在

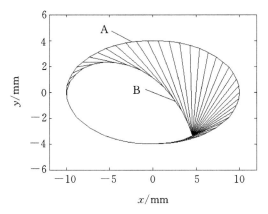

图 7-27　接触点相对位移和摩擦点的运动轨迹

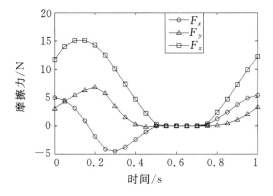

图 7-28　摩擦力随时间的变化

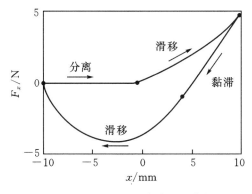

图 7-29　沿 x 方向的摩擦力迟滞曲线

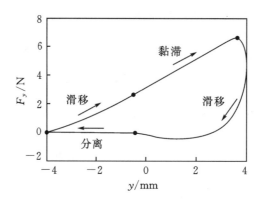

图 7 - 30　沿 y 方向的摩擦力迟滞曲线

分离、滑移和黏滞状态之间相互转换的临界点。法向接触力的大小会影响着分离、滑移和黏滞的转换条件。在求解接触面三维摩擦约束力时,采用了轨迹跟踪法。该方法在判断分离、滑移和黏滞状态转换条件时,不需要考虑接触点的速度项,适合于计算接触面复杂周期运动时的三维摩擦约束力。

7.4　抗混叠时频域融合算法

从计算精度和计算效率两方面对时频域交互算法[37,38]进行改进,提出了抗混叠时频域融合算法。使用改进后的抗混叠时频域融合算法对叶片系统的非线性强迫振动响应进行了计算,并与原算法进行比较。

7.4.1　抗混叠时频域融合算法的提出

为解决现有的时频域交互算法中反复使用快速傅里叶变换而出现频谱混叠误差和频谱系数周期性重复的问题,采用快速抗混叠傅里叶变换(Fast Anti-Aliasing Fourier Transform)取代原有的快速傅里叶变换,从计算精度和效率两方面对时频域交互算法进行改进,提出了一种非线性系统振动响应求解的新方法——抗混叠时频域融合算法。该算法与时频域交互方法相似,都综合了时域法和频域法两者的优点,在时域中计算作为状态轨迹函数的非线性力,在频域中求解非线性方程组。通过离散傅里叶变换,将非线性力的时域函数转化成频域函数求解动力系统的稳态响应,再对振动响应做傅里叶逆变换得到其在时域中的解,进而得到系统的非线性力时域函数,通过反复的迭代最终得到动力系统的稳态解。这样一来不仅绕开了在频域中判断摩擦接触面上各点黏滞、滑移状态转换的难题,而且避免了在时域求解时步长对精度的影响。

阻尼结构叶片的有限元运动方程可表示为:

$$M\ddot{x}(t) + C\dot{x}(t) + Kx(t) = f_l(t) + f_{nl}(t,x,\dot{x}) \tag{7-36}$$

式中,M 为叶片系统的质量矩阵;K 为叶片系统的刚度矩阵;C 为叶片系统的材料阻尼矩阵;x 为位移向量;f_l 为激振力载荷向量;f_{nl} 为作用在结构处的非线性干摩擦力向量,与摩擦阻尼接触区域节点的位移和速度相关。

对方程两边进行傅里叶变换,并引入 ω_k 以满足离散傅里叶变换的需要。使用 $X(\omega)$ 表示位移向量 $x(t)$ 的频谱函数,包含有 N_k 个谐波分量;$F_l(\omega)$ 表示激振力 $f_l(t)$ 的频谱函数;$F_{nl}(\omega, X(\omega))$ 表示非线性摩擦力 $f_{nl}(t,x,\dot{x})$ 的频谱函数。变换后得到如下非线性代数方程组:

$$H(\omega) \cdot X(\omega) = F_l(\omega) + F_{nl}(\omega, X(\omega)) \tag{7-37}$$

$$H(\omega) = -(k\omega)^2 M + ik\omega C + K \tag{7-38}$$

$$\omega = \omega_k, \quad \omega_k = \frac{2\pi k}{\Delta t \cdot N_k} \quad (k = 0,1,\cdots,N_k-1) \tag{7-39}$$

式中,$H(\omega)$ 为系统的动刚度矩阵,与频率 ω 相关;Δt 为离散傅里叶变换中所考虑的采样时间;N_k 为离散傅里叶变换中所考虑的采样点数。

式(7-37)亦可表示成如下形式的方程组:

$$
\begin{bmatrix}
H(\omega_0) & & & 0 \\
 & H(\omega_1) & & \\
 & & \ddots & \\
0 & & & H(\omega_{N_k-1})
\end{bmatrix} \times
$$

$$
\begin{bmatrix}
X_1(\omega_0) \\
\vdots \\
X_m(\omega_0) \\
X_1(\omega_1) \\
\vdots \\
X_m(\omega_1) \\
\vdots \\
X_1(\omega_{N_k-1}) \\
\vdots \\
X_m(\omega_{N_k-1})
\end{bmatrix}
=
\begin{bmatrix}
F_{l,1}(\omega_0) \\
\vdots \\
F_{l,m}(\omega_0) \\
F_{l,1}(\omega_1)) \\
\vdots \\
F_{l,m}(\omega_1) \\
\vdots \\
F_{l,1}(\omega_{N_k-1}) \\
\vdots \\
F_{l,m}(\omega_{N_k-1})
\end{bmatrix}
+
\begin{bmatrix}
F_{nl,1}(\omega_0) \\
\vdots \\
F_{nl,m}(\omega_0) \\
F_{nl,1}(\omega_1) \\
\vdots \\
F_{nl,m}(\omega_1) \\
\vdots \\
F_{nl,1}(\omega_{N_k-1}) \\
\vdots \\
F_{nl,m}(\omega_{N_k-1})
\end{bmatrix}
\tag{7-40}
$$

$$\boldsymbol{H}(\omega_k) = \begin{bmatrix} H_{11}(\omega_k) & \cdots & H_{1m}(\omega_k) \\ \vdots & \ddots & \vdots \\ H_{m1}(\omega_k) & \cdots & H_{mm}(\omega_k) \end{bmatrix} \quad (k=0,1,\cdots,N_k-1) \qquad (7-41)$$

由于式(7-37)是关于未知量 $X(\omega)$ 的非线性代数方程组,需要进行迭代求解。图 7-31 给出了抗混叠时频域融合算法的计算思路。图中,符号 N_k 表示频域的谐波采样数;N_t 表示时域内的离散点数目;上标 i 表示第 i 次迭代值;下标 j 表示第 j 个摩擦接触点。

计算开始于某个给定的频域振动响应初值 $X^{(0)}(\omega_k)$ 或者第 i 次迭代值 $X^{(i)}(\omega_k)$,选取第 j 个位于摩擦接触界面上自由度 $X_j^{(i)}(\omega_k)$,通过快速抗混叠傅里叶变换(FAFT)的逆变换,得到第 j 个摩擦接触界面上自由度在时域上的振动响应 $x_{j,t}^{(i)}$,然后通过对接触面的摩擦接触行为进行模拟,得到时域上的摩擦约束力 $f_{nl\,j,t}^{(i)}(t,x^{(i)}(t))$。通过 FAFT 变换,得到频域上第 j 个摩擦接触界面上自由度的摩擦约束力 $F_{nl\,j}^{(i)}$,重复计算所有摩擦接触点的摩擦约束力,得到 $F_{nl}^{(i)}$。在 $F_{nl}^{(i)}$ 确定的情况下,可以计算下一迭代步接触界面上自由度在频域上的振动响应 $X^{(i+1)}(\omega_k)$。这样就完成了一个迭代子步,重复这个迭代过程,直到满足计算精度为止。

7.4.2 抗混叠时频域融合算法的应用

1. 两自由度系统强迫振动响应计算

利用非线性摩擦力常作用在局部的特点,对阻尼结构叶片进行自由度降阶处理,将其简化为如图 7-32 所示的两自由度集中质量悬臂梁,采用两阶振动模态近似研究叶片的振动响应。假设摩擦接触点和激振力作用点处位移分别为 x_1 和 x_2,根据牛顿第二运动定律列出控制方程:

$$\begin{cases} m_1\ddot{x}_1(t) + (k_1+k_2)x_1(t) - k_2x_2(t) = -F_d(x_1(t)) \\ m_2\ddot{x}_2(t) + k_2x_2(t) - k_2x_1(t) = P_a\cos\omega t \end{cases} \qquad (7-42)$$

系统参数设定为:等效质量 $m_1=m_2=1\mathrm{kg}$,系统刚度 $k_1=k_2=1.0\times10^7$ N/m。系统的初始位移和初始速度 $x_1=x_2=0,\dot{x}_1=\dot{x}_2=0$。叶片顶部作用有余弦函数形式的激振力 $P=P_a\cos\omega t$,幅值 $P_a=100$ N。使用如图 7-33 所示的单边微滑移离散模型来模化叶片的干摩擦接触,计算中阻尼器弹性模量与截面面积的乘积设定为 $EA=200000$ N,微滑移体总长度 $l=0.04$ m,接触面摩擦系数 $\mu=0.4$。接触面正压力为二次函数:$q(x)=q_0+4q_1(xl-x^2)/l^2$,且

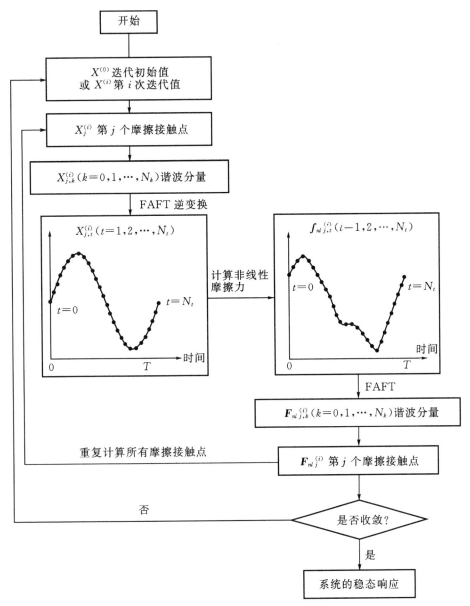

图 7 - 31　抗混叠时频域融合算法的计算思路

$q_1 = q_0/2$。

引入无量纲正压力 $Q_0 = \mu q_0 l/P_a$，并保持 $Q_0 = 2.88$ 恒定，分别使用本书方法 IAFT，AFT，HBM 和 4-RK 对图 7 - 32 所示阻尼结构叶片进行振动响应分析。质量点 m_1 和 m_2 处的幅频响应曲线分别如图 7 - 34 和图 7 - 35 所

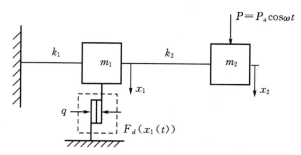

图 7-32　叶片两自由度系统简化模型

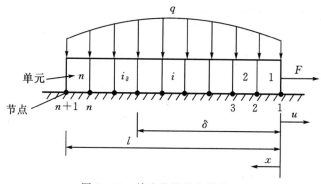

图 7-33　单边微滑移离散模型

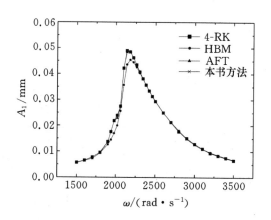

图 7-34　m_1 处幅频响应曲线

示,其中 A_1,A_2 分别代表位移 x_1 和 x_2 的响应振幅。

　　从图 7-34 和图 7-35 可以看出:本书方法 IAFT,AFT 和 4-RK 的计算结果整体上比较接近,在共振频率附近 HBM 的计算结果与其它三种方法存在较大差别。在所计算的频率范围内,HBM 计算结果曲线较为光滑,本书方

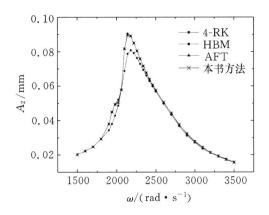

图 7 - 35　m_2 处幅频响应曲线

法 IAFT, AFT 和 4-RK 的计算结果曲线在 $\omega = 1900$ rad/s 附近有局部凸点。这是因为这三种计算方法可以完备地体现摩擦力的非线性特征对系统振动响应的影响, 而 HBM 对非线性干摩擦力进行了线性化处理, 仅保留了非线性力的一阶谐波分量, 忽略了非线性项中高阶谐波的影响, 产生了误差。

图 7 - 36 和图 7 - 37 分别是激振力频率接近共振频率点处和激振力频率远离共振频率点处使用本书方法 IAFT, HBM 和 4-RK 三种计算方法得到的质点 m_1 处位移与摩擦力的滞迟回线。

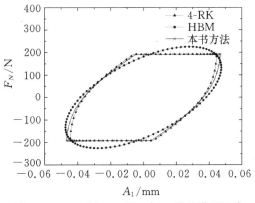

图 7 - 36　$\omega = 2200$ rad/s 时 m_1 处的滞迟回线

从图 7 - 36 和图 7 - 37 可以看出, 无论摩擦接触面是处于部分滑移状态还是整体滑移状态, 使用本书方法 IAFT 与 4-RK 所描述的摩擦力都十分吻合, 而 HBM 由于对非线性干摩擦力的线性化处理使其计算结果与其它两种方法存在一定差异, 在整体滑移状态时尤为明显。

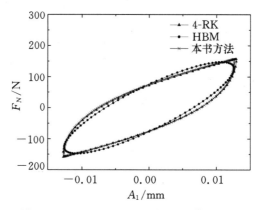

图 7 - 37　$\omega=3000$ rad/s 时 m_1 处滞迟回线

　　为了对本书方法 IAFT,AFT,HBM 和 4-RK 的计算时间和计算精度进行比较,分别记录了激振力频率 $\omega=2200$ rad/s 和 $\omega=3000$ rad/s 时系统的响应幅值和计算时间见表 7 - 1,并以 4-RK 的幅值计算结果为参考标准,计算了它们的相对误差见表 7 - 2。

表 7 - 1　四种计算方法的计算结果与计算时间

计算方法	$\omega=2200$ rad/s			$\omega=3000$ rad/s		
	A_1/mm	A_2/mm	计算时间/s	A_1/mm	A_2/mm	计算时间/s
4-RK	0.0474	0.0871	17.860	0.0128	0.0280	10.187
HBM	0.0451	0.0803	0.219	0.0126	0.0272	0.219
AFT	0.0468	0.0861	1.562	0.0129	0.0277	0.375
本书方法	0.0468	0.0868	0.451	0.0128	0.0281	0.310

表 7 - 2　计算结果的相对误差

计算方法	$\omega=2200$ rad/s		$\omega=3000$ rad/s	
	A_1 相对误差/%	A_2 相对误差/%	A_1 相对误差/%	A_2 相对误差/%
HBM	4.8523	7.8071	1.5625	2.8571
AFT	1.2658	1.1481	0.7812	1.0714
本书方法	1.2658	0.3444	0	0.3571

　　从表 7 - 1 中可以看出,在相同的计算条件下,计算速度由快到慢的次序为:HBM,本书方法 IAFT,AFT,4-RK。作者提出的方法 IAFT 的计算时间不到 4-RK 的 1/10,且优于传统的 AFT,与一阶 HBM 相当,计算速度具有明

显优势。在表 7-2 中,HBM 的相对误差不稳定,在共振频率附近较大;本书方法 IAFT 的相对误差明显小于 HBM 且保持稳定,可知本书方法 IAFT 的计算精度也非常高。

2. 多自由度系统强迫振动响应计算

使用本书抗混叠时频域融合算法(IAFT)和时频域交互法(AFT)对图 7-38 所示的阻尼结构叶片的振动响应进行计算。有限元模型中有 20765 个节点和 16068 个 8 节点六面体单元,其中位于摩擦接触面上的节点有 579 个。叶片围带处的摩擦接触采用如图 7-13 所示的三维微滑移摩擦接触模型进行

模拟,主要参数有:切向接触刚度 $k_t = \begin{bmatrix} 1.0 \times 10^7 & 0 \\ 0 & 1.0 \times 10^7 \end{bmatrix}$ N/m,法向接触

刚度 $k_n = 1.0 \times 10^7$ N/m,摩擦系数 $\mu = 0.3$。

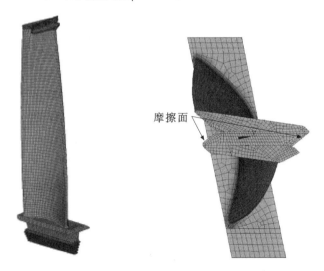

摩擦面

图 7-38　围带叶片有限元模型及围带接触结构

当激振频率为 450rad/s 时,使用作者提出的 IAFT 和 AFT 计算得到的叶片稳态响应结果如表 7-3 所示。

表 7-3　AFT 和 IAFT 在 $\omega = 450$ rad/s 的计算结果

计算方法	离散点个数	计算时间/s	轴向振幅/mm	周向振幅/mm	径向振幅/mm
AFT	1024	9.010	0.039542	0.02135	0.0065002
本书方法	512	4.875	0.039545	0.021211	0.0064724
IAFT	256	2.310	0.039504	0.021077	0.0064533

从表中可以看出,三种计算条件下得到的叶片稳态响应幅值差异小,但计算时间相差较大。本书 IAFT 法中使用 256 个采样点的计算精度与 AFT 法中使用 1024 个采样点的计算精度相当,三个方向上的误差分别为 0.096%,1.2786% 和 0.72%,但是作者提出的 IAFT 法的计算时间较 AFT 法减少了 74.36%。

作者提出的抗混叠时频域融合算法,不仅可以抑制频谱分析中的混叠误差从而提高算法的分析精度,并且可以使用较少的采样点数对信号的高阶谐波进行分析,减少计算时间。通过对叶片系统强迫振动响应的计算表明,在计算精度基本保持不变的前提下,IAFT 的计算时间与一阶 HBM 相近,仅相当于 4-RK 的 1/10,是现有 AFT 的 1/4。IAFT 有效地解决了计算效率与计算精度之间的矛盾,是分析摩擦阻尼结构叶片系统振动响应的一种较好的方法,具有适用范围广、计算精度高、计算时间短等优点。

7.5　干摩擦阻尼叶片非线性振动响应的求解方法

叶片系统的响应求解是一个非线性迭代过程,成圈叶片有限元模型自由度过多将导致迭代求解计算量非常大,直接求解难以实现。为了缩减计算规模和减少计算时间,学者们在这一领域进行了深入的研究,并陆续发展了一系列求解干摩擦阻尼结构非线性振动响应的高效求解方法。

作者综合了波传动法、高阶谐波平衡法及 Receptance 法发展了一种计算围带阻尼成圈叶片的非线性振动响应的高效求解方法[39-41],并进行了验证。

7.5.1　基于波传动法的成圈叶片降阶

当叶片静止时相邻叶片围带面之间存在间隙,工作时在离心力作用下,相邻叶片围带相互接触形成摩擦接触面。理论上叶盘是一个周期对称结构,叶盘的每个扇区具有相似的动力特性。当每只叶片受相同幅值、不同相位的气流激励时,相邻叶片各点的位移也是幅值相同且存在一个固定相位差。可采用波传动法,将具有循环对称特性的成圈叶片降阶成为一个基本扇区的模型进行分析,相邻基本扇区周期对称界面之间的耦合力可以通过施加周期对称边界条件来实现,从而可以得到整圈连接叶片的动力特性。

单个叶盘扇区的有限元模型如图 7-39 所示,其有限元振动方程为:

$$\overline{M}\ddot{x}(t) + \overline{C}\dot{x}(t) + \overline{K}x(t) = f_l(t) + f_m(x_m(t)) + f_b(x_b(t)) \tag{7-43}$$

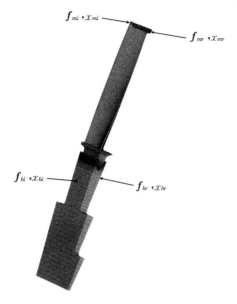

图 7 - 39　单个扇区的有限元模型

式中，$\bar{M}$ 为基本扇区的质量矩阵；$\bar{C}$ 为基本扇区的阻尼矩阵；$\bar{K}$ 为基本扇区的刚度矩阵；$x(t)$ 为基本扇区的振动位移向量；$f_l(t)$ 为周期性外部激振力载荷向量；$f_m(x_m(t))$ 为摩擦接触面的干摩擦约束力；$f_b(x_b(t))$ 为周期对称界面的耦合力。

　　基本扇区的振动位移向量 $x(t)$、干摩擦力 $f_m(x_m(t))$、周期对称面耦合力 $f_b(x_b(t))$ 可以按左、右摩擦接触面和左、右周期对称面自由度进行分块：

$$x(t) = \begin{bmatrix} x_{mr}^{\mathrm{T}}(t) & x_{ml}^{\mathrm{T}}(t) & x_{br}^{\mathrm{T}}(t) & x_{bl}^{\mathrm{T}}(t) & x_o^{\mathrm{T}}(t) \end{bmatrix}^{\mathrm{T}} \tag{7-44}$$

$$f_m(x_m(t)) = \begin{bmatrix} f_{mr}^{\mathrm{T}}(x_m(t)) & f_{ml}^{\mathrm{T}}(x_m(t)) & 0 & 0 & 0 \end{bmatrix}^{\mathrm{T}} \tag{7-45}$$

$$f_b(x_b(t)) = \begin{bmatrix} 0 & 0 & f_{br}^{\mathrm{T}}(x_b(t)) & f_{bl}^{\mathrm{T}}(x_b(t)) & 0 \end{bmatrix}^{\mathrm{T}} \tag{7-46}$$

式中，$x_{mr}(t)$ 为基本扇区的右接触面节点的振动位移；$x_{ml}(t)$ 为基本扇区的左接触面节点的振动位移；$x_{br}(t)$ 为基本扇区的右周期对称面节点的振动位移；$x_{bl}(t)$ 为基本扇区的左周期对称面节点的振动位移；$x_o(t)$ 为基本扇区的其余自由度振动位移向量；$f_{mr}(x_m(t))$ 为基本扇区的右接触面的摩擦力；$f_{ml}(x_m(t))$ 为基本扇区的左接触面的摩擦力；$f_{br}(x_b(t))$ 为基本扇区的右周期对称面的耦合力；$f_{bl}(x_b(t))$ 为基本扇区的左周期对称面的耦合力。

　　根据波传动法，左右周期对称界面上的振动位移和耦合力有以下关系：

$$x_{br}(t) = \mathrm{e}^{-\mathrm{i}h\varphi} I \cdot x_{bl}(t) \tag{7-47}$$

$$f_{br}(t) = -\mathrm{e}^{-\mathrm{i}h\varphi} I \cdot f_{bl}(t) \tag{7-48}$$

式中,$\boldsymbol{I}$ 为单位矩阵;h 为激励的阶次;$\varphi = \pm 2\pi/N$ 为相邻扇区之间的振动相位角;N 为动叶片只数;$\pm$ 号取决于激振力的转动方向。

根据式(7 - 47)和式(7 - 48),可对基本扇区的振动位移 $\boldsymbol{x}(t)$ 进行降阶:

$$\boldsymbol{x}(t) = \begin{bmatrix} \boldsymbol{x}_{mr}(t) \\ \boldsymbol{x}_{ml}(t) \\ \boldsymbol{x}_{br}(t) \\ \boldsymbol{x}_{bl}(t) \\ \boldsymbol{x}_{o}(t) \end{bmatrix} = \begin{bmatrix} \boldsymbol{I} & 0 & 0 & 0 \\ 0 & \boldsymbol{I} & 0 & 0 \\ 0 & 0 & \boldsymbol{I} & 0 \\ 0 & 0 & e^{ih\varphi}\boldsymbol{I} & 0 \\ 0 & 0 & 0 & \boldsymbol{I} \end{bmatrix} \begin{bmatrix} \boldsymbol{x}_{mr}(t) \\ \boldsymbol{x}_{ml}(t) \\ \boldsymbol{x}_{br}(t) \\ \boldsymbol{x}_{o}(t) \end{bmatrix} = \boldsymbol{T}\bar{\boldsymbol{x}}(t) \qquad (7-49)$$

将式(7 - 49)代入到基本扇区的有限元振动方程(7 - 43)中,可得:

$$\widetilde{\boldsymbol{M}}\ddot{\bar{\boldsymbol{x}}}(t) + \widetilde{\boldsymbol{C}}\dot{\bar{\boldsymbol{x}}}(t) + \widetilde{\boldsymbol{K}}\bar{\boldsymbol{x}}(t) = \widetilde{\boldsymbol{f}}_l(t) + \widetilde{\boldsymbol{f}}_m(\boldsymbol{x}_m(t)) \qquad (7-50)$$

式中,$\widetilde{\boldsymbol{M}} = \boldsymbol{T}^H \overline{\boldsymbol{M}} \boldsymbol{T}$;$\widetilde{\boldsymbol{C}} = \boldsymbol{T}^H \overline{\boldsymbol{C}} \boldsymbol{T}$;$\widetilde{\boldsymbol{K}} = \boldsymbol{T}^H \overline{\boldsymbol{K}} \boldsymbol{T}$;$\bar{\boldsymbol{x}}(t) = \boldsymbol{T}^H \boldsymbol{x}(t)$;$\widetilde{\boldsymbol{f}}_l(t) = \boldsymbol{T}^H \boldsymbol{f}_l(t)$;$\widetilde{\boldsymbol{f}}_m(\boldsymbol{x}_m(t)) = \boldsymbol{T}^H \boldsymbol{f}_m(\boldsymbol{x}_m(t))$;$\boldsymbol{T}$ 为波传动矩阵。

通过波传动法对单个叶盘扇区施加周期边界条件,对振动方程进行坐标变换后,缩减了左周期对称界面上的自由度 $\boldsymbol{x}_{bl}(t)$,并且消去了未知的周期对称界面上的耦合力 $\boldsymbol{f}_b(\boldsymbol{x}_b(t))$。

根据周期对称结构的特点,对于第 j 和 $j+1$ 个叶盘扇区,摩擦接触面上的振动位移存在下列关系:

$$\boldsymbol{x}^{j+1}(t) = \boldsymbol{x}^j(t + \delta t) = e^{-ih\varphi}\boldsymbol{x}^j(t) \qquad (7-51)$$

第 j 只叶片左接触面和第 $j-1$ 只叶片右接触面的相对位移以及第 j 只叶片右接触面和第 $j+1$ 只叶片左接触面的相对位移为:

$$\boldsymbol{d}_{ml}^j(t) = \boldsymbol{x}_{ml}^j(t) - \boldsymbol{x}_{mr}^{j-1}(t) = \boldsymbol{x}_{ml}^j(t) - e^{ih\varphi}\boldsymbol{x}_{mr}^j(t) \qquad (7-52)$$

$$\boldsymbol{d}_{mr}^j(t) = \boldsymbol{x}_{mr}^j(t) - \boldsymbol{x}_{ml}^{j+1}(t) = \boldsymbol{x}_{mr}^j(t) - e^{-ih\varphi}\boldsymbol{x}_{ml}^j(t) \qquad (7-53)$$

同时左右接触面上的相对位移还存在以下关系:

$$\boldsymbol{d}_{mr}^j(t) = - e^{-ih\varphi}\boldsymbol{d}_{ml}^j(t) \qquad (7-54)$$

接触点对的非线性干摩擦力由相邻叶片接触面间的相对位移结合分形接触干摩擦微滑移模型确定。同时可以看出,由于接触面振动位移是周期性的,所以接触面的相对位移以及干摩擦力也是周期性的。

7.5.2 振动响应的求解

以上通过波传动法得到降阶后单个扇区的振动方程,再结合高阶谐波平衡法和 Receptance 法求解单个扇区的振动微分方程。将降阶后单个扇区的时域振动微分方程由高阶谐波平衡法转化为频域的代数方程,然后根据 Receptance 法,通过叶片正则振型的正交性解耦振动方程,并利用围带叶片系统局部非线性的特点只需迭代计算接触面上的非线性自由度的振动响应,从而进一步减少非线性迭代的规模,提高计算效率。

1. 高阶谐波平衡法

谐波平衡法是求解非线性问题的一种有效和快速的方法。叶片振动时,接触面会发生黏滞、滑移、分离的运动状态,分离时非线性项中的高次谐波对振动影响很大,此时采用一次谐波平衡法进行计算将会带来较大的误差。因此本文选择高阶谐波平衡法求解叶片系统的振动方程。

当干摩擦阻尼叶盘系统受到周期性气流激励作用时,其振动响应与界面约束力均呈现周期性的变化。可将叶盘系统的振动响应、气流激振力和干摩擦力展开成傅里叶级数形式:

$$x(t) = \boldsymbol{X}_0 + \sum_{h=1}^{H} (\boldsymbol{X}_h^c \cosh\omega t + \boldsymbol{X}_h^s \sinh\omega t) \tag{7-55}$$

$$\boldsymbol{f}_l(t) = \boldsymbol{F}_{l0} + \sum_{h=1}^{H} (\boldsymbol{F}_{lh}^c \cosh\omega t + \boldsymbol{F}_{lh}^s \sinh\omega t) \tag{7-56}$$

$$\boldsymbol{f}_{nl}(t) = \boldsymbol{F}_{nl0} + \sum_{h=1}^{H} (\boldsymbol{F}_{nlh}^c \cosh\omega t + \boldsymbol{F}_{nlh}^s \sinh\omega t) \tag{7-57}$$

式中,h 为谐波阶数;H 为谐波平衡法中考虑的最大谐波数;ω 为气流激振力的基频;$\boldsymbol{X}_0$,$\boldsymbol{X}_h^c$,$\boldsymbol{X}_h^s$ 为振动响应的各阶谐波系数;$\boldsymbol{F}_{l0}$,$\boldsymbol{F}_{lh}^c$,$\boldsymbol{F}_{lh}^s$ 为气流激振力的各阶谐波系数;$\boldsymbol{F}_{nl0}$,$\boldsymbol{F}_{nlh}^c$,$\boldsymbol{F}_{nlh}^s$ 为接触面干摩擦力的各阶谐波系数。

将式(7-55),式(7-56)和式(7-57)代入基本扇区振动方程式(7-50)得到叶盘系统振动方程由时域内描述的微分方程转化为在频域内的非线性代数方程组:

$$-(h\omega)^2 \widetilde{\boldsymbol{M}} \widetilde{\boldsymbol{X}}_h^c + h\omega \widetilde{\boldsymbol{C}} \widetilde{\boldsymbol{X}}_h^s + \widetilde{\boldsymbol{K}} \widetilde{\boldsymbol{X}}_h^c = \widetilde{\boldsymbol{F}}_{lh}^c + \widetilde{\boldsymbol{F}}_{nlh}^c \tag{7-58}$$

$$-(h\omega)^2 \widetilde{\boldsymbol{M}} \widetilde{\boldsymbol{X}}_h^s - h\omega \widetilde{\boldsymbol{C}} \widetilde{\boldsymbol{X}}_h^c + \widetilde{\boldsymbol{K}} \widetilde{\boldsymbol{X}}_h^s = \widetilde{\boldsymbol{F}}_{lh}^s + \widetilde{\boldsymbol{F}}_{nlh}^s \tag{7-59}$$

式中,$h=0,1,2,\cdots,H$;$\widetilde{\boldsymbol{X}}_h^c = \boldsymbol{T}_h^H \boldsymbol{X}_h^c$;$\widetilde{\boldsymbol{X}}_h^s = \boldsymbol{T}_h^H \boldsymbol{X}_h^s$;$\widetilde{\boldsymbol{F}}_{lh}^c = \boldsymbol{T}_h^H \boldsymbol{F}_{lh}^c$;$\widetilde{\boldsymbol{F}}_{lh}^s = \boldsymbol{T}_h^H \boldsymbol{F}_{lh}^s$;$\widetilde{\boldsymbol{F}}_{nlh}^c = \boldsymbol{T}_h^H \boldsymbol{F}_{nlh}^c$;$\widetilde{\boldsymbol{F}}_{nlh}^s = \boldsymbol{T}_h^H \boldsymbol{F}_{nlh}^s$。

将响应 $\boldsymbol{X}_h$、激振力 $\boldsymbol{F}_{lh}$、摩擦力 $\boldsymbol{F}_{nlh}$ 的各阶谐波系数写成复数形式,如下所示,可进一步简化方程(7-58)和(7-59):

$$\boldsymbol{X}_h = \boldsymbol{X}_h^c + \mathrm{i}\boldsymbol{X}_h^s \tag{7-60}$$

$$\boldsymbol{F}_{lh} = \boldsymbol{F}_{lh}^c + \mathrm{i}\boldsymbol{F}_{lh}^s \tag{7-61}$$

$$\boldsymbol{F}_{nlh} = \boldsymbol{F}_{nlh}^c + \mathrm{i}\boldsymbol{F}_{nlh}^s \tag{7-62}$$

将式(7-60)、式(7-61)和式(7-62)代入基本扇区的振动方程(7-50)可得：

$$[\widetilde{\boldsymbol{K}} - ih\omega\widetilde{\boldsymbol{C}} - (h\omega)^2\widetilde{\boldsymbol{M}}]\widetilde{\boldsymbol{X}}_h = \widetilde{\boldsymbol{F}}_h + \widetilde{\boldsymbol{F}}_{nlh}(\boldsymbol{X}_h) \tag{7-63}$$

式(7-63)为采用波传动法降阶为单个扇区的非线性代数方程组，该方程在频域内计算叶片的响应，同时结合微滑移模型在时域内计算摩擦力，通过施加周期对称条件，允许仅通过单个扇区的位移信息计算接触面的摩擦力。通过在时域和频域之间的反复迭代计算，最终可以得到叶片的稳态振动响应。

尽管采用波传动法对成圈叶片进行了降阶，但由于叶片结构复杂，单只叶片有限元模型中通常有上万个节点，因此上式方程个数仍非常多，迭代求解很耗时，仍需要对其进一步降阶。在此将采用 Receptance 法做进一步降阶处理，以便高效快速地求解叶片系统的非线性振动响应。

2. Receptance 法

在求解叶盘系统的振动响应时，Receptance 法利用叶片正则振型的正交性解耦叶盘系统的振动方程，然后利用叶盘系统接触面的非线性自由度远小于总体自由度的特性，将迭代求解的规模控制在叶盘系统接触面上非线性自由度上，其余的线性自由度的振动响应可以直接求解，从而显著提高计算效率。

根据 Receptance 法，式(7-63)可写为：

$$\widetilde{\boldsymbol{X}}_h = \widetilde{\boldsymbol{R}}_h(\widetilde{\boldsymbol{F}}_{lh} + \widetilde{\boldsymbol{F}}_{nlh}(\boldsymbol{X}_h)) \tag{7-64}$$

式中，$\widetilde{\boldsymbol{R}}_h$ 为第 h 阶谐波分量对应的 Receptance 矩阵

$$\widetilde{\boldsymbol{R}}_h = [\widetilde{\boldsymbol{K}} + ih\omega\widetilde{\boldsymbol{C}} - (h\omega)^2\widetilde{\boldsymbol{M}}]^{-1} = \sum_{p=1}^{n} \frac{\boldsymbol{\phi}_p\boldsymbol{\phi}_p^{\mathrm{T}}}{\omega_p^2 - (h\omega)^2 + 2i(h\omega)\zeta_p\omega_p} \tag{7-65}$$

式中，ω_p 为叶片系统的第 p 阶固有频率；$\boldsymbol{\phi}_p$ 为第 p 阶正则振型；ζ_p 为第 p 阶模态阻尼比。

在叶片系统初始无摩擦力的条件下，计算得到叶片系统的固有频率和正则振型。在一般情况下，当系统受到的激振力频率不是很高时，对振动响应贡献比较大的往往是系统的前几阶振型，因此计算过程中通常忽略高阶振型对响应的影响，只截取系统的前几阶低阶振型进行叠加计算。于是 Receptance 矩阵式(7-66)可进一步改写为：

$$\widetilde{\boldsymbol{R}}_h = \sum_{p=1}^{M} \frac{\boldsymbol{\phi}_p\boldsymbol{\phi}_p^{\mathrm{T}}}{\omega_p^2 - (h\omega)^2 - 2i(h\omega)\zeta_p\omega_p} \tag{7-66}$$

式中，M 为考虑振型的最高阶数。

当单个基本扇区的总自由度为 Z 时,式(7-64)包含 $Z \times H \times M \times 3$ 个方程,而单只叶片有限元模型中通常有上万个节点,因此式(7-64)包含的方程数量依然非常多,直接迭代计算量相当庞大。考虑到在实际叶盘模型中,包含非线性摩擦力的接触面自由度远小于模型总自由度,接触面上的非线性摩擦力仅取决于接触面上非线性自由度的相对位移,所以只需要对接触面上非线性自由度的振动响应进行迭代求解,将迭代求解的规模控制在接触面内的非线性自由度上。因此可以进一步对叶盘系统进行降阶,将叶盘系统中的自由度分为两部分,一部分是接触面的非线性自由度 $\widetilde{\boldsymbol{X}}_h^n$,另一部分是非接触面的线性自由度 $\widetilde{\boldsymbol{X}}_h^l$:

$$\widetilde{\boldsymbol{X}}_h = \begin{bmatrix} \widetilde{\boldsymbol{X}}_h^l \\ \widetilde{\boldsymbol{X}}_h^n \end{bmatrix} = \begin{bmatrix} \widetilde{\boldsymbol{R}}_h^{ll} & \widetilde{\boldsymbol{R}}_h^{ln} \\ \widetilde{\boldsymbol{R}}_h^{nl} & \widetilde{\boldsymbol{R}}_h^{nn} \end{bmatrix} \begin{bmatrix} \widetilde{\boldsymbol{F}}_{lh}^l \\ \widetilde{\boldsymbol{F}}_{lh}^n \end{bmatrix} + \begin{bmatrix} 0 \\ \widetilde{\boldsymbol{F}}_{nlh}^n(\boldsymbol{X}_h^n) \end{bmatrix} \quad (7-67)$$

上式可进一步表示为:

$$\begin{cases} \widetilde{\boldsymbol{X}}_h^l = \widetilde{\boldsymbol{R}}_h^{ll} \widetilde{\boldsymbol{F}}_{lh}^l + \widetilde{\boldsymbol{R}}_h^{ll} [\widetilde{\boldsymbol{F}}_{lh}^n + \widetilde{\boldsymbol{F}}_{nlh}^n(\boldsymbol{X}_h^n)] \\ \widetilde{\boldsymbol{X}}_h^n = \widetilde{\boldsymbol{R}}_h^{nl} \widetilde{\boldsymbol{F}}_{lh}^l + \widetilde{\boldsymbol{R}}_h^{nn} [\widetilde{\boldsymbol{F}}_{lh}^n + \widetilde{\boldsymbol{F}}_{nlh}^n(\boldsymbol{X}_h^n)] \end{cases} \quad (7-68)$$

式(7-68)中,叶盘系统接触面上的非线性干摩擦力 $\widetilde{\boldsymbol{F}}_{nlh}^n(\boldsymbol{X}_h^n)$ 由振动响应 $\widetilde{\boldsymbol{X}}_h^n$ 决定,需要通过非线性迭代求解。在求得 $\widetilde{\boldsymbol{X}}_h^n$ 和 $\widetilde{\boldsymbol{F}}_{nlh}^n(\boldsymbol{X}_h^n)$ 之后,线性自由度的响应 $\widetilde{\boldsymbol{X}}_h^l$ 可根据第二个式子直接求得。若接触面上的非线性自由度数是 N,则式(7-64)中第一式的方程数目是 $N \times H \times M \times 3$,明显少于式(7-64)中的方程数目 $Z \times H \times M \times 3$。

因此采用上述方法计算围带叶片非线性振动响应时,首先在叶盘系统初始无摩擦力的条件下,采用循环对称法对单个扇区进行有限元模态分析,得到降阶后单个扇区的固有频率和正则振型,并代入式计算各阶谐波对应的 Receptance 矩阵,从而计算频域内的各阶谐波对应的响应 $\widetilde{\boldsymbol{X}}_h$,然后将频域内的响应 $\widetilde{\boldsymbol{X}}_h$ 代入式(7-55)还原为时域内的响应 $\widetilde{\boldsymbol{x}}(t)$,并采用三维干摩擦模型计算时域内摩擦力 $\widetilde{\boldsymbol{f}}_{nl}(t)$,最后通过在时域和频域内的反复迭代计算,最终得到叶片的稳态振动响应。计算流程如图 7-40 所示。

7.6　围带成圈叶片的非线性振动响应研究

本节采用分形接触干摩擦模型和干摩擦阻尼叶片的高效求解方法计算围带成圈叶片的非线性振动响应,研究围带叶片的各系统参数对围带阻尼减振效果的影响,获得各系统参数下的围带阻尼的减振规律,为围带接触面各参数的调整和围带阻尼结构的优化设计提供理论指导。

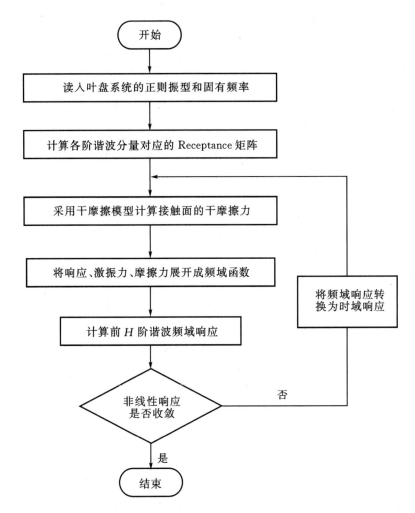

图 7 - 40　计算摩擦接触面内非线性自由度振动响应的流程图

7.6.1　围带成圈叶片的振动特性

　　某围带成圈叶片由 100 只动叶片组成,围带采用 Z 形设计,在离心力的作用下相邻围带相互锁紧。整体结构的有限元模型如图7-41所示,采用六面体 8 节点单元对叶片、轮盘进行网格划分,其中单个扇区共划分了 166986 个节点。该叶片材料的弹性模量为 200 GPa,泊松比为 0.3,密度为 7800 kg/m³,屈服强度为 760 MPa。

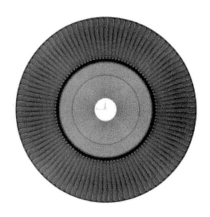

图 7 - 41　围带成圈有限元模型

　　计算得到成圈叶片的前 50 节径的前 6 阶固有频率如图 7 - 42 所示。在计算振动响应时主要考虑了叶片系统的低节径低阶模态对响应的贡献。

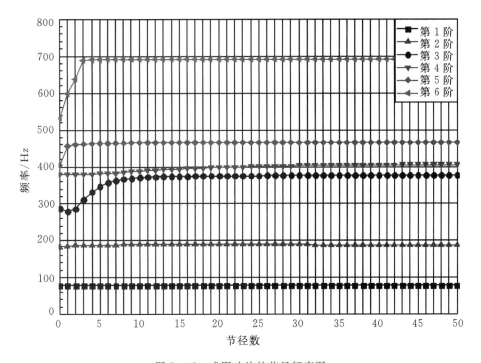

图 7 - 42　成圈叶片的节径频率图

7.6.2　围带成圈叶片的非线性振动响应

1. 接触面上的接触状态及接触正压力

　　在干摩擦模型中需要将接触面离散为多个接触单元,分别迭代求解各接触点对来获得接触面上整体的摩擦力。因此,在求解围带成圈叶片的非线性响应之前,需要通过分析接触面上的接触状态和接触正压力来决定围带接触面上摩擦接触点对的选取和初始正压力的设定。

　　取一只叶片和相应的轮盘为一个扇区作为计算对象如图 7 - 43 所示,约束轮盘中心所有节点三个方向的自由度,在围带接触面设置接触单元,采用循环对称方法计算了额定工作转速(3000 r/min)下叶片围带接触面的接触状态及接触正压力。

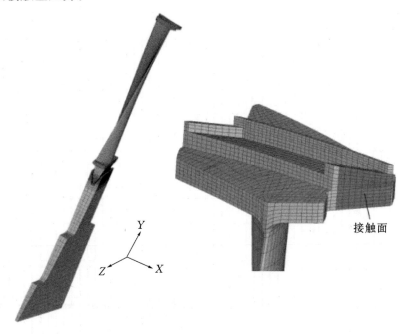

图 7 - 43　单个扇区有限元模型

　　围带接触面的接触状态及接触正压力分布如图 7 - 44 所示。围带接触面的平均接触应力为 4.47 MPa,实际接触面积为 141 mm²,接触面摩擦接触运动主要集中在接触面右侧区域,因此在求解围带接触面摩擦约束力时,围带接触面上的接触点对分布和数量如图 7 - 45 所示。

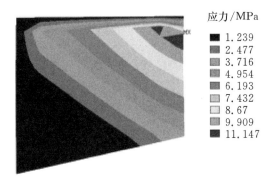

图 7 - 44　围带接触面接触正压力

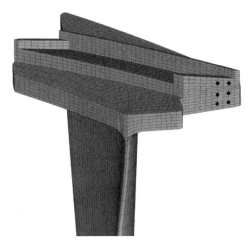

图 7 - 45　围带接触面上接触点对选取

2. 非线性振动响应特征

计算得到自由状态下叶片的一节径第 1 阶固有频率为 77.6 Hz，在叶片切向的中部位置上施加 $50\sin\omega t$ 的激振力，计算得到不同初始正压力下叶片的幅频响应曲线如图 7 - 46 所示。

从图 7 - 46 中可以看出，共振幅值随着初始正压力先减小后增大，而共振频率随初始正压力的增大而增大。以接触面初始正压力为 $n_0 = 10$ N 为例，其在第一阶固有频率附近接触面内 x 方向和 y 方向的摩擦力在一个周期内时域图如图 7 - 47 所示。由图可以看出，摩擦力的变化较为复杂，同时 x 方向的摩擦力大于 y 方向的摩擦力。需要注意，这里计算摩擦力的坐标系是建立在接触面上的局部坐标系。

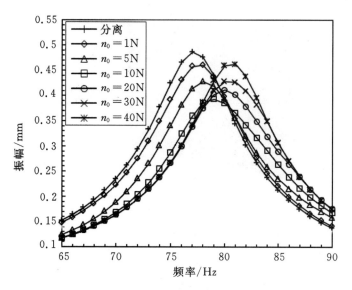

图 7 - 46　不同初始正压力下的幅频曲线

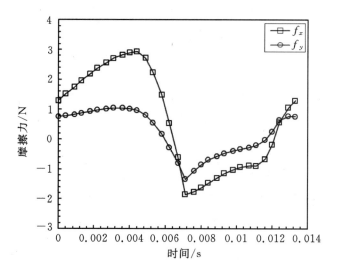

图 7 - 47　x 和 y 方向的摩擦力时域图

7.6.3　围带成圈叶片的系统参数研究

1. 初始正压力对减振效果的影响

围带阻尼叶片在静止状态安装时,相邻围带之间为零间隙或者存在一定的初始间隙。运行时,叶片在离心力作用下发生扭转,相邻围带之间的初始间隙逐渐减小,产生接触正压力,形成摩擦接触面。该正压力会影响振动过程中接触面内接触点对的接触状态,对围带阻尼结构的减振效果具有重要影响。本节通过计算围带接触面在不同初始正压力下叶片第 1 节径共振频率附近的幅频响应曲线,分析相邻围带之间初始正压力对叶片振动的影响规律。激振力幅值 50 N 时,不同围带接触面初始正压力所对应的叶片共振振幅如图 7-48 所示,共振频率和初始正压力关系如图 7-49 所示,计算时选取叶片围带接触点三个方向的合成位移。

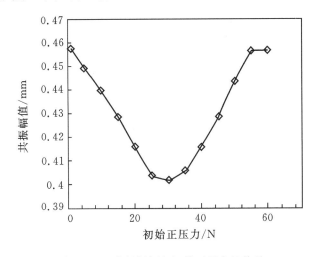

图 7-48　共振振幅与初始正压力的关系

从图 7-48 可以看出,叶片的共振幅值在围带接触面完全分离时最大,当围带接触面存在初始正压力时,随着初始正压力的增加,共振幅值先减小后增大,最后趋于稳定,存在一个最优的初始正压力使叶片的共振幅值最小。从图 7-49 可以看出,叶片的共振频率随着正压力增加而增加,正压力较大时,共振频率增加幅度逐渐减缓,最终趋于两接触面为刚性连接时的固有频率。这是因为,当围带接触面间的初始正压力较小时,相邻围带摩擦接触面间振动产生的摩擦力较小,此时摩擦力耗能比较小;随着初始正压力的增大,

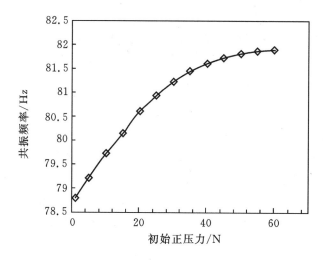

图 7-49　共振频率与初始正压力的关系

围带接触面间的摩擦力逐渐增大,摩擦耗能增加减振效果变好;当围带接触面的初始正压力增大到一定程度之后,相邻围带接触面难以产生相对运动,摩擦力耗能减小,减振效果变差。共振频率不断增大是因为初始正压力的增加使相邻围带接触面之间的相互约束逐渐变大,增加了系统的刚度。

2. 接触面粗糙度对减振效果的影响

在叶片振动过程中,采用 7.3 节的分形接触干摩擦模型计算摩擦力,而在分形接触模型中,接触表面粗糙度发生变化时,摩擦接触面的接触刚度和摩擦系数都会发生变化,从而改变摩擦力的大小,因此接触面粗糙度对围带结构的阻尼特性有重要影响。为了研究接触表面粗糙度对围带结构减振效果的影响,计算了接触面粗糙度为 1.6 μm 和 2.4 μm 两种情况下叶片的振动响应。两种粗糙度下叶片的幅频响应曲线分别见图 7-50 和图 7-51。

从图 7-50 中可以看到,当表面粗糙度 $Ra=1.6$ μm 时,在最优初始正压力下,叶片的最小共振幅值为 0.401 mm,相对于自由状态叶片的共振幅值明显减小。从图 7-51 中可以看到,当表面粗糙度 $Ra=2.4$ μm 时,在最优初始正压力下,叶片的最小共振幅值为 0.423 mm,相对于自由状态叶片的共振幅值明显减小,说明表面粗糙度对围带阻尼结构的减振效果有较大影响。

两种粗糙度下叶片的共振幅值与初始正压力的关系见图 7-52,相应的共振频率与初始正压力的关系见图 7-53。

图 7-52 和图 7-53 可以看出,当接触面粗糙度不同时,叶片振动的幅频曲线、共振幅值、共振频率和最优初始正压力均发生变化,说明叶片的振动响

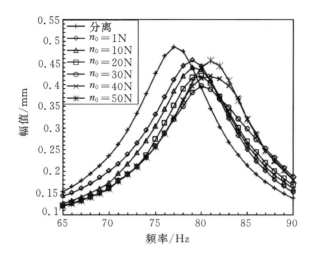

图 7-50　叶片系统的幅频曲线($Ra=1.6\ \mu m$)

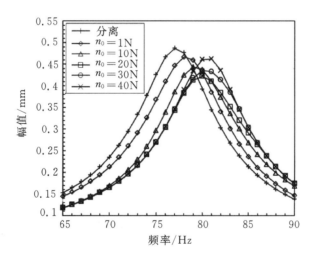

图 7-51　叶片系统的幅频曲线($Ra=2.4\ \mu m$)

应对接触面粗糙度较为敏感。这是因为当接触面粗糙度发生变化时,接触刚度和摩擦系数都会发生改变。就本文选取参数计算所得结果,在相同的初始正压力下,表面粗糙度 $1.6\ \mu m$ 计算的共振幅值较表面粗糙度 $2.4\ \mu m$ 的小。

3. 激振力幅值对减振效果的影响

激振力幅值直接影响叶片系统的振动响应,使围带接触面的相对运动不

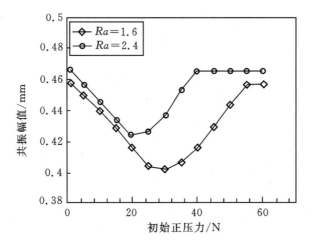

图 7 - 52　共振振幅与初始正压力的关系

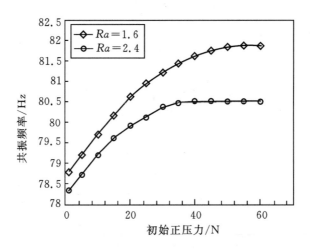

图 7 - 53　共振频率与初始正压力的关系

同,而接触面间的摩擦力大小取决于对应接触点相对运动,因此激振力大小会对围带阻尼结构的阻尼特性产生影响。为分析激振力幅值对围带阻尼减振效果的影响,计算了围带成圈叶片在激励幅值分别为 10 N,20 N,30 N,40 N,50 N 时叶片的幅频响应曲线,如图 7 - 54 所示。

　　从图 7 - 54 中可以看出,激振力幅值对叶片振动响应的影响规律基本相同。叶片共振振幅与激振力幅值的关系曲线见图 7 - 55,由图可知,共振幅值随着激振力幅值的增大而基本呈同比例的线性增大。

　　研究表明,当围带接触面存在初始正压力时,随着初始正压力的增加,共

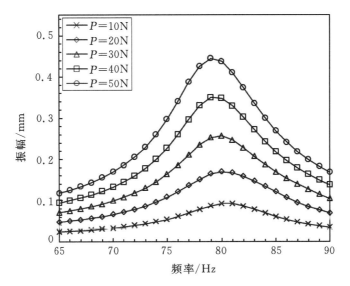

图 7-54 不同激振力幅值下的幅频响应曲线

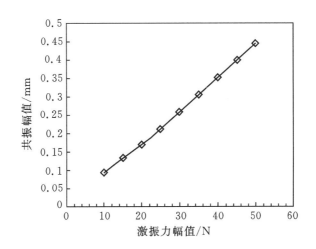

图 7-55 共振频率与激振力幅值的关系

振幅值先减小后增大,最后趋于稳定,存在一个最优的初始正压力使叶片的
共振幅值最小;围带接触面间初始正压力的大小可以通过调整相邻围带之间
的间隙来实现;叶片的振动响应对接触面粗糙度较为敏感,当接触面粗糙度
不同时,叶片振动的幅频曲线、共振幅值、共振频率和最优初始正压力均发生
变化,这是由于当接触面粗糙度发生变化时,接触刚度和摩擦系数都会发生
改变;共振幅值与激振力幅值呈线性变化。

参考文献

[1] 徐自力,张春梅.非线性干摩擦阻尼结构叶片系统动力学研究现状[J].振动工程学报,2004,17(SI):31-33.

[2] Griffin J H. A review of friction damping of trubine blade vibration[J]. International Journal of Turbo and Jet Engines,1990,7:297-307.

[3] 单颖春,朱梓根,刘献栋.凸肩结构对叶片的干摩擦减振研究——理论方法[J].航空动力学报,2006,21(1):168-173.

[4] Xu Z L,Li X Y,Meng Q J. Analysis on response of blades with friction damping interconnection using a new friction model[C]. American Society of Mechanical Engineers,ASME ASIA'97,Singapore,Oct. 1997,97-AA-19.

[5] Gu W W,Xu Z L,Lv Q. Forced response of shrouded blades with intermittent dry friction force[C]. Proceedings of ASME Turbo Expo 2008:Power for land,Sea and Air,June 9-14,2008,Berlin,Germany,GT2008-51041.

[6] Cameron T M,Grifin J H. An alternating frequency/time domain method for calculating the steady-state response of nonlinear dynamics systems[J]. Journal of Applied Mechanics,1989,56(3):149-154.

[7] 刘雅琳,徐自力,上官博,王尚锦.时频域交互算法在微滑移干摩擦阻尼叶片振动分析中的应用[J].西安交通大学学报 2009,43(11):22-26.

[8] Liu Y L,Xu Z L. Vibration response prediction of the frictionally constraint blade systems based on a variable normal load microslip friction model[C]. Proceedings of ASME Turbo Expo 2010:Power for land,Sea and Air. June 14-18,2010,Glasgow,UK,GT 2010-22385.

[9] 刘雅琳.高精度时频域融合算法及围带成圈叶片系统减振机理研究[D].西安交通大学,2013.

[10] 徐自力,常东锋,刘雅琳.基于微滑移解析模型的干摩擦阻尼叶片稳态响应分析[J].振动工程学报,2008,21(5):505-510.

[11] 谷伟伟,徐自力,胡哺松,王尚锦.微滑移阻尼叶片最优正压力的影响因素分析[J].西安交通大学学报,2008,42(7):828-832.

[12] 徐自力,谷伟伟,吕强,王尚锦.基于微动滑移模型的叶片阻尼结构参数研究[J].西安交通大学学报,2007,41(5):507-511.

[13] 徐自力,常东锋,上官博.微滑移离散模型及在干摩擦阻尼叶片振动分析中的应用[J].机械科学与技术,2007,26(10):1304-1307.

[14] 谷伟伟.干摩擦阻尼结构叶片系统的非线性振动响应分析[D].西安交通大学,2011.

[15] Gu W W,Xu Z L,Wang S J. Advanced modeling of friction contact in three-dimensional motion when analysing of the forced response of a shrouded blade[J]. Proceedings of

Institution of mechamical Engineers，Part A：Journal of Power and Energy，2010，224：573－582.

[16] Gu W W，Xu Z L. 3D numerical friction contact model and its application to nonlinear blade damping[C]. Proceedings of ASME Turbo Expo 2010：Power for land，Sea and Air. June 14－18，2010，Glasgow，UK，GT2010－22292.

[17] Liu Y L，Xu Z L，Gu W W，Chen D X. Three dimensional friction contact model and its application in nonlinear vibration of shrouded blades[C]. Proceedings of ASME 2010 10th Biennial Conference on Engineering System Design and Analysis ESDA2010. July 12－14，Istanbul，Turkey，ESDA 2010－24669.

[18] 谷伟伟，徐自力. 干摩擦阻尼叶片的界面约束力描述及振动响应求解[J]. 振动工程学报，2012，25(1)：64－67.

[19] 曹功成. 干摩擦阻尼叶片-轮盘系统非线性振动响应及减振效果研究[D]. 西安交通大学，2014.

[20] Sanliturk K Y，Ewins D J. Modelling two-dimensional friction contact and its application using harmonic balance method[J]. Journal Sound and Vibration，1996，193(2)：511-523.

[21] 史亚杰，单颖春，朱梓根. 带凸肩叶片非线性振动响应分析[J]. 航空动力学报，2009，24(5)：1158－1165.

[22] Liu Y L，Shangguan B，Xu Z L. A friction contact stiffness model of fractal geometry in forced response analysis of shrouded blade[J]. Nonlinear Dynamics，2012，70(3)：2247－2257.

[23] Xu Z L，Yang Y. Modeling contact interface between rough surfaces based on fractal contact model and thin layer elements[C]. 20th International Congress on Sound and Vibration (ICSV20)，Bangkok，Thailand，7－11 July 2013，ICSV20－593.

[24] Qiu H B，Xu Z L，Zhang C M. A fractal friction contact model and its application in forced response analysis of a shrouded blade[C]. Proceedings of 16th Asia Pacific Vibration Conference，483－490，24－26 November，2015，HUST，Hanoi，Vietnam.

[25] 上官博. 分形接触干摩擦模型及叶片系统减振效应的理论和实验研究[D]. 西安交通大学，2013.

[26] 邱恒斌. 分形接触干摩擦模型及围带阻尼叶片非线性响应研究[D]. 西安交通大学，2016.

[27] Yan W，Komvopoulos K. Contact analysis of elastic-plastic fractal surfaces[J]. Journal of Applied Physics，1998，84(7)：3617－3624.

[28] Kogut L，Etsion I. Elastic-plastic contact analysis of a sphere and a rigid flat[J]. ASME Journal of Applied Mechanics，2002，69(5)：657－662.

[29] 王南山，张学良，兰国生，等. 临界接触参数连续的粗糙表面法向接触刚度弹塑性分形模型[J]. 振动与冲击，2014，33(9)：72－77.

[30] Johnson K L. Contact mechanics [M]. Cambridge, UK, Cambridge University Press, 1985.

[31] 潘五九,李小彭,王雪,李木岩.考虑三维结合部形貌的静摩擦系数非线性分形模型[J].东北大学学报,2017,138(10):447-1452.

[32] 杨红平,傅卫平,王雯,等.基于分形几何与接触力学理论的结合面法向接触刚度计算模型[J].机械工程学报,2013,49(1):102-107.

[33] 盛选禹,雒建斌,温诗铸.基于分形接触的静摩擦系统预测[J].中国机械工程,1998,9(7):16-18.

[34] 方兵.精密数控机床及其典型结合面理论建模与实验研究[D].长春:吉林大学,2012.

[35] Komvopoulos K, Ye N. Three-dimensional contact analysis of elastic-plastic layered media with fractal surface topographies [J]. Journal of Tribology, 2001, 123 (3):632-640.

[36] Majumdar A, Bhushan B. Fractal moldel of elastic-plastic contact between rough surfaces [J]. Journal of Tribolgy, 1991, 113(1):1-11.

[37] 刘雅琳,上官博,徐自力.抗混叠时频域融合算法及在叶片响应分析中的应用[J].航空动力学报.2012,27(6):1238-1242.

[38] 刘雅琳,上官博,徐自力.阻尼结构叶片强迫振动响应分析的改进时频域融合算法[J].振动与冲击,2012,31(19):141-144.

[39] Gu W W, Xu Z L, Liu Y L. A method to predict the nonlinear vibratory response of bladed disk system with shrouded dampers[J]. Proceedings of the Institution of Mechanical Engineers, Part C, Journal of Mechanical Engineering Science, 2012, 226(6): 1620-1632.

[40] 邱恒斌,徐自力,刘雅琳,上官博.一种求解含围带阻尼成圈叶片振动响应的高效方法[J].西安交通大学学报,2016,50(11):1-6。

[41] 陈德祥,徐自力,曹守洪,范小平,吴其林.长叶片围带开始接触转速计算方法研究[J].动力工程学报.2012,32(9):661-665.

第8章 压气机叶片松装叶根干摩擦阻尼减振机理的理论和试验研究

带燕尾形叶根的叶片一般应用在燃气轮机、航空发动机等叶轮机械中,安装时常采用松装方式。与叉型叶根等其它形式的叶根相比,松装叶片燕尾形叶根具有结构简单、便于加工制造、方便拆装等优点。当燕尾形叶根松装叶片受到离心力作用时,燕尾形叶根的两个斜面与轮盘槽形成接触对。当叶片振动时,接触面间相互摩擦,产生摩擦力,消耗振动能量,降低叶片振动水平。如何设计合理的叶片系统参数使减振效果最好,叶片振动水平满足安全要求,是叶片设计要考虑的问题。本章采用理论和试验方法,研究燕尾形叶根松装叶片系统参数对干摩擦减振效果影响[1-6]。

8.1 带燕尾形叶根松装叶片干摩擦阻尼减振的理论分析

采用第 7 章所介绍的分形接触干摩擦模型和带燕尾形叶根平板叶片模型,计算不同系统参数下燕尾形叶根松装叶片的振动响应,研究离心力、摩擦系数、激振力等参数对叶片系统干摩擦减振效应的影响规律[1,3]。

8.1.1 燕尾形叶根松装叶片系统的非线性动力学方程及求解

带燕尾形叶根的松装叶片沿轴向插装,如图 8-1 所示。叶片系统的动力学方程为

$$M\ddot{U}(t) + C\dot{U}(t) + KU(t) = Q(t) - F(U, t) \qquad (8-1)$$

式中,M, C, K 分别为叶片系统的质量矩阵、阻尼矩阵和刚度矩阵;$U(t)$ 为位移向量;$Q(t)$ 和 $F(U, t)$ 分别为周期性外部激振力载荷向量和作用在叶根接触面的非线性干摩擦力向量。

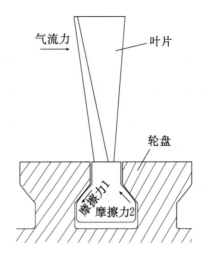

图 8-1　燕尾形叶根松装叶片示意图

采用高阶谐波平衡方法求解系统方程(8-1)时,方程的各时间变量采用傅里叶级数展开

$$Q(t) = \sum_{h=0}^{H} Q_h \mathrm{e}^{\mathrm{i}h\omega t} = \left[\sum_{h=0}^{H} q_h^x \mathrm{e}^{\mathrm{i}h\omega t} \quad \sum_{h=0}^{H} q_h^y \mathrm{e}^{\mathrm{i}h\omega t} \quad \sum_{h=0}^{H} q_h^z \mathrm{e}^{\mathrm{i}h\omega t} \right]^{\mathrm{T}} \quad (8-2)$$

$$U(t) = \sum_{h=0}^{H} U_h \mathrm{e}^{\mathrm{i}h\omega t} = \left[\sum_{h=0}^{H} x_h \mathrm{e}^{\mathrm{i}h\omega t} \quad \sum_{h=0}^{H} y_h \mathrm{e}^{\mathrm{i}h\omega t} \quad \sum_{h=0}^{H} z_h \mathrm{e}^{\mathrm{i}h\omega t} \right]^{\mathrm{T}} \quad (8-3)$$

$$F(U, t) = \sum_{h=0}^{H} F_h \mathrm{e}^{\mathrm{i}h\omega t} = \left[\sum_{h=0}^{H} f_h^x \mathrm{e}^{\mathrm{i}h\omega t} \quad \sum_{h=0}^{H} f_h^y \mathrm{e}^{\mathrm{i}h\omega t} \quad \sum_{h=0}^{H} f_h^z \mathrm{e}^{\mathrm{i}h\omega t} \right]^{\mathrm{T}} \quad (8-4)$$

式中,h 表示谐波阶数;H 表示计算中所考虑的最大谐波数;ω 表示气流激励频率;Q_h 是复型向量,表示激励第 h 阶谐波的系数,包含了激励的大小和相位;q_h^x,q_h^y 和 q_h^z 分别是激励第 h 阶谐波系数在 x,y 和 z 方向的分量;U_h 是复型向量,表示振动响应第 h 阶谐波的系数,包含了振动响应的大小和相位;x_h,y_h 和 z_h 分别是振动响应第 h 阶谐波系数在 x,y 和 z 方向的分量;F_h 是复型向量,表示接触界面约束力第 h 阶谐波的系数,包含了界面约束力的大小和相位;f_h^x,f_h^y 和 f_h^z 分别是接触界面约束力第 h 阶谐波系数在 x,y 和 z 方向的分量。

将式(8-2)~(8-4)代入式(8-1)后,根据高阶谐波平衡法得

$$-M(h\omega)^2 U_h + \mathrm{i}(h\omega)CU_h + KU_h = Q_h - F_h \quad (h = 0, 1, \cdots, H) \quad (8-5)$$

式(8-5)是非线性代数方程组,可采用高斯消去法和牛顿迭代法来进行求

解。为了研究启停机过程中,离心力变化对燕尾形叶根承载面摩擦减振效果的影响,在数值计算时,第一步迭代,系统无约束力,系数矩阵奇异;在迭代求解过程中,系统约束力为叶根摩擦接触面上的摩擦力。在迭代求解的过程中,受燕尾形叶根与轮缘接触面摩擦力的影响,系统的边界条件不断变化,直到迭代收敛。

8.1.2　松装燕尾形叶根叶片的系统参数对减振效果的影响

由于实际的叶片结构复杂,为了方便研究燕尾形叶根各参数对叶片干摩擦减振效应的影响规律,将叶片简化为平板,尺寸如图 8 - 2 所示。叶片材料为 2Cr13,密度为 7750 kg/m³,泊松比为 0.3,弹性模量为 2.06×10^{11} N/m,燕尾角度 $\theta = 40°$,叶身长 240 mm,叶宽 36 mm,厚 6 mm,叶根摩擦接触面的粗糙度为 6.3 μm,两个接触面的面积 A_1 和 A_2 均为 720 mm²。

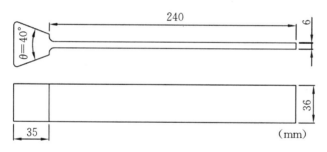

图 8 - 2　燕尾形叶根平板叶片参数

叶片的有限元模型如图 8 - 3 所示,采用六面体单元划分网格,总共 295 个节点。平板叶片固有频率的计算值为 89 Hz。

叶根轮缘接触面上正压力 N_1,N_2 与离心力 L 的关系为

$$N_1 = N_2 = \frac{L}{2\sin(\theta/2)} \tag{8 - 6}$$

叶根轮缘接触面上的压强 P_1,P_2 为

$$P_1 = \frac{N_1}{A_1}, \quad P_2 = \frac{N_2}{A_2} \tag{8 - 7}$$

1. 离心力对减振效果的影响

叶片离心力与转速和叶片质量有关。在叶片启动和停机过程中,随着转速的变化,叶片的离心力会不断的变化。叶片离心力的变化会引起燕尾形叶

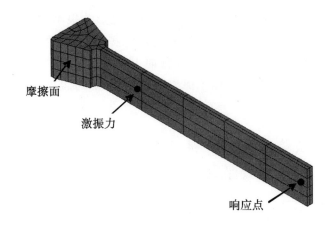

图 8-3 燕尾形叶根平板叶片

根与轮缘承载面上正压力的变化,进而引起燕尾形叶根与轮缘接触面上干摩擦力的变化。为了研究离心力对干摩擦减振效果的影响,计算了系统在不同离心力下的幅频响应曲线,如图 8-4 所示,共振振幅和共振频率随离心力变化的曲线分别如图 8-5 和图 8-6 所示。

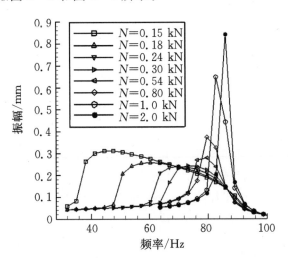

图 8-4 不同离心力作用下叶片系统的幅频响应曲线

从图 8-4 中可以看出,由于非线性干摩擦力的作用,幅频响应曲线都出现了刚度软化现象,共振峰值向低频方向偏移。随着叶根处离心力不断增大,系统的共振频率不断增大,这是由于离心力的增加使得叶根承载面上支

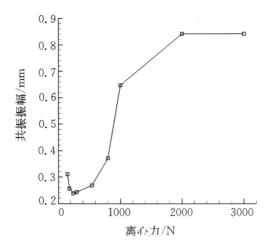

图 8-5　共振振幅随离心力变化曲线

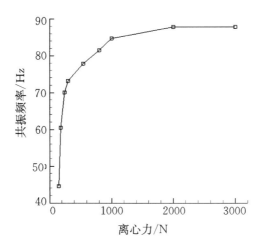

图 8-6　共振频率随离心力变化曲线

撑刚度增大,进而增大了系统的总体刚性。叶根和叶身处的振幅都是先减小后增大,且叶身处的变化更为明显。从图 8-5 中可以看到在离心力为0.3 kN时,叶身的共振振幅最小,系统的减振效果最好。从图 8-6 可以看到,随着离心力增加固有频率达到一个有限值,这是因为接触刚度逐渐饱和的结果。

2. 摩擦系数对减振效果的影响

摩擦系数与表面涂层、材料属性、表面粗糙度等因素相关。为了研究摩擦系数对干摩擦减振效果的影响,分别计算了摩擦系数为 0.15,0.2,0.3,0.4,0.5 和 0.6 的幅频响应曲线,如图 8 - 7 所示。

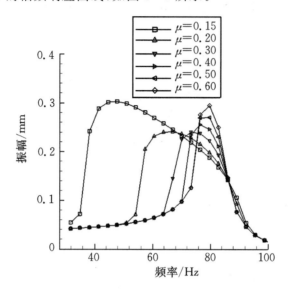

图 8 - 7 不同摩擦系数下叶片系统的幅频响应曲线

从图 8 - 7 中可以得到,随着摩擦系数的增加,频响曲线的波峰向右移动,系统共振频率不断增大。叶根处与叶身处的共振振幅都随摩擦系数的增大,先减小后增大。当摩擦系数为 0.3 时,系统的共振振幅最小,比摩擦系数 0.15 时的共振振幅减小约 20%。在叶片设计时,应考虑合适的表面粗糙度等接触面参数,保证接触面摩擦系数的最优值使叶片共振振幅最小。

3. 激振力对减振效果的影响

气流力产生的激振力可以改变系统的振动响应。在离心力 $N = 0.3$ kN 时,计算得到不同激振力下的系统幅频响应曲线,如图 8 - 8 所示。

从图 8 - 8 中可以看到,每条幅频曲线都出现刚度软化现象。激振力的大小不但影响叶片振幅,还引起系统共振频率的改变。激振力越大系统的振幅越大,共振频率越小;激振力越小系统的振幅越小,共振频率越大。当激振力幅值从 20 N 减小到 5 N,叶身的共振振幅降低了约 50%,共振频率增加了近 10 Hz。

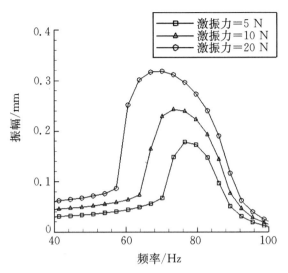

图 8 - 8　不同激振力幅值下的幅频响应曲线

8.1.3　燕尾形叶根松装叶片系统减振效果的能量评价

1. 燕尾形叶根接触面干摩擦阻尼消耗的能量

为了研究干摩擦阻尼的耗能情况,计算了干摩擦力在一个振动周期内消耗能量随频率的变化曲线,如图 8 - 9 所示,相应的叶片系统幅频响应曲线如图 8 - 10 所示。

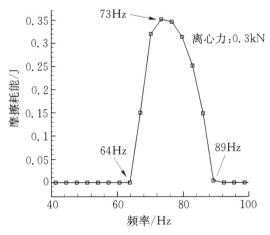

图 8 - 9　离心力 0.3 kN 时摩擦耗能随频率变化

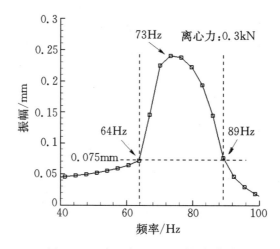

图 8-10　离心力 0.3 kN 时幅频曲线

从图 8-9 中可以得到,当激振频率小于 64 Hz,或者大于 89 Hz 时,摩擦力耗能为 0;当激振频率大于 64 Hz,且小于 89 Hz 时,摩擦力耗能随着频率的增加,从 0 开始增大,达到最大值 0.35 J 后,不断减小,最终降为 0。对比图 8-10 中的幅频响应曲线,可以得到,激振频率为 64 Hz 或者 89 Hz 时,系统的振幅为 0.075 mm。系统振幅小于 0.075 mm 时,燕尾形叶根接触面没有产生相对滑动,即没有滑动摩擦力发生。当系统振幅大于 0.075 mm 时,叶根和轮缘接触面开始产生相对滑动,摩擦力开始做功,消耗振动能量,当达到共振频率 73 Hz 时,系统振幅最大,为 0.24 mm,摩擦力耗能也达到最大值。

2. 系统参数变化对干摩擦阻尼消耗能量的影响

不同离心力下,松装叶片燕尾形叶根摩擦力消耗能量随频率的变化关系曲线如图 8-11 所示。摩擦力最大耗能随初始正压力的变化曲线如图 8-12 所示。

从图 8-11、图 8-12 中可以看出,当正压力为 0.3 kN,频率为 73 Hz 时,一个振动周期内,接触面摩擦力耗能最大约为 0.35 J。当初始正压力大于 2 kN 时,叶根和轮缘接触面摩擦力耗能始终为 0。这是因为,此时叶根和轮缘接触面处于粘死状态,接触面上没有产生局部滑动,没有滑动摩擦力,即没有摩擦阻尼消耗振动能量。每条曲线上,摩擦力耗能最大点,对应的是叶片系统的共振点,即幅频响应曲线中,共振频率下叶片的振幅最大,摩擦力耗能也最大。随着初始正压力的增大,最大的摩擦力耗能从 0 开始不断增大,达到某个最大值后,然后不断减小,最终减小到 0 为止。存在某个正压力值,使摩

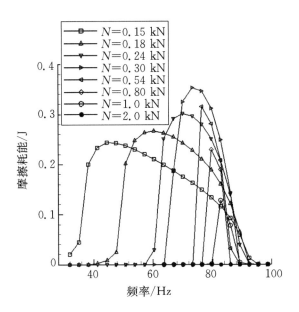

图 8-11　摩擦力耗能随激振频率变化

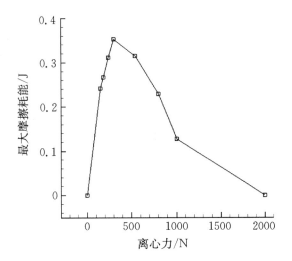

图 8-12　摩擦力最大耗能随离心力变化

擦力耗能最大,该正压力值即为摩擦阻尼减振的最优正压力。

　　不同摩擦系数下摩擦力耗能随激振频率的变化曲线如图 8-13 所示。从图 8-13 可以看出,当摩擦系数为 0.3,激振频率为 73 Hz 时,接触面摩擦力耗能最大,为 0.35 J。摩擦力耗能随着激振频率增加,先增大后减小,最终减

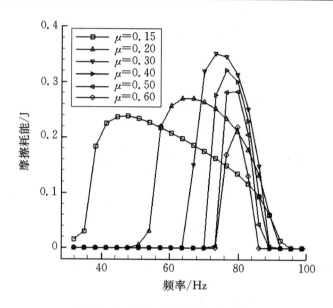

图 8-13　摩擦力耗能随频率变化

小为 0。

8.1.4　数值结果的实验验证

采用了实验方法验证数值计算方法和结果的正确性,详细的实验系统和实验方法在后面介绍。这里先把实验测试的 40°燕尾角叶片在不同离心力下的振动响应结果拿来和数值结果进行比较。图 8-14 和8-15分别为 40°燕尾角叶片共振振幅和共振频率随离心力变化的实验结果和数值计算结果。

从图 8-14 可以看出,当离心力为 200 N 时叶片系统的共振振幅达到最小值 0.24 mm。当离心力为2000 N时,叶片的共振振幅基本达到最大值 0.85 mm。离心力大于2000 N时,系统处于饱和状态,共振振幅不再增加。共振振幅的数值计算结果与实验结果的平均误差小于 3%。共振振幅的数值结果略小于实验结果。

从图 8-15 可以看出,随着离心力的增加,系统的共振频率不断增加;当离心力为2000 N时,系统的共振频率达到最大值 88 Hz,当离心力大于2000 N时,系统处于饱和状态,共振频率不再增加。共振频率的数值计算结果与实验结果的误差约为 2%。数值计算结果的共振频率略大于实验结果。

通过数值计算结果与实验结果的对比验证,表明采用该数值方法进行叶

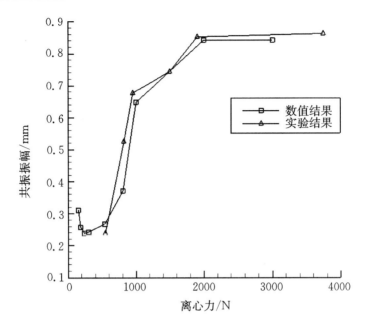

图 8 - 14　40°燕尾角叶片共振振幅实验与数值结果比较

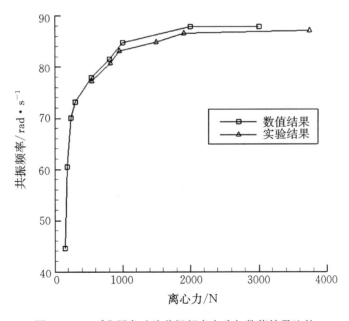

图 8 - 15　40°燕尾角叶片共振频率实验与数值结果比较

片的干摩擦阻尼振动响应是分析可行的。

8.1.5 小 结

采用三维干摩擦接触模型和带燕尾形叶根的松装平板叶片模型,计算了不同参数下叶片系统的振动响应,得到了参数对干摩擦减振效果的影响规律。叶片系统在燕尾形叶根非线性干摩擦力作用下,系统的共振峰值向低频方向偏移,出现了刚度软化现象。离心力影响系统的共振频率和共振振幅,当离心力从小到大变化时,共振振幅先减小后增大,在某个离心力下系统共振振幅最小,系统的共振频率随离心力的增大而增大。摩擦系数是影响系统振动响应的重要参数,存在一个最优的摩擦系数值 0.3,使叶片共振振幅最小,比最大的振幅减小约 20%。激振力影响系统的共振振幅和共振频率,激振力减小时,叶身共振振幅减小约 50%。影响燕尾形叶根松装叶片干摩擦阻尼减振效果的参数有很多,只有综合优化这些参数,才能使燕尾形叶根松装叶片在启动和停机过程中,具有较好阻尼减振效果,保证叶片安全。

8.2 燕尾形叶根叶片干摩擦阻尼减振特性的试验研究

为了研究松装燕尾形叶根叶片在启停机过程中的阻尼减振特性,本节提出了研究燕尾形叶根松装叶片阻尼特性的实验方法,测量不同模拟离心力下不同燕尾角度叶片的强迫振动响应。研究离心力变化对系统非线性振动响应的影响,以及燕尾角度对叶片减振特性的影响。

8.2.1 实验系统及测试方法

1. 实验对象及测试仪器

带燕尾形叶根松装叶片实验系统如图 8-16 所示。实验采用带燕尾形叶根的平板。叶根底部采用预紧螺栓来施加载荷使燕尾形叶根与燕尾槽形成接触。激振器固定在实验台基础上,激振点位置距离叶根 80mm,激振力方向垂直于叶身平面。接触式加速度传感器位于叶片顶部。横截面为正方形的质量块放置于加载螺栓和叶根底面之间,用来测量应变,进而计算加载螺栓施加的载荷大小。

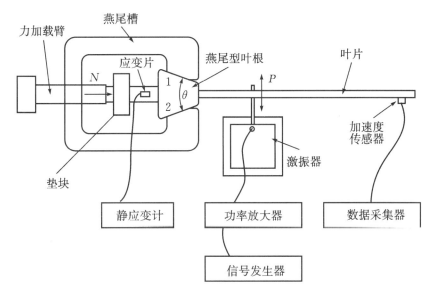

图 8-16   松装叶片振动实验系统

实验中以 5 只不同燕尾角度的燕尾形叶根平板叶片为研究对象,其实物见图 8-17。燕尾形叶根平板叶片的材料为 2Cr13,叶身尺寸相同,叶根与燕尾槽的接触面积相同。40°燕尾角叶片试件及其燕尾槽的尺寸如图 8-18 和图 8-19 所示,其它叶片试件的参数见表 8-1。

图 8-17   不同燕尾角度的燕尾形叶根平板叶片及燕尾槽

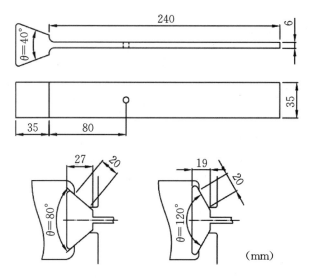

图 8-18　燕尾角叶片试件尺寸图

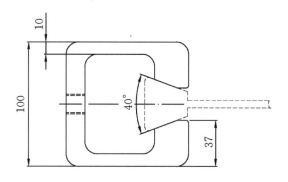

图 8-19　40°燕尾槽尺寸图

表 8-1　燕尾形叶根平板叶片参数

燕尾角 角度	叶型尺寸/mm 厚度×叶高×宽度	叶根尺寸/mm 上底×下底×高×宽度
40°	6×240×36	20×45.48×35×36
60°	6×240×36	20×55.8×31×36
80°	6×240×36	20×66×27×36
100°	6×240×36	20×74.82×23×36
120°	6×240×36	20×82×19×36

实验框图如图 8-20 所示,由信号发生器产生谐波信号,经功率放大器增大信号能量,经由激振器对叶片施加激振力。信号发生器可产生不同频率的信号,通过功率放大器可调整信号的能量以产生不同的激振力大小。采用加速度传感器感知叶片的振动,然后进入数据采集系统,最终通过数据分析软件,可以得到振动的时域响应曲线。实验设备中,数据采集系统为 Iotech 公司的 8 通道振动、噪声数据采集及分析仪(型号为:Zonicbook-618E),信号发生器为 Iotech 公司振动、噪声数据采集仪所带的信号发生器。传感器为奇石乐公司的小质量高灵敏度 ICP 型加速度传感器(质量为 5 g,灵敏度为 100 mV/g),激振器为科动公司的连杆式激振器及配套的功率放大器(激振器的最大激振力:50 N),脉冲激振器为美国 DYTRAN 公司的 ICP 型脉冲激振锤,静态应变仪为联能公司 10 通道静态应变仪及中航电测应变片。

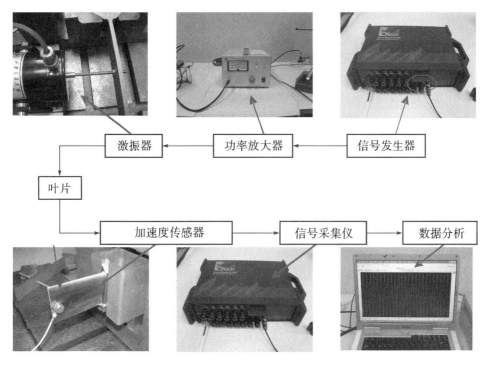

图 8-20 实验框图

2. 对数衰减率和阻尼比的测试方法[7]

实验中叶片试件的固有频率采用自由振动法测量,用脉冲激振锤对叶身部分施加脉冲激振力,利用加速度传感器拾振。通过数据采集系统获得平板叶片的自由振动响应随时间变化的衰减曲线。再通过傅里叶变换得到响应衰减曲线的频谱图,从频谱图上即可观察得到测量频率范围的叶片系统固有频率。

通过自振法得到叶片响应时域信号后,用时域响应的两个波峰值 A_i 和 A_{i+j}($i, i+j$ 表示波峰顺序号),根据振动力学有关知识可用下式计算得到对数衰减率 δ

$$\delta = \frac{1}{j} \ln \frac{A_i}{A_{i+j}} \tag{8-8}$$

根据对数衰减率 δ 与相对阻尼比 ζ 的关系式

$$\delta = \frac{2\pi\zeta}{\sqrt{1-\zeta^2}} \tag{8-9}$$

当阻尼较小($\zeta < 0.2$)时系统的阻尼比 ζ 为

$$\zeta = \frac{\delta}{2\pi} \tag{8-10}$$

另一种求对数衰减率的方法是半功率点法。根据半功率点有关公式可以得到阻尼比为

$$\zeta = \frac{\omega_2 - \omega_1}{2\omega_n} = \frac{\Delta\omega}{2\omega_n} \tag{8-11}$$

式中,ω_1 和 ω_2 分别为半功率点 q_1 和 q_2 对应的频率。

3. 叶片试件模拟离心力的测量方法

试验中通过螺栓在叶根底部施加压力来模拟作用在叶片上的离心力,使叶根和轮缘形成具有正压力的摩擦接触面。由于该研究主要关注叶根承载面上正压力对叶片摩擦减振效果的影响,采用螺栓在叶片底部施加力不仅能够体现叶片离心力在叶根与轮缘接触面上产生的正压力,而且该施加力的方法便于操作,顶力的大小容易控制。

对作用力的测量最直接的方法是采用力传感器,然而通常力传感器尺寸都比较大。由于空间的局限性,在试验中,先测量叶根底部方形质量块的应变值,再通过应变值计算出螺栓加载力的大小。试验使用了两个正方体质量块,其中一个质量块安装在加载螺栓与叶根之间作为工作质量块,另一个质量块作为温度补偿使用。

4. 叶片试件稳态响应的测量

根据平板叶片第一阶固有频率理论计算值 88 Hz,选择正弦激励信号的频率从 30 Hz 开始,以 10 Hz 为步进,直到 200 Hz,然后在共振频率附近以 1 Hz 为步进进行振动响应测试。每个模拟离心力下,大约记录了 30～40 个

激振频率下的振动响应,通过这些振动响应可绘制出幅频响应曲线。对每个试件进行了 6～8 个不同模拟离心力作用下的幅频响应曲线测试。图 8-21 是叶片及试件的测量现场图。

图 8-21　叶片试件强迫振动照片

8.2.2　实验结果

1. 固有频率和对数衰减率测试结果

采用自振法对 5 个不同角度燕尾形叶根平板叶片的自由振动进行了测量。表 8-2 为测得的叶片固有频率、对数衰减率和相对阻尼比。图 8-22 为 80°燕尾角叶片的时域响应曲线及频谱图。

表 8-2　叶片固有频率测量值

燕尾角角度	固有频率/Hz		对数衰减率	相对阻尼比
	1 阶	2 阶		
40°	88.75	543.1	0.01919	0.003054
60°	89.38	542.5	0.01547	0.002462
80°	89.38	543.1	0.01936	0.003082
100°	86.88	521.9	0.01704	0.002712
120°	90.00	552.5	0.02142	0.003400

从表 8-2 中可以得到,不同角度的燕尾形叶根叶片第 1 阶弯曲振动固有频率在 86.88～90.00 Hz,第 2 阶弯曲振动固有频率在 521.9～552.5 Hz,与

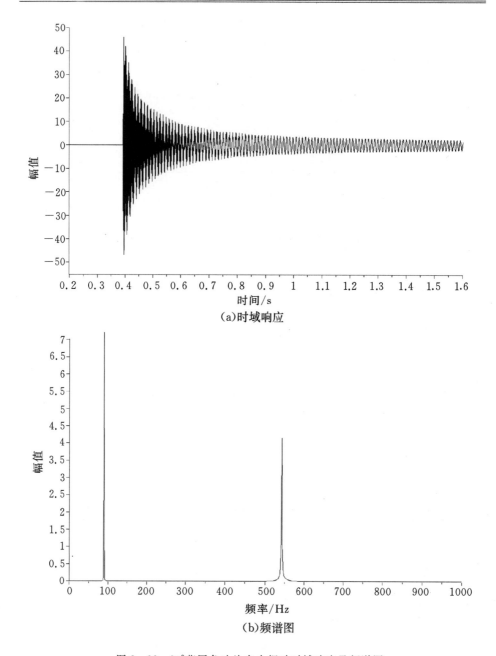

（a）时域响应

（b）频谱图

图 8 - 22 80°燕尾角叶片自由振动时域响应及频谱图

固有频率计算结果 88.758 Hz,556.277 Hz 基本吻合,表明该试验方法研究叶片系统的振动是有效的。燕尾角为 100°叶片的第 1,2 阶固有频率偏低的原因在于该叶片对应的轮槽表面加工质量较差,叶根和轮槽接触面小及不够牢固,造成叶根支撑刚度小。对数衰减率的测试值在 0.02 附近,属于 2Cr13 钢材料的正常值,即在叶根模拟离心力较大的情况下,叶根为刚性支撑,叶根与轮缘接触面的摩擦阻尼不起作用,此时只有材料阻尼。对数衰减率的差异主要源于叶片材料本身的差异以及叶根和轮缘接触面可能产生的结构阻尼。

2. 燕尾形叶根摩擦力对叶片稳态响应的影响

采用单点正弦激励的方法测量叶片试件在不同模拟离心力作用下的强迫振动响应。以 40°燕尾角叶片为例,叶根紧装情况下无干摩擦力和松装情况下有干摩擦力的振动响应如图 8-23 所示,非线性振动响应的频谱见图8-24。

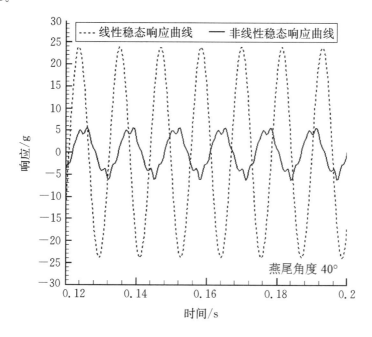

图 8-23　40°燕尾角叶片线性响应曲线与非线性响应曲线

从图 8-23 中可以看出,叶片系统无干摩擦力的振动响应幅值为 24 g(g 为重力加速度),由于测量的是加速度,因此用了多少倍 g 表示。具有干摩擦力的情形下叶片的振动响应幅值为 6 g,仅为线性时的 25%,振幅明显减小。从图 8-24 中可以看出,叶片第 1 阶谐波系数最大,其余各阶谐波系数占第 1 阶谐波系数的百分比分别从 0.5% 到 10.9% 不等。在高阶谐波中,第 5,6 阶系数较大,分别为第 1 阶系数的 9.7% 和 10.9%。其它阶谐波系数占第 1 阶

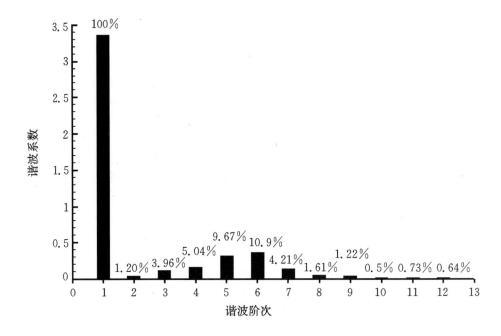

图 8 - 24　40°燕尾角叶片非线性响应曲线的频谱图

谐波系数的百分比均大于 1.0%。因此,在采用高阶谐波平衡方法等数值方法计算干摩擦阻尼叶片振动响应时,为保证计算精度,应尽可能考虑到 5,6 阶等高阶谐波分量的影响。

　　图 8 - 25 是模拟离心力 815.76 N、激振频率 85 Hz 下 40°燕尾角叶片的时域响应和频谱。从图中可以看出,在正弦激励下,叶片的时域响应出现非线性特征,在波峰附近较为明显,该特征是由于燕尾形叶根与燕尾槽接触面之间非线性干摩擦力引起的。另外,时域响应曲线的上下存在不对称现象,是由于在实验的过程中,燕尾形叶根与燕尾槽两个接触面的粗糙程度、正压力、对称性都存在或多或少的差异。

3. 各试件在不同模拟离心力下的振动响应

　　(1)40°燕尾角模拟叶片的响应结果。不同模拟离心力下 40°燕尾角叶片的共振振幅、共振频率和阻尼比的实验结果见表 8 - 3。40°燕尾角叶片在模拟离心力从 0.54 kN 增加到 3.74 kN 时的幅频响应,曲线见图 8 - 26,同样测量的是加速度,因此图中纵坐标单位用了 m/s²。

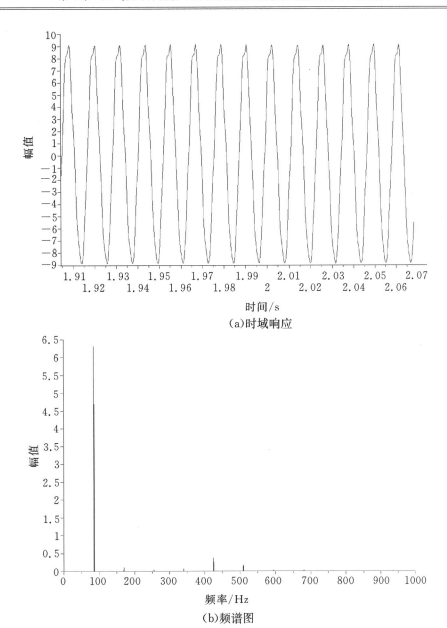

(a)时域响应

(b)频谱图

图 8-25　离心力 815.76 N、激振频率 85 Hz 下 40°叶片的时域响应及频谱图

表 8-3　40°燕尾角叶片在不同模拟离心力下的共振频率及阻尼比

曲线编号	离心力/N	共振频率/Hz	共振峰值/(m/s²)	阻尼比
1	543.84	77.28	56.40	0.06917
2	815.76	80.81	135.29	0.02079
3	951.72	83.14	185.03	0.0092
4	1495.56	84.87	211.52	0.01255
5	1903.44	86.59	252.55	0.01068
6	3738.9	87.20	259.02	0.01015

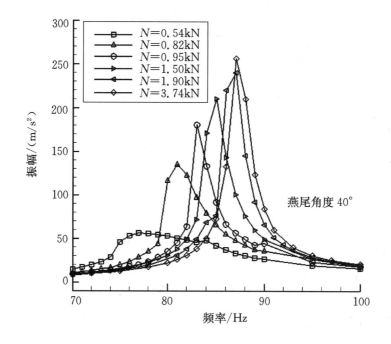

图 8-26　40°燕尾角叶片的幅频响应曲线

从测试结果来看,在实验选取的模拟离心力范围内,叶片系统的共振振幅随着模拟离心力的增大而不断增大,模拟离心力为 0.54 kN 时,共振振幅最小,为 56.4 m/s²;模拟离心力为 3.74 kN 时,共振振幅最大,为 259.02 m/s²。共振振幅随离心力增大的过程中,在 0.54 kN 至 0.95 kN 时,共振振幅的增速较快,在 0.95 kN 至 1.9 kN 时,共振振幅增速较慢,在 1.9 kN 至 3.74 kN 时,共振振幅几乎不增大,处于饱和状态。共振频率随着模拟离心力的增大而增大,实验测得的最小共振频率为 77.28 Hz,最大共振频率为 87.20 Hz。

共振频率随离心力增大的过程中,在 0.54 kN 至 0.95 kN 时,共振频率的增速较快,在 0.95 N 至 1.9 kN 时,共振频率增速较慢,在 1.9 kN 至 3.74 kN 时,共振频率几乎不增大,处于饱和状态。

阻尼比随离心力的增大而逐渐减小。离心力从 0.54 kN 到 0.95 kN 的过程中,阻尼比从 0.06917 下降至 0.0092,阻尼比明显减小。离心力大于 0.95 kN 之后,阻尼比的变化趋于平稳,基本维持在 0.01 左右。

(2)60°燕尾角模拟叶片的响应结果。表 8-4 是不同模拟离心力下 60°燕尾角叶片的共振振幅、共振频率和阻尼比实验结果。图 8-27 为测试得到的 60°燕尾角叶片在模拟离心力从 0.34 kN 增加到 3.60 kN 时的幅频响应曲线。

表 8-4　60°燕尾角叶片在不同模拟离心力下的共振频率及阻尼比

曲线编号	离心力/N	共振频率/Hz	共振峰值/(m/s^2)	阻尼比
1	339.9	77.37	40.23	0.1044
2	407.88	81.18	63.61	0.05857
4	883.74	83.59	158.36	0.01741
5	1427.58	86.00	209.5	0.0108
6	1699.5	86.89	237.18	0.01162
7	3602.94	87.73	248.48	0.01197

从测试结果来看,在实验选取的模拟离心力范围内,叶片系统的共振振幅随着模拟离心力的增大而不断增大,模拟离心力为 0.34 kN 时,共振振幅最小,为 40.23 m/s^2;模拟离心力为 3.60 kN 时,共振振幅最大,为 248.48 m/s^2。共振频率随着模拟离心力的增大而增大,实验测得的最小共振频率为 77.37 Hz,最大共振频率为 87.73 Hz。

共振振幅随离心力增大的过程中,在 0.34~1.70 kN 时,共振振幅的增速较快,大于 1.70 kN 后,共振振幅增速较慢。

共振频率随离心力增大的过程中,在 0.34~1.70 kN 时,共振频率的增速较快,大于 1.70 kN 后,共振频率增速较慢,系统逐渐趋于处于饱和状态。

阻尼比随离心力减小的过程中,在 0.34~0.83 kN 时,阻尼比减小较快,在 0.83~1.43 kN 时,阻尼比减小较慢,在 1.43~3.6 kN 时,阻尼比几乎不变化,处于饱和状态。

(3)80°燕尾角模拟叶片的响应结果。表 8-5 给出不同模拟离心力下 80°燕尾角叶片的共振振幅、共振频率和阻尼比实验结果。图 8-28 为 80°燕尾角叶片在模拟离心力从 0.27 kN 增加到 3.33 kN 时测试得到的幅频响应曲线。

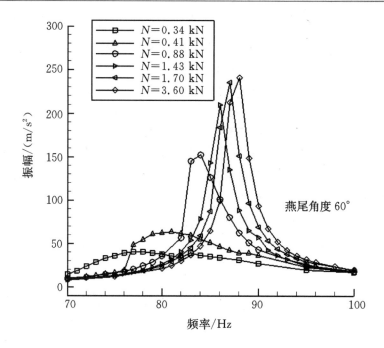

图 8 - 27　60°燕尾角叶片的幅频响应曲线

表 8 - 5　80°燕尾角叶片在不同模拟离心力下的共振频率及阻尼比

曲线编号	离心力/N	共振频率/Hz	共振峰值/(m/s²)	阻尼比
1	271.92	71.75	59.23	0.06616
2	339.9	82.00	56.72	0.03431
3	543.84	84.19	160.26	0.02388
4	1223.64	85.70	204.60	0.01062
5	2039.4	87.12	235.09	0.01173
6	3331.02	87.80	233.06	0.01371

　　(4)100°燕尾角模拟叶片的响应结果。表 8 - 6 给出了不同模拟离心力下 100°燕尾角叶片的共振振幅、共振频率和阻尼比测试结果。图 8 - 29 为 100° 燕尾角叶片在模拟离心力从 0.20 kN 增加到 2.52 kN 时测试得到的幅频响应曲线。

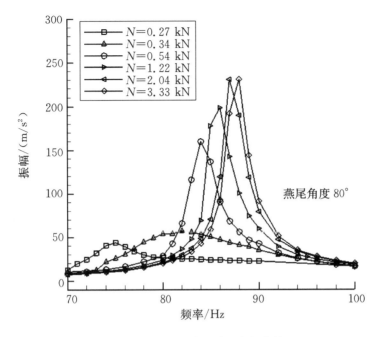

图 8-28　80°燕尾角叶片的幅频曲线

表 8-6　100°燕尾角叶片在不同模拟离心力下的共振频率及阻尼比

曲线编号	离心力/N	共振频率/Hz	共振峰值/(m/s²)	阻尼比
1	203.94	74.28	27.69	0.05621
2	1019.7	81.35	135.91	0.01709
3	1223.64	82.16	166.38	0.01230
4	1427.58	84.35	183.60	0.01281
5	1971.42	86.32	237.85	0.01199
6	2515.26	87.27	236.15	0.01157

　　(5)120°燕尾角模拟叶片的响应结果。表 8-7 为不同模拟离心力下 120°燕尾角叶片的共振振幅、共振频率和阻尼比实验结果,图 8-30 为 120°燕尾角叶片在模拟离心力从 0.27 kN 增加到 2.45 kN 时测试得到的幅频响应曲线。

　　从表 8-7 和图 8-30 的实验结果来看,在实验选取的模拟离心力范围内,叶片系统的共振振幅随着模拟离心力的增大而不断增大,模拟离心力为 0.27 kN 时,共振振幅最小,为 40.18 m/s²;模拟离心力为 2.45 kN 时,共振振幅最大,为 254.40 m/s²;共振频率随着模拟离心力的增大而增大,实验测得的最小共振频率为 79.68 Hz,最大共振频率为 89.0 Hz。

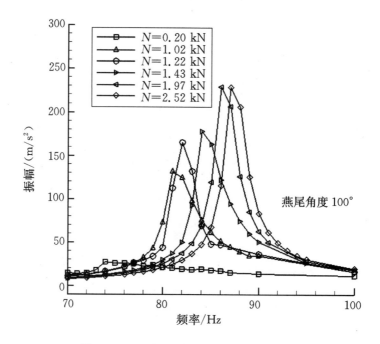

图 8-29 100°燕尾角叶片的幅频响应曲线

表 8-7 120°燕尾角叶片在不同模拟离心力下的共振频率及阻尼比

曲线编号	离心力/N	共振频率/Hz	共振峰值/(m/s²)	阻尼比
1	271.92	79.68	40.18	0.04562
2	543.84	82.49	69.39	0.03746
3	883.74	84.31	152.49	0.01684
4	1223.64	86.37	205.41	0.01303
5	1835.46	88.62	236.95	0.01168
6	2447.28	89.00	254.40	0.00933

共振振幅随离心力增大的过程中,当离心力在 0.27~1.2 kN 范围时,共振振幅增大较快,在 1.2~2.5 kN 范围时,共振振幅增大较慢。

共振频率随离心力增大的过程中,当离心力在 0.20~1.8 kN 范围时,共振频率的不断增大,在 1.8~2.5 kN 范围时,达到饱和状态。

从图 8-31 中可以看出,在阻尼比随离心力减小的过程中,当离心力在 0.20~1.2 kN 范围时,阻尼比减小较快,在 1.2~2.5 kN 范围时,阻尼减小缓慢,趋于饱和状态。

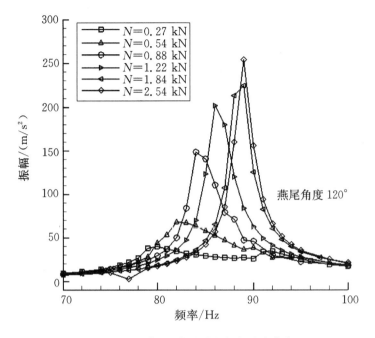

图 8-30　120°燕尾角叶片的幅频响应曲线

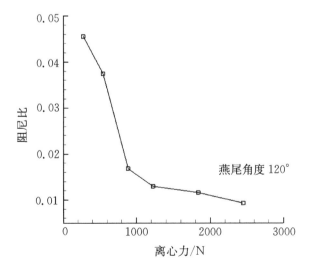

图 8-31　叶片阻尼比随离心力变化(120°)

数值计算的结果是:随着离心力的增大,叶片共振峰值呈先减小,然后逐渐增大,最后达到某个渐近值的趋势,这与试验结果有所出入。试验中叶片试件平行于地面,在模拟离心力较小时叶片会因重力而下坠,因此实验过程中模拟离心力无法取到较小值,因此没有出现共振振幅随模拟离心力增大而减小的变化过程。这是该试验需要改进的地方。

在实验所取的模拟离心力范围内,各叶片试件的最大共振振幅是最小共振振幅的 4 倍以上,说明不同离心力作用下叶根表面的结构阻尼对叶片振动的影响是非常明显的,在叶片设计时通过调整燕尾叶根结构参数,可以使得叶片在某个共振转速下结构阻尼最大,以保证叶片在启动过程中振动响应最小,提高叶片的安全可靠性并延长叶片的使用寿命。

(6)不同燕尾角度叶片响应结果的比较。为了研究燕尾角度不同对叶片减振效果的影响,将 5 只不同燕尾角度叶片的共振响应进行了对比分析。图 8-32,8-33 和 8-34 分别为 5 种不同燕尾角度叶片共振振幅、共振频率和阻尼比随离心力变化的关系曲线。图 8-32 中纵坐标为振动的振幅,具体数值由表 8-3 到表 8-7 中振动加速度转换而来。

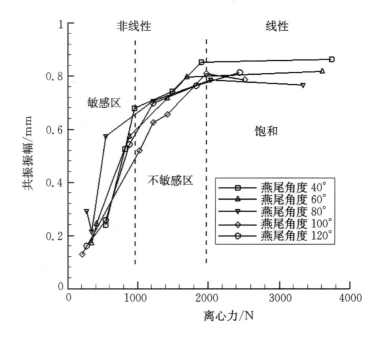

图 8-32 共振振幅随离心力变化曲线

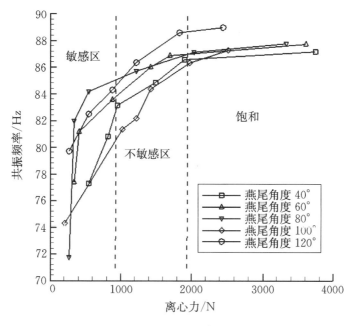

图 8 - 33　共振频率随离心力变化曲线

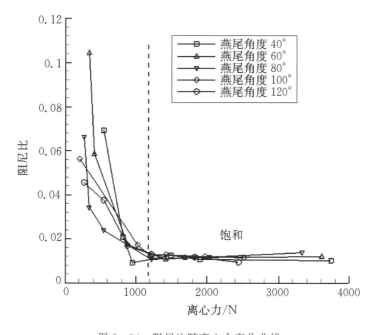

图 8 - 34　阻尼比随离心力变化曲线

从图 8-32 可以看出,当离心力大于 300 N,并且小于 1000 N 时,5 种不同燕尾角度叶片的共振振幅与离心力关系曲线的斜率较大,共振振幅对离心力的变化较为敏感;当离心力大于 1000 N,且小于 2000 N 时,5 种不同燕尾角度各个叶片的共振振幅与离心力关系曲线的斜率变小,共振振幅对离心力的变化相对不敏感;当离心力大于 2000 N 时,5 种不同燕尾角度叶片的共振振幅均达到饱和状态。

从图 8-33 同样可以看出,5 种燕尾角度叶片的共振频率随离心力的变化趋势。当离心力大于 300 N,并且小于 1000 N 时,共振频率随离心力的增大上升较快,共振频率对离心力的变化较为敏感;当离心力大于 1000 N,且小于 2000 N 时,共振频率与离心力关系曲线的斜率变小,共振频率对离心力的变化相对不敏感;当离心力大于 2000 N 时,5 种不同燕尾角度叶片的共振频率均达到饱和状态。

从图 8-34 可以看出,当离心力大于 1000 N 时,五种燕尾角度叶片的相对阻尼比达到最小值,并且处于饱和,不再降低。

4. 误差分析

系统误差主要来源:叶片燕尾形叶根两个接触面的表面光洁度不同引起的两个接触面摩擦力的不同,以及在叶片模拟离心力的加载过程中,加载力与叶片重心方向不能完全重合引起的误差,还有模拟离心力加载所带来的叶根底部摩擦的影响。测量模拟离心力大小的中间应变质量块与叶根连接接触所带来的误差。激振器与叶片连接所带来的系统误差,接触式加速度传感器所带来的附加质量的影响。

8.2.3　试验结论

提出了燕尾形叶根松装叶片阻尼特性的实验方法,实验测量了含燕尾形叶根平板叶片固有特性,以及不同模拟离心力下的叶片强迫振动响应、阻尼特性。采用正弦激励的方法测量叶片试件在不同模拟离心力作用下的强迫振动响应,从叶片稳态响应的时域曲线中可以观察到明显的非线性特征,频谱图中高阶谐波体现了非线性力的影响。在非线性摩擦力影响下,实验叶片响应除了 1 阶谐波分量最大外,5 阶和 6 阶谐波分量分别是 1 阶谐波的 9.7% 和 10.9%,因此采用数值方法计算叶片响应时,为保证较高的计算精度,应尽可能考虑 5 阶和 6 阶等高阶谐波分量的影响。叶片振动响应的峰值、共振频率、阻尼比随模拟离心力变化,当模拟离心力达到某个值后,它们将基本保持不变。不同离心力作用下叶根表面的结构阻尼对叶片振动的影响非常明显，在叶片设计时通过调整燕尾叶根结构参数，使得叶片在某个共振转速下结构阻尼最大，以保证叶片在启动过程中振动响应最小，提高叶片的安全可靠性并延长叶片的服役寿命。

8.3　压气机叶片燕尾形叶根减振机理的试验研究

某燃气轮机压气机叶片如图 8 - 35 所示。实验中使用的燕尾槽见图 8 - 36。

图 8 - 35　燃机压气机叶片

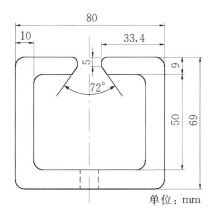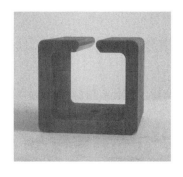

单位：mm

图 8 - 36　压气机叶片燕尾槽尺寸图和实物图

在叶根固定的情况下，通过自由振动曲线和频谱，得到压气机叶片的一阶固有频率为 772 Hz，从时域响应曲线上计算出的对数衰减率为 0.0302，模态阻尼为 0.0048。

8.3.1　干摩擦力对压气机叶片稳态响应的影响

谐波激励压气机叶片系统的强迫振动响应试验如图 8-37 所示。模拟离心力 4486.68 N,激振频率 300 Hz 下叶片稳态响应的时域曲线如图 8-38 所示,其对应的频谱图为图 8-39。

图 8-37　压气机叶片强迫振动实验

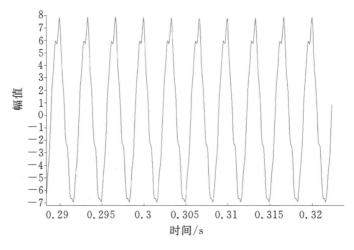

图 8-38　模拟离心力 4486.68 N,激振频率 300 Hz 下叶片的时域响应

从图 8-38 可以看出,在正弦激励下,叶片时域响应曲线是不规则周期函数,具有非线性特征,在波峰附近尤为明显。从图 8-39 可以看到稳态响应中除了第 1 阶谐波系数外,高阶谐波频率系数对响应也有较大贡献。说明单谐

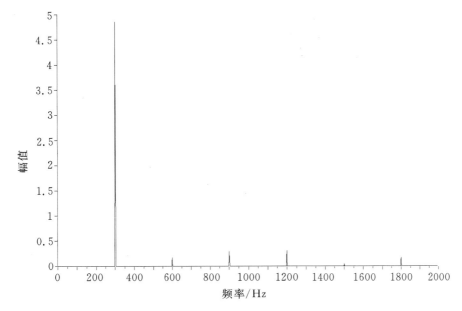

图 8-39　模拟离心力 4486.68 N,激振频率 300 Hz 下叶片响应的频谱图

波激振时,燕尾形叶根接触面上产生的摩擦力,使得叶片系统响应出现了非线性,高阶谐波分量增大。时域响应曲线上下不完全对称,是由于燕尾形叶根与燕尾槽两个接触面的粗糙程度、正压力、对称性都存在差异造成的。

8.3.2　离心力载荷对叶片减振特性的影响

在不同模拟离心力载荷下测量了燃气轮机压气机叶片的振动响应,其频响曲线如图 8-40 所示,表 8-8 为测试得到的不同模拟离心力作用下共振频率及阻尼比。

表 8-8　压气机叶片在不同模拟离心力下的共振频率及阻尼比

曲线编号	离心力/N	共振频率/Hz	共振峰值/g	阻尼比
1	543.84	76	8.936	0.08493
2	1495.56	137	3.415	0.8377
3	4146.78	177	5.026	0.5088
4	4486.68	326	13.59	0.1289
5	5891.60	555	38.687	0.01972
6	7580.80	593	39.881	0.020813

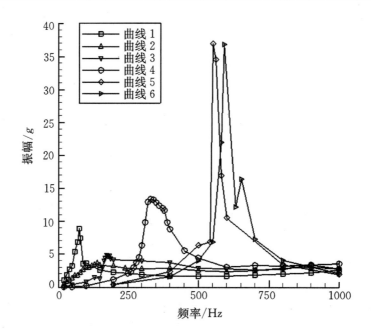

图 8-40　压气机叶片的幅频响应曲线

　　图 8-41,图 8-42 和图 8-43 分别为共振振幅、共振频率和阻尼比随模拟离心力变化曲线。

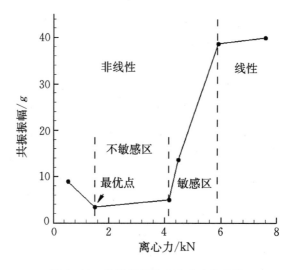

图 8-41　共振振幅随离心力变化曲线

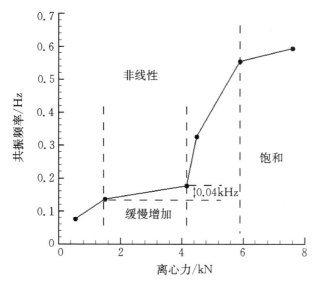

图 8-42　共振频率随离心力变化曲线

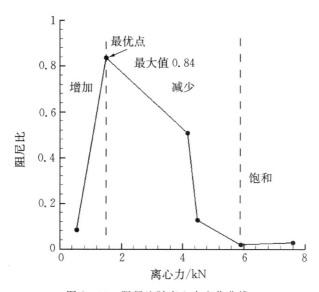

图 8-43　阻尼比随离心力变化曲线

由图 8-41 可以看出,在实验所选取的模拟离心力范围内,随模拟离心力的增大共振振幅先减小后增大,在模拟离心力达到 6 kN 以后,共振振幅的增大幅度减缓,最后保持某个最大值 39 g。当模拟离心力为 1.5 kN 时,系统的共振振幅最小 3.4 g,比最大振幅减小 91%,减小明显。当模拟离心力从

1.5 kN增加到 4 kN 时,系统的共振振幅从 3.4 g 增加到了 5 g,增加缓慢,该区域是共振振幅对模拟离心力变化的不敏感区域。当模拟离心力从 4 kN 增大到 6 kN 时,系统共振振幅从 5 g 增加到 39 g,增加显著。当叶片离心力为 1.5 kN时,其转速约为 1000 r/min,在该转速附近,气流激振力的谐波接近叶片的固有频率,有可能产生共振,该设计转速附近燕尾形叶根干摩擦减振效果最优,可以使叶片在启停机过程中有较好的安全性。

在图 8-42 中,系统的共振频率随模拟离心力的增大而增大,在模拟离心力达到 6 kN 以后共振频率的增大减缓,最终保持最大值 593 Hz。在实验所选取的模拟离心力范围内,系统最小共振频率为 76 Hz,最大共振频率为 593 Hz。当模拟离心力大于 1.5 kN,小于 4 kN 时,共振频率增加了 40 Hz,增加缓慢,该区域是不敏感区域。如果设计叶片系统的共振频率在不敏感区域,当机组启动时,叶片振动会处于较低水平,能够保护叶片安全。保证叶片平缓安全地通过整个启动过程。

从图 8-43 可以看出,阻尼比随离心力先增大后减小,当离心力为 1.5 kN时,阻尼比达到最大值 0.84,当离心力达到 6 kN 以后,阻尼比减小的幅度减缓,最终保持到最小值 0.02。

为了研究在启停机过程中,离心力变化对含有燕尾形叶根的某重型燃气轮机压气机松装叶片振动特性的影响,采用实验方法测量压气机叶片在不同离心力下的强迫振动响应。实验结果表明,随着离心力的增加,共振振幅先减小后增大,最终达到某极大值并保持该极大值;共振频率也随着离心力的增加不断增大,最后保持稳定;阻尼比随离心力先增大后减小,最后保持某个小值。存在一个最优的离心力使得叶片的共振振幅最小,燕尾形叶根的干摩擦阻尼效果最好。在实验所选取的离心力范围内,叶片的最小共振振幅比最大共振振幅的减小约 91%,燕尾形叶根与燕尾槽接触面的非线性干摩擦力作用是非常明显的。

参考文献

[1]　上官博.分形接触干摩擦模型及叶片系统减振效应的理论与实验研究[D].西安交通大学学位论文,2013.

[2]　Shangguan B,Xu Z L,Wu Q L,et al. Forced response prediction of blades with loosely assembled dovetail attachment by HBM[C]. ASME paper GT2009-59778,Orlando,Florida,USA,2009.

[3]　徐自力,上官博,吴其林,等.松装叶片燕尾形叶根干摩擦力模型及振动响应分析[J].西

安交通大学学报,2009,43(7):1-5.

[4] Shangguan B,Xu Z L. Experimental study of friction damping of blade with loosely assembled dovetail attachment[J]. Proc IMechE Part A:Journal of Power and Energy, 2012,226(6):738-750.

[5] Shangguan B,Xu Z L,Liu Y L. Experiment investigation on damping characteristics of blade with loosely assembled dovetail attachment[C]. ASME paper GT2010-22386, Glasgow,UK,2010.

[6] 上官博,刘雅琳,徐自力. 松装叶片燕尾形叶根结构参数对干摩擦减振效应的影响[J]. 振动与冲击,2012,31(19):180-183.

[7] 倪振华. 振动力学[M]. 西安:西安交通大学出版社,1989.

第 9 章　叶片振动测量的理论与实践

9.1　叶片静频和动频测试的必要性

叶片是燃气轮机中数量最多的部件,例如一台某型号重型燃机压气机静叶有 1952 只,动叶有 1349 只;透平静叶有 222 只,动叶有 387 只,合计仅一台燃机就有 3910 只叶片。尽管各生产商非常重视叶片的研发和安全可靠性,然而叶片断裂事故仍时有发生,一旦发生叶片断裂,轻则使机组非计划停机,重则造成本级或后面几级叶片及静止部件损坏,甚至造成整个机组破坏。因此,为确保叶片的安全可靠,必须准确地掌握叶片的固有振动特性,避免叶片和气流激振力发生共振,导致叶片疲劳破坏。

随着计算机的快速发展,以及振动数值模拟算法的完善,目前对叶片振动特性的计算精度也在不断提升。数值模型可以很好地描述叶片的复杂结构,然而对叶根的联接状态、相邻叶片围带间的接触状态、相邻叶片凸肩间的接触状态,需要根据经验来确定,因此数值模拟有其固有缺陷。可见,对叶片的振动特性进行测量,便成为一项不可缺少的工作。另外,通过频率测量可以掌握材料均匀性、加工一致性、安装偏差等因素对叶片振动特性的影响,也可以做为判断叶片加工和安装质量的一种手段。

叶片振动特性包括叶片固有频率、主振型、叶片在气流等载荷作用下的振动幅值和动应力。目前,叶片振动特性测量主要集中在叶片静频和动频的测量。

叶片静频是指叶片在静止或非转动状态下的固有频率。静频测量一种办法是把叶片装在振动试验台夹具中;另一种办法是把叶片装在转子轮盘榫槽中,转子是不转动的。叶片静频主要由叶片自身的刚度、质量以及叶根联接状态决定,当叶片结构形状、尺寸和材料确定后,叶片的静频值就确定了。

叶片动频是指叶片在旋转状态下,特别是在额定转速下的固有频率。对于中等长度叶片、长叶片及超长叶片,离心力的刚化作用使叶片的固有频率增大,对于长叶片第 1 阶动频可达到了静频的 2 倍。目前燕尾形叶根叶片、枞树形叶根叶片常采用松装安装方式,对于松装叶片,叶根和轮缘接触界面连接状态在工作情况下和静止情况完全不同,叶根的联接刚度完全不同于静频。对于自带冠、自带凸肩成圈叶片,以及松拉金成圈叶片,叶片静止状态下是自由叶片,而工作时是成圈结构,表现为节圆和节径振动特性,实际上结构发生了变化。因此,测量叶片的静频无法替代对动频的测量。

对自由叶片而言按照振动形式不同,又可分为切向弯曲振动、轴向弯曲振动、扭转振动以及弯曲扭转复合振动等等。对成圈结构叶片而言,振动形式又可分为节径振动、节圆振动,以及节径和节圆复合振动等等。

9.2　叶片静频测量方法的理论基础

9.2.1　自振法

1. 脉冲力和矩形脉冲力的时域、频域特性

为了便于数学上描述脉冲力引入 δ 函数,即单位脉冲函数[1]

$$\delta(t - \tau) = \begin{cases} \infty, & t = \tau \\ 0, & t \neq \tau \end{cases} \tag{9-1}$$

且

$$\int_{-\infty}^{\infty} \delta(t - \tau) \mathrm{d}t = 1 \tag{9-2}$$

式中,τ 为任意实数,δ 函数的单位为 $1/\mathrm{s}$。

δ 函数具有筛选性质,对于连续函数 $f(t)$,有

$$\int_{-\infty}^{\infty} f(t)\delta(t - \tau) \mathrm{d}t = f(\tau) \tag{9-3}$$

脉冲力是一种作用时间无限短而具有有限冲量的力。设脉冲力 $P(t)$ 的冲量为 U,当冲击时间无限短时,则有

$$P(t) = \lim_{\Delta t \to 0} U / \Delta t = U\delta(t) \tag{9-4}$$

对脉冲力做傅里叶变换,可得到频谱特性为

$$\mathscr{F}[P(t)] = \int_{-\infty}^{\infty} U\delta(t)\mathrm{e}^{-\mathrm{i}\omega t} \mathrm{d}t = U \tag{9-5}$$

脉冲力的频谱图如图 9-1 所示(只画了右半边),从图中可以看到脉冲力的频谱中包含了从零到 ∞ 的各种频率成分,并且各种频率的简谐振动分量的幅值

都同样大小,这是脉冲力的一个重要性质。因此,在自振法测频中施加脉冲力是最为理想的。

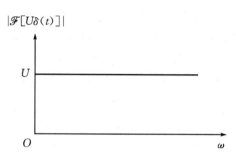

图 9-1 脉冲力的频谱图

实际上,在自振法测频中,力锤(或称为脉冲锤)作用的时间不会是无穷小,而是有时间长度的,只是时间较短而已,可认为实际作用力为矩形脉冲力[1],如图9-2所示,用数学式表示为

$$P(t) = \begin{cases} 0, & -\infty < t < -\dfrac{t_1}{2} \\ P_0, & -\dfrac{t_1}{2} < t < \dfrac{t_1}{2} \\ 0, & \dfrac{t_1}{2} < t < \infty \end{cases} \qquad (9-6)$$

矩形脉冲力 $P(t)$ 的频谱函数为

$$P(\omega) = \int_{-\infty}^{\infty} P(t) e^{-i\omega t} \, dt = \int_{-\frac{t_1}{2}}^{\frac{t_1}{2}} P_0 e^{-i\omega t} \, dt = \frac{2P_0}{\omega} \sin \frac{\omega t_1}{2} \qquad (9-7)$$

取模

$$|P(\omega)| = \left| \frac{2P_0}{\omega} \sin \frac{\omega t_1}{2} \right| = t_1 P_0 \left| \frac{\sin \dfrac{\omega t_1}{2}}{\dfrac{\omega t_1}{2}} \right| \qquad (9-8)$$

矩形脉冲力的频谱如图 9-3 所示。由图可知:

(1)矩形脉冲力 $P(\omega)$ 在频率域上是连续的;

(2)当 t_1 趋于无穷小时,$2\pi/t_1$ 趋于整个频率范围内,接近 1,即趋于脉冲力;

(3)随着频率增大,$|P(\omega)|$ 的幅值尽管有波动,但趋势是减小的。

2. 单自由度系统对单位脉冲力、矩形脉冲力的响应

零初始条件下,系统对单位脉冲力的响应,通常称为单位脉冲响应或脉冲响应。

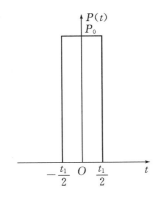

图 9 - 2　矩形脉冲力

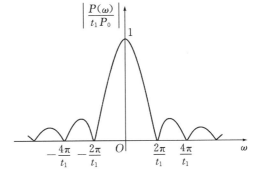

图 9 - 3　矩形脉冲力的频谱图

单位脉冲力作用下单自由度系统的运动方程为

$$m\ddot{x} + c\dot{x} + kx = \delta(t) \tag{9-9}$$

此处右端项的量纲应为 N/(N·s)。

记 0^-, 0^+ 表示单位脉冲力作用瞬间的前、后时刻。初始条件为：

$$x(0^-) = 0, \quad \dot{x}(0^-) = 0 \tag{9-10}$$

解在时间上可分两个区段。

(1)第 1 时间段，$0^- \leqslant t \leqslant 0^+$ 的响应为

$$x(0^+) = x(0^-) = 0 \tag{9-11}$$

$$\dot{x}(0^+) = \frac{1}{m} \tag{9-12}$$

(2)第 2 时间段，即 $t \geqslant 0^+$ 的响应，即单位脉冲响应

$$h(t) = \frac{1}{m\omega_d} \mathrm{e}^{-\zeta\omega_n t} \sin\omega_d t, \quad t > 0$$

式中，$h(t)$ 的量纲为 m/(N·s)；ω_n, ω_d, ζ 分别为系统固有频率、阻尼固有频率和阻尼比。

通常，测试时试件总是保持静止状态，受到的是冲量为 U 的脉冲力，那么单自由度系统的响应为

$$x(t) = \frac{U}{m\omega_d} \mathrm{e}^{-\zeta\omega_n t} \sin\omega_d t, \quad t > 0 \tag{9-13}$$

可见在脉冲力作用下，系统响应频率就是其固有频率。这就是自振法测固有频率的理论依据。

无阻尼单自由度弹簧质量系统对矩形脉冲力的响应推导如下。

矩形脉冲力表示为

$$P(t) = \begin{cases} P_0, & 0 \leqslant t \leqslant t_1 \\ 0, & t > t_1 \end{cases} \qquad (9-14)$$

根据受力状态,系统响应分为两个区段。

区段 1:在 $0 \leqslant t \leqslant t_1$,由杜哈梅积分,得到响应为

$$x(t) = \int_0^t P(\tau) \cdot h(t-\tau) \cdot d\tau = \frac{P_0}{k}(1 - \cos\omega_n t) \qquad (9-15)$$

可见,这时系统以固有频率 ω_n 作简谐振动。

区段 2:当 $t \geqslant t_1$,$P(t) = 0$,由杜哈梅积分,得到响应为

$$x(t) = \frac{1}{m\omega_n} \left[\int_0^{t_1} P(\tau) \cdot \sin(\omega_n(t-\tau)) \cdot d\tau + \int_{t_1}^t P(\tau) \cdot \sin(\omega_n(t-\tau)) \cdot d\tau \right]$$

$$= \frac{P_0}{k} \left[\cos\omega_n(t-t_1) - \cos\omega_n t \right] \qquad (9-16)$$

可见在矩形脉冲力作用下,系统的响应频率也是其固有频率。这就是自振法测固有频率时,即使敲击力不是理想的脉冲力,也能测出固有频率的理论依据。

3. 单位脉冲力、矩形脉冲力下单自由度系统响应的频谱特性

对于具有零初始条件,受任意力激励,振动系统运动方程为[1,2]

$$\begin{cases} m\ddot{x} + c\dot{x} + kx = P(t) \\ x(0) = 0, \quad \dot{x}(0) = 0 \end{cases} \qquad (9-17)$$

对方程两边作拉氏变换,并利用初始条件,有

$$(ms^2 + cs + k)x(s) = P(s) \qquad (9-18)$$

式中,s 为复变量;$x(s)$ 为输出(响应)的拉氏变换;$P(s)$ 为输入(激励)的拉氏变换。

系统的传递函数定义为系统输出的拉氏变换与输入的拉氏变换之比,记 $G(s)$ 为传递函数

$$G(s) = \frac{x(s)}{P(s)} = \frac{1}{ms^2 + cs + k} \qquad (9-19)$$

由传递函数 $G(s)$,令复变量 $s = i\omega$,并记

$$H(\omega) = G(s)\big|_{s=i\omega} = \frac{x(\omega)}{P(\omega)} \qquad (9-20)$$

式(9-20)又称为复频响应函数,又定义为输出的傅氏变换与输入的傅氏变换之比。

对于单自由度振动系统,复频响应函数为

$$H(\omega) = G(s)\big|_{s=i\omega} = \frac{1}{-m\omega^2 + ic\omega + k} = \frac{1}{k(1-\lambda^2 + i2\zeta\lambda)} \qquad (9-21)$$

式中,$\lambda = \dfrac{\omega}{\omega_n}$,称为频率比。

输出的频谱函数为

$$x(\omega) = H(\omega) \cdot P(\omega) \qquad (9-22)$$

即输出的频谱函数等于输入的频谱函数与复频响应函数的乘积。

当激振力为冲量 U 的脉冲力时,激振力频谱函数为

$$P(\omega) = F[U\delta(t)] = U \qquad (9-23)$$

此时系统响应的频谱函数为

$$x(\omega) = H(\omega) \cdot U \qquad (9-24)$$

响应频谱函数的模为

$$|x(\omega)| = U|H(\omega)| = \frac{U}{k\sqrt{(1-\lambda^2)^2 + (2\zeta\lambda)^2}} \qquad (9-25)$$

图 9-4 画出了脉冲力及脉冲响应的频谱图(只画了右半平面),由图可以看到,虽然脉冲力的频谱包含着频率从零到无穷并且幅值相同的各种简谐分量,但是脉冲响应的频谱中各种频率的简谐分量幅值并不相同。当阻尼较小时,系统固有频率附近的简谐分量较大,这说明系统对于频率接近固有频率的激励的响应是最强烈的。从时域角度解释了自振法或敲击法测量系统固有频率的原理。

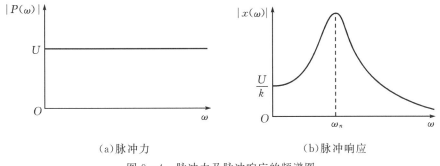

(a)脉冲力　　　　　　　　　　(b)脉冲响应

图 9-4　脉冲力及脉冲响应的频谱图

当式(9-22)中激振力为矩形脉冲力时,激振力的频谱函数及模分别见式(9-7)和式(9-8)。

矩形脉冲响应的频谱函数的模为

$$|x(\omega)| = \frac{1}{k\sqrt{(1-\lambda^2)^2 + (2\zeta\lambda)^2}} \cdot t_1 P_0 \left| \frac{\sin\frac{\omega t_1}{2}}{\frac{\omega t_1}{2}} \right| \qquad (9-26)$$

图 9-5 画出了矩形脉冲力及矩形脉冲力响应的频谱图(只画了右半平面),由图可以看到,虽然矩形脉冲力的频谱包含着频率从零到无穷,但随着频率增大,尽管幅值波动,但幅值总体在减小。矩形脉冲响应的频谱中各种频率的简谐

分量幅值也不相同,当阻尼较小时,系统固有频率附近范围内的简谐分量较大,这说明系统对于频率接近固有频率的激励的响应是最强烈的,这点和脉冲响应是一致的。另外,图 9-5 中可看到,当系统固有频率分别为 $\omega_n, 2\omega_n, 4\omega_n$ 时,系统响应峰值明显下降,即固有频率越高,激励作用下的响应就越不明显,固有频率越小,响应越强烈。这就是自振法或敲击法测量系统固有频率时,对高频比较难测的原因。

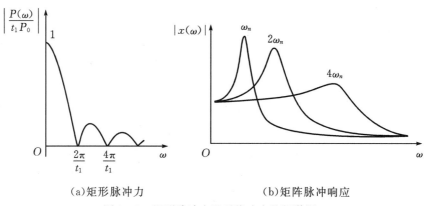

$$(a)矩形脉冲力 \qquad\qquad (b)矩阵脉冲响应$$

图 9-5　矩形脉冲力及系统响应的频谱图

4. 有阻尼多自由度系统的复频响应函数矩阵

在任意激励下,并考虑零初始条件,多自由度系统运动方程[1,2]为

$$M\ddot{X} + C\dot{X} + KX = P(t) \tag{9-27}$$

式中,M,C 和 K 分别为系统的质量、阻尼和刚度矩阵;$P(t)$ 为系统受到的激振力向量。

多自由度系统复频响应函数矩阵为

$$H(\omega) = \frac{1}{-\omega^2 M + \mathrm{i}\omega C + K} \tag{9-28}$$

这样,多自由度系统频域内输出和输入之间关系式为

$$X(\omega) = H(\omega) \cdot P(\omega) \tag{9-29}$$

多自由度系统频域内输出和输入关系如图 9-6 所示。

如果阻尼矩阵 C 可对角化,复频响应函数矩阵 $H(\omega)$ 的模态展开式为

$$H(\omega) = \frac{1}{-\omega^2 M + \mathrm{i}\omega C + K} = \sum_{j=1}^{n} \frac{\boldsymbol{\phi}_j \boldsymbol{\phi}_j^{\mathrm{T}}}{K_{pj} - \omega^2 M_{pj} + \mathrm{i}\omega C_{pj}} \tag{9-30}$$

可见,频率响应函数仅取决于系统的物理特性,或者说,完全由系统的固有振动特性确定,因此频响函数矩阵完全描述了系统的振动特性。

第 r 行第 s 列元素 $H_{rs}(\omega)$ 为

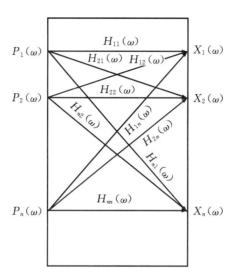

图 9-6 多自由度系统频域输出和输入关系

$$H_{rs}(\omega) = \sum_{j=1}^{n} \frac{\boldsymbol{\phi}_{rj}\boldsymbol{\phi}_{sj}^{\mathrm{T}}}{K_{pj}(1-\lambda_j^2+\mathrm{i}2\xi_j\lambda_j)} = \sum_{j=1}^{n} \frac{\beta_j\boldsymbol{\phi}_{rj}\boldsymbol{\phi}_{sj}^{\mathrm{T}}}{K_{pj}} \qquad (9-31)$$

式中,$\beta_j = \dfrac{1}{1-\lambda_j^2+\mathrm{i}2\xi_j\lambda_j}$ 称为第 j 阶放大因子。

如果只在第 s 个节点上施加力,则第 r 个节点上响应的频谱函数为

$$X_r(\omega) = H_{rs}(\omega)P_s(\omega) = \sum_{j=1}^{n} \frac{\boldsymbol{\phi}_{rj}\boldsymbol{\phi}_{sj}^{\mathrm{T}}}{K_{pj}(1-\lambda_j^2+\mathrm{i}2\xi_j\lambda_j)}P_s(\omega)$$

$$= \sum_{j=1}^{n} \frac{\beta_j\boldsymbol{\phi}_{rj}\boldsymbol{\phi}_{sj}^{\mathrm{T}}}{K_{pj}}P_s(\omega) \qquad (9-32)$$

当激振力为脉冲力时,其频谱函数为 $P(\omega)=\mathscr{F}[U\delta(t)]=U$,此时第 r 个节点上系统响应的频谱函数为

$$X_r(\omega) = \sum_{j=1}^{n} \frac{\boldsymbol{\phi}_{rj}\boldsymbol{\phi}_{sj}^{\mathrm{T}}}{K_{pj}(1-\lambda_j^2+\mathrm{i}2\xi_j\lambda_j)}U = \sum_{j=1}^{n} \frac{\beta_j\boldsymbol{\phi}_{rj}\boldsymbol{\phi}_{sj}^{\mathrm{T}}}{K_{pj}}U \qquad (9-33)$$

当激振力为矩形脉冲力时,则第 r 个节点上响应的时域函数为

$$X_r(\omega) = H_{rs}(\omega)P_s(\omega) = \sum_{j=1}^{n} \frac{\boldsymbol{\phi}_{rj}\boldsymbol{\phi}_{sj}^{\mathrm{T}}}{K_{pj}(1-\lambda_j^2+\mathrm{i}2\xi_j\lambda_j)}\frac{2F_0}{\omega}\sin\frac{\omega t_1}{2}$$

$$= \sum_{j=1}^{n} \frac{\beta_j\boldsymbol{\phi}_{rj}\boldsymbol{\phi}_{sj}^{\mathrm{T}}}{K_{pj}}\frac{2P_0}{\omega}\sin\frac{\omega t_1}{2} \qquad (9-34)$$

图 9-7 画出了多自由度系统矩形脉冲力响应和脉冲响应的频谱图(右半平面),与脉冲激励响应频谱图对比可以看出在矩形脉冲激励力下,系统响应随着频率增大,幅值减小得更多。固有频率越高,激励的响应就越不明显。这就是自

振法或敲击法测量系统固有频率,对高频比较难测的原因。

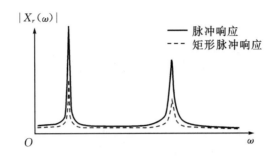

图 9 - 7　多自由度系统脉冲响应与矩形脉冲响应频谱图

9.2.2　共振法

单自由度黏性阻尼弹簧质量系统受外力作用,如图 9 - 8 所示。在简谐激励下,系统的运动方程[1,2]为

$$m\ddot{x} + c\dot{x} + kx = P_0\sin\omega t \qquad (9-35)$$

令 $\omega_n{}^2 = \dfrac{k}{m}$, $\zeta = \dfrac{c}{2m\omega_n}$。

稳态强迫振动响应,即关于非齐次方程的特解为

$$x_p(t) = B\sin(\omega t - \psi) \qquad (9-36)$$

式中,B 为稳态振动的振幅,

$B = \dfrac{P_0}{k}\dfrac{1}{\sqrt{(1-\lambda^2)^2 + (2\lambda\zeta)^2}}$;$\psi$ 为相位,

$\psi = \arctan\dfrac{2\lambda\zeta}{1-\lambda^2}$;$\lambda = \dfrac{\omega}{\omega_n}$ 称为频率比。

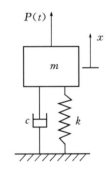

图 9 - 8　单自由度系统

方程(9 - 35)的全解为

$$x(t) = \mathrm{e}^{-\zeta\omega_n t}\left(x_0\cos\omega_d t + \frac{\dot{x}_0 + \zeta\omega_n x_0}{\omega_d}\sin\omega_d t\right)$$

$$+ B\mathrm{e}^{-\zeta\omega_n t}\left[\sin\psi\cos\omega_d t + \frac{\omega_n}{\omega_d}(\zeta\sin\psi - \lambda\cos\psi)\sin\omega_d t\right]$$

$$+ B\sin(\omega t - \psi) \qquad (9-37)$$

式(9 - 37)右端第 1 项为自由振动,第 2 项为自由伴随振动,第 3 项为强迫振动。

系统受到简谐激励后的响应可以分为两个阶段,一开始的过程称为过渡阶段或瞬态阶段,经过一段时间后,由于阻尼的作用瞬态响应消失,即自由振动项和自由伴随振动项消失,这时系统进入稳态振动阶段,系统仅表现为稳态强迫振动。

强迫振动稳态解的特点为响应频率同激振力频率。振幅大小则取决于系统特性和激振特性。

为研究振幅与激振频率的关系,令 $B_0 = \dfrac{P_0}{k}$,即力作用下的静位移;引入放大因子 $\beta = \dfrac{B}{B_0} = \dfrac{1}{\sqrt{(1-\lambda^2)^2 + (2\lambda\zeta)^2}}$。

画出 $\beta\text{-}\lambda$ 的关系曲线也称为幅频响应曲线,如图 9 - 9 所示。

从图上可以看到,在频率比 λ 接近 1 时,放大因子 β 迅速增大,在频率比 λ 过了 1 后,放大因子 β 迅速减小,即 $\lambda = 1$ 的附近系统发生了共振,称为共振区。通过增大激振频率,做出幅频特性曲线,幅值最大处即共振处,就是系统固有频率点。

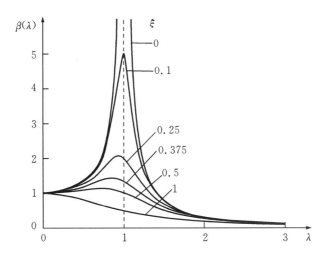

图 9 - 9　幅频特性曲线

相频特性 $\psi\text{-}\lambda$ 的曲线见图 9 - 10。由图可见,相频曲线的一个重要特点是在 $\lambda = 1$ 时,$\psi = \dfrac{\pi}{2}$ 且相位与阻尼无关,这也是一种共振特征。另外,当阻尼比较小时,在 $\lambda = 1$ 的前后,相位有着 $180°$ 的突变,这种现象称为反相现象。阻尼越小,反相越明显,反相现象可以帮助判断是否发生了共振,在测试中经常用到。

实际中,经常利用共振特性来测量系统的固有频率:

$$P_0 \sin\omega t \rightarrow 系统 \rightarrow B(\omega)\sin(\omega t - \varphi)$$

连续改变激振频率 ω(一般从小到大连续扫描),在示波器或频谱分析仪上观察响应幅值的变化。当幅值达到最大时,这时的激振频率 ω 就是系统的固有频率 ω_n。这就是共振法测固有频率的原理。

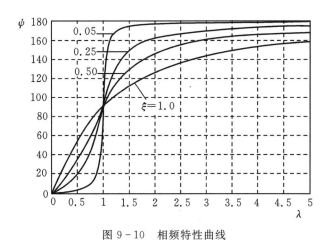

图 9-10　相频特性曲线

9.3　叶片静频测量的具体实施

测量叶片固有频率的方法一般有两种[3,4]：自振法、共振法。

1. 自振法

当叶片受到脉冲激振力或敲击后，叶片便产生自由振动，自由振动中包含了能激起的各阶固有振动频率，如 9.2 节所述当叶片受到理想的脉冲激振力时，理论上可以激起各阶固有振动频率，但实际上敲击时作用时间不会无限短而总是矩形脉冲力，因此通常只能激起低阶的固有频率。由于阻尼总是存在，振动逐渐衰减，形成自由衰减振动。自振法的优点是简单方便，所用仪器少，缺点是高阶固有频率测量困难。

自振法测频系统如图 9-11 所示。当叶片受到敲击后，产生自由衰减振动，传感器将振动信号输入到振动数据采集系统，用频谱分析方法对振动信号进行频谱分析，可以得到叶片的固有频率。测试时拾振传感器最方便的是使用 ICP 型加速度传感器，但传感器的质量要尽量小，以免附加质量对叶片固有频率产生影响。对于非常薄轻的叶片可采用激光测振的方式。

2. 共振法

共振法测量叶片固有频率是基于共振原理，具体见 9.2 节。叶片在某个简谐激振力作用下会产生同激振频率的强迫振动，当激振力频率接近叶片某阶固有频率时，叶片振幅急剧增加，当等于叶片固有频率时，振幅达到最大；当激振频率再增加，振幅便明显下降。继续增大激振频率，当接近下一阶固有频率时，振

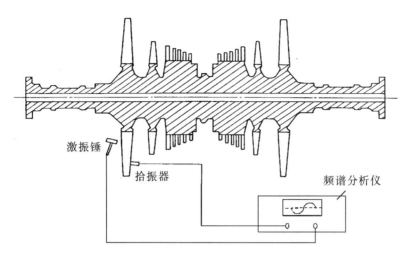

图 9 - 11　自振法测叶片频率示意图

幅又会增大。叶片频率可由频谱分析仪精确测出。由于激振频率可以在很宽的范围内(从几 Hz 到几万 Hz)调节,因此可以测得叶片很多阶固有频率。

　　共振法测频的系统如图 9 - 12 所示。叶片激振可以采用电磁激振器或压电晶体片。拾振可以采用压电式加速度传感器,将振动信号输入到振动数据采集分析系统,通过做出幅频特性曲线,可以得到叶片的多阶固有频率。

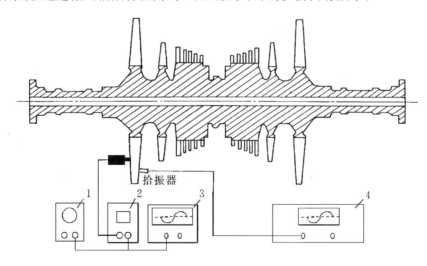

图 9 - 12　共振法测频系统示意图

1—信号发生器;2—功率放大器;3—示波器;4—频谱分析仪

3. 叶片静频测量时激振方法的选择[4]

叶片静频测量时,可以采用的激振方法很多。自振法测频的激振主要是采用脉冲激振锤。共振法常用的激振方法有:电动式激振器激振、压电晶体片激振、声波激振、电磁振动台等。各种不同的激振器具有不同的特性,在进行叶片静频测量时,应根据具体情况及要求(例如频率范围、精度要求等)恰当选择。

顶杆式激振器用顶杆顶紧叶片,因此会对叶片的质量及刚度稍有影响,从而对测量结果稍有影响。电动式激振器及电磁振动台的激振力较大,可用来激振不同长度的叶片或叶片组。

压电晶体片的特点是工作频带宽、高频性能好。用它来测量叶片高阶固有频率时具有优势。由于它必须贴在叶片表面上,因此将改变叶片的质量及刚性,从而影响固有频率的测量精度。但是由于压电晶体片的质量很小(一片 10 mm ×5 mm×1 mm 晶体片的质量约 1~3 g),这种影响并不大。其不足在于晶体片的激振力较小,对大而厚的叶片,难以激振。为了加大激振力,常常用 1~10 片压电晶体片贴在叶片表面,并联使用。

用电磁振动台激振叶片时,所测得的叶片固有频率是叶片和振动台可动部分所组成的系统的固有频率。只有当振动台可动部分的质量比叶片的质量大得多时,所测得的叶片固有频率才接近真实的数值。一般测得的叶片固有频率比真实值低。电磁振动台的激振力较大,但本身体积大、质量大,一般不适合用于现场测量。

电磁铁激振器是非接触式激振器,对叶片的质量及刚性无影响,故测得的叶片固有频率相对准确。但由于它的工作频段较低(500 Hz 以下),高频时激振力小,而且只能对导磁材料制成的叶片产生激振力,因此它的使用受到限制。

4. 振动信号的频谱分析

如果测量得到的是周期信号,且满足狄利赫莱(Dirchlet)条件,则可进行傅里叶级数展开[1,2],即

$$x(t) = \frac{a_0}{2} + \sum_{n=1}^{\infty} (a_n \cos n\omega_1 t + b_n \sin n\omega_1 t) \qquad (9-38)$$

式中,a_n,b_n 称为傅里叶系数,其值为

$$\left. \begin{aligned} a_0 &= \frac{2}{T} \int_{\tau}^{\tau+T} x(t) \mathrm{d}t \\ a_n &= \frac{2}{T} \int_{\tau}^{\tau+T} x(t) \cos n\omega_1 t \mathrm{d}t \\ b_n &= \frac{2}{T} \int_{\tau}^{\tau+T} x(t) \sin n\omega_1 t \mathrm{d}t \end{aligned} \right\} \qquad (9-39)$$

式中，$\omega_1 = \dfrac{2\pi}{T}$ 称为基频；τ 为任一时刻。

周期信号的傅里叶级数展开式又可改写为

$$x(t) = \frac{a_0}{2} + \sum_{n=1}^{\infty} c_n \sin(n\omega_1 t + \varphi_n) \qquad (9-40)$$

式中，$c_n = \sqrt{a_n{}^2 + b_n{}^2}$；$\varphi_n = \arctan\dfrac{a_n}{b_n}$。

可见，通过傅里叶级数展开，周期振动被表示成一系列频率为基频整倍数的简谐振动的叠加，c_n 和 φ_n 分别为频率 $n\omega_1$ 的简谐振动的振幅和相位。$c_0 = \dfrac{a_0}{2}$，为 $x(t)$ 的平均值。

以频率 ω 为横坐标，振幅 c_n 和相位 φ_n 分别为纵坐标，将这两个函数关系画成图，得到振幅频谱图，如图 9 - 13(a)所示，简称幅频谱；相位频谱图，如图 9 - 13(b)，简称相谱。谱线的间隔为 $\omega_1 = \dfrac{2\pi}{T}$，离散的垂直线称为谱线。由频谱图可知，该周期振动中所包含的全部简谐振动的频率、幅值和相位。

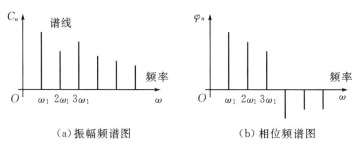

（a）振幅频谱图　　　　　　　（b）相位频谱图

图 9 - 13　频谱图

实际上，大多情况下，测试前并不知道振动信号是周期的还是非周期的，可以把周期信号看成是非周期信号的特例，直接对振动信号 $x(t)$ 做傅里叶变换，把 $x(t)$ 由时域变换到频域 $X(\omega)$，通常，对一个非周期信号做傅里叶变换称为频谱分析。

把振动信号 $x(t)$ 做傅里叶变换，得到

$$X(\omega) = \int_{-\infty}^{\infty} x(t) \mathrm{e}^{-\mathrm{i}\omega t}\, \mathrm{d}t \qquad (9-41)$$

$X(\omega)$ 称为 $x(t)$ 的傅里叶变换。

$X(\omega)$ 是 ω 的复函数，是 ω 的连续函数，将 $X(\omega)$ 的模 $|X(\omega)|$ 与 ω 的函数关系画成频谱图，从频谱图可以看到振动信号中包含的频率成分。图 9 - 14 为某叶片自振法测得的时域信号和频谱。

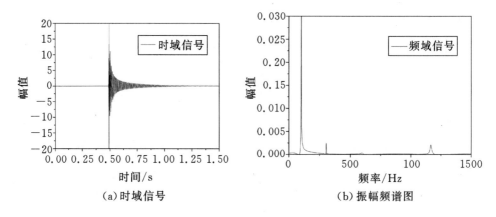

（a）时域信号　　　　　　　（b）振幅频谱图

图 9-14　非周期时域信号及其频谱图

9.4　基于试验模态分析方法的叶片振动特性测试的基本理论

9.4.1　振动系统模态识别的概念和意义

1.振动问题的分类

一般的振动问题由激励（输入）、振动结构（系统）和响应（输出）三部分组成（见图 9-15）。根据研究目的不同，振动研究可分为以下三个基本问题：

（1）已知激励（输入）和振动结构（系统），求系统响应（输出），又称为系统动力响应分析，这是振动的正问题。大多数振动研究主要是解决该问题。

（2）已知激励（输入）和响应（输出），求系统的参数，又称为系统识别（辩识），这是振动研究的一类反问题。本节主要涉及的是该类振动反问题。

（3）已知系统和响应（输出），求激励（输入），又称为系统环境识别，这是振动研究的另一类反问题。

图 9-15　一般振动问题的组成

2. 描述振动结构的三种模型

一个振动结构模型可分为三种。

(1)物理参数模型,即以质量、刚度、阻尼为特征参数的数学模型,通过这三个参数确定的振动系统动力学方程,可完全描述振动结构特征。

(2)模态参数模型,以固有频率(模态频率)、主振型(模态振型)和衰减系数为特征参数的数学模型,和以模态质量、模态刚度、模态阻尼组成的另一类模态参数模型,这两类模态参数也可以完整描述一个振动系统。

(3)非参数模型即频响函数(或传递函数)、脉冲响应函数,它们是两种反映振动系统特性的非参数模型。

三种模型是相互关联的,可以通过数学关系式进行相互转换。

3. 试验模态分析的实现过程

以振动理论为基础,以模态参数为目标的分析方法,称为模态分析。更确切地说,模态分析是研究振动系统物理参数模型、模态参数模型和非参数模型之间的关系,并通过一定的手段确定这些系统模型的理论及技术。根据研究模态分析的手段和方法不同,模态分析分为理论模态分析和试验(实验)模态分析。

理论模态分析,通常运用有限单元法对振动结构进行离散,建立动力学方程,求解振动系统特征方程,得到特征值和特征向量即固有频率和主振型。理论模态分析是模态分析的理论过程,是以线性振动理论为基础,研究激励、振动系统、响应三者的关系。

试验模态分析是模态分析的实验过程,是理论模态分析的逆过程(见图9-16)。具体实施过程如下:

(1)通过实验测得激励和响应的时间历程;

(2)运用数字信号处理技术求得频响函数(传递函数)或脉冲响应函数,得到系统的非参数模型;

(3)运用参数识别方法,求得系统的模态参数;

(4)如果需要,可进一步确定系统的物理参数。

图 9-16　试验模态分析

4. 试验模态分析的意义

为什么要做系统的模态参数识别,原因在于:叶片结构非常复杂,例如叶根和轮缘接触界面连接刚度、相邻叶片围带之间接触刚度等,相邻叶片凸肩之间接触刚度等,没有办法建立准确模型。有些已经在用的叶片,缺少具体的几何参数和材料参数,用现有的理论和方法无法建立比较准确的数学模型,无法用理论掌握它的振动特性。这时,通过试验施加激励,系统产生响应,将试验过程中的输入和输出数据记录下来,利用这些数据反求叶片的固有频率、主振型。

另外,可以对叶片振动特性分析模型进行验证。对最终叶片进行试验测试,验证其是否达到设计要求和产品的安全性要求。

9.4.2 单自由度系统模态参数识别的理论基础

9.4.2.1 单自由度振动系统的频响函数和机械阻抗

1. 黏性阻尼系统

单自由度黏性阻尼系统的物理参数模型,即振动微分方程为

$$m\ddot{x} + c\dot{x} + kx = P(t) \tag{9-42}$$

式中,m,c,k 分别为质量、黏性阻尼系数和刚度;$P(t)$ 为激振力。

系统的模态参数为:

无阻尼固有频率 $\qquad \omega_n = \sqrt{\dfrac{k}{m}}$

阻尼固有频率 $\qquad \omega_d = \omega_n \sqrt{1-\xi^2}$

模态阻尼比 $\qquad \zeta = \dfrac{c}{2\sqrt{mk}}$

系统在简谐激振时的复数形式的输出与输入之比,即位移频响函数为

$$H(\omega) = \frac{x(\omega)}{P(\omega)} = \frac{1}{k - m\omega^2 + i\omega c} \tag{9-43}$$

它表示了单位幅值激励下产生的响应。

从频响函数的表达式可以看到频响函数和物理参数 m,c,k 有关,是反映系统固有特性的量,是以激励频率为参变量的非参数模型。

若系统受任意激励作用,频响函数可定义为系统的稳态响应与激励的傅氏变换之比,即

$$H(\omega) = \frac{B(\omega)}{P(\omega)} \tag{9-44}$$

激励与稳态响应的傅氏变换之比,称为阻抗,它是频响函数的倒数,物理上也称为动刚度。位移阻抗的具体形式为

$$Z(\omega) = \frac{1}{H(\omega)} = k - m\omega^2 + i\omega c \tag{9-45}$$

2. 结构阻尼系统

结构阻尼，又称为迟滞阻尼或固体阻尼。实验表明，在简谐激励作用下，大多数金属结构阻尼每一循环（周期）消耗的能量与振幅平方成正比，与频率无关，即：

$$\Delta E = \alpha X^2 \tag{9-46}$$

式中，X 为振幅；α 是与材料有关的常量。

结构阻尼是一种非线性阻尼，引入两个无量纲量表示阻尼大小。定义阻尼比容：$\gamma = \dfrac{\Delta E}{U}$，其中 $U = \dfrac{1}{2}kX^2$ 表示系统最大势能。定义损耗因子：$\eta = \dfrac{\Delta E}{2\pi U}$，亦称结构阻尼比。

根据能量等效原则，将结构阻尼等效为黏性阻尼的"等效黏性阻尼系数"，计算公式为

$$C_e = \frac{\Delta E}{\pi X^2 \omega} = \frac{2\pi U \eta}{\pi X^2 \omega} = \frac{k}{\omega}\eta \tag{9-47}$$

可见结构阻尼的等效黏性阻尼系数是和频率有关的。

结构阻尼力可表示为：

$$R = -C_e \dot{x} = -\frac{k\eta}{\omega}(\mathrm{i}\omega x) = -\mathrm{i}k\eta x \tag{9-48}$$

结构阻尼系统的振动方程为

$$m\ddot{x} + \mathrm{i}k\eta x + kx = f(t) \tag{9-49}$$

或

$$m\ddot{x} + k(1+\mathrm{i}\eta)x = f(t) \tag{9-50}$$

令 $f(t)=0$，并设 $x(t)=A\mathrm{e}^{\lambda t}$，代入方程（9-50），得到特征方程

$$m\lambda^2 + (1+\mathrm{i}\eta)k = 0 \tag{9-51}$$

其解为：

$$\lambda_1 = -n + \mathrm{i}\omega_d, \quad \lambda_2 = n - \mathrm{i}\omega_d \tag{9-52}$$

式中，n 为结构阻尼系统衰减系数，ω_d 为阻尼固有频率，公式为

$$n = \frac{\sqrt{2}}{2}\omega_n \sqrt{-1 + \sqrt{1 + \eta^2}} \tag{9-53}$$

$$\omega_d = \frac{\sqrt{2}}{2}\omega_n \sqrt{1 + \sqrt{1 + \eta^2}} \tag{9-54}$$

对于方程（9-49），设外力 $f(t)=P_0 \mathrm{e}^{\mathrm{i}\omega t}$，则设响应为 $X(t)=B\mathrm{e}^{\mathrm{i}\omega t}$，得到位移频响函数为

$$H(\omega) = \frac{1}{k - m\omega^2 + \mathrm{i}k\eta} \tag{9-55}$$

由结构阻尼系统衰减系数公式（9-53）知，在小阻尼下，$\eta \ll 1$，$\sqrt{1+\eta^2} \approx 1+$

$\dfrac{1}{2}\eta^2$,则结构阻尼衰减系数:

$$n \approx \frac{1}{2}\eta\omega_n \qquad\qquad (9-56)$$

与等效黏性阻尼系统的衰减系数 $n=\zeta\omega_n$ 相比,有 $\eta=2\zeta$。可见结构阻尼比 η 近似等于黏性阻尼比 ζ 的 2 倍。

9.4.2.2　单自由度结构阻尼系统位移频响函数的各种表达形式[5]

(1)位移频响函数基本表达式为

$$H(\omega)=\frac{1}{k-m\omega^2+ik\eta}=\frac{1}{k}\frac{1}{1-\lambda^2+i\eta} \qquad (9-57)$$

式中,$\lambda=\dfrac{\omega}{\omega_n}$ 为频率比。

(2)频响函数的极坐标表达式为

$$H(\omega)=\mid H(\omega)\mid e^{i\varphi} \qquad\qquad (9-58)$$

式中,$\mid H(\omega)\mid=\dfrac{1}{k}\dfrac{1}{\sqrt{(1-\lambda^2)^2+\eta^2}}$ 称为幅频特性,以此可画出幅频特性曲线;$\varphi=\arctan\dfrac{-\eta}{1-\lambda^2}$,称为相频特性,以此可画出相频特性曲线。

(3)频响函数的直角坐标表达式(复数形式)为

$$H(\omega)=H_R(\omega)+iH_I(\omega) \qquad\qquad (9-59)$$

式中,$H_R(\omega)=\dfrac{1}{k}\dfrac{1-\lambda^2}{(1-\lambda^2)^2+\eta^2}$ 称为实频特性,以此可画出实频特性曲线;$H_I(\omega)=\dfrac{1}{k}\dfrac{-\eta}{(1-\lambda^2)^2+\eta^2}$ 称为虚频特性,以此可画出虚频特性曲线。

(4)频响函数的矢量表达式为

$$H(\omega)=iH_R(\omega)+jH_I(\omega) \qquad\qquad (9-60)$$

式中,i,j 为单位矢量。

9.4.2.3　单自由度系统的模态参数识别方法[5]

由试验结果可以得到频响函数曲线,然后利用频响函数的特征可以获得模态参数,是理论分析和试验的结合。

1.结构阻尼系统幅频特性曲线识别模态参数

根据幅频特性表达式,可画出幅频特性曲线如图 9-17 所示。

固有频率确定:存在极值点 M,此时 $\lambda=1$ 即 $\omega=\omega_n$,为位移共振点,即可确定固有频率 ω_n。

阻尼比确定:半功率点 1,2 处能量为最大能量的一半,即 $\mid H(\omega_1)\mid=$

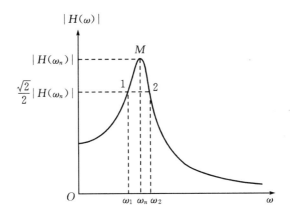

图 9 - 17　幅频特性曲线

$|H(\omega_2)|=\dfrac{\sqrt{2}}{2}\dfrac{1}{k\eta}$。解半功率点幅值方程,解出两个半功率点的频率比 λ_1,λ_2,进而可得到结构阻尼比

$$\eta=\frac{\lambda_2^2-\lambda_1^2}{2}\approx\lambda_2-\lambda_1=\frac{\omega_2-\omega_1}{\omega_n}=\frac{\Delta\omega}{\omega_n}$$

2. 由结构阻尼系统相频特性曲线识别模态参数

由相频特性表达式: $\varphi=\arctan\dfrac{-\eta}{1-\lambda^2}$,画出相频特性曲线如图 9 - 18 所示。

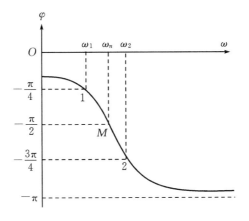

图 9 - 18　相频特性曲线

固有频率确定:拐点 M 处 $\lambda=1$ 即 $\omega=\omega_n$,为位移共振点,对应的相位角 $\varphi_M=$

$-\dfrac{\pi}{2}$，即可确定固有频率。

阻尼比确定：半功率点 1，2 的相位如下。

1 点：$1-\lambda_1^{2}=\eta$，$\varphi_1=\arctan\dfrac{-\eta}{1-\lambda^{2}}=\arctan(-1)$，$\varphi_1=-\dfrac{\pi}{4}$

2 点：$1-\lambda_2^{2}=-\eta$，$\varphi_2=\arctan\dfrac{-\eta}{1-\lambda^{2}}=\arctan(1)$，$\varphi_2=-\dfrac{3\pi}{4}$

阻尼比由半功率带宽确定

$$\eta=\frac{\omega_2-\omega_1}{\omega_n}=\frac{\Delta\omega}{\omega_n}$$

3. 结构阻尼系统实频特性曲线识别模态参数

由实频特性表达式 $H_R(\omega)=\dfrac{1}{k}\dfrac{1-\lambda^{2}}{(1-\lambda^{2})^{2}+\eta^{2}}$，作出实频特性曲线如图 9-19 所示。

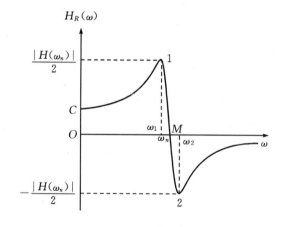

图 9-19　实频特性曲线

固有频率确定：存在零点 M，$\lambda=1$ 即 $\omega=\omega_n$，对应位移共振点。

实频曲线上正负极值点 1，2 对应的两个半功率点。实频特性函数式中，令 $1-\lambda^{2}=x$，则函数改写为：$H_R(\omega)=\dfrac{1}{k}\dfrac{x}{x^{2}+\eta^{2}}$。对实频特性函数求导，取极值得到：$x_1=\eta$，$x_2=-\eta$。

在第 1 个极值点 $1-\lambda_1^{2}=\eta$，则 1 点的实频特性为 $H_R(\omega_1)=\dfrac{1}{2k\eta}=\dfrac{1}{2}|H(\omega_n)|$，可见第 1 个极值点正好是第 1 个半功率点。

第 2 个极值点 $1-\lambda_2^2=-\eta$,则 2 点的实频特性为 $H_R(\omega_2)=-\dfrac{1}{2}\dfrac{1}{k\eta}=$

$-\dfrac{1}{2}|H(\omega_n)|$,可见第 2 个极值点正好是第 2 个半功率点。

阻尼比由半功率带宽确定

$$\eta=\frac{\omega_2-\omega_1}{\omega_n}=\frac{\Delta\omega}{\omega_n}$$

4. 由虚频特性曲线识别模态参数

由虚频特性表达式:$H_I(\omega)=\dfrac{1}{k}\dfrac{-\eta}{(1-\lambda^2)^2+\eta^2}$,可画出虚频特性曲线如图

9 - 20 所示。

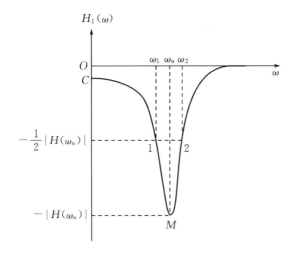

图 9 - 20　虚频特性曲线

存在负极值点 M:$\lambda=1$ 即 $\omega=\omega_n$,对应位移共振点。对应最大位移响应 $|H_I(\omega_M)|=\left|-\dfrac{1}{k\eta}\right|=H(\omega_n)$,可见其绝对值与幅频曲线极大值相等。

半功率点:虚频曲线上二分之一峰值处的两点 1,2 对应半功率点。

半功率点 1:$1-\lambda_1^2=\eta$,点 2:$1-\lambda_2^2=-\eta$,$H_I(\omega_1)=H_I(\omega_2)=-\dfrac{1}{2}\dfrac{1}{k\eta}$

$=-\dfrac{1}{2}|H(\omega_n)|$。

阻尼比由半功率带宽确定

$$\eta=\frac{\omega_2-\omega_1}{\omega_n}=\frac{\Delta\omega}{\omega_n}$$

9.4.3　多自由度系统试验模态分析的理论基础

绝大多数振动结构可离散成有限个自由度的多自由度系统。对一个有 n 个自由度的振动系统，需要用 n 个独立的物理坐标描述其物理参数模型。一般地，n 个自由度系统有 n 组固有频率、主振型以及模态阻尼比。

对于无阻尼和比例阻尼系统，表示系统主振型的模态矢量是实数矢量，故称实模态系统，相应的模态分析过程称为实模态分析。

工程上具体实模态分析的阻尼形式有三种：无阻尼、黏性比例阻尼和结构比例阻尼。

9.4.3.1　黏性比例阻尼系统实模态分析及频响函数的模态展式

具有黏性阻尼的 n 自由度振动系统微分方程为

$$M\ddot{X} + C\dot{X} + KX = P(t) \tag{9-61}$$

式中，C 为黏性阻尼矩阵，$C = \alpha M + \beta K$。

黏性阻尼矩阵一般不能利用模态矢量的正交性对角化，但在特殊情况下 C 可以利用正交性对角化，如 Rayleigh 提出的黏性比例阻尼模型。

方程（9-61）对应的固有振动方程为

$$M\ddot{X} + C\dot{X} + KX = 0 \tag{9-62}$$

设特解：$X = \phi e^{\lambda t}$，并代入到上述固有振动方程中，得二次特征值问题

$$(\lambda^2 M + \lambda C + K)\phi = 0 \tag{9-63}$$

这是 λ 的 $2n$ 次实系数方程，一般可解得 $2n$ 个共轭对形式的互异特征值

$$\lambda_j = -n_j + i\omega_{dj}; \quad \lambda_j^* = -n_j - i\omega_{dj} \quad (j = 1, 2, \cdots, n) \tag{9-64}$$

且

$$|\lambda_j| = |\lambda_j^*| = \sqrt{n_j^2 + \omega_{dj}^2} = \omega_j \quad (i = 1, 2, \cdots, n) \tag{9-65}$$

λ_j 的实部 n_j 表示衰减系数，虚部 ω_{dj} 表示阻尼固有频率；λ_j 的模等于表示无阻尼固有频率 ω_j。所以 λ_j 反映了系统的固有振动属性，称为复频率。

由式（9-63）可解出 $2n$ 个共轭特征向量：$\phi_j, \phi_j^* \in R^n$，且 $\phi_j = \phi_j^*$，可以证明是实模态。且与对应无阻尼系统的特征向量相等（不计比例常数）。

故独立的特征矢量只有 n 个。将这 n 个特征矢量按列排列，可得特征矢量矩阵即模态矩阵 Φ。

主振型的正交性：特征矢量 ϕ_j 或模态矩阵 Φ 不仅具有关于质量矩阵 M，刚度矩阵 K 的正交性，还具有关于黏性比例阻尼矩阵的加权正交性，即

$$\Phi^T C \Phi = \Phi^T (\alpha M + \beta K)\Phi = \text{diag}(\alpha M_{Pj} + \beta K_{Pj}) = \text{diag}(C_{Pj}) \tag{9-66}$$

式中，C_{Pj} 称为模态黏性比例阻尼系数。$\text{diag}(C_{Pj})$ 称为模态黏性比例阻尼矩阵。

频响函数的物理参数展式为

$$H(\omega) = (K - \omega^2 M + \mathrm{i}\omega C)^{-1} \tag{9-67}$$

得到黏性比例阻尼系统频响函数的模态展式为

$$H(\omega) = (K - \omega^2 M + \mathrm{i}\omega C)^{-1} = \sum_{j=1}^{n} \frac{\boldsymbol{\phi}_j \boldsymbol{\phi}_j^{\mathrm{T}}}{K_{Pj} - \omega^2 M_{Pj} + \mathrm{i}\omega C_{Pj}} \tag{9-68}$$

式中,第 e 行第 f 列元素表示仅在第 f 个物理坐标上作用单位幅值激励,在第 e 个物理坐标产生的位移响应幅值。

可见,频响函数的模态展开式中显含各种模态参数,它是频域法参数识别的基础。

通过对 $H(\omega)$ 进行傅里叶逆变换,得到 n 维单位脉冲响应函数矩阵 $h(t)$ 的模态展式

$$h(t) = \mathscr{F}^{-1}[H(\omega)] = \sum_{j=1}^{n} \frac{\boldsymbol{\phi}_j \boldsymbol{\phi}_j^{\mathrm{T}}}{M_{Pj}\omega_{dj}} \mathrm{e}^{-n_j t} \sin\omega_{dj}t \tag{9-69}$$

式中,第 e 行第 f 列元素表示仅在第 f 个物理坐标作用单位脉冲力,在第 e 个物理坐标上产生的脉冲响应。

9.4.3.2　结构比例阻尼系统频响函数的模态展式

具有结构阻尼的 n 自由度系统振动微分方程为

$$M\ddot{X} + (K + \mathrm{i}G)X = P\mathrm{e}^{\mathrm{i}\omega t} \tag{9-70}$$

式中,$G \in S^{n \times n}$ 为结构阻尼矩阵,$G \geqslant 0$ 为正定、半正定实对称矩阵,如果 $G = \alpha M + \beta K$ 称为结构比例阻尼;$(K + \mathrm{i}G)$ 称为复刚度矩阵。

结构比例阻尼系统的固有振动方程为

$$M\ddot{X} + (K + \mathrm{i}G)X = 0 \tag{9-71}$$

设方程特解为 $X = \boldsymbol{\phi}\mathrm{e}^{\lambda t}$,并代入上式得二次特征值问题

$$(\lambda^2 M + K + \mathrm{i}G)\boldsymbol{\phi} = 0 \tag{9-72}$$

对应特征值方程(频率方程):

$$|\lambda^2 M + K + \mathrm{i}G| = 0 \tag{9-73}$$

上述方程有 n 个互异的复特征值 $\lambda_j^2 \in C^1$,解上式得

$$\lambda_j^2 = -\omega_j^2(1 + \mathrm{i}\eta_j) \quad (j = 1, 2, \cdots, n) \tag{9-74}$$

式中,模态阻尼比 η_j 为无量纲量,$\eta_j = \beta + \dfrac{\alpha}{\omega_j^2}$,$j = 1, 2, \cdots, n$;$\omega_j$ 为无阻尼固有频率。特征值 λ_j^2 反映了系统固有频率与模态阻尼比特性。

将 λ_j^2 代入特征向量方程(9-72)中,可得 n 个实特征向量 $\boldsymbol{\phi}_j \in R^n$,且与无阻尼系统主振型相同。

构造振型矩阵:$\boldsymbol{\Phi} = (\boldsymbol{\phi}_1 \quad \boldsymbol{\phi}_2 \quad \cdots \quad \boldsymbol{\phi}_n) \in R^{n \times n}$

正交关系有 $\boldsymbol{\Phi}^{\mathrm{T}}\boldsymbol{G}\boldsymbol{\Phi}=\boldsymbol{\Phi}^{\mathrm{T}}(\alpha\boldsymbol{M}+\beta\boldsymbol{K})\boldsymbol{\Phi}=\mathrm{diag}[g_j]$，其中 g_j 的表达式为：

$$g_j = \alpha M_{Pj} + \beta K_{Pj} = K_{Pj}\left(\beta + \frac{\alpha}{\omega_j^2}\right) = K_{Pj}\eta_j$$

g_j 为模态结构比例阻尼系数；$\mathrm{diag}[g_j]$ 为模态结构比例阻尼矩阵。

设响应为 $X(t)=\boldsymbol{B}\mathrm{e}^{\mathrm{i}\omega t}$ 代入方程（9-70）中，得

$$(\boldsymbol{K}-\omega^2\boldsymbol{M}+\mathrm{i}\boldsymbol{G})\boldsymbol{B} = \boldsymbol{P} \tag{9-75}$$

或
$$\boldsymbol{B} = \boldsymbol{H}(\omega) \cdot \boldsymbol{P}$$

式中，$\boldsymbol{H}(\omega)$ 为频响函数矩阵，其物理展式为：

$$\boldsymbol{H}(\omega) = (\boldsymbol{K}-\omega^2\boldsymbol{M}+\mathrm{i}\boldsymbol{G})^{-1} \tag{9-76}$$

频响函数的模态展式为

$$\boldsymbol{H}(\omega) = \sum_{j=1}^n \frac{\boldsymbol{\phi}_j\boldsymbol{\phi}_j^{\mathrm{T}}}{K_{Pj}-\omega^2 M_{Pj}+\mathrm{i}g_j} = \sum_{j=1}^n \frac{\boldsymbol{\phi}_j\boldsymbol{\phi}_j^{\mathrm{T}}}{K_{Pj}-\omega^2 M_{Pj}+\mathrm{i}K_{Pj}\eta_j} \tag{9-77}$$

9.4.3.3 传递函数与频响函数的有理分式展式和留数展式[5]

在求频响函数表达式时多假设系统受简谐激励。实际上只要系统激励和响应满足积分变换（傅氏变换、拉氏变换）的条件，就可以应用积分变换求频响函数。

用拉氏变换直接得到的是复数域（$s=\sigma+\mathrm{i}\omega$）上的传递函数，只要令 $s=\mathrm{i}\omega$，便得到虚数域（频率域）上的频响函数。

拉普拉斯（正）变换（Laplace Transform）：

$$L(s) = \int_0^\infty f(t)\mathrm{e}^{-st}\,\mathrm{d}t \quad Re(s) > 0 \tag{9-78}$$

傅里叶（正）变换（Fourier Transform）：

$$F(\omega) = \int_{-\infty}^\infty f(t)\mathrm{e}^{-\mathrm{i}\omega t}\,\mathrm{d}t \tag{9-79}$$

在式（9-79）中 $t\leqslant 0$，$f(t)\equiv 0$ 和式（9-78）中 $s=\mathrm{i}\omega$ 同时满足条件下，二者积分结果形式是一致的，所以很多书上对二者不加以严格区分。

具有黏性阻尼的多自由度系统振动微分方程（9-61），在零初始条件下，对两边进行拉普拉斯变换，得：

$$(s^2\boldsymbol{M}+s\boldsymbol{C}+\boldsymbol{K})\boldsymbol{X}(s) = \boldsymbol{P}(s) \tag{9-80}$$

定义阻抗矩阵：

$$\boldsymbol{Z}(s) = s^2\boldsymbol{M}+s\boldsymbol{C}+\boldsymbol{K} \tag{9-81}$$

式（9-80）可写成：

$$\boldsymbol{Z}(s)\boldsymbol{X}(s) = \boldsymbol{P}(s) \tag{9-82}$$

式（9-82）中，令 $\boldsymbol{P}(s)=0$，得特征向量方程

$$\boldsymbol{Z}(s)\boldsymbol{X}(s) = 0 \tag{9-83}$$

特征方程（频率方程）：

$$\Delta(s) = |\boldsymbol{Z}(s)| = \beta_0(1 + \beta_1 s + \cdots + \beta_{2n}s^{2n}) = 0 \qquad (9-84)$$

它是关于 s 的 $2n$ 次实系数代数方程。解得 $2n$ 个共轭的特征值为

$$\begin{cases} s_j = -n_j + \mathrm{i}\omega_{dj} \\ s_j^* = -n_j - \mathrm{i}\omega_{dj} \end{cases} \qquad (j = 1, 2, \cdots, n) \qquad (9-85)$$

代入式(9-83),可得到 n 对复特征向量 $\boldsymbol{\phi}_j, \boldsymbol{\phi}_j^*$,即系统的模态向量。

试验模态分析的主要目标为模态参数识别,其运行流程为非参数模型到模态参数模型,所以"非参数模型",特别是频响函数是模态识别的重要基础。

下面,简要推导传递函数和频响函数的有理分式展式和留数展式:

传递函数

$$\boldsymbol{H}(s) = \boldsymbol{Z}^{-1}(s) = \frac{\mathrm{adj}\boldsymbol{Z}(s)}{|\boldsymbol{Z}(s)|} = \frac{\boldsymbol{N}(s)}{\Delta(s)} \qquad (9-86)$$

式中,$\Delta(s)$ 为 $\boldsymbol{Z}(s)$ 特征多项式;$\boldsymbol{N}(s) = \mathrm{adj}\boldsymbol{Z}(s) \in C^{n \times n}$ 为阻抗矩阵 $\boldsymbol{Z}(s)$ 的伴随矩阵。

$\boldsymbol{N}(s)$ 矩阵中,第 e 行、f 列元素 N_{ef} 是 $\boldsymbol{Z}(s)$ 的第 f 行、e 列元素 $\boldsymbol{Z}_{fe}(s)$ 的代数余子式,为 s 的 $(2n-2)$ 次多项式,记为:

$$N_{ef}(s) = \beta_0(\alpha_0 + \alpha_1 s + \cdots + \alpha_{2n-2}s^{2n-2}) \qquad (9-87)$$

$\boldsymbol{H}(s)$ 中的代表元素 $H_{ef}(s)$ 可写为

$$H_{ef}(s) = \frac{N_{ef}(s)}{\Delta(s)} = \frac{\alpha_0 + \alpha_1 s + \cdots + \alpha_{2n-2}s^{2n-2}}{1 + \beta_1 s + \cdots + \beta_{2n}s^{2n}} \qquad (e, f = 1, 2, \cdots, n)$$
$$(9-88)$$

式(9-88)即为以 α_i, β_j 为参数的传递函数有理分式展式。在试验模态分析中,曲线拟合多采用此理论模型。

对特征多项式(9-84)分解因式,并可用特征值表示为

$$\Delta(s) = \beta_0 \beta_{2n} \prod_{j=1}^{n} (s - s_j)(s - s_j^*) \qquad (9-89)$$

则式(9-88)可改写为:

$$H_{ef}(s) = \frac{N_{ef}(s)}{\Delta(s)} = \frac{\beta_0(\alpha_0 + \alpha_1 s + \cdots + \alpha_{2n-2}s^{2n-2})}{\beta_0 \beta_{2n} \prod_{j=1}^{n} (s - s_j)(s - s_j^*)} \qquad (9-90)$$

s_j, s_j^* 为分母的"零点",对应 $H_{ef}(s)$ 的"极点",也就是 $|H_{ef}(s)|$ 的"峰值点"。

对式(9-90)中分母进行分解,可化简为

$$H_{ef}(s) = \sum_{j=1}^{n} \left(\frac{R_{efj}}{s - s_j} + \frac{R_{efj}^*}{s - s_j^*} \right) \qquad (e, f = 1, 2, \cdots, n) \qquad (9-91)$$

式(9-91)即为传递函数的留数展式,式中,s_j, s_j^* 称为 $H_{ef}(s)$ 的极点,而 R_{efj},R_{efj}^* 称为 $H_{ef}(s)$ 在极点 s_j, s_j^* 处的留数。

按复变函数中留数的计算方法

$$R_{efj} = \lim_{s \to s_j}[H_{ef}(s) \cdot (s - s_j)] = \lim_{s \to s_j}\frac{N_{ef}(s)}{\Delta(s)}(s - s_j) \qquad (9-92)$$

式(9-92)为"$\dfrac{0}{0}$"型,应用洛必达法则,得到

$$R_{efj} = \frac{N_{ef}(s)}{\Delta'(s)}\bigg|_{s=s_j}$$

同理

$$R_{efj}^* = \frac{N_{ef}(s)}{\Delta'(s)}\bigg|_{s=s_j^*} \qquad (9-93)$$

其中,$\Delta'(s)$为特征多项式 $\Delta(s)$对 s 的导数。

留数表示的传递函数矩阵可由式(9-91)的元素组合而成

$$\boldsymbol{H}(s) = \sum_{j=1}^{n}\left(\frac{\boldsymbol{R}_j}{s - s_j} + \frac{\boldsymbol{R}_j^*}{s - s^*}\right) \qquad (9-94)$$

式中,$\boldsymbol{R}_j^* = [R_{efj}^*]$,$\boldsymbol{R}_j, \boldsymbol{R}_j^* \in C^{n \times n}$。

令 $s = i\omega(t \geqslant 0)$,推出频响函数的有理分式展式

$$H_{ef}(\omega) = \frac{\alpha_0 + \alpha_1(i\omega) + \cdots + \alpha_{2n-2}(i\omega)^{2n-2}}{1 + \beta_1(i\omega) + \cdots + \beta_{2n}(i\omega)^{2n}} \qquad (9-95)$$

频响函数的留数展式为

$$H_{ef}(\omega) = \sum_{j=1}^{n}\left(\frac{R_{efj}}{i\omega - s_j} + \frac{R_{efj}^*}{i\omega - s_j^*}\right) \qquad (9-96)$$

$$\boldsymbol{H}(\omega) = \sum_{j=1}^{n}\left(\frac{\boldsymbol{R}_j}{i\omega - s_j} + \frac{\boldsymbol{R}_j^*}{i\omega - s^*}\right) \qquad (9-97)$$

对 $\boldsymbol{H}(\omega)$进行傅里叶逆变换,得到脉冲响应函数矩阵:

$$\boldsymbol{h}(t) = \sum_{j=1}^{n}(\boldsymbol{R}_j e^{s_j t} + \boldsymbol{R}^* e^{s_j^* t}) \qquad (9-98)$$

9.4.3.4　频响函数中元素的含义

多自由度系统输出 $\boldsymbol{X}(\omega)$与输入 $\boldsymbol{F}(\omega)$的关系,如图 9-21 所示。

由多自由度系统输出与输入的关系式

$$\boldsymbol{X}(\omega) = \boldsymbol{H}(\omega)\boldsymbol{F}(\omega) \qquad (9-99)$$

展开为

$$\begin{bmatrix} x_1(\omega) \\ x_2(\omega) \\ \vdots \\ x_n(\omega) \end{bmatrix} = \begin{bmatrix} H_{11}(\omega) & H_{12}(\omega) & \cdots & H_{1n}(\omega) \\ H_{21}(\omega) & H_{22}(\omega) & \cdots & H_{2n}(\omega) \\ \vdots & \vdots & & \vdots \\ H_{n1}(\omega) & H_{n2}(\omega) & \cdots & H_{m}(\omega) \end{bmatrix}\begin{bmatrix} F_1(\omega) \\ F_2(\omega) \\ \vdots \\ F_n(\omega) \end{bmatrix} \qquad (9-100)$$

则 $\boldsymbol{X}(\omega)$中任一元素(如第 e 个元素)的表达式为:

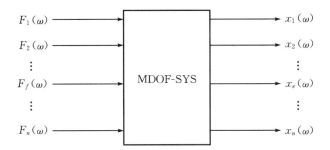

图 9 - 21　多自由度系统输出与输入的关系

$$x_e(\omega) = \sum_{j=1}^{n} H_{ef}(\omega) F_j(\omega) \quad (e = 1, 2, \cdots, n) \tag{9-101}$$

如 $F_f(\omega) \neq 0$，而 $F_j(\omega) = 0, (j \neq f)$，则

$$x_e(\omega) = H_{ef}(\omega) F_f(\omega)$$

即 $H_{ef}(\omega) = \dfrac{x_e(\omega)}{F_f(\omega)}, (e, f = 1, 2, \cdots, n; e \neq f)$。

可见，$H_{ef}(\omega)$ 表示仅在第 f 个物理坐标上施加单位激励所引起第 e 个物理坐标上的位移响应。

$H_{ef}(\omega)$ 中，当 $e \neq f$ 时，称为 e, f 坐标间的位移跨点频响函数。当 $e = f$ 时，$H_{ee}(\omega)$ 称为原点(驱动点)频响函数。位移原点频响函数 $H_{ee}(\omega)$ 和跨点频响函数 $H_{ef}(\omega)$ 的各种特征函数图形(幅频曲线、相频曲线、实频曲线、虚频曲线等)在共振峰点、反共振点(位移响应为 0 或最小值的点)、相位变化等方面既有共性，亦有一些不同之处。

在识别模态参数时，要结合具体力学背景作全面的、全局性、细微的技术数据分析，多张信息图或多或少存在一些不协调甚至矛盾之处，一般采用"大概率统计原则：少数服从多数"最后确定系统的模态参数。

9.4.3.5　模态参数识别的依据

频响函数 $H(\omega)$ 的模态展式：

$$\boldsymbol{H}(\omega) = (\boldsymbol{K} - \omega^2 \boldsymbol{M} + \mathrm{i}\omega \boldsymbol{C})^{-1} = \sum_{j=1}^{n} \frac{\boldsymbol{\phi}_j \boldsymbol{\phi}_j^{\mathsf{T}}}{K_j - \omega^2 M_j + \mathrm{i}\omega C_j}$$，其左右分别展开：

$$
\begin{bmatrix}
H_{11}(\omega) & H_{12}(\omega) & \cdots & H_{1n}(\omega) \\
H_{21}(\omega) & H_{22}(\omega) & \cdots & H_{2n}(\omega) \\
\vdots & \vdots & & \vdots \\
H_{n1}(\omega) & H_{n2}(\omega) & \cdots & H_{nn}(\omega)
\end{bmatrix}
$$

$$= \sum_{j=1}^{n} \frac{1}{K_j - \omega^2 M_j + \mathrm{i}\omega C_j} \begin{bmatrix} \phi_{1j}\phi_{1j} & \phi_{1j}\phi_{2j} & \cdots & \phi_{1j}\varphi_{nj} \\ \phi_{2j}\phi_{1j} & \phi_{2j}\phi_{2j} & \cdots & \phi_{2j}\varphi_{nj} \\ \vdots & \vdots & & \vdots \\ \phi_{nj}\phi_{1j} & \phi_{nj}\phi_{2j} & \cdots & \phi_{nj}\varphi_{nj} \end{bmatrix}$$

由此可见,频响函数矩阵 $\boldsymbol{H}(\omega)$ 中每个元素都包含有各阶模态参数(第二类:主质量 M_j、主刚度 K_j、主阻尼 C_j 或第一类:固有频率 ω_j、模态阻尼比 ζ_j),所以用频域法识别这些模态参数时,理论上只需频响函数 $\boldsymbol{H}(\omega)$ 中任一个元素即可。

频响函数矩阵 $\boldsymbol{H}(\omega)$ 中每一行或每一列都包含有各阶模态向量 $\boldsymbol{\phi}_j$,所以用频域法识别系统的模态向量时,至少要使用 $\boldsymbol{H}(\omega)$ 矩阵的一列或一行元素。

经过半个多世纪的发展,实验模态分析已经成为振动领域中一个重要分支。已发展出多种成熟的模态参数识别方法,并有一些商用测试分析软件可以直接使用。模态参数识别方法分为频域模态参数识别方法和时域模态参数识别方法。常用的频域参数识别方法是正交多项式拟合法。

9.5　模拟叶片和某燃机叶片的模态识别

9.5.1　试验装置仪器及测试对象

试验所采用的仪器设备有:丹麦 B&K 公司的振动信号数据采集和模态分析系统(B&K PLUSE);脉冲激振锤(PCB 8206－003),量程 4448 N,灵敏度 14 mV/N;智能加速度传感器(奇石乐 4508－B－001):灵敏度 10 mV/g,重量 4.8 g,频响 0.1 Hz～8 kHz,接入后无需设置传感器的参数,系统会自动识别。

B&K PULSE 系统包括软件、硬件两个部分。硬件部分为数据采集前端,本次试验使用的是 3560C 型,如图 9-22 所示,该前端通过网线与计算机连接。当一个前端上的通道数不够时,可以通过网线和交换机将多个前端同计算机连接。如果使用的相关仪器设备中内置有智能芯片时,PULSE 系统将会自动识别并设置传感器的灵敏度等相关参数。

PULSE 系统的软件部分主要包括基本振动测试模块、模态测试模块以及后处理模块等。本次试验主要使用模态测试模块和后处理模块。

试验被测结构的材料为钢,试验中,等截面模拟叶片和透平弯扭叶片均被固支在试验台上,如图 9-23 所示。相对被测结构而言,该试验台的刚度较大,被测结构根部可以被看作是刚性约束。

测量过程是通过采用适当激励方式激发出结构的模态,然后通过传感器获

3560C 型数采前端　　　　网线

图 9 - 22　B&K PULSE 测试平台硬件部分

图 9 - 23　被测结构

取被测结构的振动响应信号,通过激励和响应的时域信号获得被测系统的频响函数或者脉冲响应函数,最后利用模态参数识别方法获得被测结构的模态参数。

　　本次试验使用力锤对被测结构进行激励,使用加速度传感器测量振动响应信号。使用的模态识别方法为频域方法中的正交多项式拟合法。

　　在对结构进行测试之前,需要在 MTC hammer 中建立被测结构的模型,并在模型中指定试验测点和激励点的位置。试验的流程图如图 9 - 24 所示。

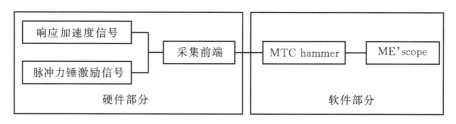

图 9 - 24　试验流程图

9.5.2 多次激励单点拾振法的模拟叶片模态识别

1. 试验过程

(1)建模。在 MTC hammer 中对被测的等截面模拟叶片进行离散建模。建模过程中对结构进行适当简化,按照被测梁的尺寸建立一个平面并划分3×7的网格。划分网格数可以根据所要观察的振型来确定,一般来说,如要观察梁横向弯曲振动的前 n 阶振型,则梁长度方向上的网格数不小于 $2n$ 个。本次试验要观察梁横向弯曲振动的前 3 阶振型,因此在梁的长度方向上划分 7 个节点。

节点划分后选择适当的点设置为测点和激励点。传感器测点如图 9 - 25 所示,激励点为所有网格节点。

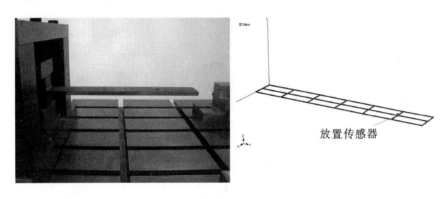

图 9 - 25　被测结构模型和测点

(2)模态测试参数设置。在 FFT 分析仪的参数设置框中对信号采集和处理参数进行设置。

分析带宽必须要包含所要测量的模态频率,带宽过大会减小测试的精度,过小会造成模态缺失。分析带宽的设置可以参考结构模态的数值解,对被测结构进行有限元分析,得到梁前三阶横向振动频率 76.1 Hz,472.4 Hz,1317.4 Hz 和前两阶扭转振动频率 1057 Hz,3172 Hz。因此,本次测试将分析带宽设为3200 Hz。

分析带宽除以谱线数等于频响函数的频率分辨率,频率分辨率的倒数为完成一次 FFT 所需要的时间响应信号的长度。本次试验的分析带宽为 3200 Hz,谱线数设为 3200,因此频率分辨率为 1 Hz,FFT 变换所需的时间样本长度为 1 s。

完成 FFT 参数设置后设置力锤和传感器的量程、触发条件和窗函数,其中力锤信号的窗函数用力窗,传感器信号的窗函数用指数窗。

（3）开始敲击激励点。按照测点设置的先后顺序用力锤依次激励所有点,得到叶片结构的原点频响函数和跨点频响函数,完成数据采集。在数据采集过程中,可以看到每次力锤激励后,激励点和响应点的频响函数图像,如图9-26所示,该频响函数为用力锤激励21号点时所得的频响函数。

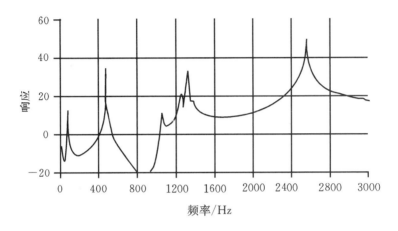

图 9 - 26　测点 21 的频响函数

（4）后处理。将各点的频响函数数据导出到 ME'scope 中进行模态参数识别和振型模拟。

2. 实验结果

将试验结果同等截面模拟叶片的有限元解对比,其弯曲模态频率见表9-1,弯曲模态振型结果见图9-27。

表 9 - 1　模拟叶片弯曲模态频率测试结果和有限元结果对比

阶数	试验值/Hz	有限元解/Hz	相对误差/%
1	75.9	76.1	0.3
2	471.0	472.4	0.3
3	1310.0	1317.4	0.5

被测结构除弯曲振动外还存在扭转振动和弯扭复合振动,叶片试验测试得到了结构扭转的模态频率和振型,如表9-2和图9-28所示。

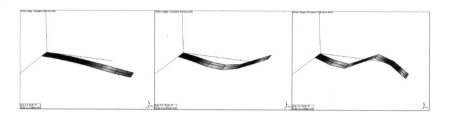

图 9-27　模态识别出的模拟叶片弯曲振型

表 9-2　模拟叶片扭转模态频率测试结果和有限元结果对比

振型	试验值/Hz	有限元解/Hz	相对误差/%
第 1 阶扭转	1040	1057	1.6
弯扭复合	3160	3172	0.4

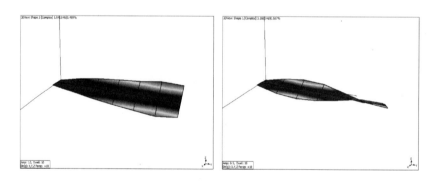

图 9-28　模态识别出的等截面模拟叶片扭转模态振型

3. 结果分析

通过表 9-1 和表 9-2 两种方法得到的叶片弯曲和扭转模态频率结果可知，试验结果略小于有限元计算结果，误差在 1% 左右。说明测试方法正确。造成稍许误差的原因可能是测试时模拟叶片上附加了加速度传感器，传感器的质量降低了测试频率。

从图 9-27 和图 9-28 中通过有限元计算出的振型和实测振型对比可以看出，两种方法所测出的弯曲、扭转振型是一致的，说明模态振型的测试结果是可信的。

9.5.3　多次激励单点拾振法的透平弯扭叶片模态识别

1.试验过程

在 MTC hammer 中对被测的重型燃机压气机叶片进行离散建模。该待测叶片的两侧薄中间厚,但由于叶片的厚度本身比较小,且叶片各截面没有太大变化,因此在建模中量取叶片的主要尺寸后确定叶片主要点的坐标,然后通过插值建立一个扭面作为叶片的模型。

由于叶片的尺寸较小,网格划分太密会导致无法在节点上安放传感器,网格太稀则无法表现出叶片的弯扭特征,综合考虑后将叶片扭面划分为 4×4 的网格,并选择适当的点布置传感器,如图 9-29 所示。

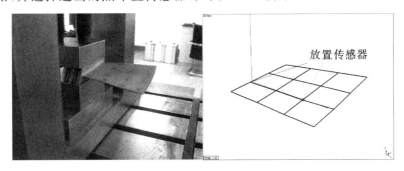

图 9-29　弯扭叶片建模和测点布置

按照顺序用脉冲锤依次激励所有点,发现在对叶片的非约束边上的激励点和叶片顶端上的激励点进行激励时,容易发生双击,从而无法采集到可用的激励和响应信号。这是因为这些点在力锤敲击时产生较大的位移,在力锤敲击完后很短的时间内会弹回再次与力锤锤头碰撞,出现双击现象。为避免产生双击,在激励这些点时可以尝试减小敲击的力度。

由试验模态分析理论可知,完成一个激励点的激励会获得一个频响函数,敲击所有激励点可以得到完整的频响函数矩阵,通过它可以识别出被测结构的所有模态参数和模态振型。缺少部分激励点的频响函数对于识别模态参数的影响不大,但是会影响模态振型的模拟,在模拟振型时未激励的点将没有振动,此时采用后处理软件中的插值命令来估计这些点的振幅和相位。这种方法在总敲击点多、未敲击点少且未敲击点互不相邻的情况下准确性仍较高。

在对所有 16 个激励点进行激励时,只有 3 个点未被激励,且这 3 点互不相邻。从上面分析可知,这种情况下,测试系统可以识别结构的模态参数并模拟出结构的模态振动。

将 13 个激励点的频响函数导入到 ME'scope 中进行模态参数识别和振型模拟。

2. 实验结果及分析

后处理得到的模态频率结果如表 9-3 所示,模态振型结果如图 9-30 所示,由于缺失数据的测点数较少且振型模拟的结果无畸变,故模态测试结果可信。

表 9-3　透平弯扭叶片模态测试结果

阶数	试验值/Hz	振动形式
1	927	弯曲
2	2870	扭转

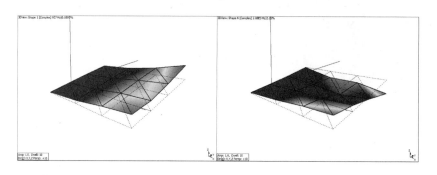

图 9-30　模态识别得到的振型

被测结构的质量要小于等截面模拟叶片,其测得的固有频率受传感器质量影响较大,叶片的真实频率应大于该实测频率。

9.5.4　多次激励多点拾振法的透平弯扭叶片模态识别

模型的建立与网格划分与 9.5.3 节试验中相同,改变力锤和传感器的布置。力锤每次敲击的激励点不变,如图 9-31 所示,激励点位置选择在叶片中央靠近根部的位置是因为敲击该点可以有效避免双击且便于激励。

敲击激励点,每完成一个点的频响函数的测量后,移动传感器的位置,获

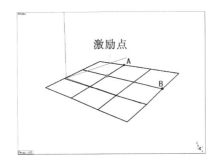

图 9-31　被测结构建模和激励点设置

得所有点的频响函数,完成数据采集。

　　由于被测结构的质量较小,其固有频率的试验值受传感器质量影响较大,每次改变传感器位置时都会改变该结构的固有频率。如图 9-32 所示,当传感器分别位于 A 点和 B 点时,频响函数曲线的峰值位置有明显变化。从两幅图的峰值位置可知,他们的频率相差了 65 Hz,相对偏差为 7.4%。

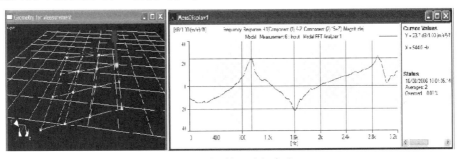

(a)传感器在 A 点,第一阶频率为 944Hz

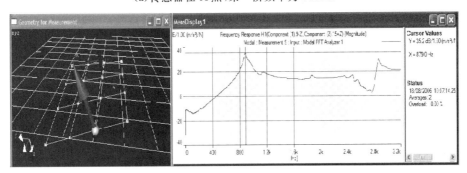

(b)传感器在 B 点,第一阶频率为 879Hz

图 9-32　传感器在不同位置时频率比较

从试验结果中可以看出,被测结构在使用此次试验所采用的传感器时,不能采用移动传感器的方法来进行模态测试。

使用试验模态分析方法能够很好地进行结构的模态频率和主振型的识别。

为了保证数据采集的准确性,要根据被测结构特点和测试仪器特点选择合适的测量方法。本试验对燃机压气机叶片的模态测试表明,最好不要采用移动传感器的方法来进行测试;使用移动力锤方法时,传感器的位置最好不要放置在叶片的端部,以减小传感器质量对结构固有频率测试的影响。

在对等截面模拟叶片和透平弯扭叶片进行模态测试时发现,对部分激励点进行敲击时容易双击,此时应该适当减小锤击激励的力。

9.6　成圈叶片节径振动频率测量的理论

9.6.1　集中力作用下旋转圆盘的响应

叶片轮盘结构是典型的周期性旋转结构,当叶片数目较多时可近似假设成旋转对称结构。对于旋转对称结构的圆盘的盘形振动,其位移是沿对称轴的方向。圆盘轴向中间平面的轴向位移可按正则振型展开为无穷级数[6],为

$$w(r,\theta,t) = \sum_{m=0}^{\infty} \sum_{n=0}^{\infty} w_{nm}(r) \left[p_{cnm}(t)\cos n\theta + p_{snm}(t)\sin n\theta \right] \quad (9-102)$$

式中,r 和 θ 为极坐标;$w_{nm}(r)$ 是 n 节径和 m 节圆下的振型;p_{cnm} 和 p_{snm} 是主坐标。重根频率下,有两个振型,相差 $90°/n$。

圆盘轴向强迫振动方程为

$$M\frac{\partial^2 w(r,\theta,t)}{\partial t^2} + Kw(r,\theta,t) = f(r,\theta,t) \quad (9-103)$$

在圆盘上作用集中轴向力 F,以角速度 Ω 旋转,并作用在半径 R 处,旋转轴即是圆盘的对称轴。作用在圆盘上力分布数学表示为

$$f(r,\theta,t) = F\delta(\theta - \Omega t)\delta(r - R) \quad (9-104)$$

式中,δ 表示脉冲函数。

将式(9-102)带入方程(9-103),得到

$$M\sum_{m=0}^{\infty}\sum_{n=0}^{\infty} w_{nm}(r)\left[\ddot{p}_{cnm}(t)\cos n\theta + \ddot{p}_{snm}(t)\sin n\theta \right] +$$

$$K\sum_{m=0}^{\infty}\sum_{n=0}^{\infty}w_{mn}(r)\big[p_{cnm}(t)\cos n\theta + p_{snm}(t)\sin n\theta\big] = f(r,\theta,t) \qquad (9-105)$$

对式(9-105)两边乘以 $w_{mn}(r)\cos n\theta$,并在整个面上积分,得到[6]

$$M_{mn}\ddot{p}_{cnm}(t) + M_{mn}\omega_{mn}^2 p_{cnm}(t) = \phi_{cnm}(t) \qquad (9-106)$$

式中,M_{mn} 是相应特征函数的正则常数;ω_{mn} 为固有频率;

$$\phi_{cnm}(t) = \int_{R_1}^{R_2}\int_0^{2\pi} f(r,\theta,t)w_{mn}(r)\cos n\theta\,\mathrm{d}r\mathrm{d}\theta$$

$$= Rw_{mn}(R)F\cos n\Omega t \qquad (9-107)$$

式中,R_1,R_2 为轮盘的内外径。

对式(9-105)两边乘以 $w_{mn}(r)\sin n\theta$,并在整个面上积分,得到[6]

$$M_{mn}\ddot{p}_{snm}(t) + M_{mn}\omega_{mn}^2 p_{snm}(t) = \phi_{snm}(t) \qquad (9-108)$$

其中

$$\phi_{snm}(t) = \int_{R_1}^{R_2}\int_0^{2\pi} f(r,\theta,t)w_{mn}(r)\sin n\theta\,\mathrm{d}r\mathrm{d}\theta = Rw_{mn}(R)F\sin n\Omega t$$

$$(9-109)$$

求解方程(9-106),得到

$$p_{cnm}(t) = \frac{Rw_{mn}(R)}{M_{mn}}\cdot\frac{F}{\omega_{mn}^2 - n^2\Omega^2}\cos n\Omega t$$

同理,求解方程(9-108),得到

$$p_{snm}(t) = \frac{Rw_{mn}(R)}{M_{mn}}\cdot\frac{F}{\omega_{mn}^2 - n^2\Omega^2}\sin n\Omega t$$

方便起见,引入正则化的 $Rw_{mn}(R)/M_{mn}=1$,由式(9-106),(9-108)的稳态解以及式(9-102)得到

$$w(r,\theta,t) = \sum_{m=0}^{\infty}\sum_{n=0}^{\infty}w_{mn}(r)\left[\frac{F\cos n\Omega t}{\omega_{mn}^2 - (n\Omega)^2}\cos n\theta + \frac{F\sin n\Omega t}{\omega_{mn}^2 - (n\Omega)^2}\sin n\theta\right]$$

$$= \sum_{m=0}^{\infty}\sum_{n=0}^{\infty}w_{mn}(r)\cdot\frac{F}{\omega_{mn}^2 - (n\Omega)^2}\cdot\cos n(\theta - \Omega t) \qquad (9-110)$$

从式(9-110)可以看出,具有不同的节圆数 m 的模态可以分开考虑。因此,我们忽略 m 节圆的影响,而单独考虑 n 节径的模态。方程(9-110)可写作

$$w(\theta,t) = F\cdot\frac{1}{\omega_n^2 - (n\Omega)_n^2}\cos n(\theta - \Omega t) \qquad (9-111)$$

要注意,式(9-111)的解对于任意 m 阶圆模态都成立。

由式(9-111)所得到的强迫振动响应具有行波特征,在固有频率附近振幅会被放大。可以看出,即当 n 节径固有频率等于 n 倍的转速时($\omega_n = n\Omega$)会发生共振。做出阶次跟踪曲线,根据峰值点可以测出成圈叶片 n 节径共振转

速和 n 节径固有频率。这就是采用喷嘴激励测成圈叶片节径振动频率的理论依据。

9.6.2　均匀分布集中力作用下旋转圆盘的响应

考虑周期性旋转结构,在 s 个大小等强度沿周向均匀分布的集中力激励作用下的情况[6]。力的分布表达式为

$$f(\theta,t) = F\sum_{l=1}^{s}\delta\left(\theta - \Omega t - l\frac{2\pi}{s}\right) \tag{9-112}$$

相应的广义力为

$$\phi_{cn}(t) = \int_0^{2\pi}\cos n\theta \cdot f(\theta,t)\mathrm{d}\theta = \sum_{l=1}^{s}F\cos n\left(\Omega t + l\frac{2\pi}{s}\right)$$

在上式中,当 n 是 s 整数倍时,$\cos\left(n\Omega t + nl\frac{2\pi}{s}\right) = \cos n\Omega t$,即

$$\sum_{l=1}^{s}\cos n\left(\Omega t + l\frac{2\pi}{s}\right) = s \cdot \cos n\Omega t$$

当 n 不是 s 整数倍时

$$\sum_{l=1}^{s}\cos\left(n\Omega t + nl\frac{2\pi}{s}\right) = 0$$

因此,我们可以作一变换,$\phi_{cn}(t)$ 可以改写为

$$\phi_{cn}(t) = s \cdot F \cdot \delta_{n,h_1 s} \cdot \cos n\Omega t$$

式中,h_1 是任意整数。

同理

$$\phi_{sn}(t) = \int_0^{2\pi}\sin n\theta \cdot F(\theta,t)\mathrm{d}\theta = \sum_{l=1}^{s}F\sin n\left(\Omega t + l\frac{2\pi}{s}\right) \tag{9-113}$$

$\phi_{sn}(t)$ 可以改写为

$$\phi_{sn}(t) = s \cdot F \cdot \delta_{n,h_1 s} \cdot \sin n\Omega t \tag{9-114}$$

求解方程(9-106)、(9-108),得到与 n 节径模态对应的均布力下的响应为

$$\begin{aligned}
w(\theta,t) &= P_{cnm}(t)\cos n\theta + P_{snm}(t)\sin n\theta \\
&= \frac{s \cdot F \cdot \delta_{n,h_1 s}}{\omega_n^2 - (n\Omega)^2} \cdot \cos n\Omega t \cdot \cos n\theta + \frac{s \cdot F \cdot \delta_{n,h_1 s}}{\omega_n^2 - (n\Omega)^2}\sin n\Omega t \cdot \sin n\theta \\
&= \frac{s \cdot F \cdot \delta_{n,h_1 s}}{\omega_n^2 - (n\Omega)^2} \cdot \cos[n\theta - n\Omega t]
\end{aligned} \tag{9-115}$$

由 $\delta_{n,h_1 s}$ 和式(9-115)的分母,得到共振条件为

$$\omega_n = n\Omega = h_1 s\Omega \tag{9-116}$$

从式(9－116)可以看到,为了增加激振幅值可以增加气流激励喷嘴数量,也要注意到喷嘴为 2 时,激起节径数为 2,4,6,8…,喷嘴数为 3 时,激起节径数 3,6,9…。这就是采用多喷嘴激励,增强响应的原理。

9.7　叶片动频测量系统

叶片动频测试比静频测试困难得多[7],因为动频测试时,叶片是装在旋转的转子和轮盘上,以高速旋转,就有振动信号如何由转动部件传输给静止仪器的问题,以及如何激励的问题。目前常用的信号传输方法有两种[4],一是引电器法;二是无线电收发报机传递法或称为应变遥测法。目前应用后者较多。

应变遥测系统(收发报机遥测法、无线电遥测系统),主要由四部分组成:

(1)感受元件:高温应变片(或压电晶体片),它贴在叶片型线部分表面上。

(2)遥测信号发射部分:它由遥测发射机、发射天线、电池组成,装在转子上随转子一起转动。

(3)遥测信号接收部分:它由接收天线、高频电缆、高频放大器及频偏接收仪等组成。

(4)空气冷却降温系统:它由鼓风机、空气冷却器等部件组成,以降低发射机的工作温度,根据情况,可以不要。

在叶片上粘贴应变片或压电晶体片,把振动时叶片产生的应变,通过机械量—电量的转换,转换成变化的电量,然后把此变化着的电量调制到高频载波上,经由发射器发射出来。

面对着发射天线的接收天线固定在静止部件上,它将信号接收后,通过高频电缆,输送给频偏接收仪(当振动信号过弱时,有时先将信号输到高频放大器放大后,再输送给频偏接收仪)。频偏接收仪将高频载波信号解调,捡出振动信号,然后输送到数据采集存储分析系统。最后用记录设备把信号记录下来作为原始数据,供振动分析用。遥测发射器及应变校准盒如图 9－33所示。

利用调频法进行叶片动频试验的设备及系统如图 9－34 所示。测试系统分为如下几个系统。

(1)动力系统:提供动力源,使转子、轮盘、叶片旋转,主要是驱动电机,有时也包括高速齿轮箱。

（a）遥测发射器

（b）应变校准盒

图 9-33 遥测及校准装置

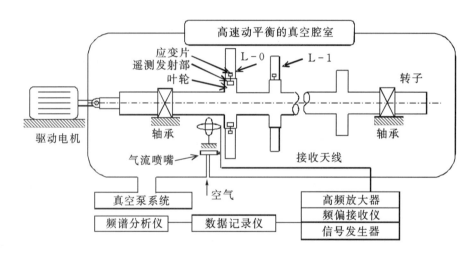

图 9-34 试验设备及仪器的布置图

（2）试件安装及支承系统：安装叶片的转子和叶轮、轴承座、密封装置、罩壳等。

（3）真空系统：它由真空仓、真空泵及其附属设备组成。在罩壳内抽真空，主要是为了减小叶轮的摩擦及鼓风损失，减小驱动电机的功率。采用空气激振时，应开启真空维持泵。

（4）激励系统：使叶片产生振动，通常采用空气激励，可用单个或多个喷嘴。

（5）遥测系统以及转速等测量系统。

在测试前，先选定一系列的转速，这些转速大多数在叶片额定工作转速以内,根据需要也可超过最大工作转速。然后对每一个转速进行叶片动频测定。将转速稳定在某个转速上,转速一经固定,叶片的动频值就固定了。测试过程中,需要现场观察及监视,对试验结果作出判断,另外,需将振动信号记录下来,以便以后详细分析及再现。目前的振动数据采集分析系统,都能同时提供现场的观察和数据记录。

经过对每个选定的转速进行上述测量后,便获得多个转速下的叶片固有频率,即可作出叶片动频随转速的变化曲线。

转速是由转速传感器测量得到,由于叶片的动频和转速有关,因此,应同时记录下测量时的转速。

如果在真实机组中对叶片进行测量,由于叶片工作温度较高,应考虑选用高温应变片。安装时用高温胶将应变片粘贴在叶片测点上,然后用环氧树脂予以保护。

通常采用调频发射机,对经过低频放大后的电压信号进行调频。然后通过天线发射出去。目前发射部分的重量小于 20g。可以用环氧树脂把发射部分封装在合适的铝壳或其它壳体内,安装在叶轮或转子上,随转子一起旋转,如果发射机安装的位置温度较高,还需要对发射机进行冷却。

遥测发射机发出的是频率变化的信号,频偏接收仪接收后,发出的是频率偏移信号。频偏的大小反映振动信号幅值的大小,频偏信号的变化频率即叶片的振动频率。但要建立叶片振动应变与频偏之间的一定关系,还需通过标定来实现,即求出频偏应变曲线,可以通过应变校准来完成。

应变遥测法是测定叶片动频及动应力的一种可行的方法,目前得到了广泛的应用。但是它还有一些问题有待今后加以改进,例如测试应力的精度还有待进一步提高。另外,电池的容量小,测试时间太短。此外,信号弱容易被干扰等。

9.8　叶片动频实际测量

试验叶片叶高为 450 mm;叶片数 120,叉型叶根形式,自带冠成圈。

叶片动频试验是在高速动平衡机上进行的。激振试验时,利用安装在叶片顶部附近的一只喷嘴通入压缩空气激振。依据在激振试验中测得的叶片振动数据确认"三重点"共振频率及叶片发生共振时的转速[8]。

1. 试验的基本步骤

(1)将转子移动到高速动平衡舱,准备转子动平衡;

(2)按正常的过程对转子进行动平衡；

(3)将转子移动到高速动平衡舱外；

(4)在叶片上安装应变片、遥测发射机；

(5)将转子移动到高速动平衡舱，准备叶片的动频测试；

(6)安装接收天线，并在叶片附近安装气流激振喷嘴；

(7)关闭真空舱，抽真空，将转子升速到试验转速；

(8)从试验转速开始降速，并伴随喷嘴激振，记录叶片上测点的信号；

(9)移除发射天线和气流激振喷嘴；

(10)完成标准的转子动平衡；

(11)对测试数据进行分析。

2. 具体试验过程

(1)转子从零开始升速，在转速 0 r/min—3300 r/min—0 r/min 过程中测量无气流激振力作用时叶片的低阶动频率及共振转速，观察分析升、降速过程中叶片的频率变化。

(2)转子从零开始升速至 1000 r/min 后加气流激振力，在转速 1000 r/min—3300 r/min—1000 r/min 范围内测量叶片 1～8 节径的低阶动频率及共振转速，观察分析激振力作用下叶片动频的变化。

(3)根据测量数据分析校核叶片工作过程中是否会发生"三重点"共振。

对该级叶片成功进行了三次动频率测试，其中第一次试验在不加气流激振力的情况下进行，第二、三次试验在间歇性施加气流激振力条件下进行。试验时真空仓内温度始终恒定不变，以保证发射器工作的可靠性；真空仓内真空度维持不变，使仓内空气对叶片的影响降至最低程度，以保证试验的准确性。放在真空舱中待测的转子如图 9-35 所示。

3. 测试系统

测试系统主要采用信号发射与接收设备，集成其它设备后形成完整的旋转机械动频率遥测系统。

系统主要设备构成：

(1)4 部单通道微型动应变发射机；

(2)1 部 5 通道遥测接收机；

(3)1 部 LMS-SCADAS305 型数字信号采集仪；

(4)1 部 IOtech-618E 型数字信号采集仪；

(5)2 部显示记录用笔记本电脑；

图 9-35　放在真空舱中待测的转子

（6）接收天线环；

（7）高温应变片，数量若干；

（8）压电晶体片，数量若干。

试验采用压缩空气作为激振源对试验叶片进行激振，激振喷嘴安装于叶片出汽侧对准叶顶的位置，如图 9-36 所示。

图 9-36　叶片激振喷嘴装置

动态频率测量试验在高速动平衡机上进行，如图 9-37 所示。

图 9 - 37　动平衡机上的试验转子

4. 末级叶片测试结果

表 9 - 4 为转速 3000 r/min 时该级叶片固有频率的试验值。图9 - 38为转速 3000 r/min 时末级叶片第 3 个测点的振动频谱图。

表 9 - 4　转速在 3000 r/min 时末级叶片的振动频率值

频率阶次	固有频率测试值/Hz						
	测点 1	测点 2	测点 3	测点 4	最小值	最大值	平均值
1	216.0	218.0	218.0	218.0	216.0	218.0	217.5
2	236.0	237.0	236.0	237.0	236.0	237.0	236.5
3	322.0	321.0	325.0	325.0	321.0	325.0	323.3
4		511.0	511.0	511.0	511.0	511.0	511.0
5	520.0	524.0	524.0	520.0	520.0	524.0	522.0
6		671.0	671.0	672.0	671.0	672.0	671.3
7	705.0	712.0	706.0	79.0	705.0	712.0	708.3

图 9 - 39 为末级叶片测点 3 的频谱瀑布图。图 9 - 40、图 9 - 41、图 9 - 42、图 9 - 43、图 9 - 44 分别为末级叶片测点 3 的 $K=5$ 阶次图,$K=6$ 阶次图,$K=7$阶次图,$K=8$ 阶次图,$K=9$ 阶次图。

图 9 - 45 为末级叶片等于谐波激振力倍频的动频 Campbell 图。

从图 9 - 40~图 9 - 44 叶片测点的阶次图,以及图 9 - 45 末级叶片等于谐波激振力频率的动频 Campbell 图,确认了叶片的"三重点"共振频率及对应

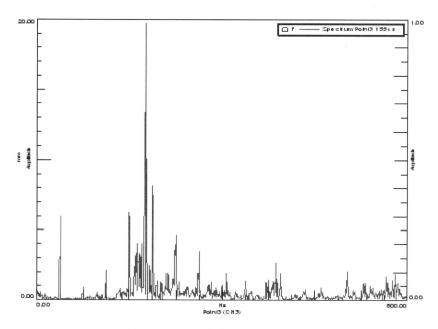

图 9 - 38 转速 3000 r/min 时 末级叶片测点 3♯的振动频谱图

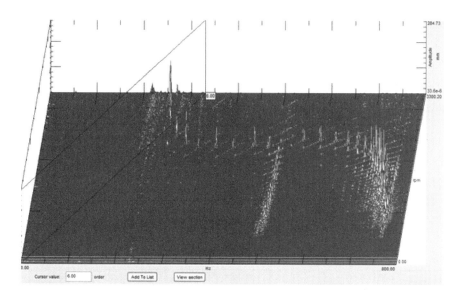

图 9 - 39 末级叶片测点 3 频谱瀑布图

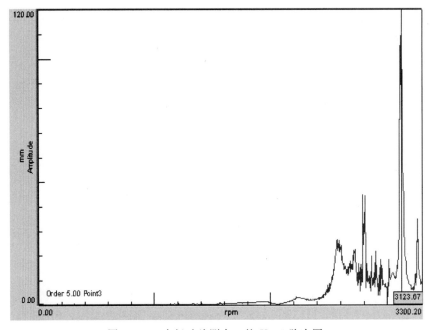

图 9 - 40　末级叶片测点 3 的 $K=5$ 阶次图

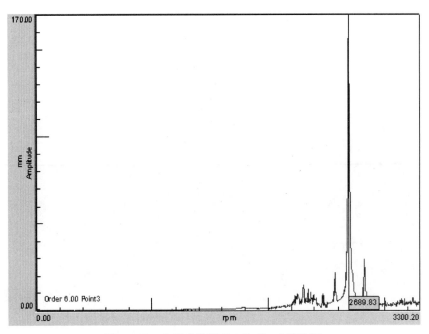

图 9 - 41　末级叶片测点 3 的 $K=6$ 阶次图

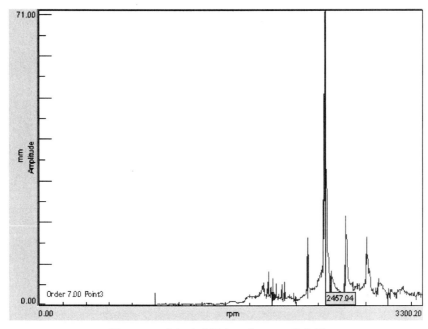

图 9-42　末级叶片测点 3 的 $K=7$ 阶次图

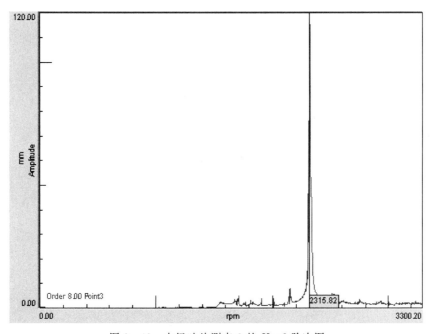

图 9-43　末级叶片测点 3 的 $K=8$ 阶次图

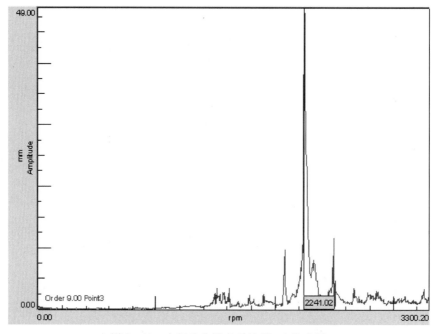

图 9-44　末级叶片测点 3 的 $K=9$ 阶次图

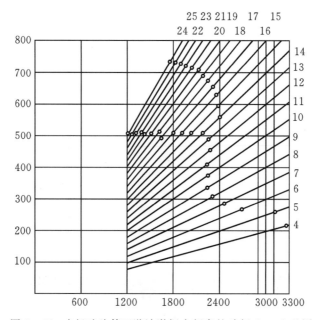

图 9-45　末级叶片等于谐波激振力频率的动频 Campbell 图

转速,见表 9-5。靠近 3000 r/min 两侧的共振分别是节径数 $m=5$ 和 $m=6$ 的振动,5 节径的共振转速是 3123 r/min,6 节径的共振转速 2670 r/min。在 2820~3090 r/min 范围内,叶片振动信号没有被放大,表明在此转速范围内无共振频率。

表 9-5　激振时末级叶片幅值放大的频率值

| 倍率 K | 应变片 | | | 晶体片 | | | | 共振转速 r/min |
| | | | | 1# | | 2# | | |
	1#	2#	3#	第一次试验	第二次试验	第一次试验	第二次试验	
5	260.31	259.86	259.86	260.31	259.86	260.31	259.86	3123
6	269.73	269.83	269.09	268.98	268.35	269.73	266.88	2670
7	285.89	284.70	284.70	286.76	284.70	286.76	284.70	2458
8	308.78	306.70	307.69	308.78	307.69	308.78	308.67	2316
9	337.28	335.09	333.99	336.15	333.99	336.15	333.99	2241

5.计算结果和试验结果对比分析

表 9-6 为转速在 3000 r/min 时叶片振动频率值的有限元计算结果与试验数据的对比,其中计算值取的是各节径 1 阶的频率值。

表 9-6　动频试验数据与有限元计算结果对比

节径数	4	5	6
试验频率值/Hz	218	260	269
计算频率值/Hz	235.95	253.91	280.22
相对差值/%	8.23	2.45	4.17

通过整圈叶片的理论计算值和动频测试值比较发现,二者的相对误差比较小,说明本文计算和测试结果可靠。

该级叶片在 2820~3090 r/min 转速范围内,没有发现激振力阶次小于 7 的三重点共振,满足调频要求,因此叶片频率特性是合格的。

参考文献

[1]　倪振华. 振动力学 [M]. 西安:西安交通大学出版社,1989.

[2]　Thomson W T, Dahlen M D. Theory of vibration with applications (Fifth Edition) [M].

北京：清华大学出版社，2005.

[3]　Kenneth G. McConnell，Paulo S. Varoto. Vibration testing：theory and practice（second Edition）[M]. New Jersey：John Wiley & Sons，Inc. ，2008.

[4]　叶大均. 热力机械测试技术 [M]. 北京：机械工业出版社，1981.

[5]　曹树谦，张文德，萧龙翔. 振动结构模态分析：理论、实验与应用 [M]. 天津：天津大学出版社，2001.

[6]　Wildheim S J. Excitation of rotationally periodic structures [J]. Transactions of the ASME，Journal of Applied Mechanics，1979，46：878 – 882.

[7]　中华人民共和国机械行业标准. 汽轮机动叶片测频方法. JB/T 6320 – 92. 1992.

[8]　徐自力，胡哺松，王凯，王蕤. 成圈结构叶片动态响应的解析解及在动频测试中的应用 [C]. 2015 年中国动力工程学会透平专业委员会学术年会论文集，187 – 192.

第10章 叶片安全评价的手段和准则

10.1 坎贝尔图

坎贝尔图(Campbell diagram)是旋转机械设计和运行中振动评价的重要手段之一,是一个方便、直观的图形化工具,用来预测不同转速下,轮盘和叶片不同阶固有频率发生过大振动的可能性。坎贝尔图是由 GE 公司汽轮机转子动力学实验室的 Wilfred E Campbell(1884—1924)在 1924 年提出和发明的,最早发表在 1924 年 5 月 ASME 在 Cleveland,Ohio 召开的学术年会上,后以题目"The protection of steam turbine disk wheels from axial vibration"发表在 Trans ASME,1924,p31-160。很多旋转机械方面的书籍和文献都会提到坎贝尔图,但很少直接引用 Campbell 最原始的研究。

坎贝尔图以叶片转速(r/min)为水平坐标,以叶片固有频率为纵坐标;将计算或实验得到的不同转速下叶片固有频率绘制在该图中,另外也将激励频率绘在该图中,如图 10-1 所示。

当叶片固有频率等于激振力频率时,也即在图上固有频率线和激振力线交叉时,表明叶片会发生共振。因此,坎贝尔图也称之为干涉图,反映了叶片的振动应力水平可能所处的一个程度。因为几乎所有的叶片故障或者说是失效,都是由于振动应力引起的。因此,坎贝尔图对于叶片的安全评价是至关重要的。

叶片固有频率是其结构质量和刚度的函数,并和安装条件密切关联。对自由叶片有叶片的切向、轴向、扭转以及复合振动;对叶片组有叶片组的切向、轴向、叶片组的扭转以及耦合振动等;对成圈叶片有节径振动、节圆振动以及节径节圆复合振动。可以通过计算或试验来确定叶片、叶片组或成圈叶片轮盘的固有频率。

振动应力除了和频率比相关外,还取决于激振力的大小、叶片主振型、激振力和叶片振型的相位差,以及叶片的阻尼。在共振区,如果没有阻尼,叶片

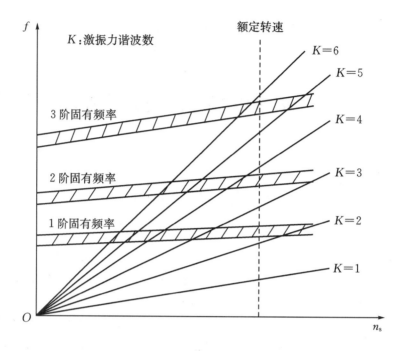

图 10 - 1　典型的 Campbell 图

振动幅值会不断增大,直到失效发生。增加阻尼会明显提高叶片的抗振能力。

　　如果坎贝尔图显示共振存在于工作转速范围内,应采取一些改进措施避免它。例如,提高或降低叶片固有频率,如果和喷嘴激励频率发生共振,可以通过改变喷嘴数量来避免它。如果是不可能避免的共振,稳态应力和动态应力必须减少到可接受的水平。

　　用坎贝尔图来评估叶片振动安全性需要注意,目前仍然很难准确地确定短的叶片或叶片组的固有频率,即使采用改进的分析和测试方法,制造偏差和装配差异仍可能导致固有频率有±10%的变化。必须采用较大的避开率以确保叶片的振动安全性。

　　另外,需要注意的是坎贝尔图中交点只是反映了激振力频率和叶片、叶片组或成圈叶片固有频率的匹配关系,没有反映激振力的幅值大小和形状、叶片阻尼大小。此外,坎贝尔图也没有比较激振力的形式和叶片结构振型的匹配关系。坎贝尔图中所示交点并不意味着叶片组或成圈叶片的振动应力一定会很高并马上发生故障。因此,并不是所有的交点都是真正的共振点,即使发生真正的共振也并不意味着叶片组一定会失效。

单自由度黏性阻尼弹簧质量系统(图 10-2(a))在简谐力激励下的运动方程为

$$m\ddot{x} + c\dot{x} + kx = P_0 \sin\omega t \qquad (10-1)$$

式中，m，c 和 k 分别为系统质量、阻尼和刚度；P_0，ω 分别为激振力幅值和频率。

在简谐激励下系统的稳态响应为

$$x(t) = B\sin(\omega t - \psi) \qquad (10-2)$$

式中，B 为稳态振动的振幅，$B = \dfrac{P_0}{k} \dfrac{1}{\sqrt{(1-\lambda^2)^2 + (2\lambda\zeta)^2}}$；$\psi$ 为相位，$\psi = \arctan\dfrac{2\lambda\zeta}{1-\lambda^2}$；$\lambda$ 为频率比，$\lambda = \dfrac{\omega}{\omega_n}$；$\omega_n$ 为固有频率，$\omega_n^2 = \dfrac{k}{m}$；$\zeta$ 为阻尼比，$\zeta = \dfrac{c}{2m\omega_n}$。

画出幅频响应曲线如图 10-2(c)所示；当 $\lambda = 1$ 时，振幅 $B = \dfrac{P_0}{k} \cdot \dfrac{1}{2\zeta}$，可以看到阻尼增大，振幅明显减小，激振力的幅值减小，振幅也明显减小。

可见，坎贝尔图中固有频率和激振力交点只是表明了可能会发生共振，但并没有说明共振的危险程度。

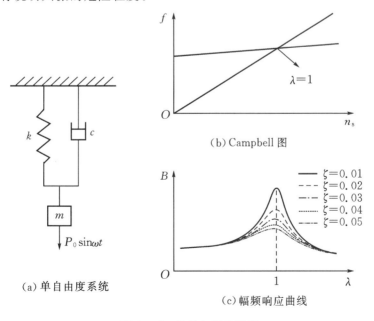

(b) Campbell 图

(a) 单自由度系统

(c) 幅频响应曲线

图 10-2　坎贝尔图的解释

叶片设计的策略是避免叶片固有频率与转速及谐波,或喷嘴激振频率(NPF)及其谐波一致。另外,尽可能增大材料阻尼和结构阻尼,降低响应幅值。

10.2 成圈叶片振动评价的 Safe 图

正如前面所述,坎贝尔图主要是不同转速下的固有频率和激振力频率匹配,没有反映叶片振型以及激振力在空间的分布。因此,在坎贝尔图上即使激振频率和固有频率相等,并不意味着一定发生共振,特别是对于成圈结构叶片。因此,如果仅用坎贝尔图来做叶片设计,会把一些非危险点当作危险点,不利于设计。德莱赛兰(Dresser-Rand)提出了叶片轮盘振动设计的安全图(Safe diagram)为成圈叶片的振动设计提供了图形化的手段[1]。

10.2.1 成圈叶片共振的定义

每只叶片旋转时都会通过静叶出口边厚度、抽汽管、排汽管,以及气流通道中加强筋和肋等结构因素或制造、装配等因素引起的非均匀流场,因此叶片会受到一个非稳态气流力作用。成圈叶片位移和应力的幅值取决于:

(1)成圈叶片轮盘的固有频率及其相应的振型;

(2)激振力的频率、大小及沿周向分布,这三个量和涡轮转速、静叶数,或者阻断流动的位置、流道上干扰的数量有关;

(3)阻尼特性,如叶片的材料阻尼,围带、凸肩、拉金等产生的摩擦阻尼,以及气动阻尼等。

对于成圈结构叶片,理论和实践已经证明,要发生共振,需要满足两个条件:

(1)激振力频率等于叶片固有频率;

(2)激振力的形状和成圈结构振型相似。

即"三重点"共振条件,写成数学描述为

$$\frac{f_{dn}}{n_s} = K \quad 且 \quad K = iZ_b \pm n \tag{10-3}$$

式中,n 为节径数;f_{dn} 为叶盘节径数为 n 时的动频率;K 为激振力谐波数;Z_b 为整级动叶片数;n_s 为转子的转速;i 为整数,$0,1,2,\cdots$。

10.2.2　成圈叶片振型的图形描述

成圈叶片以其固有频率振动时的运动幅值或者变形的形状称为主振型，这时画出结构不同点的相对位移，即是主振型。成圈叶片轮盘是一种典型的周期循环对称结构，在某阶主振动时有一些点在一个振动周期内始终保持相对静止，这些点落在直径线上或一个圆上，即表现为节径或节圆振动。叶片轮盘的振型特性可以通过这些节径数（D）和节圆数（C）来表征，如 0C1D，0C2D 等等（见图 10 - 3）。最大节径数是叶片数的一半取整数，即当叶片数为偶数时，为叶片数的一半；当叶片数为奇数时，等于（叶片数－1）/2。

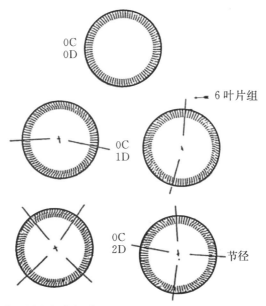

图 10 - 3　典型同相切向振动(Dresser-Rand company，Wellsville，N. Y)[1]

随着转速上升，离心力起刚化作用，增加了叶片的固有频率，叶片结构的围带连接状态、凸肩的连接状态也发生变化。因此，对成圈叶片轮盘的固有振动的描述，除了结构的固有频率和主振型（如 0C1D，0C2D 等等）外，还应包括转子的转速。因此，成圈叶片振动特性常用三个变量描述，这三个变量可以画为图 10 - 4。

固有频率曲面的两个垂直投影见图 10 - 5 和图 10 - 6。第一个平面即是传统的坎贝尔平面（Campbell plane），这个投影图表征了固有频率和转速的关系，但它没有反映主振型特性；另一个投影图称为安全平面（Safe plane），它

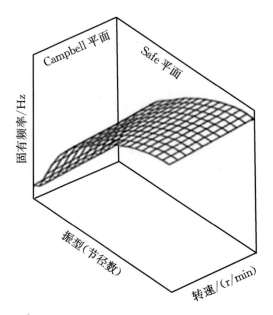

图 10-4　固有频率和振型特性曲面(Dresser-Rand Company，Wellsville，N. Y)[1]

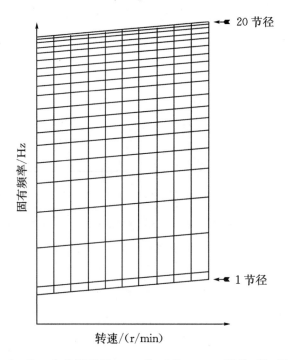

图 10-5　Campbell 平面(Dresser-Rand Company，Wellsville，N. Y)[1]

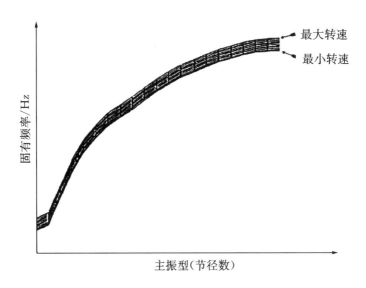

图 10 - 6　Safe 平面(Dresser-Rand Company,Wellsville,N. Y)[1]

反映了固有频率和主振型的关系。

10.2.3　气流激振力的图形描述

当叶片旋转时会受到非均匀气流力的作用。叶片旋转一周所经历的激振力的谐波次数取决于静叶数或流道上扰动的次数。在稳态情况下,叶片每旋转一周都会受到重复的周期性激振力作用,这种力如图 10 - 7 所示。

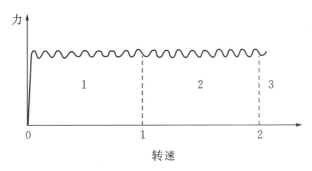

图 10 - 7　由喷嘴产生的激振力(Dresser-Rand Company,Wellsville,N. Y)[1]

周期激振力可能是由许多谐波组成,这些谐波的频率是涡轮角速度的整

数倍,也取决于静叶数或者一周中扰动的次数。将周期性气流力沿圆周方向按照傅里叶级数展开,作用在叶片上的激振力可分解为

$$F = F_0 + F_1 \sin(\omega t + \theta_1) + F_2 \sin(2\omega t + \theta_2) + \cdots \qquad (10-4)$$

叶片经受的气流动态力频率数学表达如下

$$\omega = \frac{K \times n_s}{60} \qquad (10-5)$$

式中,ω 为频率,Hz;K 为喷嘴数,或扰动数;n_s 为透平转速,r/min。

由上述频率方程描述的曲面的三维视图如图 10-8 所示。将三维视图表面投影到两个垂直面上,见图 10-9 和图 10-10。

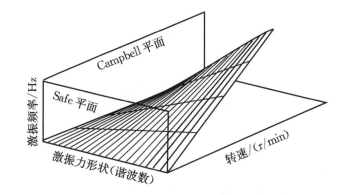

图 10-8　激振力曲面的三维视图(Dresser-Rand Company,Wellsville,N. Y)[1]

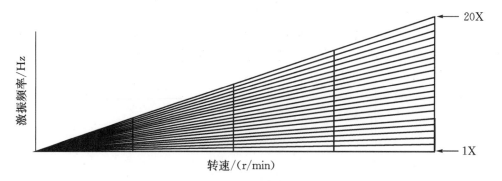

图 10-9　激振力曲面在 Campbell 平面上的投影
(Dresser-Rand Company,Wellsville,N. Y)[1]

从式(10-4)和图 10-9 可以看到各阶激振力频率和转速成正比且线性增加,可以看到同样转速下,各阶激振频率随阶次增加而增加,且增加倍数和阶次一致。

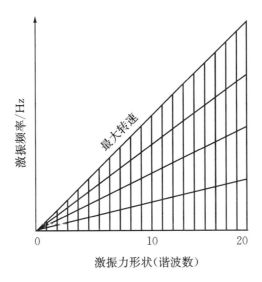

图 10 - 10　激振力曲面在 Safe 平面上的投影（Dresser-Rand Company, Wellsville, N. Y）[1]

10.2.4　Safe 图及成圈叶片共振点的图形化确定

如前面所讨论,坎贝尔图水平轴为转速(r/min),垂直轴为频率(Hz),叶片的固有频率和激振力频率都画在坎贝尔图上。坎贝尔图预测在何处叶片固有频率与激振频率一致,这个频率一致的点称为可能的共振频率。这些点用小圆圈表示在图 10 - 11 上。

更深入地研究这些频率重合点,利用振型和激振力的形状,判断这些重合点是否是真正的共振点。图 10 - 12 所示通过这种分析,将可能共振点中的真正的共振点用圆圈表示。

另一个投影(见图 10 - 13),在安全平面更清楚地显示相同的信息。这是更明显在低速范围内的高阶激励。

找到真正的共振条件需要明确激振力函数(如形状和频率)。激励的主要来源是喷嘴,喷嘴激振力的频率是喷嘴数和涡轮转速的函数,这个力的形状取决于喷嘴的数量。图 10 - 14 和图 10 - 15 显示了一个真正的共振点。

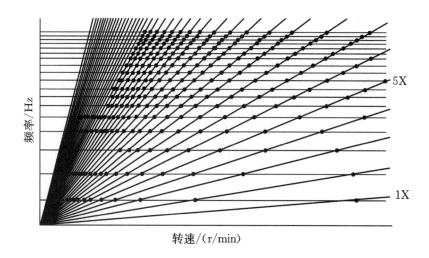

图 10-11 Campbell 图上可能的共振点(Dresser-Rand Company,Wellsville,N. Y)[1]

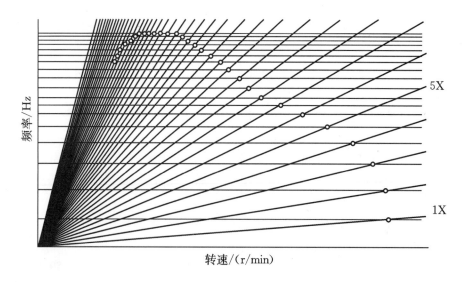

图 10-12 Campbell 图上实际的真正共振点(Dresser-Rand Company,Wellsville,N. Y)[1]

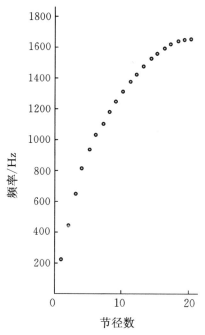

图 10 - 13　Safe 平面图上成圈叶盘(Dresser-Rand Company, Wellsville, N. Y)[1]

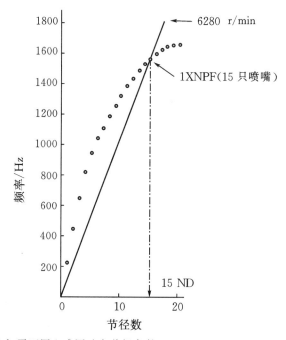

图 10 - 14　Safe 平面图上成圈叶盘共振条件(Dresser-Rand Company, Wellsville, N. Y)[1]

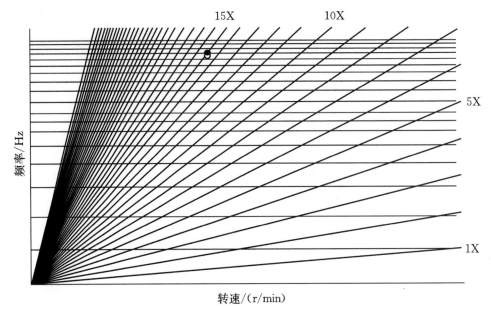

图 10 - 15 Campbell 图上真正共振点(Dresser-Rand Company,Wellsville,N. Y)[1]

10. 3 Goodman-Soderberg 曲线

压气机叶片或者涡轮叶片受到的应力通常是稳态应力和交变应力的叠加。稳态应力是由叶片离心力和稳态气流力引起的。交变应力主要是由叶片在气流脉动作用下振动产生的。稳态应力计算相对简单、准确。交变应力则依赖于激振力的幅值、激振频率、固有频率和主振型以及叶片的阻尼等因素。目前,准确计算交变应力仍有一定难度。

叶片材料强度通常由试验得到。由于叶片承受的是单向不对称循环载荷,因此材料强度试验应该在单向不对称循环载荷下进行。对于某种叶片材料,在一定的温度下,给定不同的平均应力 σ_m,通过疲劳试验找到对应于各个平均应力 σ_m 值下能够承受无限次应力循环而不破坏的最大交变应力幅值 σ_a,σ_a 称为复合疲劳强度(耐振强度)。这种试验要在不同温度(由常温直到材料的最高工作温度)下进行,得到一组 σ_m-σ_a 曲线,称为复合疲劳强度曲线。图 10 - 16 是叶片材料 2Cr13 和 1Cr11MoV 在一定温度下的复合疲劳强度曲线[2]。从图中可以看出,材料承受动应力的能力(复合疲动强度 σ_a)与静应力 σ_m 有关,材料所受的稳态应力比较小,那么它承受动态应力的能力就比较强,反之,如果所受的稳态应力比较大,那么它承受动态应力的能力就比较弱。

图中当平均应力 $\sigma_m = 0$ 时,材料承受动应力的能力就等于材料的疲劳极限 σ_{-1};当动应力 $\sigma_a = 0$ 时,材料承受稳态应力的能力就等于屈服极限 $\sigma_{0.2}^t$(高温下相应的应力极限)。

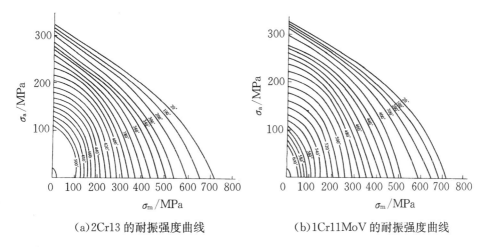

(a)2Cr13 的耐振强度曲线　　　　(b)1Cr11MoV 的耐振强度曲线

图 10 - 16　复合疲劳强度曲线(耐振强度曲线)

古德曼(Goodman)在 1899 年提出了反映材料复合强度的古德曼(Goodman)曲线或称为 Goodman 图[1,3,4],见图 10 - 17,它把材料的断裂强度表示在横坐标上,把疲劳极限(耐振强度)标在纵坐标上,然后用直线把它们连接起来。这条线就被称作是失效线,意味着应力状态在这条线以下就是安全的,而在这条线以上就有可能是危险的。Goodman 曲线是对材料承受静、动应力的能力试验数据的简化。Goodman 曲线的目的是作为一个静态和疲劳失效复合的应力评价准则。

古德曼曲线可以用下述方程表示

$$\sigma_a = \sigma_{-1}[1 - \sigma_m/\sigma_b] \qquad (10-6)$$

已知材料的断裂强度 σ_b 和疲劳极限 σ_{-1},利用上述方程可以求出 σ_a 和 σ_m 关系。

某叶片材料参数为 $\sigma_b = 640$ MPa,$\sigma_{-1} = 384$ MPa,通过无量纲化,将 Goodman 曲线做成无量纲的图见图 10 - 18,取纵坐标为 $\bar{\sigma}_a = \sigma_a/\sigma_b$;取横坐标为 $\bar{\sigma}_m = \sigma_m/\sigma_b$。这样,在横坐标上断裂强度 $\bar{\sigma}_b = \sigma_b/\sigma_b = 1$;在纵坐标上疲劳极限 $\bar{\sigma}_{-1} = \sigma_{-1}/\sigma_b$。

一些制造商,例如像 Dresser-Rand,用屈服极限来代替断裂强度作为稳态应力失效极限[1]。把屈服极限所在的点与疲劳极限所在的点用直线连接

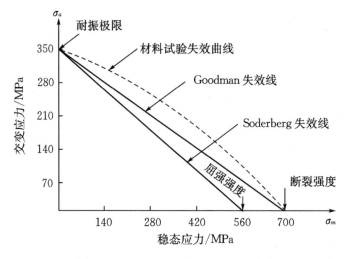

图 10-17 Goodman 和 Soderberg 曲线

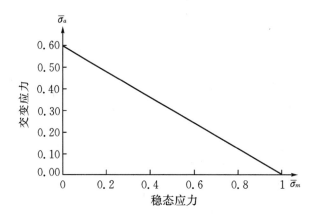

图 10-18 无量纲化的 Goodman 图

起来,这条被称作 Soderberg 曲线(见图 10-17),它是 1935 年由 Soderberg 提出的。可用下述方程表示

$$\sigma_a = \sigma_{-1}[1 - \sigma_m/\sigma_s] \tag{10-7}$$

已知材料的屈服强度 σ_s 和疲劳极限 σ_{-1},利用上述方程可以求出 σ_a 和 σ_m 关系。

某叶片材料参数为 $\sigma_s = 435.5$ MPa,$\sigma_b = 640$ MPa,$\sigma_{-1} = 384$ MPa,通过无量纲化,将 Soderberg 曲线做成无量纲的图见图 10-19,取横坐标为 $\bar{\sigma}_m = \sigma_m/\sigma_b$;取纵坐标为 $\bar{\sigma}_a = \sigma_a/\sigma_b$;在横坐标上屈服极限 $\sigma_s/\sigma_b = 0.68$,在纵坐标上疲劳极限 $\sigma_{-1}/\sigma_b = 0.6$。

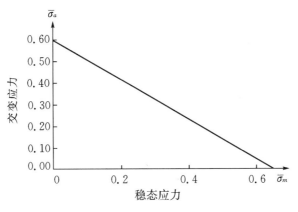

图 10 - 19　无量纲 Soderberg 图

由于叶片的动应力值，无论从理论计算方面或者从透平叶片实际测量方面来看，要得到足够准确的数值还有各种困难。因此，上述的校核方法在目前情况下还不能直接应用，但是它的理论基础和校核原则是正确的，可以作为叶片动强度校核的借鉴和依据。

把 Goodman 曲线或者 Soderberg 曲线用作叶片的设计规范，首先需要计算叶片的稳态应力和交变应力。在计算出叶片应力的情况下，在横轴上标出稳态应力，在纵轴上标出交变应力，可以计算出叶片的安全系数（见图10 - 20）。

$$\frac{1}{安全系数} = \frac{稳态应力}{屈服强度} + \frac{振动应力}{耐振强度} \qquad (10 - 8)$$

一个典型叶片，拉应力为 98.00 MPa，气流弯应力为 14.00 MPa，交变应力 70.00 MPa，计算出安全系数为 2.50。

大多数的制造商把可接受的最小安全系数定为 1.50，以便于考虑加工误差、材料不均以及其它不可预期的因素等造成的偏差。叶片设计时通常限制稳态气流力产生的稳态气流弯应力，反过来有助于交变应力最小化。安全系数的选取与应力计算准确性、材料性能的分散性有关联的。应力越准确则安全系数可以选小些；材料性能的分散性越小，则安全系数可以选小些。

如果计算出叶片的安全系数小于 1.50，可以采用以下措施：

（1）选用性能更好的材料来提高疲劳极限和屈服极限；

（2）用低密度材料（如钛）来减小离心应力；

（3）改变叶片的形状，增大固有频率与激振频率之间的避开率，降低交变应力；

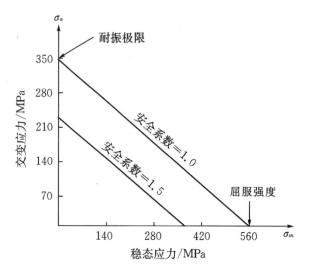

图 10-20　Goodman 曲线的安全系数计算

(4)增加材料阻尼和结构阻尼,降低交变应力水平;

(5)减少气流脉动的幅值,降低交变应力水平。

用 Goodman 曲线或者 Soderberg 曲线确定安全系数不仅应用于叶片,还可应用于围带、铆钉、叶根和叶轮的轮缘。

10.4　材料的疲劳寿命曲线

疲劳这一术语是 1839 年法国工程师彭西列特首先提出来的,用来描述材料在交变载荷下承载能力逐渐耗尽以至最终断裂的破坏过程。德国人沃勒对疲劳现象首先进行了系统的试验研究,并在 1871 年系统地论述了疲劳寿命与循环应力关系,提出了 S-N 曲线和疲劳极限的概念,奠定了金属疲劳的研究基础[3]。

在过去近 150 年间,疲劳的研究对象遍及到航空航天器械、舰船、核工业等尖端领域,以及地面的民用设施,例如压力容器、能源动力机械装备等等。研究方法主要是试验研究和基于试验提出的理论分析模型。由于疲劳的特殊性,对疲劳的研究是一项耗时、耗力、耗材的工作。因此,尽管在理论研究方面对各种零部件的分析方法有非常大的共性,但对航空等尤关生命的重要设备的试验上明显要高于地面民用设备。

目前,对疲劳寿命的估算方法主要是 S-N 曲线法和局部应力应变法。

S-N曲线法又称为应力寿命估算方法,是以应力为控制参数的,多用于高周疲劳寿命估算。局部应力应变法,是以应变为控制参数的,又称为应变寿命估算方法,多用于低周疲劳寿命估算。

材料在循环应力或循环应变作用下,在某点或某些点产生了局部的永久结构变化,在一定的循环次数后形成裂纹或发生断裂的过程称为疲劳。

疲劳破坏有以下五方面的特点:

(1)疲劳破坏是在循环应力或循环应变作用下的破坏;

(2)疲劳破坏必须经历一定的载荷循环次数;

(3)零件或试件在整个疲劳过程中不发生宏观塑性变形,其断裂的方式类似脆性断裂;

(4)疲劳端口上明显分为三个区域,即裂纹的萌生区、裂纹稳态扩展区和裂纹失稳扩展区;

(5)具有统计性质。

金属疲劳断裂的特点是脆性断裂,通常情况下细颈根本不存在,如果将试样断开的两部分重新放回一起的话,还可以完全恢复试样原来的形状。这个过程称为疲劳是因为试样中的裂缝逐渐扩大,过了很长时间裂缝还不能显示出来。疲劳过程是在多次重复载荷条件下发生的持久、渐变过程。

金属本身存在微观和亚微观的不均匀性。按金属本质来说,它是多晶积聚体(由弹性变形微体和弹塑性变形微体所组成)。在受不均匀应力的积聚体内部,将发生变形强化和弱化等过程。破坏是出现在兼有应力极大提高和强度极为降低可能性最大的区域。很显然,发展过程的初始阶段和疲劳破坏的最后阶段的出现是具有统计性质的。

根据失效循环次数,疲劳可分为:

(1)低周疲劳,一般将失效循环次数小于 $10^4 \sim 10^5$ 次循坏的疲劳称为低周疲劳;

(2)高周疲劳,将失效循环次数大于 $10^4 \sim 10^5$ 次的疲劳称为高周疲劳。

高周疲劳设计通常又可分为无限寿命设计和有限寿命设计两种,前者是当作用在构件上的最大循环应力不大于构件的疲劳极限且考虑一定的裕度的设计,被称为无限寿命设计;后者是当作用在构件上的最大循环应力大于构件的疲劳极限且考虑一定的裕度的设计,被称为有限寿命设计。对于航空发动机的主要零部件,根据需要或条件限制(研制周期、减轻重量)等因素,通常采用有限寿命设计。

低周疲劳与高周疲劳的主要区别在于金属塑性变形的大小不同。高周疲劳时,交变应力一般都比较低,材料处于弹性范围,因此其应力和应变是成比例的,又称为应力疲劳,是以应力为控制参数。因此,对高周疲劳寿命的估算方法主要是 S-N 曲线法,又称为应力寿命估算方法。

低周疲劳则是由于应力一般都超过弹性极限,产生塑性变形,应力和应变不再成恒定的比例。对于低周疲劳,采用应变作参数可以得出较好的规律,因此低周疲劳主要考虑的参数是应变,低周疲劳又称为应变疲劳。因此,低周疲劳寿命的估算方法主要是局部应力应变法或称为 ε-N 曲线法,是以应变为控制参数。

根据载荷的种类,疲劳又分为:机械疲劳,即循环载荷是由机械因素所引起;热疲劳,即循环载荷是热应力引起的。

应该考虑到,叶片通常同时承受如下载荷的作用:温度循环作用、机械载荷压力和离心力等作用,以及残余应力和腐蚀介质的作用等等。因此,叶片的损伤是由上述因素的综合作用所决定的。另外,也应注意到,定向结晶和单晶高温叶片材料的各向异性的性质,亦即材料有不同的线热膨胀系数,会引起第二类热应力。

理论和实践表明,许多含裂纹构件仍能在规定载荷下继续工作到下一次检修。如果发现构件出现裂纹,就不加区别地予以报废,这是很大的浪费。为了既保证构件安全可靠,又能充分利用其固有寿命,航空领域对一些关键件引入了损伤容限定寿设计方法。损伤容限定寿要求构件出现首条裂纹后,仍能在原定载荷下工作到下一次检修,但在这段时间内,裂纹不应扩展到临界尺寸致使构件失效。为保证构件安全可靠使用,通常在裂纹扩展期间需进行无损检查。检查间隔不应大于裂纹扩展寿命,为了提高安全裕度,在裂纹扩展到失效前,应有多次检查。检查次数的选取,随国家和制造商而不同。如果检查间隔已确定为一个翻修期限,则可相应确定容许的裂纹尺寸。当构件的实测裂纹尺寸 $a<[a]$ 时,可以继续正常使用构件;否则,应将构件予以修理或报废。

损伤容限定寿有两个优点,首先是安全可靠性高。由于容许的裂纹尺寸 $[a]$ 比构件的初始裂纹尺寸大,容易被检测出来,而且在裂纹扩展到失效前尚有 2 次以上检查机会,如第一次漏检,还允许在第二次检查时查出;其次是经济性好,因为同一批构件在工作中的裂纹扩展快慢不同,故扩展到 $[a]$ 值的寿命也不同,但都比按低周应变疲劳定寿确定的疲劳寿命长得多,有利于挖掘使用寿命的潜力。

但损伤容限定寿方法应用于承受应力较大和振动影响较大的构件时要

特别慎重,因为振动影响较大的构件,其裂纹扩展通常较快。

10.4.1　材料的 $S\text{-}N$ 曲线和疲劳极限

1. $S\text{-}N$ 曲线的意义和表达式[3]

材料在疲劳失效以前所经历的应力或应变循环次数称为疲劳寿命,一般用 N 表示。试样的疲劳寿命取决于材料本身的性质和施加的应力水平。一般来说,材料的强度极限越高,外加的应力水平越低,试样的疲劳寿命越高;反之疲劳寿命越低。表示这种外加应力水平和标准试样疲劳寿命之间关系的曲线称为材料的 $S\text{-}N$ 曲线,简称 $S\text{-}N$ 曲线。某金属材料的 $S\text{-}N$ 曲线见图 $10-21$。

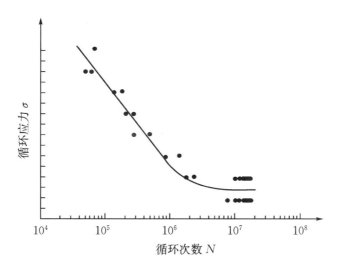

图 $10-21$　某金属材料的 $S\text{-}N$ 曲线

$S\text{-}N$ 曲线的左支常用如下形式的公式表示

$$\sigma^m N = C \tag{10-9}$$

式中,m 和 C 均为材料常数,由实验得到。

将上式两边取对数,得到

$$m\lg\sigma + \lg N = \lg C \tag{10-10}$$

可见,上式相当于 $S\text{-}N$ 曲线的左支在双对数坐标上为直线,$1/m$ 为 $S\text{-}N$ 曲线的负斜率。

2. 材料 *P-S-N* 曲线[3]

由于金属是多晶体,各个晶粒的位向和性质及其所受的应力都各不相同,而疲劳破坏是在应力最大的薄弱晶粒或缺陷处起始,不像静载破坏那样在破坏以前有一个应力重新分配的宏观塑性变形过程,因此结构或材料的疲劳性质受很多随机因素影响,有很大的离散性。这是材料疲劳性质与静强度性质间的一个重要差别。一般来说,高强度钢疲劳试验数据的离散性比低强度钢大,小试样的离散性比大试样大。而疲劳寿命的离散性又远较疲劳强度的离散性大。例如:应力水平有 3% 的误差,可使疲劳寿命有 60% 的误差。而对于疲劳寿命来说,则应力水平愈高,离散性愈小;应力水平愈接近疲劳极限,离散性愈大。

由于疲劳试验数据的离散性,所以试样的疲劳寿命与应力水平间的关系,并不是一一对应的单值关系,而是与存活率有密切关系。用常规方法作出的 *S-N* 曲线,只能代表中值疲劳寿命与应力水平间的关系。疲劳性能的分散,可以用概率密度曲线即 *P-S-N* 曲线来表示。许多研究表明,多数材料当寿命恒定时,材料的疲劳极限服从正态分布和对数正态分布。当应力恒定时,在 $N < 10^6$ 时,疲劳服从正态分布和对数正态分布;在 $N > 10^6$ 时,疲劳服从威布尔分布。

利用对数正态分布或威布尔分布求出不同应力水平下的 *P-N* 曲线以后,将相同存活率下的数据点分别相连,即可得出一簇 *S-N* 曲线,其中的每条曲线分别代表某一存活率下的应力-寿命关系。这种以应力为纵坐标,以存活率的疲劳寿命为横坐标,所绘出的一簇存活率-应力-寿命曲线称为 *P-S-N* 曲线,见图 10-22。在进行疲劳设计时,即可根据所需的存活率,利用与其对应的 *S-N* 曲线进行设计。

3. 材料疲劳极限

疲劳曲线有明显的渐近性质,即 *S-N* 曲线存在水平部分,表示金属材料的试样承受次数无限的应力循环而不发生破坏,此时最大应力表示试样对称循环时的疲劳极限。结构钢 *S-N* 曲线的转折点一般都在 10^7 以前,因此,一般认为结构钢试样只要经过 10^7 循环不破坏,就可以承受无限次循环而永不破坏。

对于在室温情况下的结构钢来说,相应于循环次数为 $10^7 \sim 10^8$ 的应力值,通常就认为是疲劳极限。但不是真正的疲劳极限,称为条件疲劳极限。这时的失效循环数称为循环基数。目前,对于循环基数取为 10^7 次循环时,可

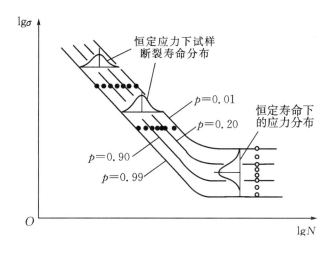

图 10-22　P-S-N 曲线示例

以不特别注明。也就是说未注明循环基数时,意味着循环基数为 10^7 次循环。

材料的疲劳极限随加载方式和应力比而异。因此决定材料疲劳强度的是应力幅值 σ_a,一般均以对称循环下的疲劳极限作为材料的基本疲劳极限。材料的对称弯曲疲劳极限用 σ_{-1} 表示,对称拉压疲劳极限用 σ_{-1t},对称扭转疲劳极限用 τ_{-1} 表示。符号中的下标 -1 表示应力比为 -1(最小应力除以最大应力,平均应力为"0")。因为三者中对称弯曲疲劳试验最方便,所以一般都以对称弯曲疲劳极限来表征材料的基本疲劳性能。许多手册中给出的材料疲劳性能数据往往只限于对称弯曲疲劳极限 σ_{-1}。

材料的对称弯曲疲劳极限 σ_{-1} 一般用直径为 $6\sim10\text{mm}$ 的标准试样。对于钢试样,由于 S-N 曲线的转折点一般在 10^7 次循环以前,只要 10^7 次循环试样不破坏,则以后就不再破坏。因此一般进行到 10^7 次循环。这一预定的循环次数称为试验基数或循环基数。测量疲劳极限可使用常规法、升降法或步进法。升降法又分为小子样升降法和大子样升降法。

10.4.2　材料应变寿命曲线

材料的应变寿命关系曲线(ε-N 曲线)是表示构件循环失效寿命与应变幅值之间的关系曲线。通常循环失效寿命指致裂寿命。它是疲劳损伤分析的重要数据,如图 10-23 所示。图 10-23 是 2Cr13 叶片钢的应变寿命曲线[5],该曲线是 5 个试样在总变幅为 0.0016,0.0035,0.005,0.006,0.007 下做出的。

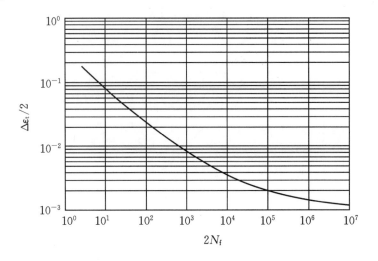

图 10 - 23   2Cr13 叶片钢的应变寿命曲线

由低周疲劳试验得到的应变寿命试验数据通常可以拟合成 Mason-Coffin 公式的形式来表示

$$\frac{\Delta\varepsilon}{2} = \frac{\sigma'_f}{E}(2N_f)^b + \varepsilon'_f(2N_f)^c \qquad (10 - 11)$$

式中,b 和 c 是和斜率有关的材料常数,称为疲劳强度指数和疲劳延性指数;σ'_f 和 ε'_f 分别为材料的疲劳强度系数和疲劳延性系数;N_f 为致裂周次。

式(10 - 11)右端的第 1 项和第 2 项分别为弹性应变和塑性应变分量。

考虑到平均应力对疲劳寿命的影响,对 Mason-Coffin 公式进行修改,得到 Morrow 公式为

$$\frac{\Delta\varepsilon}{2} = \frac{\sigma'_f - \sigma_m}{E}(2N_f)^b + \varepsilon'_f(2N_f)^c \qquad (10 - 12)$$

式中,σ_m 为平均应力。

根据上述方法,对 2Cr13 叶片钢应变寿命曲线进行拟合,得到其 Mason-Coffin 公式为

$$\frac{\Delta\varepsilon}{2} = \frac{849.25}{E}(2N_f)^{-0.0702} + \varepsilon'_f(2N_f)^{-0.561} \qquad (10 - 13)$$

10.5　叶片疲劳寿命的估算方法及应用

10.5.1　叶片疲劳寿命的估算方法

叶片是燃气轮机、汽轮机等透平机械的关键部件,叶片事故是造成机组强迫停机的主要原因之一。因此,叶片强度和振动的研究受到国内外各大制造商和研究机构的重视。Campbell 图主要评价了叶片的固有频率是否与激振频率相等,Safe 图除了评价叶片的固有频率是否与激振频率相等外,也考虑了主振型是否和激振力形状一致。但都没有考虑动应力的大小和循环次数的关系。Goodman 图考虑了叶片所受的稳态应力和交变应力,但对寿命评价不够直观。

寿命评价的方法能较好地反映影响叶片动应力的因素、叶片的表面状态、尺寸以及微动磨损等参数对叶片服役寿命的影响,还反映工质中包含的有害物质造成的腐蚀和侵蚀等对叶片服役寿命的影响。在设计阶段通过寿命评估,可以及时发现影响寿命的关键因素,提高叶片的服役安全性。对已使用的叶片进行寿命评估,可以帮助预估叶片预期使用寿命和检修周期。

影响叶片疲劳寿命的核心是叶片在服役载荷作用下的稳态应力和交变应力以及材料疲劳特性,在设计阶段如果疲劳寿命不能满足设计要求,需改变叶片结构,或者重新选用材料。叶片寿命评估所需做的工作如图 10-24 所示。

对于一般零件,条件疲劳极限是在疲劳曲线上循环基数为 10^7 次对应的应力,而叶片必须要取循环基数为 $10^{10} \sim 10^{11}$ 次,以某透平第 1 级叶片为例,其喷嘴数为 24,工作转速为 3600 r/min,因此,第 1 阶喷嘴激振力频率为 1440 Hz,叶片属于中短长度、小展弦比叶片,其固有频率在第 1 阶喷嘴激振力频率附近,因此叶片强迫振动频率为 1440 Hz,也即动应力循环频率为 1440 Hz。叶片承受 10^7 次循环应力只需 1.929 小时。因此,采用传统的估算高周疲劳寿命的应力-寿命曲线法无法满足叶片疲劳寿命估算的需要。

叶片疲劳断裂失效危害性极大,加上叶片所受的应力大,裂纹扩展速度快,因此,无论是在叶根、型线,还是围带或拉筋部分一旦出现裂纹,叶片就认为失效了。也就是说,叶片的疲劳寿命目前主要指裂纹的萌生寿命。

研究证明高低周疲劳在机理上是一致的,根据叶片所受高低周疲劳载荷

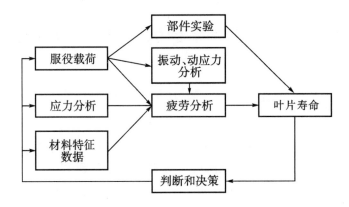

图 10-24　叶片疲劳寿命分析框架

的特点,可采用局部应变法估算叶片的疲劳寿命。在该方法中,采用了下列的算法和技术[6]:

(1)计算叶片的稳态应力、动态应力。

(2)用 Neuber 公式计算真实应力和应变。

一种近似方法 Neuber 法已被证明是确定真实应力应变的一种简便而有效的方法,Neuber 公式可以表示为

$$\Delta\sigma\Delta\varepsilon = \frac{(K_f \Delta S)^2}{E} \qquad (10-14)$$

式中,$\Delta\sigma$,$\Delta\varepsilon$,ΔS 和 E 分别为真实应力范围、真实应变范围、名义应力范围和材料的弹性模量;K_f 是疲劳缺口系数,反映了表面的不连续性,例如表面缺陷、加工的刀痕、腐蚀和侵蚀坑等引起的应力集中。它可以表示为

$$K_f = 1 + q(K_t - 1) \qquad (10-15)$$

式中,q 是缺口的敏感系数;K_t 是理论应力集中系数,依赖于几何形状。

为了确定真实的应力和应变,材料的单调应力应变关系式和在循环条件下的应力应变关系也是必须的。

(3)雨流计数法统计真实应力应变的循环数。

(4)改进的 Morrow 公式,来反映应变和寿命的关系,并考虑叶片尺寸、表面粗糙度、腐蚀、表面硬化状态和微动磨损等参数对疲劳寿命的影响。

(5)Miner 法则,用以累计叶片的疲劳损伤。

为了方便求解交变应力,可先求出共振应力,然后利用下式求出非共振情况下的应力

$$\sigma_d = \frac{2\zeta\sigma_r}{\sqrt{(1-\lambda^2)^2 + (2\zeta\lambda)^2}} \qquad (10-16)$$

式中, σ_r 为共振应力; λ 为频率比; ζ 为阻尼比。

10.5.2　Morrow 公式的改进及相关参数的选取

应变寿命曲线通常是从低周疲劳实验得到的, 没有考虑表面的状态、尺寸、腐蚀环境等因素的影响, 然而这些因素对高周疲劳的影响是不能忽视的, 因此, 当应变寿命曲线用到高周疲劳时, 就会有较大的误差。这里引入一种方法来修正 Morrow 公式, 以使应变疲劳寿命曲线能合理用到受高周复合疲劳载荷的构件[6]。

原始弹性线如图 10-25 中线 3 所示, B 点为疲劳极限, 其纵坐标为 σ_{-1}/E。当考虑表面状态、尺寸、腐蚀坏境等对疲劳强度的影响时, 疲劳极限就从 B 点下降到 C 点, C 点的纵坐标为修正后的疲劳极限 $k\sigma_{-1}/E$。 A 点代表单调载荷点, 表面加工及尺寸对它没有影响, 在 A 点 $2N_0=1$, 纵坐标 $(\sigma'_f-\sigma_m)/E$。连接 A 点和 C 点, 可以获得修正后的弹性线, 其斜率为

$$b' = \frac{\lg\left(\dfrac{k\sigma_{-1}}{E}\right)-\lg\left(\dfrac{\sigma'_f-\sigma_m}{E}\right)}{\lg(2N_0)} = \frac{\lg(k\sigma_{-1})-\lg(\sigma'_f-\sigma_m)}{\lg(2N_0)} \quad (10-17)$$

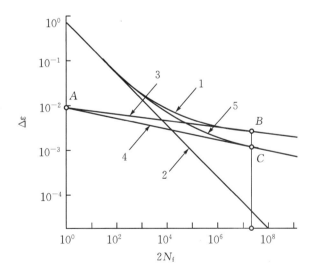

图 10-25　叶片材料的应变寿命曲线

1—修正前的应变寿命曲线；2—塑性线；3—弹性线；

4—修正后的弹性线；5—修正后应变寿命曲线

原始弹性线的斜率为

$$b = \frac{\lg\left(\frac{\sigma_{-1}}{E}\right) - \lg\left(\frac{\sigma'_f - \sigma_m}{E}\right)}{\lg(2N_0)} = \frac{\lg(\sigma_{-1}) - \lg(\sigma'_f - \sigma_m)}{\lg(2N_0)} \quad (10-18)$$

将式(10-18)代入式(10-17),新的弹性线的斜率为

$$b' = \frac{\lg(k\sigma_{-1}) - \lg(\sigma'_f - \sigma_m)}{\lg(\sigma_{-1}) - \lg(\sigma'_f - \sigma_m)} b \quad (10-19)$$

式中,k 为综合影响系数,$k = \varepsilon_d \beta_1 \beta_2 \beta_3 \beta_4$。

ε_d 为尺寸系数,随着叶片尺寸的增加,疲劳强度降低,对于受弯曲和扭转载荷,推荐值为[4]

$$\varepsilon_d = \begin{cases} 1.00 & \text{当} \quad d \leqslant 7.6\text{mm} \\ 0.85 & \text{当} \quad 7.6 < d \leqslant 50\text{mm} \\ 0.75 & \text{当} \quad d > 50\text{mm} \end{cases} \quad (10-20)$$

式中,d 为叶型或叶根的宽度。

β_1 表示表面粗糙度系数[4],表面粗糙度的增加将降低叶片的疲劳强度,对于锻造的叶片,粗糙度系数可以选为 0.95;对于一个精车的表面,粗糙度系数可以选为 0.93;对于一个磨光的表面,粗糙度系数加工可以选为 1.02;对于氧化表面可选 0.76。

β_2 为腐蚀系数[4],它依赖于工质的状态,对于蒸汽大约为 0.5 到 1.0,叶片工作于过渡区取为 0.5;湿气区取为 0.8;过热区取为 1.0。

β_3 为表面硬化系数[4],增加表面强度将提高疲劳强度,β_3 的值可取为 1.1 至 1.2。

β_4 为微动磨损疲劳系数[4],当两个零件的接触疲劳表面之间存在法向压力并做小幅度的相对滑动时,由于机械的和化学的联合作用,会产生包括微动疲劳、微动磨损以及微动腐蚀造成在微动损伤,研究表明微动磨损能够降低疲劳强度百分之 5 至 10,β_4 可以取为 0.9 到 0.95。

10.5.3 某叶片疲劳寿命估算及相关参数对叶片疲劳寿命影响的量化分析[7]

某机组 680 mm 叶片,额定运行转速为 3000 r/min,转速的波动范围为 2940 r/min 至 3030 r/min,工作温度为 50 ℃,假设每年大约运行 7200 小时,其中在 3000 r/min 运行 7150 小时,在 2989.2 r/min 运行 50 小时,每年有 24 次起停和 2 次 110% 转速的超速试验。

叶片材料为 2Cr13，疲劳寿命曲线有关的参数为：$\sigma'_f = 849.25$ MPa，$\varepsilon'_f = 0.295$，$b = -0.0702$，$c = -0.561$。循环应力应变特性曲线有关的参数为：$K' = 1089.15$ MPa，$n' = 0.138$。疲劳极限为 $\sigma_{-1} = 363$ MPa。

采用三维有限元法计算出固有频率如表 10 - 1 所示，而后计算出其强迫振动响应和动应力。对稳态应力和动态应力计算结果分析发现，在叶片出汽边距叶型底部 50～150 mm 内有一个应力较大区域。图 10 - 26 是在共振情况下最大应力点的等效应力和时间关系曲线。

表 10 - 1　叶片固有频率

模态阶序	1	2	3	4
0 r/min 时，固有频率/Hz	94.8	218.8	398.6	403.4
3000 r/min 时，固有频率/Hz	122.9	249.1	410.6	430.5
振型	1 阶切向弯曲为主	1 阶轴向弯曲为主	1 阶扭转为主	2 阶切向弯曲为主

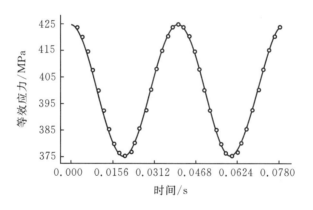

图 10 - 26　叶片最大应力点的瞬态等效应力曲线

1. 激振力因子和阻尼对疲劳寿命的影响

激振力因子定义为非稳态气流力和稳态气流力的比。根据该叶片的情况，尺寸因子取为 0.85，表面硬化系数取为 1.0，表面粗糙度取为 1.0，其运行在湿蒸汽区，腐蚀系数选为 0.65。计算出叶片在不同激振条件、不同阻尼比的情况下的疲劳寿命如表 10 - 2 所示。

表 10-2　叶片在不同激振力和阻尼条件下疲劳寿命　　单位：年

激振力因子	0.03	0.045	0.06
叶片疲劳寿命,阻尼比为:0.002	485.6	24.3	2.56
叶片疲劳寿命,阻尼比为:0.003	/	163.21	18.61

2. 频率比对疲劳损伤的影响

由于制造、安装和材料的处理等原因会造成叶片固有频率的分散性,同时,叶片的转速也不总是一个定值。计算出激振力因子为 0.03,阻尼比为 0.002 的前提下,在不同的频率比下叶片每振动周期的疲劳损伤情况如表 10-3 所示。可见,疲劳损伤对频率比非常敏感。

表 10-3　不同频率比下叶片在每振动周期的疲劳损伤

频率比	每振动周期的疲劳损伤	频率比	每振动周期的疲劳损伤	频率比	每振动周期的疲劳损伤
0.96	$<0.1\times10^{-19}$	0.998	0.10922×10^{-11}	1.004	0.23616×10^{-13}
0.98	0.94991×10^{-19}	0.999	0.73988×10^{-11}	1.01	0.24015×10^{-16}
0.99	0.26230×10^{-16}	1	0.18182×10^{-10}	1.02	0.79134×10^{-19}
0.994	0.13913×10^{-14}	1.001	0.73039×10^{-11}	1.04	$<0.1\times10^{-19}$
0.9964	0.48669×10^{-13}	1.002	0.10596×10^{-11}		

3. 疲劳缺口系数对疲劳寿命的影响

在激振力因子为 0.045,阻尼比为 0.002 的前提下,计算出不同疲劳缺口系数下叶片疲劳寿命如表 10-4。

表 10-4　疲劳缺口系数对叶片疲劳寿命的影响

疲劳缺口系数	1.0	1.31	1.5	1.6
疲劳寿命/年	163.21	7.24	1.55	0.75

4. 腐蚀系数对疲劳寿命的影响

在激振力因子为 0.045,阻尼比为 0.002 前提下,计算出腐蚀系数对叶片疲劳寿命的影响如表 10-5 所示。

表 10-5　腐蚀系数对叶片疲劳寿命的影响

腐蚀系数	0.5	0.65	0.8
疲劳寿命/年	0.65	24.3	971

5. 表面硬化系数对疲劳损伤的影响

在激振力因子为 0.045, 阻尼比为 0.002 前提下, 计算出表面硬化系数对疲劳寿命的影响如表 10-6 所示。

表 10-6　表面硬化系数对疲劳寿命的影响

表面硬化系数	1	1.1	1.2
疲劳寿命/年	24.3	125.3	614.03

由表 10-2 至表 10-6 可以看到, 激振力因子、阻尼比、频率比、疲劳缺口系数、腐蚀和表面硬化对叶片疲劳寿命有很大影响, 这些参数的微小差异会导致叶片疲劳寿命的巨大变化, 如阻尼增加 50%, 叶片的疲劳寿命增加近 7 倍; 激振力因子增加 50%, 叶片的疲劳寿命缩短近 10 倍; 在共振点的附近频率比的 1% 的偏移将使叶片的疲劳损伤减小上万倍。

10.6　基于能量法的三重点共振理论

10.6.1　旋转对称结构三重点共振理论的能量法

在透平机械中, 由于喷嘴叶栅出口存在厚度等结构因素, 以及隔板中分面处喷嘴结合不良等制造安装偏差因素, 沿流道的周向总是不可避免地存在着压力波动。当叶轮旋转时, 由于压力的波动, 叶轮上的成圈叶片将承受周期性变化的气流力作用。这些周期性的力可以分解为许多谐波, 其频率为转子旋转角速度的整倍数。将周期性的气流激振力沿圆周方向按傅里叶级数展开, 作用在叶片上的激振力可写为

$$P(t) = \bar{P} + \sum_{K=1}^{\infty} \bar{P}_K \sin K(\omega t - \varphi_K) \tag{10-21}$$

式中, $\bar{P}$ 为作用在叶片上的气流力按时间的平均值; ω 为转子旋转角速度; K 为激振力阶次; $\bar{P}_K$ 为第 K 阶激振力幅值; φ_K 为第 K 阶激振力相位角。

对于旋转对称的圆盘, 叶轮上从某一参考半径算起的角度 θ 位置受到激

振力的第 K 阶谐波，该谐波可表示成

$$P_K(\theta,t) = \bar{P}_K \sin K(\omega t - \varphi_K + \theta) \tag{10-22}$$

若将参考半径顺时针转动角度 φ_K，激振力就可简写为

$$P_K(\theta,t) = \bar{P}_K \sin K(\omega t + \theta) \tag{10-23}$$

整圈叶片节径数为 n 的某一阶固有频率为 ω_n 的振动位移可表示为

$$X_n(\theta,t) = -A_n \cos(\omega_n t + n\theta) \tag{10-24}$$

激振力对旋转对称结构在一个振动周期内所做的功为[8,9]

$$W = \int_0^{2\pi} \int_0^T P_K(\theta,t) \frac{\partial}{\partial t} X_n(\theta,t) \mathrm{d}t \mathrm{d}\theta \tag{10-25}$$

将激振力和主振型代入式(10-25)，得到

$$
\begin{aligned}
W &= \int_0^{2\pi} \int_0^T \bar{P}_K \sin K(\omega t + \theta) \omega_n A_n \sin(\omega_n t + n\theta) \mathrm{d}t \mathrm{d}\theta \\
&= -\frac{1}{2} \bar{P}_K \omega_n A_n \int_0^{2\pi} \int_0^T \Big\{ \cos[(K\omega + \omega_n)t + (K+n)\theta] \\
&\quad - \cos[(K\omega - \omega_n)t + (K-n)\theta] \Big\} \mathrm{d}t \mathrm{d}\theta
\end{aligned} \tag{10-26}
$$

(1)当 $\omega_n = K\omega$ 且 $n = K$ 时

$$W = -\frac{1}{2} \bar{P}_K \omega_n A_n \int_0^{2\pi} \int_0^T [\cos(2\omega_n t + 2n\theta) - 1] \mathrm{d}t \mathrm{d}\theta = 2\pi^2 p_K A_n \tag{10-27}$$

(2)当 $n \neq \pm K$ 时

$$
\begin{aligned}
W &= -\frac{1}{2} \bar{P}_K \omega_n A_n \int_0^T \Big\{ \frac{1}{K+n} \sin[(K\omega + \omega_n)t + 2\pi(K+n)] \\
&\quad - \frac{1}{K+n} \sin(K\omega + \omega_n)t - \frac{1}{K-n} \sin[(K\omega - \omega_n)t + 2\pi(K-n)] \\
&\quad + \frac{1}{K-n} \sin(K\omega - \omega_n)t \Big\} \mathrm{d}t = 0
\end{aligned} \tag{10-28}
$$

(3)当 $\omega_n \neq K\omega$ 时

$$
\begin{aligned}
W &= -\frac{1}{2} \bar{P}_K \omega_n A_n \int_0^T \Big\{ \frac{1}{K\omega + \omega_n} \sin[(K\omega + \omega_n)T + (K+n)\theta] \\
&\quad - \frac{1}{K\omega + \omega_n} \sin(K+n)\theta - \frac{1}{K\omega - \omega_n} \sin[(K\omega - \omega_n)T + (K-n)\theta] \\
&\quad + \frac{1}{K\omega - \omega_n} \sin(K-n)\theta \Big\} \mathrm{d}\theta = 0
\end{aligned} \tag{10-29}
$$

旋转对称结构能否共振就看激振力能否对系统做正功，即能否向叶片组输入能量。从推导看出，激振力对成圈叶片在一周期内所做的功为

$$W = \begin{cases} 2\pi^2 \overline{P}_K A_n, & \omega_n = K\omega \quad \text{且} \quad K = n \\ 0, & \omega_n \neq K\omega \quad \text{或} \quad K \neq n \end{cases} \qquad (10-30)$$

因此可以看到旋转对称结构共振必须满足以下两个条件。

(1)节径数为 n 的振型的固有频率 ω_n 等于激振力第 K 阶谐波的频率 $K\omega$,即

$$\omega_n = K\omega \qquad (10-31(a))$$

(2)节径数 n 等于激振力谐波数 K,即

$$n = K \qquad (10-31(b))$$

总之,旋转对称圆盘共振的条件可归结为一个公式:

$$\frac{\omega_n}{\omega} = K = n \qquad (10-32)$$

当且仅当 $\omega_n/\omega = K = n$ 时,旋转对称结构才会发生剧烈的振动,这种三个数值相等的情况就称为"三重点状态"。该"三重点"共振理论可作为成圈叶片振动设计准则[10]。应该注意该结论是从旋转对称结构得到的。

10.6.2　基于能量法的周期旋转对称结构的三重点共振理论

实际上成圈叶片不是理想的旋转对称结构,而是周期旋转对称结构。整个叶盘受到的激振力的第 K 阶谐波分量简化到每只叶片上的集中力为 $P_K^1(\theta_1,t)$、$P_K^2(\theta_2,t)$、$\cdots$、$P_K^N(\theta_N,t)$,上标表示是第几只叶片,下标表示激振力阶次。

整圈叶片的节径数为 n,固有频率为 ω_n 的振型,可表示为

$$X_n(\theta,t) = -A_n\cos(\omega_n t + n\theta) \qquad (10-33)$$

第 K 阶激振力对整圈叶片在一个周期内所做的功为

$$W = \sum_{i=1}^{N} \int_0^T P_K^i(\theta,t)\,\frac{\partial}{\mathrm{d}t} X_n^i(\theta,t)\mathrm{d}t \qquad (10-34)$$

式中,$X_n^i(\theta,t)$ 为第 i 只叶片的振动位移;N 为成圈叶片的叶片个数。

假设叶片只数为无限多,叶片之间距离为无限小,上式中的求和即可变换为求积

$$W = \frac{N}{2\pi}\int_0^{2\pi}\int_0^T P_K^i(\theta,t)\,\frac{\partial}{\mathrm{d}t} X_n^i(\theta,t) \cdot \mathrm{d}\theta\mathrm{d}t \qquad (10-35)$$

为了方便,后面推导中,取消了激振力的上标。式(10-35)展开得到

$$W = \frac{N}{2\pi}\int_0^{2\pi}\int_0^T P_K(\theta,t)\frac{\partial}{\partial t}[-A_n\cos(\omega_n t + n\theta)]\mathrm{d}t\mathrm{d}\theta$$

$$= \frac{N}{2\pi}\int_0^{2\pi}\int_0^T \bar{P}_K\sin K(\omega t + \theta)\omega_n A_n\sin(\omega_n t + n\theta)\mathrm{d}t\mathrm{d}\theta$$

$$= \frac{N}{4\pi}\bar{P}_K\omega_n A_n\int_0^{2\pi}\int_0^T\Big\{\cos[(K\omega + \omega_n)t + (K+n)\theta]$$

$$- \cos[(K\omega - \omega_n)t + (K-n)\theta]\Big\}\mathrm{d}t\mathrm{d}\theta \qquad (10-36)$$

(1)当 $\omega_n = K\omega$ 且 $n = K$ 时

$$W = \frac{N}{4\pi}\bar{P}_K\omega_n A_n\int_0^{2\pi}\int_0^T[\cos(2\omega_n t + 2n\theta) - 1]\mathrm{d}t\mathrm{d}\theta = \pi N\bar{P}_K A_n \qquad (10-37)$$

(2)当 $n \neq \pm K$ 时

$$W = -\frac{N}{4\pi}\bar{P}_K\omega_n A_n\int_0^T\Big\{\frac{1}{K+n}\sin[(K\omega + \omega_n)t + 2\pi(K+n)]$$

$$- \frac{1}{K+n}\sin(K\omega + \omega_n)t - \frac{1}{K-n}\sin[(K\omega - \omega_n)t + 2\pi(K-n)]$$

$$+ \frac{1}{K-n}\sin(K\omega - \omega_n)t\Big\}\mathrm{d}t$$

$$= -\frac{N}{4\pi}\bar{P}_K\omega_n A_n\int_0^T\Big\{\frac{1}{K+n}\sin(K\omega + \omega_n)t - \frac{1}{K+n}\sin(K\omega + \omega_n)t$$

$$- \frac{1}{K-n}\sin(K\omega - \omega_n)t + \frac{1}{K-n}\sin(K\omega - \omega_n)t\Big\}\mathrm{d}t = 0 \qquad (10-38)$$

(3)当 $\omega_n \neq K\omega$ 时

$$W = -\frac{N}{4\pi}\bar{P}_K\omega_n A_n\int_0^{2\pi}\int_0^T\Big\{\cos[(K\omega + \omega_n)t + (K+n)\theta]$$

$$- \cos[(K\omega - \omega_n)t + (K-n)\theta]\Big\}\mathrm{d}t\mathrm{d}\theta$$

$$= -\frac{N}{4\pi}P_k\omega_n A_n\int_0^T\Big\{\frac{1}{K\omega + \omega_n}\sin[(K\omega + \omega_n)T + (K+n)\theta]$$

$$- \frac{1}{K\omega + \omega_n}\sin(K+n)\theta - \frac{1}{K\omega - \omega_n}\sin[(K\omega - \omega_n)T + (K-n)\theta]$$

$$+ \frac{1}{K\omega - \omega_n}\sin(K-n)\theta\Big\}\mathrm{d}\theta = 0 \qquad (10-39)$$

同样,对于周期旋转对称结构或者成圈叶片,是否共振,也要看激振力能否做正功,即能否向叶片组输入能量。根据推导,激振力对振动的成圈叶片在一周期内所做的功为

$$W = \begin{cases} \pi N\bar{P}_k A_n, & \omega_n = K\omega \quad 且 \quad K = n \\ 0, & \omega_n \neq K\omega \quad 或 \quad K \neq n \end{cases} \qquad (10-40)$$

由于 n 和 K 都为自然数,成圈结构叶片共振的条件可以归结为一个公式

$$\frac{\omega_n}{\omega} = K = n \tag{10-41}$$

只有在这三个量重合时,激振力才会向整圈叶片输入能量,因此这一共振条件称为"三重点"共振准则。在该推导过程,假设叶片数无穷多。因此,使用该理论时要加以注意。

10.6.3 考虑动叶片数影响后周期旋转对称结构共振理论

考虑有 N 只相同叶片组成的叶盘,叶盘可以在轴向产生位移,叶片可以在轴向和切向产生位移。假设受到一个以角速度 Ω 旋转的集中力作用,若力作用在叶片上,那么实际作用的力大小等于外力;若力作用在两个相邻叶片中间时,实际作用的力达到最小值。因此,力的效应会随力作用位置变化,实际作用力是随角度改变的函数 $F(\theta)$。对于叶盘来说,函数主要特征如图 10-27所示,可以分解成傅里叶级数

$$F(\theta) = \sum_{i=0}^{\infty} F_i \cos iN\theta \tag{10-42}$$

式中,系数 F_i 由 $F(\theta)$ 的实际形状决定。对于轮盘来说 F_0, F_1, F_2 通常是较大的。

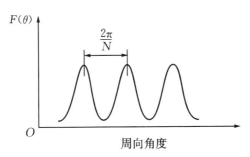

图 10-27 叶片轮盘在集中力作用下的函数 $F(\theta)$ 分布图

考虑叶片的影响后,作用在叶片上的激振力的第 K 阶谐波解析式为

$$f(\theta, t) = F(\theta) \sum_{K=1}^{\infty} \bar{P}_K \sin K(\omega t + \theta) \tag{10-43}$$

这里 $F(\theta)$ 是周期函数且周期与结构的周期相同。特别注意,$f(\theta, t)$ 是力分布 $f(r, \theta, t)$ 在直径方向上积分得到的。

将 $F(\theta)$ 展开,得到叶片排上受力的解析式为

$$f(\theta,t) = \sum_{i=0}^{\infty} F_i \cos iN\theta \cdot \sum_{K=1}^{\infty} \overline{P}_K \sin K(\omega t + \theta)$$

因此,考虑动叶影响的第 i 次系数后,激振力第 K 阶谐波为

$$P_K(\theta,t) = \overline{P}_K F_i \sin K(\omega t + \theta)\cos iN\theta \qquad (10-44)$$

激振力对整圈叶片在一个振动周期内所做的功为

$$W = \sum_{i=1}^{N} \int_0^T P_K(\theta,t)\frac{\partial}{\partial t}X_n(\theta,t)\mathrm{d}t \qquad (10-45)$$

当叶片数较多、叶片之间距离较小时,上式求和转为求积。

$$\begin{aligned}
W &= \frac{N}{2\pi}\int_0^{2\pi}\int_0^T P_K(\theta,t)\frac{\partial}{\partial t}X_n(\theta,t)\mathrm{d}t\mathrm{d}\theta \\
&= \frac{N}{2\pi}\int_0^{2\pi}\int_0^T F_i\overline{P}_K \sin K(\omega t + \theta)\cos iN\theta (A_n\omega_n \sin\omega_n t \cos n\theta \\
&\quad + A_n\omega_n \cos\omega_n t \sin n\theta)\mathrm{d}t\mathrm{d}\theta \\
&= \frac{N\omega_n\overline{P}_K}{2\pi}F_i\int_0^{2\pi}\int_0^T \sin K(\omega t + \theta)\cos iN\theta (A_n \sin\omega_n t \cos n\theta \\
&\quad + A_n\cos\omega_n t \sin n\theta)\mathrm{d}t\mathrm{d}\theta \\
&= W_1 + W_2 \qquad (10-46)
\end{aligned}$$

由积化和差得到:

$$\begin{aligned}
W_1 &= \frac{N\omega_n\overline{P}_K}{16\pi}\int_0^{2\pi}\int_0^T A_n[\cos(K\omega t + K\theta + iN\theta - \omega_n t - n\theta) \\
&\quad - \cos(K\omega t + K\theta + iN\theta + \omega_n t + n\theta) \\
&\quad + \cos(K\omega t + K\theta - iN\theta - \omega_n t - n\theta) - \cos(K\omega t + K\theta - iN\theta + \omega_n t + n\theta) \\
&\quad + \cos(K\omega t + K\theta + iN\theta - \omega_n t + n\theta) - \cos(K\omega t + K\theta + iN\theta + \omega_n t - n\theta) \\
&\quad + \cos(k\omega t + k\theta - iN\theta - \omega_n t + n\theta) \\
&\quad - \cos(k\omega t + k\theta - iN\theta + \omega_n t - n\theta)]\mathrm{d}t\mathrm{d}\theta \qquad (10-47)
\end{aligned}$$

$$\begin{aligned}
W_2 &= \frac{N\omega_n\overline{P}_K F_i}{16\pi}\int_0^{2\pi}\int_0^T A_n[\cos(K\omega t + K\theta + iN\theta - \omega_n t - n\theta) \\
&\quad - \cos(K\omega t + K\theta + iN\theta + \omega_n t + n\theta) + \cos(K\omega t + K\theta - iN\theta - \omega_n t - n\theta) \\
&\quad - \cos(K\omega t + K\theta - iN\theta + \omega_n t + n\theta) + \cos(K\omega t + K\theta + iN\theta + \omega_n t - n\theta) \\
&\quad - \cos(K\omega t + K\theta + iN\theta - \omega_n t + n\theta) + \cos(K\omega t + K\theta - iN\theta + \omega_n t - n\theta) \\
&\quad - \cos(K\omega t + K\theta - iN\theta - \omega_n t + n\theta)]\mathrm{d}t\mathrm{d}\theta \qquad (10-48)
\end{aligned}$$

在 W_1 中系数的各项,只有当 $K\omega = \omega_n$,且 $K = iN + n$,或者 $K\omega = \omega_n$ 且 $K = iN - n$ 时,$W_1 \neq 0$;其它情况下,$W_1 = 0$。

在 W_2 中系数的各项,只有当 $K\omega = \omega_n$,且 $K = iN + n$,或者当 $K\omega = \omega_n$,且 $K = iN - n$ 时,$W_2 \neq 0$;其它情况下,$W_2 = 0$。

考虑物理意义：

(1)当 $K\omega=\omega_n$ 且 $K=iN+n$ 时

$$W = \pi N\overline{P}_K A_n F_i \qquad (10-49)$$

(2)当 $K\omega=\omega_n$ 且 $K=iN-n$ 时

$$W = \pi N\overline{P}_K A_n F_i \qquad (10-50)$$

(3)其它情况下 $W=0$。

综合起来，激振力对振动的叶盘在一周期内做的功为

$$W = \begin{cases} \pi N\overline{P}_K A_n F_i, & \omega_n = K\omega & \text{且} & K = iN+n \\ \pi N P_K A_n F_i, & \omega_n = K\omega & \text{且} & K = iN-n \\ 0, & \omega_n \neq K\omega & \text{或} & K \neq n \end{cases} \qquad (10-51)$$

由此可以得到整圈叶片的共振条件为

$$\frac{\omega_n}{\omega} = K = iN \pm n \qquad (10-52)$$

只有在这三个量重合的时候，激振力才会向整圈叶片输入能量，上述共振条件被称为"三重点"共振准则。该公式考虑了成圈叶片有间隔的影响。

对于整圈连接短叶片，可能产生由喷嘴激发的高频共振，此时高频激振力可以表示为

$$P_K(\theta,t) = \overline{P}_K \sin KZ_n(\omega t + \theta) F_i \cos iN\theta \qquad (10-53)$$

式中，Z_n 为当量喷嘴数；$K=1,2,3$。

与前面推导一样，可以得到共振的条件为

$$\frac{\omega_n}{\omega} = KZ_n = iN \pm n \qquad (10-54)$$

10.7　基于振动响应的成圈叶片三重点共振理论

10.7.1　旋转对称结构在旋转集中力作用下的振动响应

引入旋转对称结构振动所必要的基本方程，例如，研究圆盘的盘形振动，其位移是沿对称轴的方向。设圆盘轴向强迫振动方程为

$$M\frac{\partial^2 w(r,\theta,t)}{\partial t^2} + Kw(r,\theta,t) = f(r,\theta,t) \qquad (10-55)$$

集中轴向力 F，以角速度 ω 旋转，并作用在半径 R 处，旋转轴即是圆盘的对称轴。那么，作用在圆盘上力的分布表达式为

$$f(r,\theta,t) = F\delta(\theta - \omega t)\delta(r - R) \tag{10-56}$$

其中,δ 表示 Dirac 函数。

将圆盘轴向振动位移按正则振型展开为无穷级数

$$w(r,\theta,t) = \sum_{m=0}^{\infty}\sum_{n=0}^{\infty} w_{nm}(r)\left[p_{cnm}(t)\cos n\theta + p_{snm}(t)\sin n\theta\right] \tag{10-57}$$

式中,下标 m,n 分别表示节圆数和节径数;r 和 θ 是极坐标;$w_{nm}(r)$ 是 n 节径和 m 节圆下的振型;$p_{cnm}(t)$ 和 $p_{snm}(t)$ 是主坐标。

将式(10-57)带入式(10-55),得到

$$M\sum_{m=0}^{\infty}\sum_{n=0}^{\infty} w_{nm}(r)\left[\ddot{p}_{cnm}(t)\cos n\theta + \ddot{p}_{snm}(t)\sin n\theta\right] +$$

$$K\sum_{m=0}^{\infty}\sum_{n=0}^{\infty} w_{nm}(r)\left[p_{cnm}(t)\cos n\theta + p_{snm}(t)\sin n\theta\right] = f(r,\theta,t) \tag{10-58}$$

对上式两边乘以 $w_{nm}(r)\cos n\theta$,并在整个面上积分[11-14],得到

$$M_{nm}\ddot{p}_{cnm}(t) + M_{nm}\omega_{nm}^2 p_{cnm}(t) = \phi_{cnm}(t) \tag{10-59}$$

式中,M_{nm} 是相应特征函数的正则常数;ω_{nm} 为 m 节径和 n 节圆振型对应的固有频率;$\phi_{cnm}(t)$ 为广义力

$$\phi_{cnm}(t) = \int_{R_1}^{R_2}\int_0^{2\pi} f(r,\theta,t)w_{nm}(r)\cos n\theta r\,\mathrm{d}r\,\mathrm{d}\theta$$

$$= Rw_{nm}(R)F\cos n\omega t \tag{10-60}$$

对式(10-58)两边乘以 $w_{nm}(r)\sin n\theta$,并沿整个面上积分[11-14],得到

$$M_{nm}\ddot{p}_{snm}(t) + M_{nm}\omega_{nm}^2 p_{snm}(t) = \phi_{snm}(t) \tag{10-61}$$

式中,$\phi_{snm}(t)$ 为广义力

$$\phi_{snm}(t) = \int_{R_1}^{R_2}\int_0^{2\pi} f(r,\theta,t)w_{nm}(r)\sin n\theta r\,\mathrm{d}r\,\mathrm{d}\theta = Rw_{nm}(R)F\sin n\Omega t$$

$$\tag{10-62}$$

方程(10-59)的解为

$$p_{cnm}(t) = \frac{Rw_{nm}(R)}{M_{nm}}\frac{F}{\omega_{nm}^2 - n^2\omega^2}\cos n\omega t \tag{10-63}$$

方程(10-61)的解为

$$p_{snm}(t) = \frac{Rw_{nm}(R)}{M_{nm}}\frac{F}{\omega_{nm}^2 - n^2\omega^2}\sin n\omega t \tag{10-64}$$

方便起见,引入正则化的 $Rw_{nm}(R)/M_{nm}=1$,由方程(10-59)、式(10-61)的稳态解式(10-63)、(10-64),得到

$$w(r,\theta,t) = \sum_{m=0}^{\infty}\sum_{n=0}^{\infty} w_{nm}(r)\left[\frac{F\cos n\omega t}{\omega_{nm}^2 - (n\omega)^2}\cos n\theta + \frac{F\sin n\omega t}{\omega_{nm}^2 - (n\omega)^2}\sin n\theta\right]$$

$$= \sum_{m=0}^{\infty} \sum_{n=0}^{\infty} w_{nm}(r) \frac{F}{\omega_{nm}^2 - (n\omega)^2} \cos n(\theta - \omega t) \qquad (10-65)$$

从上式可以看出,具有不同节圆数 m 的模态可以分开考虑。因此,忽略 m 节圆的影响,而单独考虑 n 节径的模态。方程(10-65)可写为

$$w(\theta,t) = F \frac{1}{\omega_n^2 - (n\omega)^2} \cos n(\theta - \omega t) \qquad (10-66)$$

要注意,上式的解对于任意 m 节圆模态都成立。

如式(10-66),强迫振动响应具有行波特征,在固有频率附近振幅会被放大。这个结果通常会被画成 Campbell 图。由式(10-66)的分母,可以得到共振的条件为

$$\omega_n = n\omega \qquad (10-67)$$

即在旋转集中力作用下,当 n 节径固有频率等于 n 倍的转速时旋转对称圆盘会发生共振。

10.7.2　周期旋转对称结构在旋转集中力作用下的振动响应

周期性旋转对称结构一个重要的特点就是其固有模态振型在周向是简谐的,这与旋转对称结构的特点非常类似。因此,试将解决旋转对称结构振动特性的方法应用到周期性旋转对称结构上。

考虑有 N 个相同叶片组成的叶盘,叶盘可以在轴向产生位移,叶片可以在轴向和切向产生位移。在受到一个以角速度 ω 旋转的集中力作用时,若力作用在叶片上,那么实际作用的力的大小等于外力;若力作用在两个相邻叶片中间时,实际作用的力达到最小值。因此,力的效应会随力作用的位置变化。实际作用的力是随角度改变的函数。对叶盘来说,函数 $F(\theta)$ 主要特征如图 10-27 所示,分解的傅里叶级数见式(10-42)。其作用在叶片上的力解析式为

$$f(\theta,t) = F(\theta)\delta(\theta - \omega t) \qquad (10-68)$$

这里 $F(\theta)$ 是周期函数且周期与结构的周期相同。特别注意,$f(\theta,t)$ 是力分布 $f(r,\theta,t)$ 在直径方向上的积分。

因此,作用在叶片排上力的解析式为

$$f(\theta,t) = \sum_{i=0}^{\infty} F_i \cos iN\theta \delta(\theta - \omega t) \qquad (10-69)$$

得到 n 节径振型的广义力为

$$\phi_{cn}(t) = \int_0^{2\pi} \cos n\theta \Big[\sum_{i=0}^{\infty} F_i \cos iN\theta \delta(\theta - \omega t) \Big] d\theta$$

$$= \frac{1}{2} \sum_{i=0}^{\infty} F_i [\cos(iN + n)\omega t + \cos(iN - n)\omega t] \qquad (10-70)$$

$$\phi_{sn}(t) = \int_0^{2\pi} \sin n\theta \sum_{i=0}^{\infty} F_i \cos iN\theta \delta(\theta - \omega t) d\theta$$

$$= \frac{1}{2} \sum_{i=0}^{\infty} F_i [\sin(iN + n)\omega t - \sin(iN - n)\omega t] \qquad (10-71)$$

周期旋转对称结构受集中力作用,主坐标下的运动方程[11-14]为

$$\begin{cases} M_{nm} \ddot{p}_{cnm}(t) + M_{nm} \omega_{nm}^2 p_{cnm}(t) = \phi_{cnm} \\ M_{nm} \ddot{p}_{snm}(t) + M_{nm} \omega_{nm}^2 p_{snm}(t) = \phi_{snm} \end{cases} \qquad (10-72)$$

其中,M_{nm} 是相应特征函数的正则常数;ω_{nm} 为固有频率。引入正则化的 $R w_{nm}(R)/M_{nm} = 1$,求解方程(10-72),得到 n 节径振型下的稳态位移解为

$$w(\theta,t) = \frac{1}{2} \sum_{i=0}^{\infty} F_i \left\{ \frac{\cos[n\theta + (iN - n)\omega t]}{\omega_n^2 - [(iN - n)\omega]^2} + \frac{\cos[n\theta - (iN + n)\omega t]}{\omega_n^2 - [(iN + n)\omega]^2} \right\}$$

$$(10-73)$$

从式(10-73)的分母可以看到共振的条件为

$$\omega_n = (iN \pm n)\omega, \quad i = 0,1,2\cdots \qquad (10-74)$$

式中,i 为由周期子结构引起的气流不均谐波阶次,i 越大危害性越小,$i=0$,对应于旋转对称结构没有考虑动叶数的情况。

图 10-28 为 ZZENF 图,即表示在节径和频率图上的 Z 形的激振力线。图中可能的共振点用小圆点标注。如果 N 是偶数,垂直线画在 $n = \dfrac{N}{2}$,如果 N 是奇数,垂直线画在 $n = \dfrac{N-1}{2}$。将整数 n(节径数)视为连续的变量,在 (n, f) 图中画出直线 $f = (iN \pm n)\omega$。式(10-73)受迫振动响应的解释如下:

(1)$i = 0$,$\omega_n = n\omega$:是以角速度 ω 旋转的正向运动的行波,传播因子为 $\cos(n\theta - n\omega t)$,换言之行波跟着激振力方向。

(2)$i = 1$,$\omega_n = (N - n)\omega$:传播因子是 $\cos n[\theta + (N/n - 1)\omega t]$,因为 $n < N$,是一个向后运动的行波,其角速度为 $(N/n - 1)\omega$。当 N 很大而 n 很小时,角速度可能远大于 ω。

(3)$i = 1$,$\omega_n = (N + n)\omega$:传播因子是 $\cos n[\theta - (N/n + 1)\omega t]$。这是一个以角速度 $(N/n + 1)\omega$ 向前的行波。

对于其它 i 值,也可以做出类似的解释。

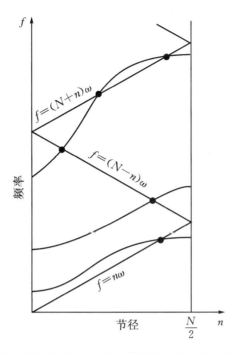

图 10 - 28　ZZENF 图,在节径和频率图上的 Z 形的激振力线[11]

10.7.3　旋转对称结构在周向正弦分布激振力作用下的响应

当激振力是周向正弦分布时,旋转对称结构上受到的第 K 阶激振力分布表示为

$$f(\theta,t) = \bar{P}_K \cos K(\theta - \omega t) \qquad (10-75)$$

旋转圆盘 n 节径振型的广义力为

$$
\begin{aligned}
\phi_{cn}(t) &= \int_0^{2\pi} \cos n\theta \cdot \bar{P}_K \cos K(\theta - \omega t)\mathrm{d}\theta \\
&= \frac{1}{2}\int_0^{2\pi} \bar{P}_K [\cos(n\theta + K\theta - K\omega t) + \cos(n\theta - K\theta + K\omega t)]\mathrm{d}\theta
\end{aligned}
$$
$$\qquad (10-76)$$

$$
\begin{aligned}
\phi_{sn}(t) &= \int_0^{2\pi} \sin n\theta \cdot \bar{P}_K \cos K(\theta - \omega t)\mathrm{d}\theta \\
&= \frac{1}{2}\int_0^{2\pi} \bar{P}_K [\sin(n\theta + K\theta - K\omega t) + \sin(n\theta - K\theta + K\omega t)]\mathrm{d}\theta
\end{aligned}
$$
$$\qquad (10-77)$$

易知 $\phi_{cn}(t)$ 和 $\phi_{sn}(t)$ 只有在关于 θ 的项为 0 时,关于 $\mathrm{d}\theta$ 在 0 到 2π 的积分才不等于 0,则可得到 $\phi_{cn}(t)$ 和 $\phi_{sn}(t)$ 不等于 0 的条件是

$$n + K = 0, \quad n - K = 0 \tag{10-78}$$

联系实际意义,$n + K \neq 0$,只有在 $n - K = 0$ 下 $\phi_{cn}(t)$ 和 $\phi_{sn}(t)$ 不等于 0。

当 $n - K = 0$ 时

$$\begin{cases} \phi_{cn}(t) = \dfrac{1}{2}\displaystyle\int_0^{2\pi} \overline{P}_K \cos(K\omega t)\,\mathrm{d}\theta = \pi\overline{P}_K \cos K\omega t \\[3mm] \phi_{sn}(t) = \dfrac{1}{2}\displaystyle\int_0^{2\pi} \overline{P}_K \sin(K\omega t)\,\mathrm{d}\theta = \pi\overline{P}_K \sin K\omega t \end{cases} \tag{10-79}$$

求解主坐标下的运动方程,可得

$$\begin{cases} p_{cn}(t) = \dfrac{\pi}{\omega_n^2 - K^2\omega^2}\overline{P}_K \cos K\omega t \\[3mm] p_{sn}(t) = \dfrac{\pi}{\omega_n^2 - K^2\omega^2}\overline{P}_K \sin K\omega t \end{cases} \tag{10-80}$$

于是,正弦激振力作用下的振动响应为

$$\begin{aligned} w(\theta, t) &= \frac{\pi}{\omega_n^2 - K^2\omega^2}\overline{P}_K (\cos K\omega t \cos n\theta + \sin K\omega t \sin n\theta) \\ &= \frac{\pi}{\omega_n^2 - K^2\omega^2}\overline{P}_K \cos(K\omega t - n\theta) \end{aligned} \tag{10-81}$$

整个激振力作用下振动响应为

$$w(\theta, t) = \frac{\pi}{\omega_n^2 - K^2\omega^2}\sum_{K=1}^{\infty}\overline{P}_K \cos(K\omega t - n\theta) \tag{10-82}$$

可以把上面得到的稳态振动响应写为

$$w(\theta, t) = \pi\sum_{K=1}^{\infty}\overline{P}_k \frac{\delta_{n,K}\cos(n\theta - K\omega t)}{\omega_n^2 - K^2\omega^2} \tag{10-83}$$

即共振条件为

$$\omega_n = n\omega = K\omega \tag{10-84}$$

此即"三重点"共振条件,不仅固有频率要等于激振频率,而且节径数要等于激振力阶次。

10.7.4　周期旋转对称结构在周向正弦分布激振力作用下的响应

考虑结构是由 N 个相同叶片组成的叶盘,激振力沿周向正弦分布,第 K 阶激振力表示为

$$f(\theta,t) = F(\theta)\cos K(\theta-\omega t) = \sum_{i=0}^{\infty} F_i \cos iN\theta \overline{P}_K \cos K(\theta-\omega t)$$

$$(10-85)$$

相应的广义力为：

$$\phi_{cn}(t) = \int_0^{2\pi} \cos n\theta \sum_{i=0}^{\infty} F_i \cos iN\theta \overline{P}_K \cos K(\theta-\omega t) \mathrm{d}\theta$$

$$= \frac{1}{2}\int_0^{2\pi} \sum_{i=0}^{\infty} F_i[\cos(iN\theta+n\theta)+\cos(iN\theta-n\theta)]\overline{P}_K \cos K(\theta-\omega t)\mathrm{d}\theta$$

$$= \frac{1}{4}\int_0^{2\pi} \sum_{i=0}^{\infty} F_i[\cos(iN\theta+n\theta+K\theta-K\omega t)$$

$$+\cos(iN\theta+n\theta-K\theta+K\omega t)+\cos(iN\theta-n\theta+K\theta-K\omega t)$$

$$+\cos(iN\theta-n\theta-K\theta+K\omega t)]\mathrm{d}\theta \qquad (10-86)$$

$$\phi_{sn}(t) = \int_0^{2\pi} \sin n\theta \sum_{i=0}^{\infty} F_i \cos iN\theta \overline{P}_K \cos K(\theta-\omega t) \mathrm{d}\theta$$

$$= \frac{1}{2}\int_0^{2\pi} \sum_{i=0}^{\infty} F_i[\sin(n\theta+iN\theta)+\sin(n\theta-iN\theta)]\overline{P}_K \cos K(\theta-\omega t)\mathrm{d}\theta$$

$$= \frac{1}{4}\int_0^{2\pi} \sum_{i=0}^{\infty} F_i[\sin(kN\theta+n\theta+K\theta-K\omega t)$$

$$+\sin(iN\theta+n\theta-K\theta+K\omega t)+\sin(n\theta-iN\theta+K\theta-K\omega t)$$

$$+\sin(n\theta-iN\theta-K\theta+K\omega t)]\mathrm{d}\theta \qquad (10-87)$$

易知 $\phi_{cn}(t)$ 和 $\phi_{sn}(t)$ 只有在关于 θ 的项为 0 时，关于 $\mathrm{d}\theta$ 在 0 到 2π 的积分才不等于 0，则可得到 $\phi_{cn}(t)$ 和 $\phi_{sn}(t)$ 不等于 0 的条件是：$iN+n+K=0$，或 $iN+n-K=0$，或 $iN-n+K=0$，或 $iN-n-K=0$。

考虑物理意义，只有在 $iN+n-K=0$ 或 $iN-n-K=0$ 下，$\phi_{cn}(t)$ 和 $\phi_{sn}(t)$ 才不等于 0。

当 $iN+n-K=0$ 时，广义力为

$$\begin{cases} \phi_{cn}(t) = \dfrac{\pi}{2}\sum_{i=0}^{\infty} F_i \cos K\omega t \\[2mm] \phi_{sn}(t) = \dfrac{\pi}{2}\sum_{i=0}^{\infty} F_i \sin K\omega t \end{cases} \qquad (10-88)$$

求解主坐标下的运动方程，可得

$$\begin{cases} p_{cn}(t) = \dfrac{\pi}{2(\omega_n^2-K^2\omega^2)}\sum_{i=0}^{\infty} F_i \cos K\omega t \\[2mm] p_{sn}(t) = \dfrac{\pi}{2(\omega_n^2-K^2\omega^2)}\sum_{i=0}^{\infty} F_i \sin K\omega t \end{cases} \qquad (10-89)$$

正弦分布激振力下的强迫振动响应为

$$w(\theta,t) = \frac{\pi}{2(\omega_n^2 - K^2\omega^2)} \sum_{i=0}^{\infty} F_i(\cos K\omega t \cos n\theta + \sin K\omega t \sin n\theta)$$

$$= \frac{\pi}{2(\omega_n^2 - K^2\omega^2)} \sum_{i=0}^{\infty} F_i\cos(K\omega t - n\theta) \qquad (10-90)$$

同理,当 $iN-n-K=0$ 时,强迫振动响应为

$$w(\theta,t) = \frac{\pi}{2(\omega_n^2 - K^2\omega^2)} \sum_{i=0}^{\infty} F_i\cos(K\omega t + n\theta) \qquad (10-91)$$

可以把上面得到的振动响应写为

$$w(\theta,t) = \frac{\pi}{2}\sum_{i=0}^{\infty} F_i\left\{\frac{\delta_{iN+n,K}\cos(n\theta - K\omega t)}{\omega_n^2 - K\omega^2} + \frac{\delta_{iN-n,K}\cos(n\theta + K\omega t)}{\omega_n^2 - K\omega^2}\right\}$$

$$(10-92)$$

即激振力在周向正弦分布时,共振条件为[11]

$$\begin{cases} \omega_n = (iN + n)\omega = K\omega \\ \omega_n = (iN - n)\omega = K\omega \end{cases} \qquad (10-93)$$

"三重点"共振属驻波共振,低阶低节径数的振动会产生很大的动应力,通常节径数直至 6 的前 3 阶频率的"三重点"共振都要避开。

有些公司要求对 3000 r/min 机组试验测得的叶片发生共振的转速低于 2820 r/min 或高于 3090 r/min。

10.8　蠕变寿命评估方法及蠕变寿命曲线

零件在高温和应力作用下长期工作时,虽然应力没有超过屈服极限也会产生塑性变形,并且这种塑性变形随着时间不断增长,这种现象称为蠕变。蠕变是金属零件在高温下的重要特性之一。蠕变只是当温度超过一定限度,即高温情况下才会产生,而且温度愈高,蠕变进行得愈迅速。

在高温条件下工作的透平叶片,承受相当大的离心力,而且透平叶片的工作期限要求达到数万小时以上。在这样条件下工作的叶片,由于蠕变引起的塑性变形可能超过叶片和汽缸之间的径向间隙,使叶片和汽缸相碰,并导致叶片损坏。因此,为了保证在高温下长期工作的叶片的安全性,又不影响透平的经济性,需要对叶片进行蠕变计算。

表征金属材料抵抗高温蠕变能力和高温强度特性的两个重要指标是蠕变极限和持久强度极限。通常把一定温度下,经过一定的时间间隔后引起试件断裂的相对蠕变变形量的应力称为蠕变极限。在一定温度下,经过一定的

时间间隔后,引起试件断裂的应力称为持久强度极限。对高温叶片的强度校核除了考虑屈服极限外,也必须考虑蠕变极限和持久强度极限。

蠕变和持久强度试验理应在与叶片的实际工作状况相一致的条件下进行,这样得到的试验数据对于蠕变设计来说才是可靠的,但由于叶片要求具有相当长的工作寿命,因此进行这样长的蠕变试验通常是不可能的。目前有许多假设和理论,从材料短时间蠕变和持久强度的试验数据,外推获得所需的长时间的蠕变性能。

蠕变和持久强度数据外推的方法主要有两种[15],一是从总结已有材料的试验数据出发,寻找经验公式,然后通过作图或数学计算进行外推;另一种是从研究材料的蠕变和持久断裂的微观过程出发,建立应力、温度和时间的关系式,以指导外推。工程中常用的外推方法有多种,时间-温度参数法是最常用的一种。

时间-温度参数法[15]:在应力一定的条件下,由较高温度下的短时间试验数据来外推较低温度下的长时间数据。该法把断裂时间 t_r 和试验温度 T 表示成一个互补参数 $f(t_r, T)$,并把它表示成应力的函数,即

$$f(t_r, T) = P(\sigma) \tag{10-94}$$

这是时间-温度参数(t_r, T, P)的一般表达式。$P(\sigma)$称为时间-温度参数。同一种钢材在不同的应力下 $P(\sigma)$ 值是不同的,把 σ-$P(\sigma)$ 关系曲线称为综合参数曲线,不同温度和应力下得到的试验数据将会落在同一条综合曲线上。从上式可知如应力一定,参数值 $P(\sigma)$ 就确定了,高温下短时间试验与低温下长时间试验可以对应同一个 $P(\sigma)$ 值。因此根据高温下短时间区域的试验数据,就可以确定 σ-$P(\sigma)$曲线,如图 10-29 所示。依据这条综合参数曲线就可外推或内插,预测工作温度下设计寿命的持久强度。

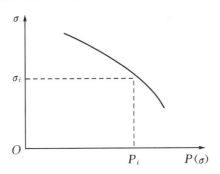

图 10-29　时间-温度综合参数曲线

图 10-30 表示了不同的透平叶片材料 Larson-Miller 性能曲线。在相同的应力和温度条件下,可以比较不同材料的运行寿命(通常用小时数表示)。

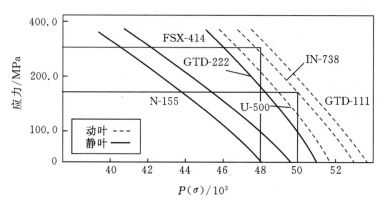

图 10-30　不同材料的 Larson-Miller 常数性能曲线

依据时间-温度参数法的基本原理,工程上常用方法之一是 Lason-Miller 法,定义了如下的时间-温度综合参数

$$P(\sigma) = T(C + \lg t_r) \qquad (10-95)$$

式中,C 为材料常数。

在应用 L-M 法求长时间持久强度时,首先根据在不同温度及不同应力下测得的断裂时间,按式(10-95)计算出综合参数 $P(\sigma)$ 值,然后绘出应力与时间-温度综合参数 $P(\sigma)$ 的关系曲线(这里称为 Lason-Miller 曲线),如图 10-29 所示。这样就可以按式(10-95)计算出工作 T 温度对应一定设计寿命的持久强度。

计算出长时间工作状态下叶片或其它部件最大应力和温度值。根据应力计算值从 Lason-Miller 曲线上查出时间-温度综合参数;再根据温度求出蠕变断裂时间 t_r。蠕变寿命消耗计算式为

$$蠕变寿命消耗 = \frac{t}{t_r}$$

式中,t 为某应力和某工作温度下部件的工作时间;t_r 为某应力和某工作温度下材料的蠕变断裂时间。

参考文献

[1]　Blach H P. A Practical guide to steam turbine technology[M]. McGraw-Hill,1996.

[2] 丁有宇,周宏利,徐铸,等.汽轮机强度计算[M].北京:水利电力出版社,1985.

[3] 赵少卞.抗疲劳设计[M].北京:机械工业出版社,1994.

[4] Rao J S. Turbomachine blade vibration[M]. New York:John Wiley & Sons,1991.

[5] 徐自力.汽轮机叶片的现代力学分析及疲劳可靠性研究[D].西安:西安交通大学能源与动力工程学院,1997.

[6] Viswanathan R. Damage mechanisms and life assessment of high-temperature components [M]. USA Ohio 44703,Metals Park:ASM International,1989.

[7] 徐自力,李辛毅,安宁,孟庆集.相关参数对汽车轮机低压叶片疲劳寿命影响的量化研究 [J].动力工程,2004,24(1):33 - 36.

[8] 黄文虎,邓连超,赵玉昌.一类周期性结构的振动分析[J].哈尔滨工业大学学报,1979, 04:11 - 30.

[9] Huang W H. Free and forced vibration of closely coupled turbomachinery blades[I]. AIAA Journal,1981,19(7):918 - 924.

[10] 中国动力工程学会.火力发电设备技术手册,第二卷.汽轮机[M].北京:机械工业出版社,1999.

[11] Wildheim S J. Excitation of rotationally periodic structures[J]. Transactions of the ASME, Journal of Applied Mechanics, 1979, 46:878 - 882.

[12] Tobias S A,Arnold R N. The influence of dynamical imperfection on the vibration of rotating disks [J]. Proceedings of the Institution of Mechanical Engineers, 1957, 171:669 - 690.

[13] Niordson F I. An asymptotic theory of vibrating plates[J]. International Journal of Solids and Structures,1979,15(2):167 - 181.

[14] Thomas D L. Standing waves in rotationally periodic structures[J]. Journal of Sound and Vibration,1974,37:288 - 290.

[15] 机械设计手册编委会.机械设计,第 5 卷机械设计基础[M].北京:机械工业出版社,2007.

[16] Nageswara Rao Muktinutalapati. Materials for gas turbines — An overview, advances in gas turbine Technology,Dr. Ernesto Benini (Ed.),ISBN978-953-307-611-9,In Tech, 2011, Available from: http://www. intechopen. com/books/advances-in-gas-turbine-technology/materials-for-gas-turbines-an-overview.

附录 A   应力和应变张量

A.1   应力的概念及应力张量

在机械、热等外载荷作用下,物体内部的分子间距会发生变化,产生一个内部的附加内力场。当物体不再继续变形,内力场与外载荷的作用相平衡。为了描述物体的内力场,柯西引入了应力的概念。在工程上,通过研究物体内部的应力状态,可以判断物体上的危险点。

在工程上,应力为施加的力除以力所作用的面积。当作用力施加在垂直于考虑的平面时,所产生的拉、压应力,称为正应力。当作用力沿着或平行于考虑的平面时,产生剪切应力。为了区分应力类型,通常用符号 σ 表示正应力,用符号 τ 表示剪切应力。

为了描述受力物体中的任意点的应力状态,一般是围绕这一点作一个微六面体,当六面体在三个方向的尺度趋于无穷小时,六面体就趋于所关心的点。这时的六面体称为微单元体,简称为微元。一点处的应力状态可用围绕该点的微元及其各面上的应力描述。图 A - 1 所示为一般受力物体中任意点处的应力状态,它是应力状态中最一般的情形,称为空间应力状态或三向应力状态。

将微元的 9 个应力用一个矩阵表示出来,也就是应力张量

$$
\begin{bmatrix}
\sigma_x & \tau_{xy} & \tau_{xz} \\
\tau_{yx} & \sigma_y & \tau_{yz} \\
\tau_{zx} & \tau_{zy} & \sigma_z
\end{bmatrix}
\tag{A-1}
$$

剪应力的第 1 个下标表示剪应力所在面的法向,第 2 个下标表示剪应力在所在面上的法向。如果考虑微元的力平衡和力矩平衡,可以知道矩阵是对称的,也即 $\tau_{xy} = \tau_{yx}, \tau_{yz} = \tau_{zy}, \tau_{zx} = \tau_{xz}$。

关于正应力的符号,一般取拉为正、压为负。如图 A - 1 所示,σ_x 为拉应力,为正值;对于剪应力,当应力方向与切向向量的正方向一致时,剪应力为

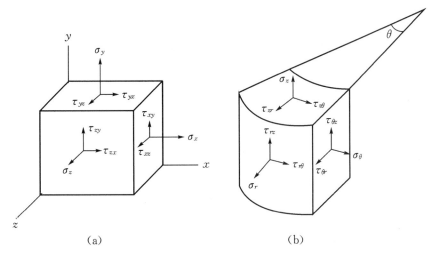

图 A-1　任意点处的应力状态

正,否则为负。

A.2　应变的概念及应变张量

物体在外载荷作用下,其空间几何形状将发生改变。通常以变形前物体形状为参考形态,确定物体发生变形情况。应变表示了在应力作用下物体相对变形的程度。在工程实际中,在一定载荷作用下,大部分变形都在线性范围内。当物体中一个点在三个方向经受位移 u_x,u_y,u_z,单位伸长量或应变为

$$\varepsilon_x = \frac{\partial u_x}{\partial x}, \quad \varepsilon_y = \frac{\partial u_y}{\partial y}, \quad \varepsilon_z = \frac{\partial u_z}{\partial z} \tag{A-2}$$

一般取拉伸时,正应变为正值;当压缩时,正应变为负值。

剪应变表示微元体的扭转变形。在小变形线弹性情况下,剪应变和弹性体位移的关系为

$$\varepsilon_{xy} = \varepsilon_{yx} = \frac{1}{2}\left(\frac{\partial u_x}{\partial y} + \frac{\partial u_y}{\partial x}\right)$$

$$\varepsilon_{yz} = \varepsilon_{zy} = \frac{1}{2}\left(\frac{\partial u_y}{\partial z} + \frac{\partial u_z}{\partial y}\right) \tag{A-3}$$

$$\varepsilon_{zx} = \varepsilon_{xz} = \frac{1}{2}\left(\frac{\partial u_x}{\partial z} + \frac{\partial u_z}{\partial x}\right)$$

式(A-2)和式(A-3)用张量记号可简写成

$$\varepsilon_{ij} = \frac{1}{2}(u_{i,j} + u_{j,i}) \tag{A-4}$$

式(A-4)称为线弹性体变形的几何方程,也称为柯西方程,它们给出 3 个位移分量和 6 个应变分量之间的关系,也就是应变张量

$$\begin{bmatrix} \varepsilon_{xx} & \varepsilon_{xy} & \varepsilon_{xz} \\ \varepsilon_{yx} & \varepsilon_{yy} & \varepsilon_{yz} \\ \varepsilon_{zx} & \varepsilon_{zy} & \varepsilon_{zz} \end{bmatrix}$$

根据式(A-3),可以看出应变张量同样是对称张量。

A.3　应力和应变关系

1. 线弹性本构关系

本节先不考虑热效应,主要给出机械载荷作用下,应力、应变之间的线性关系,也称为材料的本构关系或广义胡克定律。

根据材料力学中单向拉伸和纯剪切情况下的应力应变关系,分别计算 3 对正应力和 3 对剪应力所引起的应变,然后利用叠加原理和各向同性性质可以写出三维复杂应力状态下的应变-应力关系

$$\varepsilon_x = \frac{1}{E}[\sigma_x - \nu(\sigma_y + \sigma_z)]$$

$$\varepsilon_y = \frac{1}{E}[\sigma_y - \nu(\sigma_z + \sigma_x)] \tag{A-5}$$

$$\varepsilon_z = \frac{1}{E}[\sigma_z - \nu(\sigma_x + \sigma_y)]$$

$$\gamma_{xy} = \frac{1}{G}\tau_{xy}$$

$$\gamma_{yz} = \frac{1}{G}\tau_{yz}$$

$$\gamma_{zx} = \frac{1}{G}\tau_{zx}$$

式中,E, ν, G 分别为材料的杨氏模量、泊松比和剪切模量。它们之间的关系为:

$$G = \frac{E}{2(1+\nu)} \tag{A-6}$$

2. 热弹性本构关系

在工程实际中,结构除了受到机械载荷作用外,还常常受到热载荷的影

响。所以热弹性理论是研究弹性体在受机械载荷、温度载荷共同作用下产生的热应力、应变之间的关系。如果物体中所产生的热应力仍在材料弹性范围内,则热应力与其所引起的应变服从胡克定律。而且,在线弹性范围内,热载荷和机械载荷引起的应力应变可以进行线性叠加。

当物体温度变化 ΔT 后,如果物体自由膨胀或收缩,对于各向同性的物体,三个主方向的应变为

$$\varepsilon_{x0} = \varepsilon_{y0} = \varepsilon_{z0} = \lambda \Delta T \tag{A-7}$$

式中,λ 为热膨胀系数。

由于各向同性材料各个方向自由,不产生切应变,所以三个切应变分量为:

$$\gamma_{xy} = \gamma_{yz} = \gamma_{zx} = 0 \tag{A-8}$$

所以弹性体在考虑热载荷作用时,其总应变应该由两部分组成:一部分由热载荷引起的自由膨胀(收缩)引起的热应变,另一部分是由热应力引起的应变。由式(A-5)、式(A-7)及式(A-8)线性叠加可得到热弹性本构关系

$$\varepsilon_x = \frac{1}{E}[\sigma_x - \nu(\sigma_y + \sigma_z)] + \lambda \Delta T$$

$$\varepsilon_y = \frac{1}{E}[\sigma_y - \nu(\sigma_z + \sigma_x)] + \lambda \Delta T \tag{A-9}$$

$$\varepsilon_z = \frac{1}{E}[\sigma_z - \nu(\sigma_x + \sigma_y)] + \lambda \Delta T$$

$$\gamma_{xy} = \frac{1}{G}\tau_{xy}$$

$$\gamma_{yz} = \frac{1}{G}\tau_{yz}$$

$$\gamma_{zx} = \frac{1}{G}\tau_{zx}$$

3. 几何非线性下应变和位移的关系

根据弹性理论一般的三维应变向量可以用无穷小位移分量及大位移分量所定义

$$\boldsymbol{\varepsilon} = \boldsymbol{\varepsilon}_0 + \boldsymbol{\varepsilon}_L \tag{A-10}$$

式中

$$\boldsymbol{\varepsilon}_0 = [\varepsilon_x, \varepsilon_y, \varepsilon_z, \gamma_{yz}, \gamma_{zx}, \gamma_{xy}]^{\mathrm{T}}$$

$$= \left[\frac{\partial u_x}{\partial x}, \frac{\partial u_y}{\partial y}, \frac{\partial u_z}{\partial z}, \frac{\partial u_y}{\partial z} + \frac{\partial u_z}{\partial y}, \frac{\partial u_x}{\partial z} + \frac{\partial u_z}{\partial x}, \frac{\partial u_x}{\partial y} + \frac{\partial u_y}{\partial x}\right]^{\mathrm{T}} \tag{A-11}$$

根据格林应变张量,式(A-10)中非线性项可写成

$$\boldsymbol{\varepsilon}_L = \frac{1}{2}\boldsymbol{A}\boldsymbol{\theta} \tag{A-12}$$

式中

$$\boldsymbol{A} = \begin{bmatrix} \boldsymbol{\theta}_x^{\mathrm{T}} & 0 & 0 \\ 0 & \boldsymbol{\theta}_y^{\mathrm{T}} & 0 \\ 0 & 0 & \boldsymbol{\theta}_z^{\mathrm{T}} \\ 0 & \boldsymbol{\theta}_z^{\mathrm{T}} & \boldsymbol{\theta}_y^{\mathrm{T}} \\ \boldsymbol{\theta}_z^{\mathrm{T}} & 0 & \boldsymbol{\theta}_x^{\mathrm{T}} \\ \boldsymbol{\theta}_y^{\mathrm{T}} & \boldsymbol{\theta}_x^{\mathrm{T}} & 0 \end{bmatrix} \tag{A-13}$$

$$\boldsymbol{\theta} = \begin{bmatrix} \boldsymbol{\theta}_x^{\mathrm{T}} \\ \boldsymbol{\theta}_y^{\mathrm{T}} \\ \boldsymbol{\theta}_z^{\mathrm{T}} \end{bmatrix} \tag{A-14}$$

式中, $\boldsymbol{\theta}_x^{\mathrm{T}} = \left[\dfrac{\partial u_x}{\partial x}, \dfrac{\partial u_y}{\partial x}, \dfrac{\partial u_z}{\partial x}\right]$, $\boldsymbol{\theta}_y^{\mathrm{T}} = \left[\dfrac{\partial u_x}{\partial y}, \dfrac{\partial u_y}{\partial y}, \dfrac{\partial u_z}{\partial y}\right]$, $\boldsymbol{\theta}_z^{\mathrm{T}} = \left[\dfrac{\partial u_x}{\partial z}, \dfrac{\partial u_y}{\partial z}, \dfrac{\partial u_z}{\partial z}\right]$

由式(A-12)可以导出应变的非线性分量和正应变关系为

$$\mathrm{d}\boldsymbol{\varepsilon}_L = \frac{1}{2}\mathrm{d}\boldsymbol{A}\boldsymbol{\theta} + \frac{1}{2}\boldsymbol{A}\mathrm{d}\boldsymbol{\theta} = \boldsymbol{A}\mathrm{d}\boldsymbol{\theta} \tag{A-15}$$

由有限单元形状函数和节点位移,可以确定 $\boldsymbol{\theta}$,因此上式可写为

$$\mathrm{d}\boldsymbol{\varepsilon}_L = \boldsymbol{A}\boldsymbol{G}\mathrm{d}\boldsymbol{X} = \boldsymbol{B}_L\mathrm{d}\boldsymbol{X} \tag{A-16}$$

式中

$$\boldsymbol{B}_L = \boldsymbol{A}\boldsymbol{G} \tag{A-17}$$

$$\boldsymbol{G} = \left[\frac{\partial \overline{\boldsymbol{N}}}{\partial x}, \frac{\partial \overline{\boldsymbol{N}}}{\partial y}, \frac{\partial \overline{\boldsymbol{N}}}{\partial z}\right]^{\mathrm{T}} \tag{A-18}$$

$$\frac{\partial \overline{\boldsymbol{N}}}{\partial x} = \begin{bmatrix} \dfrac{\partial \overline{\boldsymbol{N}}_1}{\partial x} & 0 & 0 & \dfrac{\partial \overline{\boldsymbol{N}}_2}{\partial x} & 0 & 0 & \cdots \\ 0 & \dfrac{\partial \overline{\boldsymbol{N}}_1}{\partial x} & 0 & 0 & \dfrac{\partial \overline{\boldsymbol{N}}_2}{\partial x} & 0 & \cdots \\ 0 & 0 & \dfrac{\partial \overline{\boldsymbol{N}}_1}{\partial x} & 0 & 0 & \dfrac{\partial \overline{\boldsymbol{N}}_2}{\partial x} & \cdots \end{bmatrix}, 其余类推$$

通过上述推导可以得到几何非线性下应变转换矩阵为

$$\overline{\boldsymbol{B}} = \boldsymbol{B}_0 + \boldsymbol{B}_L \tag{A-19}$$

式中, $\boldsymbol{B}_0$ 为线性应变和位移间的转换矩阵,只有 $\boldsymbol{B}_L$ 依赖于位移。

参考文献

［1］　徐芝纶. 弹性力学：上册［M］. 4 版. 北京：高等教育出版社，2006.

［2］　范钦珊，薛克宗，王波. 工程力学教程［M］. 北京：高等教育出版社，1998.

［3］　O. C. 监凯维奇. 有限元法：下册［M］. 北京：科学出版社，1985.

［4］　Anthony C. Fischer-Crfipps. Introductin to contact mechanics［M］. Second edition. USA New York：Springer，2007.

索 引